普通高等教育"十一五"国家级规划教材

"十二五"普通高等教育本科国家级规划教材

密码学国家精品课程教材
中央网信办网络安全优秀教材奖获奖教材

U0151712

本书得到以下科研项目的资助：
国家自然科学基金项目（61972295，61472292，61332019，61303212，61202385，
61202386，60970115，60673071，60373087，69973034，90104005）
国家863计划项目（2015AA16002，2007AA01Z411，2006AA01Z442，2002AA141051）
国家973计划项目（2014CB340601）
国家重点研发计划项目（2022YFB3103800）

高等学校信息安全专业"十四五"规划教材

密码学引论

（第四版）

张焕国　唐明　编著

WUHAN UNIVERSITY PRESS
武汉大学出版社

图书在版编目(CIP)数据

密码学引论/张焕国,唐明编著. —4 版.—武汉:武汉大学出版社,2023.8
普通高等教育"十一五"国家级规划教材　"十二五"普通高等教育本
科国家级规划教材　密码学国家精品课程教材　中央网信办网络安全优秀
教材奖获奖教材　高等学校信息安全专业"十四五"规划教材
ISBN 978-7-307-23766-7

Ⅰ.密…　Ⅱ.①张…　②唐…　Ⅲ.密码学—高等学校—教材
Ⅳ.TN918.1

中国国家版本馆 CIP 数据核字(2023)第 096282 号

责任编辑:林　莉　　　责任校对:李孟潇　　　版式设计:马　佳

出版发行:**武汉大学出版社**　　(430072　武昌　珞珈山)
　　　　　(电子邮箱:cbs22@ whu.edu.cn 网址:www.wdp.com.cn)
印刷:武汉中科兴业印务有限公司
开本:787×1092　1/16　印张:25.25　字数:599 千字　插页:2
版次:2003 年 9 月第 1 版　　2009 年 3 月第 2 版
　　2015 年 11 月第 3 版　　2023 年 8 月第 4 版
　　2023 年 8 月第 4 版第 1 次印刷
ISBN 978-7-307-23766-7　　　　定价:68.00 元

张焕国　武汉大学国家网络安全学院教授，博士生导师，享受国务院特殊津贴。主要从事信息安全、密码学、可信计算、容错计算等方面的教学和科研工作。先后担任教育部信息安全类专业教学指导委员会副主任、中国密码学会常务理事、中国计算机学会容错专业委员会副主任、国家信息安全成果产业化基地（中部）专家委员会副主任、湖北省电子学会副理事长、《中国科学》杂志（信息学版）编委。

1.作为学术带头人创建了我国第一个信息安全本科专业及硕士点、博士点和博士后产业基地，形成了信息安全人才培养的完整体系。

2.牵头制定出我国《高等学校信息安全专业指导性专业规范》（第一版和第二版）。

3.提出演化密码的概念和利用演化密码的思想实现密码设计与分析自动化的技术路线，提出基于数据复杂性设计抗量子计算密码的技术路线，并获得成功。

4.与企业合作研制出我国第一款可信计算平台嵌入式安全模块（ESM）、第一款可信计算机（SQY-14）和第一款可信云服务器。在国家973和863项目的支持下，研制出我国第一款可信PDA、可信计算机测评系统和可信云平台。

5.获得国家优秀教学成果一等奖、国家密码科技进步二等奖、湖北省优秀教学成果一等奖和湖北省科技进步一等奖。

唐　明　武汉大学国家网络安全学院教授，博士生导师，中国密码学会密码芯片专业委员会委员。研究领域：密码芯片安全、嵌入式终端设备安全、网络安全等。发表相关学术论文50多篇，获批国家发明专利10多项。获国家电力系统科技进步创新一等奖一项、二等奖两项。主持多项安全芯片方向的国家自然科学基金项目、国家重点研发课题、省部级科研项目和校企合作项目。

高等学校信息安全专业"十四五"规划教材
编 委 会

前　言

人类社会在经历了机械化、电气化之后，进入了一个崭新的信息化时代。

在信息化时代，电子信息产业成为世界第一大产业。信息就像水、电、石油一样，与所有行业和所有人都相关，成为一种基础资源。信息的获取、存储、传输、处理和安全保障能力成为一个国家综合国力的重要组成部分。信息和信息技术改变着人们的生活和工作方式。离开计算机、网络、电视和手机等电子信息设备，人们将无法正常生活和工作。

当前的形势是，一方面是信息技术与产业空前繁荣，另一方面是危害信息安全的事件不断发生。敌对势力的破坏、网络战、信息战、黑客攻击、病毒入侵、利用计算机犯罪、网络上有害内容泛滥、隐私泄露等事件，对信息安全构成了极大威胁，信息安全的形势是严峻的。

信息安全事关国家安全，事关社会稳定，事关经济发展，必须采取措施确保我国的信息安全。发展我国信息技术与产业、确保我国信息安全、把我国建成网络信息强国，人才是关键，教育是基础。

2001 年，武汉大学创建了我国第一个信息安全本科专业和博士后产业基地。2003 年，武汉大学又建立了信息安全硕士点、博士点，形成了信息安全人才培养的完整体系。目前，我国已建立了网络空间安全一级学科，全国设立信息安全本科专业的高等院校已超过1 百多所，设立网络空间安全专业和密码科学与技术专业的高等院校也很多。

密码学理论是网络空间安全学科的理论基础之一，密码技术是信息安全的关键技术和共性技术。

为了给信息安全专业的本科生提供一本适用的密码学教材，2003 年我们在武汉大学出版社出版了《密码学引论》一书，得到许多高校的采用，受到读者的厚爱。为了反映密码科学技术的新发展和适应社会对密码技术应用的新需求，又相继出版了《密码学引论》（第二版）和《密码学引论》（第三版）。武汉大学的密码学课程被评为国家精品课程。2016年，《密码学引论》（第三版）被中央网信办评为网络安全优秀教材。

本书的写作目标有两个：第一个是为网络空间安全学科各专业的本科生提供一本好的密码学教材，第二个是为本科生毕业后工作或深造提供一本好的密码技术参考书。

为了第一个目标，本书以《高等学校信息安全专业指导性专业规范》（第二版）中对密码学知识和能力的要求为依据，从理论和实践相结合的角度介绍密码学的基本理论、基本技术和基本应用。期望学生通过学习能够掌握，为今后实际工作或深造奠定基础。根据我国密码法，中国的密码应用应当使用中国密码。为此，本书全面介绍了我国主要商用密码（SM2、SM3、SM4、ZUC）、我国的密码法和我国的商用密码标准。这成为本书的一个突出亮点。在此基础上，还专门介绍了密码在区块链和可信计算中的实际应用，为密码应用奠定了基础。

为了第二个目标，本书坚持中国商用密码与国际著名密码相结合，反映国际密码先进技术。为此，本书介绍了众多国外著名密码。例如，美国的 DES、AES、SHA-3、DSS 和最新的抗量子计算密码 Kyber 和 Dilithium，以及俄罗斯的数字签名标准 GOST。

本书共分五篇，十四章。第一篇，基础知识，包含两章：第一章，信息安全概论。第二章，密码学的基本概念。第二篇，对称密码，包含三章：第三章，分组密码。第四章，序列密码。第五章，HASH 函数。第三篇，公开密钥密码，包含三章：第六章，公开密钥密码体制。第七章，数字签名。第八章，抗量子计算密码。第四篇，密码分析，包含一章：第九章，密码分析。第五篇，密码应用，包含五章：第十章，密钥管理。第十一章，密码协议。第十二章，认证。第十三章，密码在区块链中的应用。第十四章，密码在可信计算中的应用。每章后面都给出了推荐阅读和一定数量的习题与实验研究。

对于本书的教学应用，作者给出以下建议：

（1）第八章、第九章、第十三章和第十四章为选修章。读者单位自己决定是否学习。

（2）其余各章是必修章。每章中既有必修内容，也有选修内容。各单位可根据专业规范的要求和自己的办学特色，选择确定自己的学习内容。

本书的第四版与第三版相比，最主要的特点和变化是：

（1）符合《信息安全专业指导性专业规范》（第二版）的要求。

（2）系统讲述了中国商用密码算法（SM2、SM3、SM4、ZUC）、我国的密码法和我国的商用密码标准。同时坚持中国商用密码与国际著名密码相结合，反映国际密码先进技术。

（3）新增了两章：第 8 章抗量子计算密码，第 13 章密码在区块链中的应用。

（4）每章新增加了推荐阅读，为读者进一步阅读文献提出建议。

（5）除了以上几点外，对原有内容进行了推陈出新、删繁就减和改写，使之便于学生学习。

本书的第 9 章由唐明编写，其余由张焕国编写，并由张焕国对全书进行统编。

要特别感谢华中科技大学覃中平教授，他对抗量子计算密码一章给出了具体的指导意见，并亲自写了快速数论变换 NTT 的相关内容。要感谢上海大学王潮教授，他给作者提供了用量子演化密码方法攻击 RSA 密码的新进展。感谢武汉大学密码学教研室的王张宜、王后珍、何琨等老师，他们根据实际教学经验，提出了许多有价值的建议。感谢中国科学院数学与系统科学研究院的冯秀涛副研究员给作者提供了祖冲之密码的资料。感谢河北大学吴万青副教授、西北工业大学刘金会副教授，他们阅读了部分书稿，并提出了修改意见。还要感谢博士研究生纪兆旭、文嘉明、王娅茹、刘波涛、张尧，他们为本书收集资料、整理书稿、完成实验和习题解答。

本书是作者在武汉大学国家网络安全学院和计算机学院长期从事信息安全教学和科研的基础上写成的，其研究工作得到国家自然科学基金、国家 973 计划、国家 863 计划、国家重点研发计划等项目的资助。对此表示诚恳的感谢！

在本书的写作过程中作者参考引用了大量的参考文献，作者向这些文献的作者表示诚挚的谢意。

因作者学术水平所限，书中难免会有不妥和错误之处。对此，作者恳请读者的理解和批评指正，并于此先致感谢之意。

　　作者衷心感谢给予作者指导、支持和帮助的所有领导、专家和同行，衷心感谢本书的每一位读者。

张焕国　唐　明

于武汉大学珞珈山

2023 年 3 月

目　　录

第一篇　基　础　知　识

第1章 信息安全概论

本章是全书的概论，介绍信息安全的社会需求、信息安全的一些基本原则、密码技术是信息安全的关键技术和我国的密码政策等方面的内容。本章的内容是基础的，但是对于从事信息安全领域工作的读者来说，是具有重要指导意义的。

1.1 信息安全是信息时代永恒的需求

人类社会在经历了机械化、电气化之后，进入了一个崭新的信息化时代。

在信息化时代，电子信息产业成为世界第一大产业。信息就像水、电、石油一样，与所有行业和所有人都相关，成为一种基础资源。信息和信息技术改变着人们的生活和工作方式。离开计算机、网络、电视和手机等电子信息设备，人们将无法正常生活和工作。因此可以说，在信息时代人们生存在物理世界、人类社会和信息空间组成的三元世界中。

当前的形势是，一方面信息技术与产业的空前繁荣，另一方面危害信息安全的事件不断发生。敌对势力的破坏、网络战、信息战、黑客攻击、病毒入侵、利用计算机犯罪、网络上有害内容泛滥、隐私泄露等事件，对信息安全构成了极大威胁，信息安全的形势是严峻的[1,2]。

对于我国来说，信息安全形势的严峻性，不仅在于上面这些威胁，还在于我国在信息核心技术方面的差距。由于我国在核心信息技术方面与国外相比存在差距，我国不得不在CPU 芯片、操作系统、数据库等基础软件和 EDA 等关键应用软件方面大量使用国外产品。这就使我国的信息安全形势更加复杂严峻。

此外，目前量子计算机技术已经取得长足发展。由于量子计算机具有并行性，如果量子计算机的规模进一步提升，则许多现有公钥密码（RSA、EIGamal、ECC 等）将不再安全[3]。理论分析表明，1448 量子位的量子计算机可以攻破 256 位的 ECC 密码，2048 量子位的量子计算机可以攻破 1024 位的 RSA 密码。到了量子计算时代，我们仍然需要确保信息安全，仍然需要使用密码。但是，我们使用什么密码？这是摆在我们面前的重大战略问题。

综上所述，无论信息技术与产业如何发展，信息安全始终是一个重要的问题。因此，我们可以说，信息安全是信息时代永恒的需求！

1.2 信息安全的一些基本原则

1. 信息安全三大定律

人们通过长期信息安全实践，总结出信息安全领域的一些共同性的规律。受物理学等许多领域中普遍有三大定律的启发，作者把信息安全领域的一些共同性的规律称为为信息安全三大定律[4]，目的是使之更加醒目和便于记忆。遵循这些定律的指导，有利于我们把信息安全工作做好。这三大定律是：

（1）信息安全的普遍性定律：哪里有信息，哪里就有信息安全问题。

信息安全是信息的一个属性，信息系统安全是信息系统的一个属性。没有信息，便没有信息安全。没有信息系统，便没有信息系统安全。有信息，就有信息安全问题。有信息系统，就有信息系统安全问题。

（2）信息安全的折中性定律：安全与方便是一对矛盾。

很安全的信息系统，因为采取了许多安全防护措施，使用起来一定比较麻烦。反过来，使用起来很方便的信息系统，其安全防护措施一定比较少，因此安全性也就比较低。在信息安全的实际工作中，应当恰当地在这两者之间进行折中。

（3）信息安全的就低性定律（木桶原理）：信息系统的安全性取决于最薄弱部分的安全性。

一个信息系统一般都由几个部分构成，攻击者只要攻破其中一个部分，就攻击成功了。所以，信息系统的安全性取决于最薄弱部分的安全性，而不是取决于安全性最高的部分。

2. 从信息系统安全的角度看待和处理信息安全问题[5-7]

信息论的基本观点告诉我们："系统是载体，信息是内涵，信息不能脱离系统而孤立存在。"根据这一基本观点，我们不能脱离信息系统而孤立地看待和处理信息安全问题。这是因为，如果信息系统的安全受到危害，则必然会危害到存在于信息系统之中的信息的安全。因此，我们应当从信息系统安全的角度来全面看待和处理信息安全问题。

信息系统安全主要包括设备安全、数据安全、行为安全和内容安全。其中数据安全即是早期的传统信息安全。

（1）设备安全：信息系统设备（硬设备和软设备）的安全是信息系统安全的首要问题。这里包括三个方面：

①设备的稳定性：设备在一定时间内不出故障的概率。

②设备的可靠性：设备能在一定时间内正确执行任务的概率。

③设备的可用性：设备随时可以正确使用的概率。

信息系统的设备安全是信息系统安全的物质基础。对信息设备的任何损坏都将危害信息系统的安全。信息安全行业中的一句行话"信息系统设备稳定可靠的工作是第一位的安全"，用通俗的语言精辟地说明了信息系统设备安全的基础作用。

（2）数据安全：采取措施确保数据免受未授权的泄露、篡改和毁坏。

①数据的保密性：数据不被未授权者知晓的属性。

②数据的完整性：数据是真实的、正确的、未被篡改的、完整无缺的属性。

③数据的可用性：数据可以随时正常使用的属性。

仅有信息系统的设备安全是远远不够的。即使计算机系统的设备没有受到损坏，其数据安全也可能已经受到危害。如机密数据可能泄露，数据可能被篡改。由于危害数据安全的行为在很多情况下并不留下明显痕迹，因此常常在数据安全已经受到危害的情况下，用户还不一定能够发现。因此，必须在确保信息系统设备安全的基础之上，进一步确保数据安全。

（3）行为安全：信息系统软件的执行轨迹和硬件动作构成了系统的行为。行为安全从主体行为的过程和结果来考察是否能够确保信息安全。从行为安全的角度来分析和确保信息安全，符合哲学上实践是检验真理唯一标准的基本原理。

①行为的保密性：行为的过程和结果不能危害数据的保密性，必要时行为的过程和结果也应是保密的；

②行为的完整性：行为的过程和结果不能危害数据的完整性，行为的过程和结果是预期的；

③行为的可控性：当行为的过程出现偏离预期时，能够发现、控制或纠正。

信息系统的服务功能，最终是通过系统的行为提供给用户的。因此，只有确保信息系统的行为安全，才能最终确保系统的信息安全。

（4）内容安全：内容安全是信息安全在政治、法律、道德层次上的要求，是语义层次的安全。内容安全要求：

①信息内容在政治上是健康的；

②信息内容符合国家法律法规；

③信息内容符合中华民族优良的道德规范。

除此之外，广义的内容安全还包括信息内容保密、知识产权保护、信息隐藏和隐私保护等诸多方面。

我们要求数据所表达的内容是健康的、合法的、道德的。如果数据内容充斥着不健康的、违法的、违背道德的内容，就会危害国家安全、危害社会安定、危害精神文明。

强调指出：信息系统安全的四个方面，并不同在一个层次上。其中，设备安全、数据安全和行为安全属于系统层次，内容安全属于语义层次。它们共同构成信息系统安全。

3. 任何信息系统都由硬件、软件和数据构成，因此要确保信息系统的安全就必须确保硬件安全、软件安全和数据安全[8]

因为任何信息系统都由硬件、软件和数据构成。因此，必须从硬件、软件和数据三方面来确保系统的安全。

根据信息论，数据只有传输、存储和处理三种状态。对于数据传输和存储状态，密码和纠错编码成为确保数据保密性和完整性最有效的措施，对确保数据的可用性也有帮助。密码和纠错码具有坚实的数学基础，上升到科学层次。因此可以说，数据在传输和存储中的信息安全问题得到比较好地解决。但是，对于数据处理状态，现有的密码和纠错编码的研究成果尚不十分有效。由此可以说，密码和纠错码对于数据处理中的信息安全问题尚不够十分有效。不能忘记：除了保密性和完整性之外，数据的可用性和内容安全也是一个重要问题。

计算机病毒等恶意代码的猖獗，使得人们比较重视软件安全，而且已经取得了许多有效的成果。但是人们对硬件安全长期没有给于足够的重视，最近一系列的硬件安全问题被暴露，给我们敲响了警钟！

4. 信息系统的硬件安全和操作系统安全是信息系统安全的基础,密码、网络安全等技术是关键技术[9,10]

对于任何信息系统来说,硬件都是最底层。硬件之上是软件。操作系统是软件的最底层,而且是系统资源的管理者。因此,硬件和操作系统是信息系统的基础。如果作为信息系统基础的硬件和操作系统是不安全的,则整个信息系统的安全将不无法确保。由此可知,信息系统的硬件安全和操作系统安全是信息系统安全的基础。

密码学具有坚实的数学基础,已上升到科学层次。理论上,密码学理论是网络空间安全学科的理论基础之一。应用上,密码技术是信息安全领域的一种共性技术,可用于信息安全的许多领域,而且密码技术是信息存储和传输领域最有效的信息安全技术。

网络化是近代信息系统最主要的特征之一,网络安全问题成为信息安全领域中最突出的问题。习主席说:"没有网络安全,就没有国家安全"。可见网络安全问题的严重性和重要性。密码技术可以在网络安全领域发挥重要作用,但是许多网络安全问题仅靠密码技术是不能解决问题的。网络安全问题具有综合性的特点,涉及协议安全、软件安全和硬件安全等许多方面。目前多数网络安全措施仍属于技术范畴,还没有上升到科学层次。

5. 确保信息系统安全是一个系统工程,只有从信息系统的软硬件低层做起,从整体上采用措施,进行综合治理,才能较好地确保信息系统的安全[4,5]

要确保信息系统安全,必须确保信息系统的设备安全、数据安全、行为安全和内容安全。可见确保信息系统安全是一个复杂艰巨的系统工程。

根据底层容易管住上层、上层不容易管住底层的道理,要确保信息系统安全必须从底层做起。如果底层不采取安全措施,上层的安全措施是很难发挥有效作用的。

又因为任何一种信息安全技术,可能在解决某些信息安全问题方面具有优势,但是都不可能解决所有信息安全问题。因此,需要综合采用多种信息安全技术。除了信息安全技术措施外,还要采取法律、管理、教育方面的措施,进行综合治理。千万不能忽视法律、管理、教育的作用,许多时候它们的作用大于技术。"七分管理,三分技术"是信息安全领域的一句行话,这是人们在长期的信息安全实践中总结出来的经验。

1.3　密码技术是信息安全的关键技术

根据前面的分析,信息系统的硬件系统安全和操作系统安全是信息系统安全的基础,密码和网络安全等技术是关键技术。

这里讲述信息安全的关键技术——密码技术。

密码技术是一门古老的技术,大概自人类社会出现战争便产生了密码(Cipher)[11]。由于密码长期以来仅用于政治、军事、外交、公安等要害部门,其研究本身也只限于秘密进行,所以密码被蒙上了神秘的面纱。在军事上,密码成为决定战争胜负的重要因素之一。有些军事评论家认为,盟军在破译密码方面的成功,使第二次世界大战提前十年结束[12]。

密码技术的基本思想是对信息进行编码,以确保信息的保密和保真,即确保数据的秘密性、真实性、完整性。

　　编码就是对数据进行一组可逆的数学变换。编码前的数据称为明文（Plaintext），编码后的数据称为密文（Ciphertext）。编码的过程称为加密（Encryption），去掉编码恢复明文的过程称为解密（Decryption）。加解密要在密钥（Key）的控制下进行。将数据以密文的形式存储在计算机中或送入网络信道中传输，而且只给合法用户分配密钥。这样，即使密文被非法窃取，因为未授权者没有密钥而不能得到明文，因此未授权者不能理解它的真实含义，从而达到确保数据保密性的目的。同样，因为未授权者没有密钥也不能伪造出合理的明密文，因而篡改数据必然被发现，从而达到确保数据真实性的目的。与能够检测发现篡改数据的道理相同，如果密文数据中发生了错误或毁坏也将能够检测发现，从而达到确保数据完整性的目的。

　　除此之外，对于保真还有其他重要技术，如数字签名和 Hash 函数等技术。这些内容将在本书第 5 章、第 7 章和第 12 章讲述。

　　由此可见，密码技术对于确保数据安全性具有特别重要和特别有效的作用。

　　密码的发展经历了由简单到复杂、由古典到近代的发展历程。在密码发展的过程中，科学技术的发展和战争的刺激都起了巨大的推动作用。

　　1946 年，电子计算机一出现便用于密码破译，使密码技术进入电子时代。

　　1949 年，商农（C. D. Shannon）发表了题为《保密系统的通信理论》的著名论文[13]，对信息源、密钥、加密和密码分析进行了数学分析，把密码置于坚实的数学基础之上，标志着密码学作为一门独立的学科的形成。

　　然而对于传统密码，通信的双方必须预约使用相同的密钥，而密钥的分配只能通过其他安全途经，如派遣专门信使等。在计算机网络中，设共有 n 个用户，任意两个用户都要进行保密通信，故需要 $\dfrac{n(n-1)}{2}$ 种不同的密钥，当 n 较大时，这个数字是很大的。另一方面，为了安全要求密钥经常更换。如此大量的密钥要经常地产生、分配和更换，其困难性和危险性是可想而知的。而且有时甚至不可能事先预约密钥，如企业间想通过通信网络来洽谈生意而又要保守商业秘密，在许多情况下不可能事先预约密钥。因此，传统密码在密钥分配上的困难成为它在计算机网络环境中应用的主要障碍。

　　1976 年，W. Diffie 和 M. E. Hellman 提出公开密钥密码（Public Key Cryptosystem）的概念，从此开创了一个密码新时代[14]。公开密钥密码从根本上克服了传统密码在密钥分配上的困难，特别适合计算机网络应用，而且实现数字签名容易，因而特别受到重视。目前，公开密钥密码已经得到广泛应用，在计算机网络中将公开密钥密码和传统密码相结合已经成为网络中应用密码的主要形式。在国际上公认比较安全的公开密钥密码包括基于大整数因子分解困难性的 RSA 密码、基于有限域上离散对数问题困难性的 ElGamal 密码和基于椭圆曲线离散对数问题困难性的椭圆曲线密码（ECC）等。

　　1977 年美国颁布了数据加密标准 DES（Data Encryption Stantard），这是密码史上的一个创举。1973 年，美国国家标准局（NBS）向社会公开征集一种用于政府机构和商业部门对非机密的敏感数据进行加密的加密算法。经美国国家安全局（NSA）评测后，选中了 IBM 公司设计的算法，颁布为标准 DES。DES 开创了向世人公开加密算法的先例。它设计精巧、安全、方便，是近代密码成功的典范。它成为商用密码的国际标准，为确保信息安全作出重大贡献。DES 的设计充分体现了商农(C. D. Shannon)信息保密理论所阐述的设计密码的思想，标志着密码的设计与分析达到了新的水平。1998 年底美国政府宣布不再支持 DES，DES 完成了它的历史使命。1999 年美国政府颁布三重 DES 为新的密码标准。三重 DES 已得到许多国际组织的认可。

早在 1984 底，美国总统里根就下令美国国家安全局(NSA)研制一种新密码，准备取代 DES。经过了近十年的研制和试用，1994 年美国颁布了密钥托管加密标准 EES (Escrowed Encryption Stantard)。EES 的密码算法被设计成允许法律监听的保密方式。即如果法律部门不批准监听，则加密对于其他人来说是计算上不可破译的，但是经法律部门允许可以解密进行监听。如此设计的目的在于既要保护正常的商业通信秘密，又要在法律部门允许的条件下可解密监听，以阻止不法分子利用保密通信进行犯罪活动。而且 EES 只提供密码芯片不公开密码算法。EES 的设计和应用，标志着美国商用密码政策发生了改变，由公开征集转向秘密设计，由公开算法转向算法保密。和 DES 一样，EES 也在美国社会引起激烈的争论。商业界和学术界对不公布算法只承诺安全的做法表示不信任，强烈要求公开密码算法并取消其中的法律监督。迫于社会的压力，美国政府曾邀请少数密码专家介绍算法，企图通过专家影响民众，然而收效不大。科学技术的力量是伟大的，1995 年美国贝尔实验室的年青博士 M. Blaser 攻击 ESS 的法律监督字段，伪造 ID 获得成功[15]。于是，美国政府宣布仅将 EES 用于话音加密，不用于计算机数据加密，并且后来又公开了 EES 的密码算法。EES 密码的失败，迫使美国政府于 1997 年重新公开征集新的数据加密标准算法 AES。

1994 年美国颁布了数字签名标准 DSS(Digital Signature Stantard)，这是密码史上的第一次。数字签名就是数字形式的签名盖章，它是确保数据真实性的一种重要措施。没有数字签名，诸如电子政务、电子商务、电子金融等系统是不能实用的。鉴于数字签名的重要性，许多国际标准化组织都已将 DSS 颁布为数字签名国际标准。1995 年美国犹他州颁布了世界上第一部《数字签名法》，从此数字签名有了法律依据。2004 年我国颁布了《中华人民共和国电子签名法》，我国成为世界上少数几个颁布数字签名法的国家。

1997 年美国宣布公开征集高级加密标准 AES(Advanced Encryption Stantard)，以取代1998 年底停止的 DES。经过三轮筛选，2000 年 10 月 2 日美国政府正式宣布选中比利时密码学家 Joan Daemen 和 Vincent Rijmen 提出的一种密码算法 Rijndael 作为 AES。2001 年 11 月 26 日，美国政府正式颁布 AES 为美国国家标准(FIST PUBS 197)。这是密码史上的又一个重要事件。至今已有许多国际标准化组织采纳 AES 作为国际标准。

在美国之后，欧洲启动了 NESSIE(New European Schemes for Signatures, Integrity, and Encryption)计划和 ECRYPT (European Network of Excellence for Cryptology)计划。这些计划的实施为欧洲制定了一系列的密码算法，其中包括分组密码、序列密码、公开密钥密码、MAC 算法和 Hash 函数、数字签名算法和识别方案，极大地促进了欧洲乃至全世界的密码研究和应用。

1999 年，作者受自然界生物进化的启发，将密码学与演化计算结合起来，提出了演化密码的概念和利用演化密码的思想实现密码设计和密码分析自动化的方法。在国家自然科学基金项目的长期支持下，作者的研究小组在演化密码体制、演化分组密码安全性分析、演化 DES 密码、演化密码芯片、密码函数的演化设计和分析、密码部件的设计自动化等方面取得了实际的成功。在椭圆曲线公钥密码方面，演化产生出大量安全椭圆曲线。一方面验证了美国 NIST 推荐的曲线，另一方面产生出 NIST 推荐之外的许多新安全曲线，为应用提供了方便[16-27]。2019 年，文献[28]把演化密码扩展到量子计算机领域，采用量子模拟退火算法进行大整数因子分解，攻击 RSA 密码，取得当年世界最好成绩。

智能化是信息系统的发展方向，和许多其他信息系统一样，密码系统也将朝着智能化的方向发展，最终成为智能密码系统。实践表明，演化密码是人工智能与密码结合的产物，是实现密码系统智能化的一种有效途径。

2006 年 1 月我国政府公布了商用分组密码算法 SM4，以后又陆续公布了商用公钥密码算法 SM2 和商用 HASH 函数算法 SM3，2007 年中国密码学会正式成立。这些都是中国密码史上的重要事件，标志着我国密码事业的发展和密码科学与技术的繁荣。

在了解到我国学者在分析美国 SHA 系列 HASH 函数方面的成功进展[29]后，2007 年美国 NIST 开始公开征集 HASH 函数新标准 SHA-3，经过三轮评选，2012 年 10 月 2 日，NIST 公布了最终的胜出者 Keccak 算法。Keccak 算法成为美国的新 HASH 函数标准 SHA-3。Keccak 算法是由比利时和意大利的密码专家组成的团队联合设计的。

量子计算机技术已经取得了重要的进展。由于量子计算具有并行性，因此量子计算机具有超强的计算能力。一些在电子计算机环境下困难计算的问题，在量子计算机环境下却成为容易计算的。这就使得基于计算复杂性的现有公钥密码的安全受到挑战。

目前，针对密码破译的量子计算算法主要有两种。第一种攻击算法是 Grover 在 1996 年提出的一种通用数据库搜索算法[30]，其计算复杂度为 $O(2^{n/2})$。用穷举攻击一个密码，本质上就是在一个庞大的明文数据库中搜索到一个正确的明文。计算复杂度为 $O(2^{n/2})$ 说明，把 Grover 算法用于密码攻击，相当于把密码的密钥长度减少一半。这就对现有密码构成了一定的威胁，但是并没有构成本质的威胁，因为只要把密钥加长一倍就可以抵抗这种攻击。第二种攻击算法是 1997 年 Shor 提出的在量子计算机上求解整数因子分解和求解离散对数问题的多项式时间算法[31]。Shor 算法是多项式时间算法，对密码的威胁是本质的。根据理论分析，利用 1448 量子位的量子计算机可以求解 256 位的椭圆曲线离散对数，因此也就可以破译 256 位的椭圆曲线密码。利用 2048 量子位的量子计算机就可以分解 1024 位的大合数，因此就可以破译 1024 位的 RSA 密码。

对于我国来说，问题的紧迫性还在于，我国的居民二代身份证和许多商业应用，正在使用 256 位的椭圆曲线密码，而且许多国际电子商务系统正在使用 1024 位的 RSA 密码。

虽然量子计算机技术发展很快，但是目前的量子计算机多数属于专用型量子计算机，尚不能执行 Shor 算法。也就是说，目前的量子计算机尚不能对现有公钥密码构成实际的威胁。但是，随着量子计算技术的进一步发展，总有一天会对现有公钥密码构成实际的威胁。

在量子计算环境下我们仍然需要确保信息安全，仍然需要使用密码，但是我们如何才能确保量子环境下的信息安全? 我们能够使用什么密码? 这成为摆在我们面前的一个重大战略问题[32]。

对量子计算环境下密码的一个基本要求是能够抵抗量子计算机的攻击。我们称能够抵抗量子计算机的攻击的密码为抗量子计算密码。根据目前的研究，有以下三种抗量子计算密码。

（1）基于量子物理学的量子密码[33]。

量子密码是一种基于量子物理学的非数学密码。

量子密码中比较成熟的是量子密钥分配（QKD）技术。它利用量子物理技术产生真随机数用作密钥，通过安全的量子协议进行密钥协商，然后利用传统的序列密码方式对明文加密。密钥的使用采用"一次一密"。理论上，这种保密方式应当是安全的。这是因为，密钥是随机的，一个密钥只用一次，而且量子密钥的协商协议是安全的。但是应当指出，这种 QKD 也不是无条件安全的。已有文献报导，仍可从中窃取信息。这是因为实际物理器件的性能有时不能达到理论上的要求，因此这种加密方式在实际上是否真正达到了无条件安全，还需要进行严格论证。可喜的是，我国在这一领域的研究处于国际前列。早在 2009 年，中国科技大学就将量子密钥分配实际应用于安徽芜湖地区的电子政务网络。2016 年 8 月我国发射了世界第一颗量子科学实验卫星"墨子号"，实现了空间领域千公里级的量子密钥分配。

应当指出，量子密码决非只有量子密钥分配，应当有更丰富的内容，特别是加解密和签名与验证算法等。但是，目前除量子密钥分配之外的许多研究尚不成熟，需要加强研究。

（2）基于生物学困难问题的 DNA 密码。

生物信息科学技术的发展推动了 DNA 计算机和 DNA 密码的研究。DNA 计算具有许多现在的电子计算所无法比拟的优点。如，具有高度的并行性、极高的存储密度和极低的能量消耗。人们已经开始利用 DNA 计算机求解数学难题。我们知道，如果能够利用 DNA 计算机求解数学难题，就意味着可以利用 DNA 计算机破译密码。与量子计算机类似，DNA 计算机也是并行计算的，因此同样对现有密码构成严重的潜在威胁。

人们在积极研究 DNA 计算机的同时，也开始了 DNA 密码的研究。目前人们已经提出了一些 DNA 密码方案[34,35]，尽管这些方案还不能实用，但已经显示出诱人的魅力。由于 DNA 密码的安全基于生物学困难问题，不依赖于计算困难问题，所以不管未来的电子计算机、量子计算机和 DNA 计算机具有多么强大的计算能力，DNA 密码对于它们的计算攻击都是免疫的。

目前 DNA 密码还处在早期的探索阶段，面临许多需要解决的问题。首先，它主要依靠实验手段，尚缺少理论体系。其次，实现技术难度大，应用成本高。这些问题只有通过深入的研究和技术进步才能逐步解决。

（3）基于数学的抗量子计算密码[3]。

哲学的基本原理告诉我们：凡是有优点的东西，一定也有缺点。因此，量子计算机既然有优势（有其擅长计算的问题，有其可以破译的密码），也就一定有劣势（有其不擅长计算的问题，有其不能破译的密码）。

理论上，只要我们依据量子计算机不擅长计算的数学问题设计构造密码，就可以抵抗量子计算机的攻击。实际上，虽然量子计算机可以破译 RSA、ELGmal、ECC 等密码，但是量子计算机并不能破译所有密码。还有许多密码是量子计算机不能破译的，它们都是抗量子计算密码。例如，基于纠错码的一般译码问题困难性的 McEliece 密码，基于多变量二次方程组求解困难性的 MQ 密码，基于格困难问题的格密码，以及许多其他密码。

出于对抗量子计算密码需求的迫切性，2016 年 12 月美国国家标准技术研究所（NIST）启动在全球范围内征集抗量子计算密码算法标准。经过三轮评审，于 2022 年 7 月 5 日公布 Kyber、Dilithium、Falcon、Sphincs 四个密码胜出作为标准，并宣布 Bike、Classic McEliece、Hqc、Sike 四个密码进入第四轮评审。

我国学者也提交了自己的算法，反映出我国密码科学技术水平的提高。

我们相信，量子密码、DNA 密码、抗量子计算密码将会把我们带入一个新的密码时代。

密码学历来是中国人所擅长的学科之一。无论是传统密码还是公开密钥密码，无论是基于数学的密码还是基于非数学的密码，中国人都作出了卓越贡献。

虽然我国在信息领域的核心技术方面落后于美国，但我国在信息安全领域中的许多方面有自己的特色。如在密码技术、量子密钥分配、恶意软件防治、可信计算（Trusted Computing）等方面我国都有自己的特色，而且具有很高的水平。可信计算是近年来发展起来的一种信息系统安全综合性技术，并且已经在世界范围内形成热潮。我国在可信计算领域起步不晚，创新很多，成果可喜，我国已经站在世界可信计算领域的前列[4,5]。

综上所述，信息安全是信息时代永恒的需求，密码是信息安全的关键技术，将发挥不可替代的关键作用。

1.4　我国的密码法和商用密码标准

密码是确保信息安全的关键技术。为了确保我国的信息安全，规范密码应用和管理，促进密码事业发展，保障网络与信息安全，维护国家安全和社会公共利益，保护公民、法人和其他组织的合法权益，我国颁布了《中华人民共和国密码法》[36]和一系列的商用密码标准。密码法和商用密码标准阐明了我国的密码政策，构成了我国密码工作的基本依据。

1.4.1　中华人民共和国密码法

1. 我国密码工作的总原则

统一领导、分级负责，依法管理、保障安全。

2. 统一领导

坚持中国共产党对密码工作的领导。中央密码工作领导机构对全国密码工作实行统一领导，制定国家密码工作重大方针政策，统筹协调国家密码重大事项和重要工作，推进国家密码法治建设。

3. 分级负责

国家密码管理部门负责管理全国的密码工作。县级以上地方各级密码管理部门负责管理本行政区域的密码工作。

国家机关和涉及密码工作的单位在其职责范围内负责本机关、本单位或者本系统的密码工作。

国家密码管理部门依照法律、行政法规的规定，制定密码管理规章。

中国人民解放军和中国人民武装警察部队的密码工作管理办法，由中央军事委员会根据密码法制定。

4. 分类管理

我国把密码划分为核心密码、普通密码和商用密码。

核心密码、普通密码用于保护国家秘密信息，核心密码保护信息的最高密级为绝密级，普通密码保护信息的最高密级为机密级。

核心密码、普通密码属于国家秘密。密码管理部门依照国家法律、行政法规、国家有关规定对核心密码、普通密码实行严格统一管理。

在有线、无线通信中传递的国家秘密信息，以及存储、处理国家秘密信息的信息系统，应当依照法律、行政法规和国家有关规定使用核心密码、普通密码进行加密保护、安全认证。

商用密码用于保护不属于国家秘密的信息。公民、法人和其他组织可以依法使用商用密码保护网络与信息安全。

5. 商用密码

国家鼓励商用密码技术的研究开发、学术交流、成果转化和推广应用，健全统一、开放、竞争、有序的商用密码市场体系，鼓励和促进商用密码产业发展。

国家建立和完善商用密码标准体系。国务院标准化行政主管部门和国家密码管理部门依据各自职责，组织制定商用密码国家标准、行业标准。

国家推动参与商用密码国际标准化活动，参与制定商用密码国际标准，推进商用密码中国标准与国外标准之间的转化运用。

国家鼓励商用密码从业单位采用商用密码推荐性国家标准、行业标准，提升商用密码的防护能力，维护用户的合法权益。

国家推进商用密码检测认证体系建设，制定商用密码检测认证技术规范、规则，鼓励商用密码从业单位自愿接受商用密码检测认证，提升市场竞争力。

涉及国家安全、国计民生、社会公共利益的商用密码产品，应当依法列入网络关键设备和网络安全专用产品目录，由具备资格的机构检测认证合格后，方可销售或者提供。

大众消费类产品所采用的商用密码不实行进口许可和出口管制制度。

6. 依法管理

任何组织或者个人不得窃取他人加密保护的信息或者非法侵入他人的密码保障系统，不得利用密码从事危害国家安全、社会公共利益、他人合法权益等违法犯罪活动。由有关部门依照《中华人民共和国网络安全法》和其他有关法律、行政法规的规定对违者追究法律责任。

1.4.2　我国的商用密码标准

什么是标准？国际标准化组织（ISO /IEC）把标准定义为："为在一定范围内获得最佳秩序，经协商一致建立并由公认机构批准，为共同使用和重复使用，对活动及结果提供规则、指导或给出特性的文件。"有了标准，就有了参与事物的各方必须遵守的要求和规格，参与各方才能互相衔接、配合一致，共同完成工作。如果没有标准，参与事物的各方就没有共同遵守的要求和规格，便会出现参与各方互不衔接，不能配合，工作就不能顺利完成。因此，标准化是现代社会科技进步和社会文明的标志。在现代化社会中没有标准是不堪设想的。

举个日常生活中的例子。我们的工作和生活离不开电灯。全国有许多个生产灯泡的厂家。正是因为国家有灯泡的技术标准，灯泡接头的大小有统一的规格要求，各厂家都遵守这个标准，才使得我们随便购买哪家的灯泡，都可以顺利安装、方便使用。如果国家没有灯泡的技术的标准，很可能一个厂家生产的灯泡接头大，另一家生产的灯泡接头小，用户买的灯泡拿回家装不上，不能使用。

为了指导和协调我国的标准化工作，1978 年 5 月国务院成立了国家标准总局，同年以中华人民共和国名义参加了国际标准化组织（ISO/IEC）。2011 年 10 月，经国家标准总局和国家密码管理局批准，成立了密码行业标准化技术委员会。它是在密码领域内从事密码标准化工作的非法人技术组织，归口国家密码管理局领导和管理，主要从事密码技术、产品、系统和管理等方面的标准化工作。

根据《中华人民共和国密码法》（见图 1-1）的规定，我国把密码划分为核心密码、普通密码和商用密码三类。其中，核心密码和普通密码用于保护国家秘密信息，其密码算法和应用也属于国家秘密。密码管理部门依照国家法律、行政法规、国家有关规定对核心密码、普通密码实行严格统一管理。商用密码用于保护不属于国家秘密的信息。公民、法人和其他组织可以依法使用商用密码保护网络与信息安全。因此，对于我们大多数人来说，研究和应用最多的密码是商用密码。

图 1-1　《中华人民共和国密码法》

商用密码是保护网络与信息安全的关键技术，在社会信息化的今天，几乎所有的单位都需要使用商用密码保护网络与信息安全。但是，商用密码是一种高科技成果，有深入的数学理论基础和复杂细致的应用技术。因此，一般单位是不具备设计高质量密码的能力的。如果国家没有商用密码标准，就会出现各单位自行设计密码，结果会是密码算法和协议不统一，而且质量良莠不齐。这样不仅不能保证密码质量，而且也无法互联互通，更谈不上确保网络与信息安全。同时，在经济上也是一种浪费。相反，由国家组织专业部门与民间高手联合设计，经过充分分析和测试，设计出高质量的密码算法和协议。然后经过试用，颁布为国家标准，让大家方便使用。显然是一种既安全又节省的办法。

我国的商用密码标准工作，经历了从无到有、从弱到强的发展道路。在商用密码标准方面，已经建立起一套体系完整、技术先进、方便应用的商用密码标准体系。商用密码算法 SM2、SM3、SM4、SM9、ZUC(祖冲之)等相继颁布为国家密码标准。

(1)椭圆曲线公钥密码算法 SM2，国家密码标准号 GB/T32918—2016。

(2)密码杂凑函数算法 SM3，国家密码标准号 GB/T 32905—2016。

(3)分组密码算法 SM4，国家密码标准号 GB/T 32907—2016。

(4)标识密码算法 SM9，国家密码标准号 GB/T 0044—2016。

(5)祖冲之密码算法 ZCU，国家密码标准号 GB/T 33133—2016。

商用密码算法的标准化极大地促进了我国的信息安全产业的发展，为确保我国网络与信息安全作出了巨大贡献。

我国不仅在商用密码国家标准化方面取得很大成绩，而且还在我国商用密码标准国际化方面，也取得了可喜的成绩。这对彰显我国商用密码科技进步和增强我国在国际事务中的话语权，发挥了重要作用。

2011 年 9 月，祖冲之密码算法(ZUC)被 3GPP LTE 采纳为第 4 代移动通信的国际标准。

2012 年国际可信计算组织(TCG)颁布了可信平台模块 TPM2.0 标准，TPM2.0 标准支持中国商用密码 SM2、SM3、SM4。2015 年，国际标准化组织(ISO)接受 TPM2.0 标准为国际标准。这是中国商用密码第一次成体系地在国际标准中得到应用。

2017 年 11 月，国际标准化组织(ISO/IEC)接受我国 SM2 和 SM9 数字签名算法成为国际标准。

2018 年 11 月，国际标准化组织(ISO/IEC)接受我国 SM3 密码杂凑函数算法成为国际标准。

2020 年 8 月，国际标准化组织(ISO/IEC)接受我国 ZUC 序列密码算法成为国际标准。

2021 年 2 月，国际标准化组织(ISO/IEC)接受我国 SM4 分组密码算法成为国际标准。

由此可见，我国商用密码算法成体系地被国际标准化组织(ISO/IEC)接受成为国际标准，标志着我国商用密码算法设计能力达到国际先进水平。

1.5　推荐阅读

如果读者是网络空间安全领域的科教工作者或学生，建议你阅读文献[7]《高等学校信息安全专业指导性专业规范(第 2 版)》，书中给出了网络空间的定义、网络空间安全学科的内涵、网络空间安全学科的主要研究方向及研究内容、网络空间安全学科的理论基础和方法论基础。在此基础上具体给出了信息安全专业的知识体系和实践能力体系，给出了密码学内容的具体建议，并配备了两套方案和课程体系举例。本书不仅对信息安全专业的教学工作具有指导意义，对网络空间安全学科的其他专业也有重要参考价值，而且对网络空间安全领域的科学研究有重要的指导意义。

习题

1. 分析对信息安全的主要威胁，并通过上网了解最新的信息安全威胁态势。
2. 为什么说信息安全是信息时代永恒的需求？
3. 说明信息安全三大定律是什么，它对确保信息安全有什么指导意义？
4. 说明为什么要从信息系统安全的角度看待和处理信息安全问题，解释什么是信息系统的设备安全，什么是数据安全，什么是行为安全，什么是内容安全？
5. 说明为什么说"信息系统的硬件系统安全和操作系统安全是信息系统安全的基础，密码、网络安全等技术是关键技术"。
6. 密码技术的基本思想是什么？
7. 学习《中华人民共和国密码法》，解读我国的密码工作总原则。
8. 什么是商用密码？了解我国对商用密码的管理政策与商用密码标准化的作用。

第2章 密码学的基本概念

本章介绍密码学的基本概念、古典密码及其统计分析。

2.1 密码学的基本概念

密码学（Cryptology）是一门古老的科学。大概自人类社会出现战争便产生了密码，以后逐渐形成一门独立的学科。在密码学形成和发展的历程中，科学技术的发展和战争的刺激都起了积极的推动作用。1946 年电子计算机一出现便被用于密码破译，使密码进入电子时代。1949 年商农（C. D. Shannon）发表了《保密系统的通信理论》的著名论文[13]，把密码学置于坚实的数学基础之上，标志着密码学作为一门科学的形成，密码学上升到科学范畴。1976 年 W. Diffie 和 M. Hellman 提出公开密钥密码[14]，从此开创了一个密码新时代。1977 年美国联邦政府颁布了数据加密标准（DES）。1994 年美国联邦政府颁布了密钥托管加密标准（EES），同年美国联邦政府又颁布了数字签名标准（DSS）。2000 年欧洲启动了 NESSIE 计划，征集分组密码、序列密码、Hash 函数、消息认证码（MAC）、公钥密码和数字签名的密码算法标准。2001 年美国联邦政府颁布了高级加密标准（AES）。2004 年欧洲又启动了 ECRYPT 计划。2006 年中国政府公布了中国商用密码算法 SM4，后来又公布了 SM2 和 SM3。2007 年中国密码学会正式成立。2011 年中国设计的祖冲之密码（ZUC）被采纳为 4G 移动通信的国际密码标准。2012 年美国联邦政府颁布新的 HASH 函数标准算法 SHA-3。出于对抗量子计算密码需求的迫切性，2016 年 12 月，美国国家标准技术研究所（NIST）向全世界范围内征集能够抵抗量子计算机攻击的新一代公钥密码算法。经过 3 轮评审，于 2022 年 7 月 5 日公布 Kyber、Dilithium、Falcon、Sphincs 四个密码胜出，推荐作为标准，同时宣布 Bike、Classic McEliece、Hqc、Sike 四个密码进入第四轮评审。2017.11—2021.2 国际标准化组织（ISO/IEC）接受我国商用密码算法 SM2、SM9、SM3、ZUC 和 SM4 成为国际标准。2020 年 1 月 1 日，《中华人民共和国密码法》颁布执行。这些都是密码发展史上的一个个重要的里程碑。

传统密码由于其在密钥分配上的困难而限制了它在计算机网络中的应用，在这种情况下产生了公开密钥密码。公开密钥密码从根本上克服了传统密码在密钥分配上的困难，而且实现数字签名容易，适于认证应用，因而特别适合计算机网络环境的应用。目前，在计算机网络中将公开密钥密码和传统密码相结合已经成为网络密码应用的主要形式。

当前，信息技术与产业正处在高速发展阶段，新型信息系统层出不穷。在电子政务、电子商务、电子金融之后又出现了云计算、物联网、大数据处理等新型信息系统。在这些系统中必须确保信息安全，这就为密码技术提供了更广阔的应用空间。

除了电子信息科学技术继续高速发展之外，量子和生物等新型信息科学技术正在建立和发展。

量子信息科学的发展催生了量子计算机、量子通信和量子密码的出现。量子计算机技术已经取得了重要的进展。由于量子计算具并行性，因此量子计算机具有超强的计算能力。一些在电子计算机环境下困难计算的问题，在量子计算机环境下却成为容易计算的。这就使得基于计算复杂性的现有公钥密码的安全受到极大的挑战[3]。

生物信息技术的发展推动了 DNA 计算机和 DNA 密码的研究。DNA 计算具有许多现在的电子计算所无法比拟的优点。如，具有高度的并行性、极高的存储密度和极低的能量消耗。DNA 计算机的并行性同样对现有密码构成了潜在威胁。

既使在量子计算和生物计算环境下我们仍然需要确保信息安全，仍然需要使用密码，但是我们使用什么密码呢？这是摆在我们面前的一个重大战略问题。

对量子计算环境下密码的一个基本要求是能够抵抗量子计算机的攻击。我们称能够抵抗量子计算机的攻击的密码为抗量子计算密码。根据目前的研究，有三种抗量子计算密码，它们分别是基于量子物理学的量子密码，基于生物学的 DNA 密码和基于数学的抗量子计算密码。

我们相信，量子密码、DNA 密码和基于数学的抗量子计算密码的将把我们带入一个新的密码境界。

自古以来，密码主要用于军事、政治、外交等要害部门，因而密码学的研究工作本身也是秘密进行的。密码学的知识和经验主要掌握在军事、政治、外交等保密机关，不便公开发表。这是过去密码学的书籍资料一向很少的原因。然而由于计算机科学技术，通信技术，微电子技术的发展和广泛应用，社会实现了信息化。现在，离开计算机、网络、电视和手机等电子信息设备，人们将无法正常生活和工作。在社会信息化的过程中，相继出现了电子政务、电子商务、电子金融、云计算、物联网、大数据处理等必须确保信息安全的信息系统，使得民间和商业界对密码的需求大大增加。于是，在民间产生了一大批不从属于保密机构的密码学者。他们可以毫无顾忌地发表论文，讨论学术，公开地进行密码研究。密码学的研究方式由过去的单纯秘密进行，转向公开和秘密两条战线同时进行。实践证明，正是这种公开研究和秘密研究相结合的局面促成了今天密码学的空前繁荣。

研究密码编制的科学称为密码编制学（Cryptography），研究密码破译的科学称为密码分析学（Cryptanalysis），密码编制学和密码分析学共同组成密码学（Cryptology）。

密码技术的基本思想是对数据进行编码，以确保数据的保密和保真，即确保数据的秘密性、真实性、完整性。

编码就是对数据进行一组可逆的数学变换。编码前的数据称为明文（Plaintext），编码后的数据称为密文（Ciphertext），编码的过程称为加密（Encryption）。加密在加密密钥（Key）的控制下进行。用于对数据加密的一族数学变换称为加密算法。发信者将明文数据加密成密文，然后将密文数据送入网络传输或存入计算机文件存储，而且只给合法收信者分配密钥。合法收信者接收到密文后，施行与加密变换相逆的变换，去掉密文的编码恢复出明文，这一过程称为解密（Decryption）。解密在解密密钥的控制下进行。用于解密的一族数学变换称为解密算法，而且解密算法是加密算法的逆。因为数据以密文形式在网络中传输或存入计算机文件中存储，而且只给合法收信者分配密钥。这样，即使密文被非法窃取，因为未授权者没有密钥而不能得到明文，因此未授权者不能理解它的真实含义，从而达到确保数据保密性的目的。又因为未授权者没有密钥，不能伪造出合理的明密文，因而篡改明文或密文必然被发现，从而达到确保数据真实性的目的。

除此之外，关于保真还有其他重要技术，如数字签名和 Hash 函数等技术。这些内容将在本书第 5 章、第 7 章和第 12 章讲述。

2.1.1　密码体制

一个密码系统，通常简称为密码体制（Cryptosystem），如图 2-1 所示，由以下五部分组成：

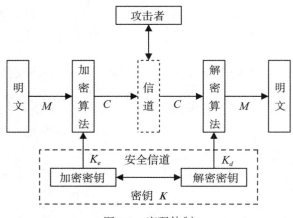

图 2-1　密码体制

（1）明文空间 M，它是全体明文的集合。

（2）密文空间 C，它是全体密文的集合。

（3）密钥空间 K，它是全体密钥的集合。其中每一个密钥 K 均由加密密钥 K_e 和解密密钥 K_d 组成，即 $K=<K_e，K_d>$。

（4）加密算法 E，它是一族由 M 到 C 的加密变换。

（5）解密算法 D，它是一族由 C 到 M 的解密变换。

对于每一个确定的密钥，加密算法将确定一个具体的加密变换，解密算法将确定一个具体的解密变换，而且解密变换就是加密变换的逆变换。对于明文空间 M 中的每一个明文 M，加密算法 E 在密钥 K_e 的控制下将明文 M 加密成密文 C：

$$C=E(M，K_e) \tag{2-1}$$

而解密算法 D 在密钥 K_d 的控制下由密文 C 解密出同一明文 M：

$$M=D(C，K_d)=D(E(M，K_e)，K_d) \tag{2-2}$$

如果一个密码体制的 $K_d=K_e$，或由其中一个很容易推出另一个，则称为单密钥密码体制或对称密码体制或传统密码体制。否则称为双密钥密码体制。进而，如果在计算上 K_d 不能由 K_e 推出，这样将 K_e 公开也不会损害 K_d 的安全，于是便可将 K_e 公开。这种密码体制称为公开密钥密码体制，简称为公钥密码体制。公开密钥密码体制的概念于 1976 年由 W. Diffie 和 M. Hellman 在文献[14]中提出。它的出现是密码发展史上的一个里程碑。

　　根据明密文的划分和密钥的使用不同，可将密码体制分为分组密码体制和序列密码体制。

　　设 M 为明文，分组密码将 M 划分为一系列的明文块 M_i，$i=1,2,\cdots,n$，通常每块包含若干位(bit)或字符，并且对每一块 M_i 都用同一个密钥 K_e 进行加密。即

$$M=(M_1,M_2,\cdots,M_n),$$
$$C=(C_1,C_2,\cdots,C_n)$$

其中，

$$C_i=E(M_i,K_e) \qquad i=1,2,\cdots,n \tag{2-3}$$

　　而序列密码将明文和密钥都划分为位(bit)或字符的序列，并且对于明文序列中的每一位或字符都用密钥序列中的对应分量来加密，即

$$M=(m_1,m_2,\cdots,m_n),$$
$$k_e=(k_{e_1},k_{e_2},\cdots,k_{e_n}),$$
$$C=(c_1,c_2,\cdots,c_n),$$

其中，

$$c_i=E(m_i,k_{e_i}) \qquad i=1,2,\cdots,n \tag{2-4}$$

式(2-4)中的加密算法 E 通常为简单的模 2 加运算。此时，可表示为

$$c_i=m_i\oplus k_{e_i} \qquad i=1,2,\cdots,n$$

　　分组密码每一次加密一个明文块，而序列密码每一次加密一位或一个字符。序列密码的加密算法采用模 2 加，这是最简单的。为了确保安全，其密钥产生算法则是复杂的。分组密码的加密算法是复杂的，因此其子密钥产生算法相对简单。

　　分组密码和序列密码在计算机信息系统中都有广泛的应用。序列密码是世界各国要害部门使用的主流密码，而商用领域则使用分组密码较多，使用序列密码较少。我国的 SM4，美国的 DES、AES 都是分组密码的典型代表。我国商用序列密码祖冲之密码(ZUC)被国际移动通信组织接受为 4G 通信加密标准，成为商用序列密码的典型代表。

　　根据加密算法在使用过程中是否变化，可将密码体制分为固定算法密码体制和演化密码体制。

　　作者借鉴生物进化的思想，将密码学与演化计算相结合，提出了演化密码的概念和利用演化密码的思想实现密码设计和密码分析自动化的方法。并在演化密码体制、演化分组密码安全性分析、演化 DES 密码、演化密码芯片、密码函数的演化设计和分析、密码部件的设计自动化等方面取得了实际的成功[16-27]。

　　设 E 为加密算法，$K_0,K_1,\cdots,K_n$ 为密钥，$M_0,M_1,\cdots,M_{n-1},M_n$ 为明文，$C_0,C_1,\cdots,C_{n-1},C_n$ 为密文，如果把明文加密成密文的过程中加密算法固定不变，

$$C_0=E(M_0,K_0),\ C_1=E(M_1,K_1),\ \cdots,\ C_n=E(M_n,K_n) \tag{2-5}$$

则称其为固定算法密码体制。

如果在加密过程中加密算法 E 也不断变化，即

$$C_0 = E_0(M_0, K_0), \quad C_1 = E_1(M_1, K_1), \quad \cdots, \quad C_n = E_n(M_n, K_n) \qquad (2\text{-}6)$$

其中 E_0, E_1, $\cdots$, E_n 互不相同，则称其为变化算法密码体制。

由于加密算法在加密过程中可受密钥控制而不断变化，显然可以极大地提高密码的强度。更进一步，若能使加密算法朝着越来越好的方向演变进化，那么密码就成为一种自发展的、渐强的密码，我们称其为演化密码（Evolutionary Cryptosystems）。

另一方面，密码的设计是十分复杂困难的。密码设计自动化是人们长期追求的目标。我们提出一种模仿自然界的生物进化，利用演化密码的思想来设计密码的方法。在这一过程中，密码算法不断演变进化，而且越变越好。设 $E_{-\tau}$ 为初始加密算法，则演化过程从 $E_{-\tau}$ 开始，经历 $E_{-\tau+1}$, $E_{-\tau+2}$, $\cdots$, E_{-1}，最后变为 E_0。由于 E_0 的安全强度达到实际使用的要求，可以实际应用。我们称这一过程成为"十月怀胎"，$E_{-\tau}$ 为"初始胚胎"，E_0 为"一朝分娩"的新生密码。用 $S(E)$ 表示加密算法 E 的强度，则这一演化过程可表示为：

$$\begin{cases} E_{-\tau} \to E_{-\tau+1} \to E_{-\tau+2} \to \cdots \to E_{-1} \to E_0 \\ S(E_{-\tau}) < S(E_{-\tau+1}) < S(E_{-\tau+2}) < \cdots < S(E_{-1}) < S(E_0) \end{cases} \qquad (2\text{-}7)$$

综合以上密码设计和工作两个方面，可把加密算法 E 的演变进化过程表示为：

$$\begin{cases} E_{-\tau} \to E_{-\tau+1} \to E_{-\tau+2} \to \cdots \to E_{-1} \to E_0 \to E_1 \to E_2 \to \cdots \to E_n \\ S(E_{-\tau}) < S(E_{-\tau+1}) < \cdots < S(E_{-1}) < S(E_0) \leqslant S(E_1) \leqslant S(E_2) \leqslant \cdots \leqslant S(E_n) \end{cases} \qquad (2\text{-}8)$$

其中 $E_{-\tau} \to E_{-\tau+1} \to \cdots \to E_{-1}$ 为加密算法的设计演化阶段，即"十月怀胎"阶段。在这一阶段中，加密算法的强度尚不够强，不能实际使用，因此我们要求密码算法的安全性越变越好。这一过程在实验室进行。E_0 为"一朝分娩"的新生密码，它是密码已经成熟的标志。$E_0 \to E_1 \to E_2 \to \cdots \to E_n$ 为密码的工作阶段，而且在工作过程中仍不断地演化变化。考虑到密码算法的安全性可能达到理论上界，此时不可能再提高，因此要求密码算法的安全性不减。即使密码算法的安全性保持相等，但由于密码算法不断变化，仍可以极大地提高实际密码应用系统的安全性。这就是演化密码的思想。演化密码的原理框图如图 2-2 所示。

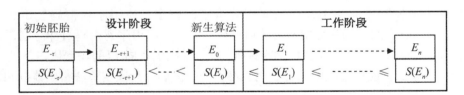

图 2-2 演化密码的原理框图

根据演化密码的概念，作者的研究小组以 DES 密码为实例，通过演化计算技术对其关键部件 8 个 S 盒进行演化设计，演化设计出的新 S 盒在安全性指标方面优于原来的 S 盒，并不断用新 S 盒代替原 S 盒，从而构成了演化 DES 密码，做到密码算法的动态可变，而且越变越好。在椭圆曲线公钥密码方面，演化产生出大量安全椭圆曲线。一方面验证了美国 NIST 推荐的曲线，另一方面产生出 NIST 推荐之外的许多新安全曲线，为应用提供了方便。2019 年，文献[28]把演化密码扩展到量子计算机领域，采用量子模拟退火算法进

行大整数因子分解，攻击 RSA 密码，取得当年世界最好成绩。

智能化是信息系统的发展方向，和许多其他信息系统一样，密码系统也将朝着智能化的方向发展，最终成为智能密码系统。实践表明，演化密码是人工智能与密码结合的产物，是实现密码系统智能化的一种有效途径。

2.1.2　密码分析

如果能够根据密文系统地确定出明文或密钥，或者能够根据明文-密文对系统地确定出密钥，则我们说这个密码是可破译的。研究密码破译的科学称为密码分析学。

密码分析者攻击密码的方法主要有以下三种：

（1）穷举攻击　所谓穷举攻击是指，密码分析者采用依次试遍所有可能的密钥对所获得的密文进行解密，直至得到正确的明文；或者逐一选用一个确定的密钥对所有可能的明文进行加密，直至得到所获得的密文，从而得知所选密钥就是正确的密钥。显然，理论上，对于任何实用密码只要有足够的资源，都可以用穷举攻击将其攻破。从平均角度讲，采用穷举攻击破译一个密码必须试遍所有可能密钥的一半。

穷举攻击所花费的时间等于尝试次数乘以一次解密（加密）所需的时间。显然可以通过增大密钥量或加大解密（加密）算法的复杂性来对抗穷举攻击。当密钥量增大时，尝试的次数必然增大。当解密（加密）算法的复杂性增大时，完成一次解密（加密）所需的时间增大。从而使穷举攻击在实际上不能成功。

穷举攻击是对密码的一种最基本的攻击，它适用于攻击任何类型的密码。因此，能够抵抗穷举攻击是对近代密码的基本要求。

1997 年 6 月 18 日美国科罗拉多州以 Rocke Verser 为首的一个工作小组宣布，通过 Internet 网络，利用数万台微机，历时四个多月，通过穷举破译了 DES 的一个密文。这是穷举攻击的一个很好的例证。

值得注意的是，如果分析者不得不采用穷举攻击时，他们往往会首先尝试那些可能性最大的密钥。例如，基于用户为了容易记忆往往会选择一些短的数据或有意义的数据作为口令（如姓名、生日、电话号码、邮箱地址等）的事实，黑客在用暴力攻击用户口令时往往首先尝试这些短的和有意义的口令。这一事实告诉我们，为了口令的安全用户不应选择这种短的数据或有意义的数据作为口令。

（2）数学攻击　所谓数学攻击是指密码分析者针对加解密算法的数学基础和某些密码学特性，通过数学求解的方法来破译密码。对于基于数学的密码来说，设计一个密码本质上就是设计一个数学函数，而破译一个密码本质上就是求解一个数学难题。如果这个难题是理论上不可计算的，则这个密码就是理论上安全的。如果这个难题虽然是理论上可计算的，但是由于计算复杂性太大而实际上不可计算，则这个密码就是实际安全的，或计算上安全的。到目前为止，在基于数学的密码中，只有"一次一密"密码是理论上安全的密码，其余的密码都只能是计算上安全的密码。可见，数学分析攻击是对基于数学的密码的主要威胁。为了对抗这种数学分析攻击，应当选用具有坚实数学基础和足够复杂的加解密算法。

统计攻击是最早的一种数学分析攻击，在密码发展的早期阶段，曾为破译密码作出过极大的贡献。所谓统计攻击就是指密码分析者通过分析密文和明文的统计规律来破译密码。许多古典密码都可以通过分析密文字母和字母组的频率及其他统计参数而破译。对抗统计分析攻击的方法是设法使明文的统计特性不带入密文。这样，密文不带有明文的痕迹，从而使统计分析攻击成为不可能。能够抵抗统计攻击已成为近代密码的基本要求。

由于计算机的程序文件都是少量语句(指令)的大量重复，计算机的数据库文件往往具有特定的数据结构，如果加密算法不好或进行加密的方法不好很可能将明文文件中的这种数据模式带入密文文件中。这是对安全不利的。在3.4节我们将介绍消除这种数据模式影响的技术和方法。

对于近代密码，人们已经找到许多有效的数学分析方法。例如，差分攻击、线性攻击、代数攻击、相关攻击、等等。我们将在本书的第8章介绍其中一些主要的数学分析方法。

(3)物理攻击　所谓物理攻击是指密码分析者根据密码系统或密码芯片的物理特性，通过物理和数学的分析来破译密码。物理攻击的理论依据是，任何密码算法在以硬件的形式工作时，必然与其工作环境发生物理交互，相互作用，相互影响。于是，攻击者就可以主动策划实施并检测这种交互、作用和影响，从而获得有助于密码分析的信息。这类信息被称为侧信道信息SCI(Side Channel Information)。基于侧信道信息的密码攻击被称为侧信道攻击或侧信道分析SCA(Side Channel Attack/Analysis)。常用的侧信道信息有，能量消耗信息、时间消耗信息、声音信息，电磁辐射信息，等等。常见的侧信道攻击方法有，能量分析攻击、时间分析攻击、声音分析攻击、电磁辐射分析攻击、故障攻击，等等。我们将在本书的第九章介绍其中一些主要的侧信道攻击方法。

目前，国内外在密码芯片的物理攻击方面已经发展到很高的水平。有效攻击范围覆盖了所有类型的密码，即可攻击传统密码(分组密码和序列密码)，又可攻击公钥密码(RSA、ECC、ElGamal，等)。攻击的效果可以有效获得部分密钥或完整密钥，甚至可还可获得部分密码算法结构。许多理论上安全的密码，由于其物理实现方面的不足，被侧信道攻击所攻破的实例屡见不鲜。近来，测信道攻击已经发展到对 CPU 和 SOC 芯片的攻击。据报导，对 Intel 的某些 CPU 芯片进行功耗分析，可突破访问控制读出其中的数据。

侧信道攻击的发展对密码芯片的设计和实现提出了更高的要求。如何使密码芯片既能高效地工作，又能有效抵抗侧信道攻击，成为密码芯片设计与实现的新目标。

侧信道攻击的出现使我们深刻地认识到，密码系统的安全也是一个系统安全问题。密码算法的安全是其中重要的必要条件，但仅有密码算法的安全是远远不够的，还必须确保其实现安全和应用安全。

此外，根据密码分析者可利用的数据资源来分类，可将密码攻击的类型分为以下四种：

(1)仅知密文攻击(Ciphertext-only attack)所谓仅知密文攻击是指密码分析者仅根据截获的密文来破译密码。因为密码分析者所能利用的数据资源仅为密文，因此这是对密码分析者最不利的情况。

(2)已知明文攻击(Known-plaintext attack)所谓已知明文攻击是指密码分析者根据已经知道的某些明文–密文对来破译密码。例如，密码分析者可能知道从用户终端送到计算机的密文数据是从一个标准词"LOGIN"的密文开始的。又例如，加密成密文的计算机程序文件特别容易受到这种攻击。这是因为诸如"BEGIN"、"END"、"IF"、"THEN"、"ELSE"等词的密文有规律地在密文中出现，密码分析者可以合理地猜测它们。再例如，加密成密文的数据库文件也特别容易受到这种攻击。这是因为对于特定类型的数据库文件的字段及其取值往往具有规律性，密码分析者可以合理地猜测它们。如学生成绩数据库文件一定会包含诸如姓名、学号、成绩等字段，而且成绩的取值范围在 0 ~ 100 之间。近代密码学认为，一个密码仅当它能经得起已知明文攻击时才是可取的。

（3）选择明文攻击（Chosen-plaintext attack）所谓选择明文攻击是指密码分析者能够选择明文并获得相应的密文。这是对密码分析者十分有利的情况。计算机文件系统和数据库系统特别容易受到这种攻击，这是因为用户可以随意选择明文，并获得相应的密文文件和密文数据库。例如，WINDOWS 环境下的数据库 SuperBase 的密码就被作者的研究小组用选择明文方法破译[37]。如果分析者能够选择明文并获得密文，那么他将会特意选择那些最有可能恢复出密钥的明文。

（4）选择密文攻击（Chosen-ciphertext attack）所谓选择密文攻击是指密码分析者能够选择密文并获得相应的明文。这也是对密码分析者十分有利的情况。这种攻击主要用来攻击公开密钥密码体制，特别是攻击其数字签名。

一个密码，如果无论密码分析者截获了多少密文和用什么技术方法进行攻击都不能被攻破，则称为是绝对不可破译的。绝对不可破译的密码在理论上是存在的，这就是著名的"一次一密"密码。但是，由于在密钥管理上的困难，"一次一密"密码是不实用的。理论上，如果能够利用足够的资源，那么任何实际可使用的密码又都是可破译的。

如果一个密码，不能被密码分析者根据可利用的资源所破译，则称为是计算上不可破译的。因为任何秘密都有其时效性，因此，对于我们更有意义的是在计算上不可破译（Computationlly unbreakable）的密码。

值得注意的是，随着计算机网络的广泛应用，可以把全世界的计算机资源联合起来，形成巨大的计算能力，从而形成巨大的密码破译能力，使得原来认为是十分安全的密码被破译。1994 年，40 多个国家的 600 多位科学家通过 Internet，历时 9 个月破译了 RSA-129 密码，1999 年又破译了 RSA-140 密码。1997 年 6 月 18 日美国科罗拉多州以 Rocke Verser 为首的一个工作小组宣布，通过 Internet 网，利用数万台微机，历时四个多月，通过穷举破译了 DES。这些都是明证。因此，在信息化的 21 世纪，只有经得起全球范围的电子计算机、量子计算机和 DNA 计算机攻击的密码才是安全的密码。

2.1.3　密码学的理论基础

1949 年商农（C. D. Shannon）发表了题为《保密系统的通信理论》的著名论文，从信息论的角度对信息源、密钥、加密和密码分析进行了数学分析，把密码置于坚实的数学基础之上，标志着密码学作为一门独立的学科的形成[13]。从此，信息论成为密码学的重要的理论基础之一。信息论奠定了密码学的基础。但是，密码学在其发展过程中形成了自己的一些新理论。如单向陷门函数理论、公钥密码理论、零知识证明理论以及部分密码设计与分析理论等。密码学以信息论为基础，发展中逐渐超越了传统信息论，这是科学技术发展的必然。密码学理论成为网络空间安全学科的理论基础之一，而且是其特有的理论基础[7]。

商农建议采用扩散(Diffusion)、混淆(Confusion)和乘积迭代的方法设计密码，并且还以"揉面团"的过程形象地比喻扩散、混淆和乘积迭代的概念。

所谓扩散就是将每一位明文和密钥数字的影响扩散到尽可能多的密文数字中。理想情况下，明文和密钥的每一位都影响密文的每一位。换句话说，密文的每一位都是明文和密钥的每一位的函数。所谓混淆就是使密文和密钥之间的关系复杂化。密文和密钥之间的关系越复杂，则密文和明文之间、密文和密钥之间的统计相关性就越小，从而使统计分析等密码分析不能奏效。商农关于采用扩散和混淆的建议，在当时主要是为了使密码能够抵抗统计分析攻击。即使在今天看来，扩散和混淆仍然是设计近代密码的有效方法，对密码抵抗近代密码攻击有重要作用。

设计一个复杂的密码一般比较困难，而设计一个简单的密码相对比较容易，因此利用乘积迭代的方法对简单密码进行组合迭代，可以得到理想的扩散和混淆，从而得到安全的密码。近代各种成功的分组密码(如 DES、AES、SM4 等)，都在一定程度上采用和体现了商农的这些设计思想。实践证明，商农的这些设计思想是正确的。

密码学界普遍认为：设计一个密码就是设计一个数学函数，而破译一个密码就是求解一个数学难题。这就从本质上清晰地阐明了数学是密码学的理论基础。作为密码学理论基础之一的数学分支主要有代数、数论、概率统计、组合数学等[38]。

可计算性理论和计算复杂性理论是计算机科学的重要组成部分，同时也是密码学的理论基础之一。

可计算性理论是研究计算的一般性质的数学理论。它通过建立计算的数学模型，精确区分哪些问题是可计算的，哪些问题是不可计算的[39]。计算复杂性理论使用数学方法对计算中所需的各种资源的耗费作定量的分析，并研究各类问题之间在计算复杂程度上的相互关系和基本性质[40]。可计算理论研究区分哪些问题是可计算的，哪些问题是不可计算的，但是这里的可计算是理论上的可计算，或原则上的可计算。而计算复杂性理论则进一步研究现实的可计算性，如研究求解一个问题类需要多少时间，多少存储空间。研究哪些问题是现实可计算的，哪些问题虽然是理论可计算的，但因计算复杂性太大而实际上是无法计算的。

计算机求解问题所消耗的时间和空间资源的多少，取决于要求解的问题的规模大小。设要求解的问题的规模(如，输入变量的个数或输入长度)为 n，若对于所有的 n 和所有长度为 n 的输入，计算最多可用 $f(n)$ 步完成，则称该问题的计算复杂度为 $f(n)$。若 $f(n)$ 为 n 的多项式，则称其为多项式复杂度。

粗略地说，计算机可以在多项式时间复杂度内解决的问题称为 **P** 类问题，计算机在多项式时间复杂度内不可以解决的问题称为 **NP** 类问题。**P** 类问题是计算机能行可计算的，而 **NP** 类问题是计算机不能行可计算的，即 **NP** 类问题是一类困难的问题。**NP** 类问题中一类最困难的问题称为 **NP** 完全问题，简称为 **NPC** 问题。已经发现有许多实际问题属于 **NPC** 问题。

商农曾指出，设计一个安全的密码本质上要寻找一个难解的问题。这一论断揭示了密码的安全性与计算复杂性之间的相依关系。公开密钥密码的出现，开拓了直接利用 **NP** 和 **NPC** 问题设计密码的技术路线。

我们将进入量子计算时代。量子信息有许多奇妙的特性。例如，量子信息的存储呈现叠加态。对于电子信息，一个 n 位的存储器，每一时刻只能存储一个确定的二进制数据。可是对于量子信息，一个 n 量子位的存储器，每一时刻同时存储着 2^n 个二进制数据的叠加。量子信息的这种叠加态特性，使得量子计算具有并行性。例如，当量子计算机对一个 n 量子比特的数据进行处理时，量子计算机实际上是同时对 2^n 个数据状态进行了处理。正是这种并行性使得原来在电子计算机环境下的一些难于计算的困难问题，在量子计算机环境下却成为容易计算的。量子计算机的这种超强计算能力，使得基于计算复杂性的现有公钥密码的安全受到挑战[3]。准确评估公钥密码的安全性需要量子计算复杂性理论。于是，人们开始研究建立量子计算复杂性理论，并且已经得到一些重要的结论[41]。仿照电子计算复杂性，用 **QP** 表示量子计算机下的易解问题，用 **QNP** 表示量子计算机下的困难问题，由于量子计算机的并行性使得一些电子计算机下的 **NP** 困难问题转化为量子计算机下的 **QP** 易解问题。这正是量子计算机可以有效攻击 RSA、ECC、EIGamal 等公钥密码的理论基础。然而并非所有的 **NP** 问题都能转化为 **QP** 问题，仍有一些 **NP** 问题在量子计算机下仍是困难的 **QNP** 问题。这就从理论上告诉我们，量子计算机并不能有效攻击所有密码，这就为我们研究设计抗量子计算密码提供了理论依据。

"资源折换"，即用一种资源的消耗来节省另一种资源的消耗，是科学技术领域中解决问题的一种有效策略。根据这一策略，在计算机资源如此丰富的今天，我们应当充分利用计算机资源来节省人的资源，让计算机在密码设计和分析中发挥更大的作用，减轻人的劳动强度。据此，作者提出了利用演化密码的思想实现密码设计和密码分析自动化的方法。根据目前的研究，利用这一方法可以实现密码部件的设计自动化，从而大大减轻密码设计人员的劳动强度[16]。

在本节最后，我们指出密码的设计应当遵循公开设计原则。密码体制的安全仅应依赖于对密钥的保密，而不应依赖于对算法的保密。只有在算法公开的条件下仍然安全的密码才是可取的。千万不要把密码的安全建立在对手的无知之上，只有在假设对手对密码算法有充分的研究并且拥有足够的计算资源的情况下仍然安全的密码才是安全的密码。美国在 20 世纪 70 年代制定的 DES，采用公开征集、公开评价的原则，实践证明 DES 是安全的。80 年代制定的 EES，采用内部设计、只提供芯片、不公开算法的策略，结果发现有安全缺陷。90 年代制定的 AES，又采用全世界范围的公开征集、公开评价的原则，实践证明 AES 是安全的。美国在商业密码政策上走过的从公开到封闭，再到公开的技术路线变化，从实践角度证明了密码的公开设计原则的正确性。

密码设计的公开原则并不等于所有的密码在应用时都要公开加密算法。世界各国的军政核心密码都不公开其加密算法。世界各主要国家都有强大的专业密码设计与分析队伍，他们仍然坚持密码的公开设计原则，在内部进行充分的分析，只是对外不公开而已。在公开设计原则下是安全的密码，在实际使用时对算法保密，将会更安全。这是核心密码的设计和使用的正确路线。对于商用密码应当坚持在专业部门指导下的公开征集、公开评价的原则。

2.2 古典密码

虽然用近代密码学的观点来看，许多古典密码是很不安全的，或者说是极易破译的。但是我们不能忘记古典密码在历史上曾发挥的巨大作用。另外，编制古典密码的基本方法对于编制近代密码仍然有效。本节介绍几种著名的古典密码。

2.2.1 置换密码

把明文中的字母重新排列，字母本身不变，但其位置改变了，这样编成的密码称为置换密码。置换密码又称为移位密码，因为对照明密文来看，字母的位置被移动了。

最简单的置换密码是把明文中的字母顺序倒过来，然后截成固定长度的字母组作为密文。

例如：

明文：明晨 5 点发动反攻。

  MING CHEN WU DIAN FA DONG FAN GONG

密文：GNOGN AFGNO DAFNA IDUWN EHCGN IM

倒序的置换密码显然是很弱的。

另一种置换密码是把明文按某一顺序排成一个矩阵，其中不足部分用符号 Φ 填充，而 Φ 是明文中不会出现的一个符号。然后按另一顺序选出矩阵中的字母以形成密文，最后截成固定长度的字母组作为密文。

例如：

明文：MING CHEN WU DIAN FA DONG FAN GONG

矩阵：MINGCH   写入顺序：按行

   ENWUDI   选出顺序：按列

   ANFADO

   NGFANG

   ONGΦΦΦ

密文：MEANO INNGN NWFFG GUAAΦ CDDNΦ HIOGΦ

由此可以看出，改变矩阵的大小和选出顺序可以得到不同形式的密码。其中有一种巧妙的方法：首先选用一个词语作为密钥，去掉重复字母，然后按字母的字典顺序给密钥字母一个编号。于是得到一组与密钥词语对应的数字序列。最后据此数字序列中的数字顺序按列选出密文。

例如：

明文：MING CHEN WU DIAN FA DONG FAN GONG

密钥：玉兰花

  YU LAN HUA

去掉重复字母：YULANH

数字序列：　　6 5 3 1 4 2

矩阵：　　　　MINGCH　　　　写入顺序：按行

　　　　　　　ENWUDI　　　　选出顺序：数字顺序

　　　　　　　ANFADO

　　　　　　　NGFANG

　　　　　　　ONGΦΦΦ

密文：GUAAΦ　HIOGΦ　NWFFG　CDDNΦ　INNGN MEANO

这种置换密码的密钥是矩阵的大小和写入选出顺序，而密钥词语仅仅是使密钥便于记忆罢了。

置换密码比较简单，但它经不起已知明文攻击。这是因为，只要把明密文对照，便可以得出置换规律，便可确定出密钥。但是，把它与其他密码技术相结合，可以得到十分有效的密码。

2.2.2　代替密码

首先构造一个或多个密文字母表，然后用密文字母表中的字母或字母组来代替明文字母或字母组，各字母或字母组的相对位置不变，但其本身改变了。这样编成的密码称为代替密码。

按代替所使用的密文字母表的个数可将代替密码分为单表代替密码、多表代替密码和多名代替密码。

1. 单表代替密码

单表代替密码又称为简单代替密码。它只使用一个密文字母表，并且用密文字母表中的一个字母来代替明文字母表中的一个字母。

设 A 和 B 分别为含 n 个字母的明文字母表和密文字母表：

$$A = \{ a_0, a_1, \cdots, a_{n-1} \}$$
$$B = \{ b_0, b_1, \cdots, b_{n-1} \}$$

定义一个由 A 到 B 的一一映射：$f: A \rightarrow B$

$$f(a_i) = b_i$$

这个映射表示：用密文字母表 B 中的第 i 个字母 b_i，代替明文字母表 A 中的第 i 个字母 a_i。

设明文 $M = (m_0, m_1, \cdots, m_{n-1})$，则密文 $C = (f(m_0), f(m_1), \cdots, f(m_{n-1}))$。可见，简单代替密码的密钥就是映射函数 f 或密文字母表 B。

下面介绍几种典型的简单代替密码。

（1）加法密码。

加法密码的映射函数为，

$$f(a_i) = b_i = a_j$$
$$j = i + k \quad \mod \quad n \tag{2-9}$$

其中，$a_i \in A$，k 是满足 $0 < k < n$ 的正整数。

这个映射表示：用密文字母表 B 中的第 i 个字母 b_i，代替明文字母表 A 中的第 i 个字母 a_i。而 b_i 就是明文字母表 A 中的第 j 个字母 a_j。这说明密文字母表 B 就是把明文字母表 A 循环右移 j 位的结果。由于 $j = i+k \mod n$，所以称为加法密码。

著名的加法密码是古罗马的凯萨大帝（Caesar）使用过的一种密码。Caesar 密码取 $k = 3$，因此其密文字母表就是把明文字母表循环右移 3 位后得到的字母表。例如：

$A = \{$A，B，C，D，E，F，G，H，I，J，K，L，M，N，O，P，Q，R，S，T，U，V，W，X，Y，Z$\}$

$B = \{$D，E，F，G，H，I，J，K，L，M，N，O，P，Q，R，S，T，U，V，W，X，Y，Z，A，B，C$\}$

明文：MING CHEN WU DIAN FA DONG FAN GONG

密文：PLQJ FKHQ ZX GLDQ ID GRQJ IDQ JRQJ

（2）乘法密码。

乘法密码的映射函数为，

$$f(a_i) = b_i = a_j$$
$$j = ik \mod n \tag{2-10}$$

其中，要求 k 与 n 互素。这是因为仅当 $(k, n) = 1$ 时，才存在两个整数 x，y 使得 $xk + yn = 1$，才有 $xk = 1 \mod n$，才有 $i = xj \mod n$，密码才能正确解密。

这个映射表示：用密文字母表 B 中的第 i 个字母 b_i，代替明文字母表 A 中的第 i 个字母 a_i。而 b_i 就是明文字母表 A 中的第 j 个字母 a_j。由于 $j = ik \mod n$，所以称为乘法密码。

例如，当用英文字母表作为明文字母表而取 $k = 13$ 时，因为 $(13, 26) = 13 \neq 1$，便会出现：

$f(A) = f(C) = f(E) = f(G) = f(I) = f(K) = f(M) = f(O) = f(Q) = f(S) = f(U) = f(W) = f(Y) = A$

$f(B) = f(D) = f(F) = f(H) = f(J) = f(L) = f(N) = f(P) = f(R) = f(T) = f(V) = f(X) = f(Z) = N$

此时的明文字母表 A 和密文字母表 B 分别为，

$A = \{$A，B，C，D，E，F，G，H，I，J，K，L，M，N，O，P，Q，R，S，T，U，V，W，X，Y，Z$\}$

$B = \{$A，N，A，N，A，N，A，N，A，N，A，N，A，N，A，N，A，N，A，N，A，N，A，N，A，N$\}$

整个密文字母表 B 只包含 A 和 N 两个字母，密文将不能正确解密。

而若选 $k = 5$，因为 $(5, 26) = 1$，便得到如下的合理的密文字母表：

$A = \{$A，B，C，D，E，F，G，H，I，J，K，L，M，N，O，P，Q，R，S，T，U，V，W，X，Y，Z$\}$

$B = \{$A，F，K，P，U，Z，E，J，O，T，Y，D，I，N，S，X.C，H，M，R，W，B，

G，L，Q，V}

（3）仿射密码。

乘法密码和加法密码相结合便构成仿射密码。仿射密码的映射函数为

$$f(a_i)= b_i = a_j$$
$$j=ik_1+ k_0 \quad \mathrm{mod} \quad n \tag{2-11}$$

其中，要求$(k_1，n)=1$，$0\leqslant k_0<n$，且不允许同时有 $k_1=1$ 和 $k_0=0$。

由式（2-11）可知，仿射密码是加法密码与乘法密码的结合。

（4）密钥词语代替密码。

选用一个词语作为密钥编制密码的方法在置换密码中曾得到应用。这一方法同样可以用到代替密码中。首先随机地选择一个词组或短语作密钥，去掉重复字母，把结果作为矩阵的第一行。其次在明文字母表中去掉矩阵第一行中的字母，并将剩余字母依此写入矩阵的其余行。最后按某一顺序从矩阵中取出字母构成密文字母表。例如：

密钥：H O N G Y E

矩阵：H O N G Y E　　　写入顺序：按行

A B C D F I　　　选出顺序：按列

J K L M P Q

R S T U V W

X Z

A={A，B，C，D，E，F，G，H，I，J，K，L，M，N，O，P，Q，R，S，T，U，V，W，X，Y，Z}

B={H，A，J，R，X，O，B，K，S，Z，N，C，L，T，G，D，M，U，Y，F，P，V，E，I，Q，W}

明文：MING CHEN WU DIAN FA DONG FAN GONG

密文：LSTBJ KXTEP RSHTO HRGTB OHTBG TB

这种密钥词语代替密码的密钥是密文字母表。它由密钥词语、矩阵的大小和写入选出顺序共同确定。而密钥词语仅仅是使密钥便于记忆罢了。

2. 多表代替密码

简单代替密码很容易被破译，其原因在于只使用一个密文字母表，从而使得明文中的每一个字母都只用一个密文字母表中的一个固定字母来代替。提高代替密码强度的一种方法是采用多个密文字母表，使明文字母表中的每一个字母，在密钥的控制下使用不同的密文字母表进行代替。这样，明文字母表中的每一个字母，都有多种可能的字母代替。从而提高了密码的安全性。由于加密用到多个密文字母表，故称为多表代替密码。

最著名的多表代替密码要算 16 世纪法国密码学者 Vigenre 使用过的 Vigenre 密码。

Vigenre 密码使用 26 个密文字母表，像加法密码一样，它们是依此把明文字母表循环右移 0，1，2，…，25 位的结果。选用一个词组或短语作密钥，以密钥字母控制使用哪一个密文字母表。

把 26 个密文字母表排在一起称为 Vigenre 方阵。如表 2-1 所示。

表 2-1   **Vigenre 方阵**

		明 文 字 母 表 A B C D E F G H I J K L M N O P Q R S T U V W X Y Z	
密 钥 字 母 表	A	A B C D E F G H I J K L M N O P Q R S T U V W X Y Z	密 文 字 母 表
	B	B C D E F G H I J K L M N O P Q R S T U V W X Y Z A	
	C	C D E F G H I J K L M N O P Q R S T U V W X Y Z A B	
	D	D E F G H I J K L M N O P Q R S T U V W X Y Z A B C	
	E	E F G H I J K L M N O P Q R S T U V W X Y Z A B C D	
	F	F G H I J K L M N O P Q R S T U V W X Y Z A B C D E	
	G	G H I J K L M N O P Q R S T U V W X Y Z A B C D E F	
	H	H I J K L M N O P Q R S T U V W X Y Z A B C D E F G	
	I	I J K L M N O P Q R S T U V W X Y Z A B C D E F G H	
	J	J K L M N O P Q R S T U V W X Y Z A B C D E F G H I	
	K	K L M N O P Q R S T U V W X Y Z A B C D E F G H I J	
	L	L M N O P Q R S T U V W X Y Z A B C D E F G H I J K	
	M	M N O P Q R S T U V W X Y Z A B C D E F G H I J K L	
	N	N O P Q R S T U V W X Y Z A B C D E F G H I J K L M	
	O	O P Q R S T U V W X Y Z A B C D E F G H I J K L M N	
	P	P Q R S T U V W X Y Z A B C D E F G H I J K L M N O	
	Q	Q R S T U V W X Y Z A B C D E F G H I J K L M N O P	
	R	R S T U V W X Y Z A B C D E F G H I J K L M N O P Q	
	S	S T U V W X Y Z A B C D E F G H I J K L M N O P Q R	
	T	T U V W X Y Z A B C D E F G H I J K L M N O P Q R S	
	U	U V W X Y Z A B C D E F G H I J K L M N O P Q R S T	
	V	V W X Y Z A B C D E F G H I J K L M N O P Q R S T U	
	W	W X Y Z A B C D E F G H I J K L M N O P Q R S T U V	
	X	X Y Z A B C D E F G H I J K L M N O P Q R S T U V W	
	Y	Y Z A B C D E F G H I J K L M N O P Q R S T U V W X	
	Z	Z A B C D E F G H I J K L M N O P Q R S T U V W X Y	

    Vigenre 密码的代替规则是用明文字母在 Vigenre 方阵中的列和密钥字母在 Vigenre 方阵中的行的交点处的字母来代替该明文字母。例如，设明文字母为 P，密钥字母为 Y，则用字母 N 来代替明文字母 P。又例如：

明文：MING CHEN WU DIAN FA DONG FAN GONG

密钥：XING CHUI PING YE KUO YUE YONG DA JIANG LIU

密文：JQAME OYVLC QOYRP URMHK DOAMR NP

    Vigenre 密码的解密就是利用 Vigenre 方阵进行反代替。例如，这里密钥的第一个字母是 X，密文的第一个字母是 J。首先根据密钥字母 X，找到相应的密文字母表。再在密文字母表中找到密文字母 J。密文字母 J 所在的列与明文字母表交叉处的字母 M 便是相应的明文字母。如此继续，便可以将整个密文解密。

3. 多名代替密码

为了抵抗频率分析攻击，希望密文中不残留明文字母的频率痕迹。一种明显的方法是设法将密文字母的频率分布拉平。这便是多名代替密码的出发点。

为此，为明文字母表 $A=\{a_0, a_1, \cdots, a_{n-1}\}$ 中的每一个明文字母 a_i，作一个与之对应的字符子集合 B_i，且使 B_i 中的字符个数正比于 a_i 在明文中的相对频率，称 B_i 为 a_i 的多名字符集。并以多名字符集的集合 $B=\{B_i \mid i=0, 1, \cdots, n-1\}$ 作为密文字母表。

加密代替时，对于明文字母表中的每一个明文字母 a_i，都从与之对应的多名字符集 B_i 中随机地选取的一个多名字符来代替。因为每个明文字母都有多种代替，而且是随机选取代替，从而使密文中字母的频率掩盖了明文字母频率痕迹，提高了安全性。

例如，我们可以用 0 到 99 这 100 个整数构成 26 个子集合，分别作为 26 个英文字母的对应多名字符集合，而且确保每个多名字符集合的整数的个数正比于相应英语字母的相对频率以及不同的多名字符集合之间没有相同的整数。如表 2-2 所示。

表 2-2　　　　　　　　　　　　　　　**多名密文字母表**

明文字母表	多名字符集合
A	3　16　29　94　31　47　68　52
B	87　71
C	80　26　7
D	11　40　62　93
E	2　15　28　37　54　41　60　73　89　90　21　57　76
F	9　70
G	34　82
H	99　43　51　24　0　17
I	4　19　27　81　33　46　66
J	
K	39
L	1　45　14　96
M	10　88
N	13　5　20　36　69　50　49
O	6　18　95　74　59　48　23　30
P	91　53

续表

明文字母表	多名字符集合
Q	
R	92　79　42　58　12　38
S	35　44　61　56　85　77
T	8　25　63　55　72　64　86　97　98
U	32　65　83
V	78
W	67　75
X	
Y	22　84
Z	

例如：

明文：DATA SECURITY

密文：40　94　8　16　61　37　7　32　92　19　98　84

由于多名字符集合中的整数的个数正比于相应英语字母的相对频率以及不同的多名字符集合之间没有相同的整数，而且每个多名字符的选取又是随机的，所以多名代替密码的密文字符频率分布将是平坦的。这就增强了密码的强度。

举例：中国山西平遥日昇昌票号密码

这里我们给出我国最早的异地兑汇金融机构(票号)中所发明使用的一种密码技术。

在我国清代晚期，山西的工商业得到迅速的发展，晋商们与外地作生意，经常需要来回运送白银。大量的白银要异地运送，不仅运输繁重，而且很不安全。尽管晋商们普遍聘请镖局押运，但是白银被劫的事件屡屡发生，商家损失惨重。因此，迫切需要有一种办法来解决异地之间的白银运送问题。在这种情况下，清道光三年(1823年)山西平遥的商人雷履泰创建了中国第一个专门从事异地白银汇兑的金融机构"日昇昌"票号。有了票号，商人只需要在本地的票号交付白银，票号出具银票，商人持银票到异地的票号兑换白银。从而避免了大量白银的实物异地运送，非常方便。由于业务受到社会的欢迎，"日昇昌"票号的业务发展很快，分号很快就发展到全国各地。

为了确保银票的安全，雷履泰发明并采取了以下三种安全措施：

(1)笔迹认证。

在票号建立初期，雷履泰亲自书写银票并签名，而且加盖日昇昌的公章和自己的私章。他要求所有分票号的负责人必须熟悉他的笔迹和印章，通过笔迹和印章的认证达到银票防伪的目的。

（2）水印认证。

日昇昌制作银票的纸张采用了一种特别定制的专用纸。当时制纸的材料主要是麻，日昇昌要求在麻纸中加入少量的丝绸，并在其上用特殊颜色印上"日昇昌"三个字。一般情况下这三个字是看不见的，但对着光一照便显示出来。由于一般人没有这种有水印的特制纸，因此通过水印认证，便可达到银票防伪的目的。

（3）密押认证。

"国破山河在，城春草木深，感时花溅泪，恨别鸟惊心。"是唐朝大诗人杜甫的名诗"春望"中的前四句。相传宋朝武将曾公亮曾用这诗中每一句的第一个字，分别代表兵器、车马、粮草和兵士。采用这样的密语书写文书，即使文书被敌人截获，也不知道其中的含义。受此启发，雷履泰发明了自己的密码，并在银票中采用密押认证。我们称此密码为日昇昌密码。

日昇昌密码本质上是一种多表代替密码。它用了以下四个密文字母表：

①用 9 个汉字分别代表汉语数字一、二、…、九，用以表示文中的汉语数字。见图 2-3 中的最右两列。

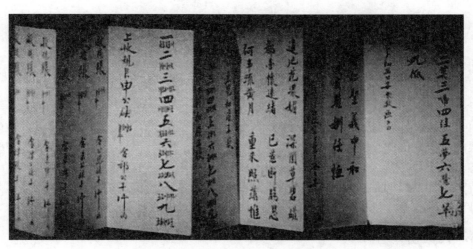

图 2-3　日昇昌密码的密文字母表

②用 12 个汉字分别代表十二个月。见图 2-3 中的右数 4~5 两列。

③用 30 个汉字分别代表一个月的三十天（初一到三十）。见图 2-3 中的右数 7~9 三列。

④用 9 组符号分别代表数字一、二、…、九，用以表示银两的数字。见图 2-3 中的 11 和 13 两列。

为了密码的安全，日昇昌密码的这些密文字母表还经常更换，而且要求负责密押的人记在脑筋中，不准用纸抄写。

日昇昌将这种密码用到自己的银票上，形成密押。通过密押认证，来鉴别银票的真伪。所谓密押就是将银两和日期等重要信息加密成密文，写在银票上。见图 2-4 中的右数 4~5 两列。当票号收到兑银银票后，根据银票上的日期和银两重新加密形成密押，并与银票上的密押对比。如两者一致，则认为银票为真，否则认为银票为假。显然在不知道密码的情况下，是不可能伪造出正确的密押的。

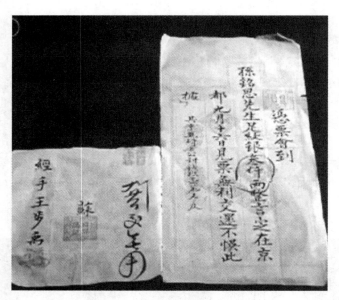

图 2-4　加密押的日昇昌银票

由于日昇昌综合采用了笔迹认证、水印认证、密押认证多种安全措施，有效地确保了其银票的安全。因此，极大地促进了其白银汇兑业务的发展，日昇昌很快便成为当时中国最负盛名的票号，持续辉煌几十年。

特别需要指出的是，日昇昌发明的密押认证技术，直今仍被银行广泛采用。这是中国人为世界金融安全作出的贡献。

2.2.3　代数密码

美国电话电报公司的 Gillbert Vernam 在 1917 年为电报通信设计了一种非常方便的密码，后来被称为 Vernam 密码。Vernam 密码奠定了序列密码的基础，在近代计算机和通信系统中得到广泛应用。

Vernam 密码的明文、密钥和密文均用二元数字序列表示。

设明文 $M = (m_0, m_1, \cdots, m_{n-1})$，密钥 $K = (k_0, k_1, \cdots, k_{n-1})$，密文 $C = (c_0, c_1, \cdots, c_{n-1})$，其中 $m_i, k_i, c_i \in GF(2)$，则

$$c_i = m_i \oplus k_i \qquad i = 0, 1, \cdots, n-1 \qquad (2-12)$$

这说明要编制 Vernam 密码，只需要把明文和密钥表示成二元序列，再把它们按位模 2 相加便可。根据式（2-12），有

$$m_i = c_i \oplus k_i \qquad (2-13)$$

式(2-13)说明要解密 Vernam 密码，只需要把密文和密钥的二元序列按位模 2 相加便可。可见，Vernam 密码的加密和解密非常简单，而且特别适合计算机和通信系统的应用。

例如：

明文：DATA

　　1000100　1000001　1010100　1000001

密钥：LAMB

　　1001100　1000001　1001101　1000010

密文：0001000　0000000　0011001　0000011

Vernam 密码属于序列密码。它的一个突出优点是其加密运算与解密运算相同，都是模 2 加运算。这使得无论是硬件实现还是软件实现都是最简单的，而且加解密可共用同一个软件模块或硬件电路，使工程设计制作的工作量减少一半。

在数学上，如果一个变换的正变换和逆变换相同，$f = f^{-1}$，则称其为对合运算。例如，模 2 加运算 $\oplus$ 就是一种对合运算。因此，在密码设计中都希望将其加密算法设计成对合运算，这样使加解密共用同一算法，工程实现工作量减少一半。例如，著名的 DES 和 SM4 等密码的加密运算都是对合运算。

Vernam 密码经不起已知明文攻击。这是因为，

$$k_i = c_i \oplus m_i \tag{2-14}$$

只要知道了某些明文–密文对，便可以迅速确定出相应的密钥。如果同一密钥重复使用或密钥本身包含重复，则 Vernam 密码将是不安全的。据此，为了增强 Vernam 密码的强度，应当避免密钥重复使用，避免密钥本身包含重复。一种极端情况如下：

①密钥是真正的随机序列；

②密钥至少和明文一样长；

③一个密钥只使用一次。

如果能够作到这些，则密码就是绝对不可破译的了。这便是著名的"一次一密"密码（one time pad）。然而"一次一密"密码在实际应用上是困难的。首先，"一次一密"密码要求密钥是真正的随机序列，这在实际上是困难的。因为任何基于数学算法和软件产生的密钥都不是真随机序列。只有基于物理的或大自然的随机现象产生的密钥才可能是真随机的。其次，"一次一密"密码要求密钥至少和明文一样长而且一个密钥只使用一次。这意味着必须经常地产生、存储大量的、很长的密钥，并且能够通过安全的途径将每次使用的密钥告诉收信者。这在实际上是很困难的。可见，"一次一密"密码在密钥管理和密钥分配方面困难性，使得它在实际应用上是非常困难的。

虽然"一次一密"密码在实际上是困难的，但它在理论上的成功却给我们展示出一个令人向往的目标。密码学者认为，如果能够用某种实际方法来模仿"一次一密"密码，将会得到一种安全性极好的实用密码。无疑这是设计密码的一种有效途径。

随着量子信息科学技术的发展，人们研究用量子密码技术来实现"一次一密"密码。量子密码中比较成熟的是量子密钥分配（QKD）技术。它利用量子物理技术产生真随机数用作密钥，通过具有保密性的量子通信进行密钥分配，然后按 Vernam 密码方式对明文加密。密钥的使用采用"一次一密"。这在理论上是无条件安全的。但是，因为在实际物理

器件的性能有时不能达到理论上的要求，因此这种加密方式在实际上是否真正是无条件安全的，还需要进行严格论证，并经过实践的检验。

2.3 古典密码的统计分析

任何自然语言都有许多固有的统计特性。如果自然语言的这种统计特性在密文中有所反应，则密码分析者便可以通过分析明文和密文的统计规律而将密码破译。许多古典密码都可以用统计分析的方法破译。

2.3.1 语言的统计特性

随便阅读一篇英文文献，立刻就会发现，其中字母 E 出现的次数比其他字母都多。如果进行认真统计，并且所统计的文献的篇幅足够长，便可以发现各字母出现的相对频率十分稳定。而且，只要文献不特别专门化，对不同的文献进行统计所得的频率分布大体相同。表 2-3 给出了英文字母的频率，同时显示出英文字母的频率的分布模式。

表 2-3   英文字母频率的分布

字母	频率	
A	8.167	* * * * * * * * * * * * * * * *
B	1.492	* * *
C	2.782	* * * * *
D	4.253	* * * * * * * *
E	12.702	* *
F	2.228	* * * *
G	2.015	* * * *
H	6.094	* * * * * * * * * * * *
I	6.966	* * * * * * * * * * * * * *
J	0.153	
K	0.772	* *
L	4.025	* * * * * * * *
M	2.406	* * * * *
N	6.749	* * * * * * * * * * * * *
O	7.507	* * * * * * * * * * * * * * *
P	1.929	* * * *
Q	0.095	
R	5.987	* * * * * * * * * * * *

字母	频率	
S	6. 327	＊ ＊ ＊ ＊ ＊ ＊ ＊ ＊ ＊ ＊ ＊ ＊ ＊
T	9. 056	＊ ＊ ＊ ＊ ＊ ＊ ＊ ＊ ＊ ＊ ＊ ＊ ＊ ＊ ＊ ＊ ＊ ＊
U	2. 758	＊ ＊ ＊ ＊ ＊
V	0. 978	＊ ＊
W	2. 360	＊ ＊ ＊ ＊ ＊
X	0. 150	
Y	1. 974	＊ ＊ ＊ ＊
Z	0. 074	

注：＊代表频率 0. 5

进一步，根据各字母频率的大小可将英文字母分为几组。表 2-4 示出这一分组情况。

表 2-4　　　　　　　　　　　　英文字母频率分布

极高频率字母组	E
次高频率字母组	T A O I N S H R
中等频率字母组	D L
低频率字母组	C U M W F G Y P B
甚低频率字母组	V K J X Q Z

不仅单字母以相当稳当的频率出现，而且双字母组(相邻的两个字母)和三字母组(相邻的三个字母)同样如此。出现频率最高的 30 个双字母组依次是：

TH　HE　IN　ER　AN　RE　ED　ON
ES　ST　EN　AT　TO　NT　HA　ND
OU　EA　NG　AS　OR　TI　IS　ET
IT　AR　TE　SE　HI　OF

出现频率最高的 20 个三字母组依次是：

THE　ING　AND　HER　ERE　ENT　THA　NTH　WAS
ETH　FOR　DTH　HAT　SHE　ION　HIS　STH　ERS
VER

特别值得注意的是，THE 的频率几乎是排在第二位的 ING 的 3 倍，这对于破译密码是很有帮助的。此外，统计资料还表明：

① 英文单词以 E、S、D、T 为结尾的超过一半。

②英文单词以 T、A、S、W 为起始字母的约占一半。

以上所有这些统计数据，对于密码分析者来说都是十分有用的信息。除此之外，密码分析者的文学、历史、地理等方面的知识对于破译密码也是十分重要的因素。

最后指出，上述统计数据是对非专业性文献中的字母进行统计得到的。如果考虑实际文献中的标点、间隔、数字等符号，则统计数据将有所不同。例如，计算机程序文件的字符频率分布与报纸的政治评论的字符频率分布将有显著不同。

2.3.2　古典密码分析

这里主要分析简单代替密码。

对于加法密码，根据式（2-9）可知，密钥整数 k 只有 $n-1$ 个不同的取值。对于明文字母表为英文字母表的情况，k 只有 25 种可能的取值。即使是对于明文字母表为 8 位扩展 ASCII 码而言，k 也只有 255 种可能的取值。因此，只要对 k 的可能取值逐一穷举就可破译加法密码。

乘法密码比加法密码更容易破译。根据式（2-10）可知，密钥整数 k 要满足条件$(n,k)=1$，因此，k 只有 $\varphi(n)$ 个不同的取值。去掉 $k=1$ 这一恒等情况，k 的取值只有 $\varphi(n)-1$ 种。这里 $\varphi(n)$ 为 n 的欧拉函数。对于明文字母表为英文字母表的情况，k 只能取 3、5、7、9、11、15、17、19、21、23、25 共 11 种不同的取值，比加法密码弱得多。

仿射密码的保密性能好一些。但根据式（2-11），可能的密钥也只有 $n\varphi(n)-1$ 种。对于明文字母表为英文字母表的情况，可能的密钥只有 $26\times12-1=311$ 种。这一数目对于古代密码分析者企图用穷举全部密钥的方法破译密码，可能会造成一定的困难，然而对于应用计算机进行破译来说，这就是微不足道的了。

本质上，密文字母表实际上是明文字母表的一种排列。设明文字母表含 n 个字母，则共有 $n!$ 种排列，对于明文字母表为英文字母表的情况，可能的密文字母表有 $26! \approx 4\times10^{26}$。由于密钥词组代替密码的密钥词组可以随意地选择，故这 26！ 种不同的排列中的大部分被用做密文字母表是完全可能的。即使使用计算机，企图用穷举一切密钥的方法来破译密钥词组代替密码也是不可能的。那么，密钥词组代替密码是不是牢不可破呢？其实不然，因为穷举并不是攻击密码的唯一方法。这种密码仅在传输短的消息时是保密的，一旦消息足够长，密码分析者便可利用其他的统计分析的方法迅速将其攻破。

字母和字母组的统计数据对于密码分析者来说是十分重要的。因为它们可以提供有关密钥的许多信息。例如，由于字母 E 比其他字母的频率都高得多，如果是简单代替密码，那么可以预计大多数密文都将包含一个频率比其他字母都高的字母。当出现这种情况时，完全有理由猜测这个字母所对应的明文字母就是 E。进一步比较密文和明文的各种统计数据及其分布模式，便可确定出密钥，从而攻破简单代替密码。例如，加法密码的密文字母频率分布是其明文字母频率分布一种循环平移。而乘法密码的密文字母频率分布是其明文字母频率分布的某种等间隔抽样。由于多表代替密码和多名代替密码的每一个明文字母都有多个不同的密文字母来代替，因此它们的密文字母频率分布是比较平坦的，所以它们的保密性比简单代替密码高。但是仍然有其他一些统计特性在密文中留下痕迹，因此仍然是可以攻破的。

下面举例说明一般单表代替密码统计分析过程。

密文:

YKHLBA JCZ SVIJ JZB LZVHI JCZ VHJ DR IZXKHLBA VSS RDHEI DR
YVJV LBXSKYLBA YLALJVS IFZZXC CVI LEFHDNZY EVBTRDSY JCZ
FHLEVHT HZVIDB RDH JCLI CVI WZZB JCZ VYNZBJ DR
ELXHDZSZXJHDBLXI JCZ XDEFSZQLJT DR JCZ RKBXJLDBI JCVJ XVB
BDP WZ FZHRDHEZY WT JCZ EVXCLBZ CVI HLIZB YHVEVJLXVSST VI
V HZIKSJ DR JCLI HZXZBJ YZNZSDFEZBJ LB JZXCBDSDAT EVBT DR
JCZ XLFCZH ITIJZEI JCVJ PZHZ DBXZ XDBILYZHZY IZXKHZ VHZ BDP
WHZVMVWSZ

首先统计密文的单字母频率数,并将字母分组。

单字母频率数:

A B C D E F G H I J K L M N O P Q R S T U V W X Y Z
5 24 19 23 12 7 0 24 21 29 6 20 1 3 0 3 1 11 14 9 0 27 5 17 12 45

字母分组:

极高频率字母组	Z
次高频率字母组	J V B H D I L C
中等频率字母组	X S E Y R
低频率字母组	T F K A W N P
甚低频率字母组	M Q G O U

由于密文太少, 故统计结果与明文统计数据不尽相同。尽管如此, 已足以破译该密文。

密文字母 Z 的频率最高, 它一定是明文字母 E。在英语中只有一个单字母单词 A, 因此可以断定密文字母 V 对应于明文字母 A。三字母 JCZ 的频率最高, 因此它一定就是 THE。密文字母 J 对应于明文字母 T, 密文字母 C 对应于明文字母 H。密文字母 J 的频率处于第二位, 进一步证明了其对应于明文字母 T。考察双字母单词 VI。因为已知 V 对应于 A, 根据英语知识, 只可能是 AN、AS、AM、AT。首先它不是 AN, 否则因其后有冠词 A 而语法不通。又因 J 对应于 T, 故又不是 AT, 只能是 AS 或 AM。明文字母 M 属于低频字母, 而密文字母 I 属于高频字母, 因此密文字母 I 对应于明文字母 S, 于是密文 VI 的明文为 AS。考察三字母单词 VSS。因为已知 V 的明文为 A, 在英语中 A 后面接两个相同字母的单词只有 ALL, 因此密文字母 S 对应于明文字母 L。在三字母单词 VHZ 中, 因为已知 V 的明文为 A, Z 的明文为 E, 根据英语知识它只能是 ARE 或 AGE。因为 H 在密文中属于高频字母, G 在明文字母中属于低频字母, 故 H 的明文为 R。仿此分析三字母单词 JZB, 可知密文字母 B 对应于明文字母 N, JZB 的明文为 TEN。分析四字母单词 JCLI, 可知密文字母 L 对应于明文字母 I。分析四字母单词 WZZB, 可知密文字母 W 对应于明文字母 B。由双字母单词 WT 可知密文字母 T 对应于明文字母 Y。由密文 HZVIDB 可推出密文字母 D 对应于明文字母 O。双字母单词 DR 的频率很高, 已知 D 的明文是 O, 则 R 的明文一定是 F。由三字母组 BDP 可推出密文字母 P 对应于明文字母 W。在密文 DBXZ 中, 因为已知 D、B、Z 的明文，故可推出密文字母 X 对应于明文字母 C。从密文 EVBT 可推出密文字母 E 对应于明文字母 M。从密文 IFZZXC 可推出密文字母 F 对应于明文字母 P。从密文 FZHRDHEZY 可推出密文字母 Y 对应于明文字母 D。从密文 JZXCBDSDAT 可推出密文字母 A 对应于明文字母 G。同时注意到三字母词尾 LBA 的频率较高，进一步证明这一推断是正确的。从密文 YKHLBA 可推出密文字母 K 对应于明文字母 U。从密文 LEFHDNZY 可推出密文字母 N 对应于明文字母 V。最后从 WHZVMVPZHZ 可知 M 对应于 K。至此，整个密文全部译出：

DURING THE LAST TEN YEARS THE ART OF SECURING ALL FORMS OF DADA INCLUDING DIGITAL SPEECH HAS IMPROVED MANYFOLD THE PRIMARY REASON FOR THIS HAS BEEN THE ADVENT OF MICROELECTRONICS THE COMPLEXITY OF THE FUNCTION THAT CAN NOW BE PERFORMED BY THE MACHINE HAS RISEN DRAMATICALLY AS A RESULT OF THIS RECENT DEVELOPMENT IN TECHNOLOGY MANY OF THE CIPHER SYSTEM THAT WERE ONCE CONSIDERED SECURE ARE NOW BREAKABLE

从以上例子可以看出，破译单代替密码的大致过程是：首先统计密文的各种统计特征，如果密文量比较多，则完成这步后便可确定出大部分密文字母；其次分析双字母、三字母密文组，以区分元音和辅音字母；最后分析字母较多的密文，在这一过程中大胆使用猜测的方法，如果猜对一个或几个词，就会大大加快破译过程。

密码破译是十分复杂和需要极高智力的劳动。世界上第一台计算机一诞生便投入密码破译的应用，目前计算机已经成为密码破译的主要工具。可以预计，随着人工智能和计算机科学技术的发展，人工智能和计算机在密码破译中将会发挥更大的作用。

2.4　SuperBase 密码的破译

SuperBase 是 Windows 环境下的一个数据库软件。它功能强大，界面友好，深受用户的喜爱。它可采用密码技术将程序文件加密成密文文件，结合编辑保护，对软件提供安全保护。这无疑对保护软件开发者的技术权益和经济效益有积极意义。然而，由于它所采用的密码太弱，使得这种保护不够有力，没有起到应起的作用。

文献[37]对 SuperBase 的密码进行了分析，彻底破译了这一密码。下面介绍这一分析。

1. SuperBase 的文件结构与保护

SuperBase 提供了对程序文件的密码加密保护和编辑保护。密码保护把当前内存的文件加密成密文存盘，由于文件以密文存盘，未授权者不能得到程序的明文。程序文件加密成密文文件后，编辑保护拒绝文本编辑工具（EDIT 等）和代码编辑工具（Debug 等）的编辑。

SuperBase 的普通文件存盘时是把 SuperBase 的内部命令、语句和函数变换为压缩代码 FF XX 形式存盘，而其他字符以 ASCII 码形式存盘。

例如，语句 REM AAAA，存盘后变为：

53	42	50	0A	0D	20	FF	BD	20	41	41	41	41	1A

其中, 53 42 50 (SUP) 为 SuperBase 的普通文件的标志, 0A 0D 为回车换行, 20 为空格, FF 为 SuperBase 的内部命令、语句和函数的标志, BD 为语句 REM 的压缩代码, 41 为字母 A 的 ASCII 码, 1A 为文件结束标记。普通文件不仅可执行, 而且可编辑。

把当前内存的文件加密成密文存盘的办法是在菜单 Program 栏的 Command 项中发命令 Protect "filename"。

例如, 把语句 REM AAAA, 加密存盘后变为:

53	42	42	50	0A	0D	2F	FF	C2	2F	50	50	50	50	1A

其中 53 42 42 50 (SBBP) 为 SuperBase 的密文文件的标志, 带有此标志的程序文件可以执行, 但受编辑保护而拒绝编辑。由于文件以密文存盘, 未授权者即使是使用代码编辑工具也不能得到程序的明文。

因为 SuperBase 对程序文件提供了密码保护和编辑保护, 所以要攻击它也可从采用攻击其密码保护和攻击其编辑保护两种攻击方法。只要一种方法攻击成功, 便攻破了 SuperBase 的安全保护。攻击编辑保护需要分析 SuperBase 的解释程序和编辑程序, 工作量很大。又因为 SuperBase 的密码比较简单, 故我们选择密码攻击的方法。

2. SuperBase 的密码分析

由于分析者使用 SuperBase 软件可以任意选择明文, 并得到其密文, 所以采用选择明文攻击是最合适的攻击方法。加密一定数量的明文文件并观察密文文件, 可发现加密算法有以下基本特征:

(1) 加密算法的基本特征。

①由前面的例子可以看出, 在加密文件时回车换行不加密, 命令的压缩代码标志 FF 也不加密。

②加密是局部的, 即改变明文的第 i 个字符, 只引起密文的第 i 个字符发生变化。

③加密与位置无关, 即在周期内处于不同位置的同一明文字符加密后的密文字符相同。

(2) 数据字节加密算法

①分析下列明密文(十六进制):

明文: 40 41 42 43 44 45 46 47 48 49 4A 4B 4C 4D 4E 4F
密文: 4F 50 4D 4E 53 54 51 52 47 48 45 46 4B 4C 49 4A

仔细分析明文和密文的取值范围位 40~4F, 而密文的取值范围位置 45~54。比较了明文和密文的取值范围后, 进一步假设最终密文是中间密文加了一个十六进制数 5 = 45-40 = 54-4F 后得到的。把密文减 5 后, 得到如下的明文和密文的对应关系:

明文: 40 41 42 43 44 45 46 47 48 49 4A 4B 4C 4D 4E 4F
密文: 4A 4B 48 49 4E 4F 4C 4D 42 43 40 41 46 47 44 45

②由上可发现高半字节没加密, 仅低半字节加了密。于是可抽出如下的低半字节明密文对照表:

明文: 0   1   2   3   4   5   6   7   8   9   A   B   C   D   E   F

密文：A B 8 9 E F C D 2 3 0 1 6 7 4 5

密文字母表由一些数字块（连续的数字）组成，如二数字块：[A B]，[8 9]，[E F]，[C D]，[2 3]，[0 1]，[6 7]，[4 5]；四数字块：[A B 8 9]，[E F C D]，[2 3 0 1]，[6 7 4 5]；八数字块：[A B 8 9 E F C D]，[2 3 0 1 6 7 4 5]。

③把低半字节密文字母与 $x \oplus 2$，$x \oplus 3$ 等运算表相对照，可以发现它们有非常相似之处，它们都由一些数字块组成。于是，我们猜测低半字节加密一定使用了模 2 加运算：$m \oplus q$，因为加密与位置无关，所以 q 是与位置无关的常量。根据低半字节明密文表可推出 q=A，因为 0 加密成 A，1 加密成 B 等。

x	0	1	2	3	4	5	6	7	8	9	A	B	C	D	E	F
$x \oplus 2$	2	3	0	1	6	7	4	5	A	B	8	9	E	F	C	D

x	0	1	2	3	4	5	6	7	8	9	A	B	C	D	E	F
$x \oplus 3$	3	2	1	0	7	6	5	4	B	A	9	8	F	E	D	C

④根据以上分析，可知加密算法如下：设一个字节的十六进制数为 XY，高半字节 X 不加密，低半字节 Y 与 A 模 2 加后，再与高半字节结合形成新的中间密文字节。中间密文字节加 5 即为密文字节。用 C 语言描述为：

Byte = (Byte&0xf0) + (((Byte&0x0f)^0xoa)&0x0f) +5;

例如，明文：45 37 24 20 57 60，密文：54 43 33 2F 62 6F。对于明文 57 的加密过程为：保持高半字节 5 不变，低半字节 7 与 A 模 2 相加结果为 D，将高半字节 5 与 D 结合为 5D，最后 5D+5=62 便为密文字节。

（3）命令压缩代码的加密规律与数据字节不同。

表 2-5 给出几个 SuperBase 的命令压缩代码及其密文，分析可知，命令压缩代码的加密规律是：标志字节 FF 不加密，命令压缩代码字节 XX+5。

表 2-5　　　　　SuperBase 的命令压缩代码及其密文对照表

SuperBase 的命令	命令压缩代码	密文
MOD	FF 0F	FF 14
IF	FF A1	FF A6
NOT	FF 4F	FF 54
PROGRAMFILE	FF F7	FF FC

（4）解密算法。

解密过程是加密过程的逆，根据以上的分析，可知解密算法为：

①回车换行（0D 0A）不改变；

②命令带码标志 FF 不改变；

③命令压缩代码−5；

④数据字节解密过程为：首先减去 5，然后低半字节模 2 加 A。

以上我们采用密码攻击的方法彻底攻破了 SuperBase 的密码保护。通过以上的分析，我们可以看出：在计算机的数据库和其他程序语言软件中采用密码和编辑保护技术对确保数据安全是有积极意义的。但是这两种保护都必须是足够强的，只要其中一种被攻破，整个保护就被攻破了。如果软件所采用的密码太弱，就不能提供足够的安全保护。应当特别注意的是，不要以为采用的密码是强的，系统就是安全的。因为这里还有另一种攻击途径，即攻击其编辑保护。如果没有安全的编辑保护，即使采用牢不可破的密码也是徒劳的。一般来说，攻击编辑保护总是可成功的。编辑保护攻击的复杂度取决于分析者对该软件系统的熟悉程度和跟踪分析能力。这里所谈到的是计算机软件安全保密的特殊性，也是其难点所在。

2.5　推荐读物

如果读者对密码的发展历史感兴趣，建议阅读文献[11]和[12]。文献[11]《密码的奥秘》是美国的一本密码科普书籍，我国学者把它翻译成中文。书中从自然界早期的神符号、战争对密码的需求和科学技术进步对密码的推动等方面介绍了密码的诞生和发展。书中图文并茂，通俗易懂，生动有趣。文献[12]《古今密码学趣谈》由中国密码学会组编。书中主要介绍密码的发展历史，重点介绍了两次世界大战中惊心动魄的密码战，并对信息时代的密码应用和发展方向进行了简单介绍。本书对密码初学者了解密码的前世今生，很有参考价值。

当前在信息领域掀起了一股人工智能热潮，演化密码是密码与人工智能的一种巧妙结合，是实现密码智能化的一种有效途径。如果读者对密码智能化感兴趣，建议你参考阅读文献[16]。

习题与实验研究

1. 解释密码体制的概念。
2. 说明密码体制框图(图 2-1)中攻击者的作用。
3. 说明密码体制的分类，它们各有什么特点？
4. 说明什么是演化密码，它有什么优缺点？
5. 什么是密码分析？密码分析的方法主要有哪些类型？它们各有什么特点？
6. 说明什么是"计算上不可破译"，它对我们有什么意义？
7. 为什么说，理论上任何实用的密码都是可破的？
8. 说明为什么量子计算机技术的进步，对现有公钥密码构成了巨大挑战？
9. 计算机的程序文件和数据库文件加密容易受到什么攻击，为什么？
10. 已知置换如下：

$$P = \begin{pmatrix} 1 & 2 & 3 & 4 & 5 & 6 \\ 3 & 5 & 1 & 6 & 4 & 2 \end{pmatrix}$$

①设明文 = 642135，求出密文。

②求出逆置换 P^{-1}，设密文 = 214365，求出明文。

11. 以英文为例，用加法密码，取密钥常数 $k = 7$，对明文 INFORMATION SECURITY，进行加密，求出密文。

12. 分析加法、乘法和仿射密码的安全性。

13. 实验研究：

① 以英文为例，用计算机穷举的方法破译如下的加法密码密文：CSYEVIXIVQMREXIH。

②实现加法密码，以英文为例，加密得到一定数量的密文，并对其进行字母频率分析计算机破译。

14. 中国山西平遥日昇昌票号密码系统中采用哪些安全措施？其中什么安全技术被称为是中国人为世界金融安全作出的贡献？

15. 软件实验：编程实现 Vigenre 密码。

16. 分析 Vernam 密码的优缺点。

17. 什么是"一次一密"密码？为什么它是不实用的？

18. 什么是对合运算？举出 3 种对合运算。

19. 设明文数据块包含 1024 位，设计一个方案将 64 位的密钥扩展为 1024 位，将明文与扩展密钥进行异或运算，类似一次一密。试问这个密码是否与"一次一密"一样安全？为什么？

20. SuperBase 密码被破译给我们什么启示？

第二篇　对称密码

第3章 分组密码

分组密码是当今国际商用密码的主流密码。本章介绍几种有代表性的分组密码算法及其一些应用技术。

3.1 数据加密标准(DES)

为了适应社会对计算机数据安全保密越来越高的需求,美国国家标准局(NBS)于1973年向社会公开征集一种用于政府机构和商业部门对非机密的敏感数据进行加密的加密算法。许多公司都提交了自己的加密算法,经过评测,最后选中了IBM公司提交的一种加密算法。经过一段时间的试用和征求意见,美国政府于1977年1月5日颁布作为数据加密标准(Data Encryption Standard),简称为DES。

DES的设计目标是,用于加密保护静态存储和传输信道中的数据,安全使用10~15年。

DES综合运用了置换、代替、代数等多种密码技术。它设计精巧、实现容易、使用方便,堪称是适应计算机环境的近代分组密码的一个典范。DES的设计充分体现了商农(Shannon)所阐述的设计密码的思想,标志着密码的设计与分析达到了新的水平。

DES是一种分组密码。明文、密文和密钥的分组长度都是64位。

DES是面向二进制的密码算法,因而能够加解密任何形式的计算机数据。

DES是对合运算,因而加密和解密共用同一算法,从而使工程实现的工作量减半。

DES的密码结构属于Feistel结构,这种结构是IBM的密码专家Feistel最早提出的。

DES的整体结构如图3-1所示。

3.1.1 DES的加密过程

(1)64位密钥经子密钥产生算法产生出16个子密钥:K_1,K_2,…,K_{16},分别供第一次,第二次,…,第十六次加密迭代使用。

(2)64位明文首先经过初始置换 *IP*(Initial Permutation),将数据打乱重新排列并分成左右两半。左边32位构成L_0,左边32位构成R_0。

(3)由加密函数 f 实现子密钥 K_1 对 R_0 的加密,结果为32位的数据组 $f(R_0,K_1)$。$f(R_0,K_1)$再与L_0模2相加,又得到一个32位的数据组 $L_0 \oplus f(R_0,K_1)$。以 $L_0 \oplus f(R_0,K_1)$作为第二次加密迭代的 R_1,以R_0作为第二次加密迭代的L_1。至此,第一次加密迭代结束。

(4)第二次加密迭代至第十六次加密迭代分别用子密钥 K_2,…,K_{16}进行,其过程与

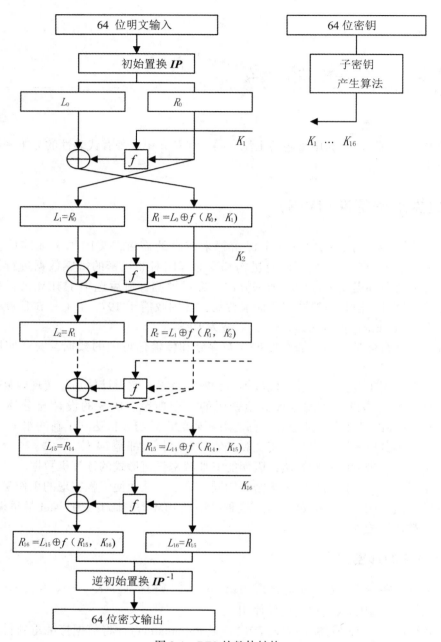

图 3-1 DES 的整体结构

第一次加密迭代相同。

（5）第十六次加密迭代结束后，产生一个 64 位的数据组。以其左边 32 位作为 R_{16}，以其右边 32 位作为 L_{16}，两者合并再经过逆初始置换 IP^{-1}，将数据重新排列，便得到 64 位密文。至此加密过程全部结束。

综上可将 DES 的加密过程用如下的数学公式描述：

$$\begin{cases} L_i = R_{i-1} \\ R_i = L_{i-1} \oplus f(R_{i-1}, K_i) \\ i = 1, 2, 3, \cdots, 16 \end{cases} \qquad (3\text{-}1)$$

3.1.2　DES 的算法细节

下面详细介绍 DES 的算法细节。

1. 子密钥的产生

64 位密钥经过置换选择 1、循环左移、置换选择 2 等变换，产生出 16 个 48 位长的子密钥。子密钥的产生过程如图 3-2 所示，其中产生每一个子密钥所需的循环左移位数在表 3-1 中给出。

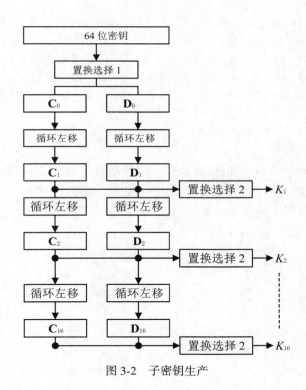

图 3-2　子密钥生产

表 3-1　　　　　　　　　　　　　　　　循环左移位数表

迭代次数	1	2	3	4	5	6	7	8	9	10	11	12	13	14	15	16
循环左移位数	1	1	2	2	2	2	2	2	1	2	2	2	2	2	2	1

（1）置换选择 1。

64 位的密钥分为 8 个字节。每个字节的前 7 位是真正的密钥位，第 8 位是奇偶校验位。奇偶校验位可以从前 7 位密钥位计算得出，不是随机的，因而不起密钥的作用。奇偶校验位的作用在于可检测密钥中是否有错误，确保密钥的完整性。因此，DES 真正的密钥只有 56 位。

置换选择 1 的作用有两个：一是从 64 位密钥中去掉 8 个奇偶校验位；二是把其余 56 位密钥位打乱重排，且将前 28 位作为 C_0，后 28 位作为 D_0。置换选择 1 规定：C_0 的各位依次为原密钥中的第 57，49，$\cdots$，1，$\cdots$，44，36 位；D_0 的各位依次为原密钥中的第 63，55，$\cdots$，7，$\cdots$，12，4 位。置换选择 1 的矩阵在图 3-3 中给出。

C_0						
57	49	41	33	25	17	9
1	58	50	42	34	26	18
10	2	59	51	43	35	27
19	11	3	60	52	44	36

D_0						
63	55	47	39	31	23	15
7	62	54	46	38	30	22
14	6	61	53	45	37	29
21	13	5	28	20	12	4

图 3-3　置换选择 1

（2）置换选择 2。

将 C_i 和 D_i 合并成一个 56 位的中间数据，置换选择 2 从中选择出一个 48 位的子密钥 K_i。置换选择 2 的矩阵在图 3-4 中给出，其中规定：子密钥 K_i 中的第 1，2，$\cdots$，48 位依次是这个 56 位中间数据中的第 14，17，$\cdots$，5，3，$\cdots$，29，32 位。

14	17	11	24	1	5
3	28	15	6	21	10
23	19	12	4	26	8
16	7	27	20	13	2
41	52	31	37	47	55
30	40	51	45	33	48
44	49	39	56	34	53
46	42	50	36	29	32

图 3-4　置换选择 2

2. 初始置换 *IP*

初始置换 *IP* 是 DES 的第一步密码变换。初始置换的作用在于将 64 位明文打乱重排，并分成左右两半。左边 32 位作为 L_0，右边 32 位作为 R_0，供后面的加密迭代使用。初始置换 *IP* 的矩阵在图 3-5 中给出。其置换距阵说明：置换后 64 位数据的第 1，2，$\cdots$，64 位依次是原明文数据的第 58，50，$\cdots$，2，60，$\cdots$，15，7 位。

58	50	42	34	26	18	10	2
60	52	44	36	28	20	12	4
62	54	46	38	30	22	14	6
64	56	48	40	32	24	16	8
57	49	41	33	25	17	9	1
59	51	43	35	27	19	11	3
61	53	45	37	29	21	13	5
63	55	47	39	31	23	15	7

图 3-5 初始置换 *IP*

3. 加密函数

加密函数是 DES 的核心部分。它的作用是在第 i 次加密迭代中用子密钥 K_i 对 R_{i-1} 进行加密。其框图如图 3-6 所示。在第 i 次迭代加密中选择运算 *E* 对 32 位的 R_{i-1} 的各位进行选择和排列，产生一个 48 位的结果。此结果与子密钥 K_i 模 2 相加，然后送入代替函数组 *S*。代替函数组由 8 个代替函数（也称 *S* 盒子）组成，每个 *S* 盒子有 6 位输入，产生 4 位的输出。8 个 *S* 盒子的输出合并，结果得到一个 32 位的数据组。此数据组再经过置换运算 *P*，将其各位打乱重排。置换运算 *P* 的输出便是加密函数的输出 $f(R_{i-1}, K_i)$。

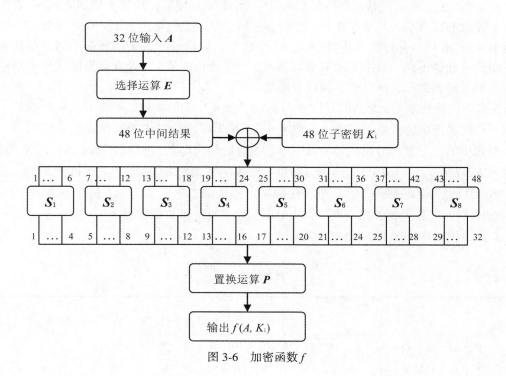

图 3-6 加密函数 *f*

（1）选择运算 *E*

选择运算 *E* 对 32 位的数据组 *A* 的各位进行选择和排列，产生一个 48 位的结果。这

说明选择运算 E 是一种扩展运算，它将 32 位的数据扩展为 48 位的数据，以便与 48 位的子密钥模 2 相加并满足代替函数组 S 对数据长度的要求。由选择运算矩阵可知，它是通过重复选择某些数据位来达到数据扩展的目的。选择运算 E 的矩阵如图 3-7 所示。

32	1	2	3	4	5
4	5	6	7	8	9
8	9	10	11	12	13
12	13	14	15	16	17
16	17	18	19	20	21
20	21	22	23	24	25
24	25	26	27	28	29
28	29	30	31	32	1

图 3-7　选择运算 E

（2）代替函数组 S

代替函数组由 8 个代替函数（也称 S 盒子）组成，8 个 S 盒分别记为，S_1，S_2，S_3，S_4，S_5，S_6，S_7，S_8。代替函数组的输入是一个 48 位的数据，从第 1 位到第 48 位依次加到 8 个 S 盒的输入端。每个 S 盒有一个代替矩阵，规定了其输出与输入的代替规则。代替矩阵有 4 行 16 列，每行都是 0 到 15 这 16 个数字，但每行的数字排列都不同，而且 8 个代替矩阵彼此也不同。每个 S 盒有 6 位输入，产生 4 位的输出。S 盒运算的结果是用输出数据代替了输入数据，所以称其为代替函数。

S 盒的代替规则是：S 盒的 6 位输入 $b_1b_2b_3b_4b_5b_6$ 中的第 1 位 b_1 和第 6 位 b_6 组成的二进制数 b_1b_6 代表选中的行号，其余 4 位数字 $b_2b_3b_4b_5$ 所组成的二进制数代表选中的列号，而处在被选中的行号和列号交点处的数字便是 S 盒的输出（以二进制形式输出）。以 S_1 为例，设输入 $b_1b_2b_3b_4b_5b_6 = 101011$，第 1 位和第 6 位数字组成的二进制数 $b_1b_6 = 11 = (3)_{10}$，表示选中 S_1 的行号为 3 的那一行，其余 4 位数字所组成的二进制数为 $b_2b_3b_4b_5 = 0101 = (5)_{10}$，表示选中 S_1 的列号为 5 的那一列。交点处的数字是 9，则 S_1 的输出为 1001。

S 盒的代替矩阵 S_1 到 S_8 由表 3-2 给出。

表 3-2　　　　　　　　　　　　　　　　　**代替函数组**

	0	1	2	3	4	5	6	7	8	9	10	11	12	13	14	15	
0	14	4	13	1	2	15	11	8	3	10	6	12	5	9	0	7	
1	0	15	7	4	14	2	13	1	10	6	12	11	9	5	3	8	S_1
2	4	1	14	8	13	6	2	11	15	12	9	7	3	10	5	0	
3	15	12	8	2	4	9	1	7	5	11	3	14	10	0	6	13	

	0	1	2	3	4	5	6	7	8	9	10	11	12	13	14	15
0	15	1	8	14	6	11	3	4	9	7	2	13	12	0	5	10
1	3	13	4	7	15	2	8	14	12	0	1	10	6	9	11	5
2	0	14	7	11	10	4	13	1	5	8	12	6	9	3	2	15
3	13	8	10	1	3	15	4	2	11	6	7	12	0	5	14	9

S_2

	0	1	2	3	4	5	6	7	8	9	10	11	12	13	14	15
0	10	0	9	14	6	3	15	5	1	13	12	7	11	4	2	8
1	13	7	0	9	3	4	6	10	2	8	5	14	12	11	15	1
2	13	6	4	9	8	15	3	0	11	1	2	12	5	10	14	7
3	1	10	13	0	6	9	8	7	4	15	14	3	11	5	2	12

S_3

	0	1	2	3	4	5	6	7	8	9	10	11	12	13	14	15
0	7	13	14	3	0	6	9	10	1	2	8	5	11	12	4	15
1	13	8	11	5	6	15	0	3	4	7	2	12	1	10	14	9
2	10	6	9	0	12	11	7	13	15	1	3	14	5	2	8	4
3	3	15	0	6	10	1	13	8	9	4	5	11	12	7	2	14

S_4

	0	1	2	3	4	5	6	7	8	9	10	11	12	13	14	15
0	2	12	4	1	7	10	11	6	8	5	3	15	13	0	14	9
1	14	11	2	12	4	7	13	1	5	0	15	10	3	9	8	6
2	4	2	1	11	10	13	7	8	15	9	12	5	6	3	0	14
3	11	8	12	7	1	14	2	13	6	15	0	9	10	4	5	3

S_5

	0	1	2	3	4	5	6	7	8	9	10	11	12	13	14	15
0	12	1	10	15	9	2	6	8	0	13	3	4	14	7	5	11
1	10	15	4	2	7	12	9	5	6	1	13	14	0	11	3	8
2	9	14	15	5	2	8	12	3	7	0	4	10	1	13	11	6
3	4	3	2	12	9	5	15	10	11	14	1	7	6	0	8	13

S_6

	0	1	2	3	4	5	6	7	8	9	10	11	12	13	14	15
0	4	11	2	14	15	0	8	13	3	12	9	7	5	10	6	1
1	13	0	11	7	4	9	1	10	14	3	5	12	2	15	8	6
2	1	4	11	13	12	3	7	14	10	15	6	8	0	5	9	2
3	6	11	13	8	1	4	10	7	9	5	0	15	14	2	3	12

S_7

	0	1	2	3	4	5	6	7	8	9	10	11	12	13	14	15
0	13	2	8	4	6	15	11	1	10	9	3	14	5	0	12	7
1	1	15	13	8	10	3	7	4	12	5	6	11	0	14	9	2
2	7	11	4	1	9	12	14	2	0	6	10	13	15	3	5	8
3	2	1	14	7	4	10	8	13	15	12	9	0	3	5	6	11

S_8

S 盒是 DES 保密性的关键所在。它是一种非线性变换，也是 DSE 中唯一的非线性运算。如果没有它，整个 DES 将成为一种线性变换，这将是不安全的。关于 S 盒的设计细节，IBM 公司和美国国家安全局(NSA)至今尚未完全公布。研究表明，S 盒至少应满足以下准则：

① 输出不是输入的线性和仿射函数；

② 任意改变输入中的 1 位，输出至少有两位发生变化；

③ 对于任何 S 盒和任何输入 x，$S(x)$ 和 $S(x \oplus 001100)$ 至少有两位不同，这里 x 是一个 6 位的二进制串；

④ 对于任何 S 盒和任何输入 x，以及 y, $z \in GF(2)$，$S(x) \neq S(x \oplus 11yz00)$，这里 x 是一个 6 位的二进制串；

⑤ 保持输入中的 1 位不变，其余 5 位变化，输出中的 0 和 1 的个数接近相等。

随着对 DES 研究的深入，人们发现，除了以上五条准则外，S 盒还必须满足抗差分攻击的要求。人们猜测，IBM 公司和美国国家安全局(NSA)至今尚未公布的关键细节就在于此。作者的研究小组对 DES 的研究中也证明了这一点。作者的研究小组曾进行演化 DES 密码的研究，要通过演化计算设计出密码学指标比 DES 原 S 盒更好的 S 盒，不断取代 DES 原 S 盒，以构成演化 DES 密码。研究表明 DES 的 S 盒的抗差分攻击能力很强，要在抗差分攻击能力方面超过 DES 原 S 盒比较困难，而要在抗线性攻击能力方面超过 DES 原 S 盒比较容易。这说明设计者在当时已经掌握了抗差分攻击的设计方法，并对 DES 的 S 盒进行了很好的抗差分攻击设计，而他们不想让外人知道差分攻击技术，便不公布这一设计准则[16-19]。

在密码中，明文或密钥的微小改变将对密文产生很大的影响是密码算法希望的一个好性质。我们称明文或密钥的某一位发生变化会导致密文的很多位发生变化这种现象，为雪崩效应。如果相应的改变很小，可能会给分析者提供缩小搜索密钥或明文空间的渠道。由于 DES 的 S 盒设计得非常好，使得输入中任意改变 1 位，其输出至少变化 2 位。又因为 DES 算法中使用了 16 次迭代，从而使得即使改变输入明文或密钥中的 1 位，密文都会发生大约 32 位的变化，具有良好的雪崩效应，从而大大提高了保密性。

根据商农用混淆和扩散设计密码的理论，DES 的 S 盒用来提供混淆，P 置换用来提供扩散。用 P 置扩散把 S 盒提供的混淆作用充分扩散开来，扩大混淆效果。所谓混淆，就是使明文、密钥、密文之间的关系尽量错综复杂。所谓扩散就是将每一位明文和密钥数字的影响扩散到尽可能多的密文数字中。

（3）置换运算 *P*

置换运算 *P* 把 *S* 盒输出的 32 位数据打乱重排，得到 32 位的加密函数输出。用 *P* 置换来提供扩散，把 *S* 盒的混淆作用扩散开来。正是置换 *P* 与 *S* 盒的互相配合提高了 DES 的安全性。置换矩阵 *P* 如图 3-8 所示。

4. 逆初始置换 *IP* ⁻¹

逆初始置换 *IP* ⁻¹是初始置换 *IP* 的逆置换。它把第十六次加密迭代的结果打乱重排，形成 64 位密文。至此，加密过程完全结束。逆初始置换的置换矩阵如图 3-9 所示。

16	7	20	21
29	12	28	17
1	15	23	26
5	18	31	10
2	8	24	14
32	27	3	9
19	13	30	6
22	11	4	25

图 3-8 置换运算 *P*

40	8	48	16	56	24	64	32
39	7	47	15	55	23	63	31
38	6	46	14	54	22	62	30
37	5	45	13	53	21	61	29
36	4	44	12	52	20	60	28
35	3	43	11	51	19	59	27
34	2	42	10	50	18	58	26
33	1	41	9	49	17	57	25

图 3-9 逆初始置换 *IP* ⁻¹

必须指出的是，在 DES 中初始置换 *IP* 和逆初始置换 *IP* ⁻¹的密码意义不大。因为 *IP* 和 *IP* ⁻¹没有密钥参与，而且初始置换 *IP* 和逆初始置换 *IP* ⁻¹是有规律的。在其置换矩阵公开的情况下求出另一个是很容易的。*IP* 的主要作用是把输入数据打乱重排，以消除原始输入数据的原有数据模式。因为使用了 *IP*，所以必须使用 *IP* ⁻¹，以确保加密算法的可逆性和对合性。

3.1.3 DES 的解密过程

由于 DES 的运算是对合运算，所以解密和加密可共用同一个运算，只是子密钥使用的顺序不同。

把 64 位密文当做明文输入，而且第一次解密迭代使用子密钥 K_{16}，第二次解密迭代使用子密钥 K_{15}，…，第十六次解密迭代使用子密钥 K_1，最后的输出便是 64 位明文。

解密过程可用如下的数学公式描述：

$$\begin{cases} R_{i-1} = L_i \\ L_{i-1} = R_i \oplus f(L_i, K_i) \\ i = 16, 15, 14, \cdots, 1 \end{cases} \tag{3-2}$$

3.1.4　DES 的安全性

1. 对于其设计目标 DES 是安全的

DES 综合运用了置换、代替和代数等多种密码技术，是一种乘积密码。在算法结构上采用置换、代替、模 2 加等基本密码运算构成轮加密函数，对轮加密函数进行 16 迭代。而且算法为对合运算，工程实现容易。DES 使用了初始置换 *IP* 和逆初始置换 *IP*$^{-1}$。使用这个置换运算的目的是把数据打乱重排，消除原始明文的原有数据模式。它们在密码意义上作用不大，因为它们与密钥无关，置换关系固定，一旦置换矩阵公开后便无多大密码意义。在轮加密函数中，选择运算 *E* 一方面把数据打乱重排，另一方面将 32 位的数据扩展为 48 位的数据，以便与 48 位的子密钥模 2 相加并满足 *S* 盒组对数据长度的要求。DES 算法中除了 *S* 盒是非线性变换外，其余变换均为线性变换，所以 DES 安全的关键是 *S* 盒。这个非线性变换的本质是非线性数据压缩，它把 6 位的数据压缩为 4 位数据。*S* 盒为 DES 提供了多种安全的密码特性。例如，*S* 盒的输入中任意改变 1 位，其输出至少变化 2 位。因为算法中使用了 16 次迭代，从而使得即使改变输入明文或密钥中的 1 位，密文都会发生大约 32 位的变化，具有良好的雪崩效应，大大提高了保密性。*S* 盒用来提供混淆，使明文、密钥、密文之间的关系错综复杂。而 *P* 置换用来提供扩散，把 *S* 盒提供的混淆作用充分扩散开来。这样，*S* 盒和置换 *P* 互相配合，形成了很强的抗差分攻击和抗线性攻击能力，其中抗差分攻击能力更强些。DES 的子密钥产生和使用也很有特色，它确保了原密钥中的各位的使用次数基本相等。实验表明，56 位密钥的每一位的使用次数都在 12 到 15 之间。这也使 DES 的保密性得到进一步的提高。

几十年来的应用实践证明了 DES 作为商用密码，用于其设计目标是安全的。在这期间，除了密钥太短经不起当今网络计算和并行计算的穷举攻击外，没有发现 DES 存在其他严重的安全缺陷。它在世界范围内得到广泛应用，为确保信息安全作出了不可磨灭的贡献。

2. DES 存在的安全弱点

DES 在总的方面是极其成功的，但也不可避免地存在着一些弱点和不足。

（1）密钥较短

面对计算能力高速发展的形势，DES 采用 56 位密钥，显然短了一些。如果密钥的长度再长一些，将会更安全。

（2）存在弱密钥

DES 存在一些弱密钥和半弱密钥。在 16 次加密迭代中分别使用不同的子密钥是确保 DES 安全强度的一种重要措施。但是实际上却存在着一些密钥，由它们产生的 16 个子密钥不是互不相同，而是有相同的。

设 k 是给定的密钥，如果由 k 所产生的子密钥

$$k_1 = k_2 = \cdots = k_{16}$$

则称 k 为弱密钥。如果 k 为弱密钥，则有

$$\mathrm{DES}(\mathrm{DES}(M, k), k) = M$$

$$\mathrm{DES}^{-1}(\mathrm{DES}^{-1}(M, k), k) = M$$

$$\text{DES}(M, k) = \text{DES}^{-1}(M, k) \qquad\qquad (3\text{-}3)$$

这说明如果 k 为弱密钥，则两次加密和两次解密都可恢复出明文，加密和解密没有区别。

产生弱密钥的原因是子密钥产生算法中的 C 和 D 寄存器中的数据在循环移位下出现重复所致。据此可推出以下四个弱密钥：

01	01	01	01	01	01	01	01
1F	1F	1F	1F	0E	0E	0E	0E
E0	E0	E0	E0	F1	F1	F1	F1
FE	FE	FE	FE	FE	FE	FE	FE

除了存在弱密钥外，DES 还存在半弱密钥。设 k 是给定的密钥，如果由 k 所产生的子密钥 k_1，k_2，$\cdots$，k_{16} 中存在重复者但不是完全相同，则称 k 为半弱密钥。下面的半弱密钥所产生的 16 个子密钥中只有两种不相同的子密钥，每种重复出现 8 次。

01	FE	01	FE	01	FE	01	FE
FE	01	FE	01	FE	01	FE	01
1F	E0	1F	E0	0E	F1	0E	F1
E0	1F	E0	1F	F1	0E	F1	0E
01	E0	01	E0	01	F1	01	F1
E0	01	E0	01	F1	01	F1	01
1F	FE	1F	FE	0E	FE	0E	FE
FE	1F	FE	1F	FE	0E	FE	0E
01	1F	01	1F	01	0E	01	0E
1F	01	1F	01	0E	01	0E	01
E0	FE	E0	FE	F1	FE	F1	FE
FE	E0	FE	E0	FE	F1	FE	F1

仿此可以分析其他半弱密钥，如 16 个子密钥中只有 4 种不相同的子密钥，只有 8 种不相同的子密钥，等等。

弱密钥和半弱密钥的存在无疑是 DES 的一个不足。但由于弱密钥和半弱密钥的数量与密钥的总数 2^{56} 相比仍是微不足道的，所以这并不构成对 DES 的太大威胁，只要注意在实际应用中不使用这些弱密钥和半弱密钥即可。

（3）存在互补对称性

设 $C = \text{DES}(M, K)$，则 $\bar{C} = \text{DES}(\bar{M}, \bar{K})$，其中 $\bar{C}$，$\bar{M}$，$\bar{K}$ 表示 C，M，K 的逻辑非，密码学上称这种特性为互补对称性。互补对称性使 DES 在选择明文攻击下所需的工作量减半。产生互补对称性的原因在于 DES 中两次 $\oplus$ 运算的配置。一次在 f 函数中 S 盒子之前，

另一次 f 函数输出之后。因为 $\oplus$ 运算具有这种特性：若 $y=x_1\oplus x_2$，则 $y=\overline{x}_1\oplus\overline{x}_2$。因此当密钥和明文同时取非时，子密钥 K_i 取非，R_{i-1} 取非，经 E 运算后仍取非，但经 $\oplus$ 后输出不变，因此 S 盒子输出不变。到 f 函数输出之后的 $\oplus$ 时，因 L_{i-1} 已取非，使得结果取非。

这种互补对称性将使选择明文攻击的工作量减半。这是因为在选择明文攻击时，攻击者可以选择明文并得到相应的密文。假设攻击者企图求出密钥，并采用穷举密钥的试探方法，由于 DES 存在互补对称性，攻击者任取一个明文 M，并可得到密文 $C=\mathrm{DES}(M，K)$，攻击者只要简单地对 C 取非，便得到另一明文 $\overline{M}$ 在密钥 $\overline{K}$ 加密下的密文 $\overline{C}=\mathrm{DES}(\overline{M}，\overline{K})$。因此攻击者只要作一次实验便可知道 K 和 $\overline{K}$ 是否是所求的密钥。从而使穷举试探的工作量减半。

3.1.5 3DES

虽然美国政府宣布于 1998 年 12 月 31 日之后不再支持 DES，但是由于 DES 应用的广泛性使得 DES 的应用在实际上不可能立即停止。人们对 DES 有感情，还希望继续使用 DES。但是由于计算机技术和密码分析技术的发展，使用 DES 已不安全。

美国 NIST 在 1999 年发布了一个新版本的 DES 标准（FIPS PUB46-3），该标准指出 DES 仅能用于遗留的系统，并且用 3DES 取代 DES 成为新的标准。

3DES 有三个显著的优点。首先它的密钥长度是 168 位，完全能够抵抗穷举攻击。其次是安全，而且经过长期的实践检验。这是因为 3DES 的底层加密算法就是 DES，DES 加密算法比任何其它加密算法受到分析的时间都要长，没有发现有比穷举攻击更有效的攻击方法，因此是安全的。其三，由于 3DES 的底层加密算法就是 DES，所以许多现有的 DES 软硬件产品都能方便地实现 3DES，因此使用方便。

3DES 的根本缺点在于用软件实现该算法的速度比较慢。最初，DES 是在 20 世纪 70 年代中期为硬件实现所设计的，难以用软件有效地实现 DES。3DES 的速度比 DES 还要慢得多。

3DES 既可以使用三个密钥，也可以使用两个密钥。图 3-10 给出了一种使用两个密钥的 3DES 结构。请读者自己给出使用三个密钥的 3DES 结构。

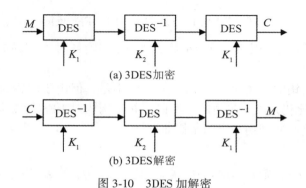

图 3-10　3DES 加解密

3.1.6　DES 的历史回顾

在 DES 公布之初曾引起一场激烈的争论。争论的焦点集中在两个问题上：第一个问题是，是否应当制定一个标准；第二个问题是，假定需要一个标准，这个加密算法能作为标准吗？制定数据加密标准是密码史上的一个创举，它开创了公开加密算法的先例，并向全世界提出了破译它的挑战。制定一个标准加密算法，无疑会降低加密成本，方便应用，而且能够在不同的应用系统之间获得兼容性。但是，这也必然吸引全世界的密码分析者把攻击的矛头集中指向这一标准算法，从而增大了被攻破的危险性，而且一旦被攻破，将造成广泛的、巨大的损失。争论的第二个问题的实质是如何评价这一加密算法的强度。这里有各式各样的论点，有的人认为这一算法的强度是足够的，有的人认为这一算法是 IBM 公司贿赂 NBS 设置的特洛伊木马，也有的人认为可以制造专用计算机来穷举密钥。对 DES 出现各种各样的争论是不足为怪的。NBS 在研究了各种意见后，成立了两个工作组对 DES 进行研究，最后得出一致结论：这一算法的特洛伊木马之事是不成立的，作为一种密码标准 DES 在今后工作 10 到 15 年内将是安全的。DES 的几十年来的应用历史，证明了这一结论是正确的。

DES 正式颁布后，世界各国许多公司都推出了自己的 DES 软硬件实现产品，DES 得到世界范围的广泛应用。美国政府规定，DES 必须每 5 年重新认证后才可继续使用。1993 年 DES 得到第四次认证，这是美国政府对 DES 的最后一次认证。DES 的实际使用时间远远超过原先的设计使用期限。

1997 年 1 月美国政府开始研究制定新的加密标准 AES 以接替 DES。2001 年 11 月正式颁布 AES，这将加速 DES(包括 3DES)退出历史舞台的速度。可以确定，不需要多长的时间，AES 将彻底取代 DES。这是科技进步的必然。

DES 即将完成它的历史使命。它给我们留下了关于商业密码技术和商业密码政策等多方面的深刻启发。

3.2　高级数据加密标准(AES)

1994 年美国颁布了密钥托管加密标准 EES，计划用 EES 取代 DES。EES 的密码算法被设计成允许法律监听的保密通信方式。即如果法律部门不监听，则加密对于其他人来说是计算上不可破译的，但是经法律部门允许可解密进行监听。如此设计的目的在于既要保护正常的商业通信秘密，又要阻止不法分子利用保密通信进行犯罪活动。而且 EES 只提供芯片不公开算法，这标志着美国密码政策发生了改变，由公开征集转向秘密设计，由算法公开转向算法保密。和 DES 刚颁布时的情况一样，EES 也在美国社会引起激烈的争论。商界和学术界对不公布算法只承诺安全的作法表示不信任，强烈要求公开算法并取消其中的法律监督。迫于社会的压力，美国政府曾邀请少数密码专家介绍算法，企图通过专家影响民众，然而收效不大。科学技术的力量是伟大的。1995 年美国贝尔实验室的年青博士 M. Blaser 攻击 ESS 的法律监督字段，伪造 ID 获得成功[15]。于是，美国政府后来公布了其加密算法 SKIPJACK。

于是美国政府于 1997 年又开始公开征集新的数据加密标准算法 AES，以取代 1998 年底废止的 DES。经过三轮筛选，最终选出一个算法作为 AES。2000 年 10 月 2 日美国政府正式宣布选中比利时密码学家 Joan Daemen 和 Vincent Rijmen 提出的一种密码算法 RIJNDAEL 作为 AES[42]。2001 年 11 月 26 日，美国政府正式颁布 AES 为美国国家标准(编号为 FIST PUBS 197)。这是密码史上的又一个重要事件。目前 AES 已经被一些国际标准化组织(ISO，IETF，IEEE802.11 等)采纳作为标准。

RIJNDAEL 算法之所以能够最终被选为 AES 的原因是其安全性好、效率高、实用、灵活。

当然，RIJNDAEL 算法到底如何，只有通过长期的实际应用才能得出正确的结论。不过，我们相信，经过全世界范围的分析论证的 AES 是不负众望的。

3.2.1 数学基础

RIJNDAEL 算法中的许多运算是按字节和 4 字节的字来定义的。为了描述方便，把一个字节看成是在有限域 $GF(2^8)$ 上的一个元素，把一个 4 字节的字看成是系数取自 $GF(2^8)$，并且次数小于 4 次的多项式。

有限域 $GF(2^8)$ 上的元素有几种不同的表示方法，当然不同的表示方法的实现效率不同。RJNDAEL 算法采用了多项式表示法。

定义 3-1 一个由比特位 $b_7b_6b_5b_4b_3b_2b_1b_0$ 组成的字节 B 可表示成系数为 $\{0, 1\}$ 的二进制多项式：$b_7x^7 + b_6x^6 + b_5x^5 + b_4x^4 + b_3x^3 + b_2x^2 + b_1x^1 + b_0$

定义 3-1 在一个字节与一个次数低于 8 次的多项式之间建立了一种对应关系。给出一个字节，取出其各位作为系数便得到对应的次数低于 8 次的多项式。反之，对于一个次数低于 8 次的多项式，取出其系数便得到对应的字节。

例如，设字节 B = 10011011，则对应的多项式为：$x^7 + x^4 + x^3 + x+1$。又例如，设多项式为：$x^7 + x^5 + x^2 + x+1$，则对应的字节为 B = 10100111。

定义 3-2 在 $GF(2^8)$ 上的加法定义为二进制多项式的加法，其系数模 2 相加。

例如，$(x^7 + x^4 + x^3 + x+1)+(x^6 + x^5 + x^3 + x^2 +x+1) = (x^7 +x^6 + x^5 + x^4 + x^2)$，对应的二进制字节加为：$(10011011) \oplus (01101111) = (11110100)$。

定义 3-3 在 $GF(2^8)$ 上的乘法(用符号·表示，乘号·常可省略)定义为二进制多项式的乘积，再模一个次数为 8 的不可约二进制多项式。

在 RJNDAEL 中此不可约多项式建议为：

$$m(x) = x^8 + x^4 + x^3 + x + 1$$

其系数的十六进制表示为'11B'。

例如，$(x^6 + x^4 + x^2 +x+1) \cdot (x^7 +x+1) = x^{13} +x^{11} + x^9 + x^8 +x^6 + x^5 + x^4 + x^3 +1$，而 $x^{13} +x^{11} + x^9 + x^8 +x^6 + x^5 + x^4 + x^3 +1 \bmod x^8 + x^4 + x^3 +x+1 =x^7 +x^6 +1$

定义 3-4 在 $GF(2^8)$ 中，二进制多项式 $b(x)$ 的乘法逆为满足式(3-4)的二进制多项式 $a(x)$，并记为 $a(x) = b^{-1}(x)$：

$$a(x)b(x) \bmod m(x) = 1 \tag{3-4}$$

定义 3-5 在 $GF(2^8)$ 中，倍乘函数 $xtime(b(x))$ 定义为 $x \cdot b(x) \bmod m(x)$。

具体运算时可如下得到：把字节 B 左移一位（最右位补 0），若 $b_7=1$，则左移后变成 8 次多项式，需要取模 $m(x)$，即异或‘11B’。

函数 $x\text{time}(x)$ 也被称为 x 乘或 x 倍乘。例如，$x\text{time}(57)=x(x^6+x^4+x^2+x+1)=(x^7+x^5+x^3+x^2+x)\bmod x^8+x^4+x^3+x+1=x^7+x^5+x^3+x^2+x=\text{‘AE’}$。又例如，$x\text{time}(\text{AE})=x(x^7+x^5+x^3+x^2+x)=x^8+x^6+x^4+x^3+x^2\bmod x^8+x^4+x^3+x+1=47$。

定义 3-6　有限域 $GF(2^8)$ 上的多项式是系数取自 $GF(2^8)$ 域元素的多项式。

这样，一个 4 字节的字与一个次数小于 4 次的 $GF(2^8)$ 上的多项式相对应。例如，字 $c=\text{‘03010102’}$ 与多项式 $c(x)=\text{‘03’}x^3+\text{‘01’}x^2+\text{‘01’}x+\text{‘02’}$ 相对应。知道了字 c，取出各字节作为系数便得到多项式 $c(x)$。反之，知道了多项式 $c(x)$，取出其各系数便得到字 c。

定义 3-7　$GF(2^8)$ 上的多项式的加法定义为相应项系数相加。

因为在域 $GF(2^8)$ 上的加是简单的按位异或，所以在域 $GF(2^8)$ 上的两个 4 字节的字的加也就是简单的按位异或。

定义 3-8　$GF(2^8)$ 上的多项式 $a(x)=a_3x^3+a_2x^2+a_1x^1+a_0$ 和 $b(x)=b_3x^3+b_2x^2+b_1x^1+b_0$ 相乘模 x^4+1 的积（表示为 $c(x)=a(x)\cdot b(x)$）为 $c(x)=c_3x^3+c_2x^2+c_1x^1+c_0$，其系数由下面四个式子得到：

$$
\left.
\begin{aligned}
c_0 &= a_0\cdot b_0 \oplus a_3\cdot b_1 \oplus a_2\cdot b_2 \oplus a_1\cdot b_3\\
c_1 &= a_1\cdot b_0 \oplus a_0\cdot b_1 \oplus a_3\cdot b_2 \oplus a_2\cdot b_3\\
c_2 &= a_2\cdot b_0 \oplus a_1\cdot b_1 \oplus a_0\cdot b_2 \oplus a_3\cdot b_3\\
c_3 &= a_3\cdot b_0 \oplus a_2\cdot b_1 \oplus a_1\cdot b_2 \oplus a_0\cdot b_3
\end{aligned}
\right\}
\tag{3-5}
$$

利用定义 3-8 有：$x\cdot b(x)=b_2x^3+b_1x^2+b_0x^1+b_3\bmod x^4+1$。

3.2.2　RIJNDAEL 加密算法

RIJNDAEL 算法是一个数据块长度和密钥长度都可变的分组加密算法，其数据块长度和密钥长度都可独立地选定为大于等于 128 位且小于等于 256 位的 32 位的任意倍数。而美国颁布 AES 时却规定数据块的长度为 128 位、密钥的长度可分别选择为 128 位，192 位或 256 位。

RIJNDAEL 算法仍然采用分组密码的一种通用结构：对轮函数实施迭代的结构，如图 3-11 所示。只是轮函数结构采用的是代替/置换网络结构（SP 结构），没有采用 DES 的 Feistel 结构。RIJNDAEL 的轮函数由以下三层组成：

①非线性层：进行非线性 S 盒变换 ByteSub，由 16 个 S 盒并置而成，起混淆的作用；

②线性混合层：进行行移位变换 ShiftRow 和列混合变换 MixColumn 以确保多轮之上的高度扩散；

③密钥加层：进行轮密钥加变换 AddRoundKey，将轮密钥简单地异或到中间状态上，实现密钥的加密控制作用。

1. 状态

在 RIJNDAEL 算法中，加解密要经过多次数据变换操作，每一次变换操作产生一个中

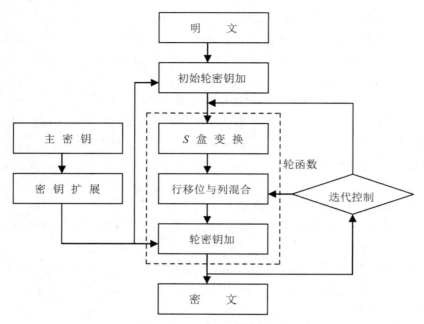

图 3-11 RIJNDAEL 算法结构

间结果，称这个中间结果叫做状态。各种不同的密码变换都是对状态进行的。

把状态表示为二维字节数组（每个元素为一个字节），它有四行，Nb 列。Nb 等于数据块长度除以 32。数据块长度为 128 时，Nb = 4。数据块长度为 192 时，Nb = 6。数据块长度分别为 256 时，Nb = 8。因为状态数组有四行，每个元素为一个字节，所以状态的每列便为一个四字节的字。有些密码变换是对字节进行的，有些密码变换是对字进行的。

例如，数据块长度为 128 的状态如表 3-3 所示。

表 3-3 数据块长度为 128 的状态

$a_{0,0}$	$a_{0,1}$	$a_{0,2}$	$a_{0,3}$
$a_{1,0}$	$a_{1,1}$	$a_{1,2}$	$a_{1,3}$
$a_{2,0}$	$a_{2,1}$	$a_{2,2}$	$a_{2,3}$
$a_{3,0}$	$a_{3,1}$	$a_{3,2}$	$a_{3,3}$

在进行加密处理时，数据块按列优先的顺序写入状态，即按 $a_{0,0}$，$a_{1,0}$，$a_{2,0}$，$a_{3,0}$，$a_{0,1}$，$a_{1,1}$，$a_{2,1}$，$a_{3,1}$，$a_{0,2}$，$a_{1,2}$，$a_{2,2}$，$a_{3,2}$，$a_{0,3}$，$a_{1,3}$，$a_{2,3}$，$a_{3,3}$ 的顺序写入状态中。在加密操作结束时，密文按同样的顺序从状态中取出。

类似地，密钥也可表示为二维字节数组（每个元素为一个字节），它有四行，Nk 列。Nk 等于密钥块长度除 32。密钥长度为 128 的二维字节数组如表 3-4 所示。密钥也是按列优先的顺序存储到密钥二维字节数组中，即按 $k_{0,0}$，$k_{1,0}$，$k_{2,0}$，$k_{3,0}$，$k_{0,1}$，$k_{1,1}$，$k_{2,1}$，$k_{3,1}$，$k_{0,2}$，$k_{1,2}$，$k_{2,2}$，$k_{3,2}$，$k_{0,3}$，$k_{1,3}$，$k_{2,3}$，$k_{3,3}$ 的顺序存储到密钥二维字节数组中。如表 3-4 所示。

表 3-4 密钥长度为 128 的密钥二维字节数组

$k_{0,0}$	$k_{0,1}$	$k_{0,2}$	$k_{0,3}$
$k_{1,0}$	$k_{1,1}$	$k_{1,2}$	$k_{1,3}$
$k_{2,0}$	$k_{2,1}$	$k_{2,2}$	$k_{2,3}$
$k_{3,0}$	$k_{3,1}$	$k_{3,2}$	$k_{3,3}$

RIJNDAEL 算法的迭代轮数 Nr 由 Nb 和 Nk 共同决定，具体取值列在表 3-5 中。

表 3-5 算法迭代轮数 Nr

Nr	Nb = 4	Nb = 6	Nb = 8
Nk = 4	10	12	14
Nk = 6	12	12	14
Nk = 8	14	14	14

2. 轮函数

RIJNDAEL 加密算法的轮函数采用代替/置换网络结构（SP 结构），由 S 盒变换 ByteSub、行移位变换 ShiftRow、列混合变换 MixColumn、轮密钥加变换 AddRoundKey 组成。用伪 C 语言可写为：

Round(State，RoundKey)

　　｛　ByteSub(State)；

　　　　ShiftRow(State)；

　　　　MixColumn(State)；

　　　　AddRoundKey(State，RoundKey)；｝

加密算法中的最后一轮的轮函数与上面的标准轮函数略有不同。定义如下：

FinalRound(State，RoundKey)

　　｛　ByteSub(State)；

　　　　ShiftRow(State)；

　　　　AddRoundKey(State，RoundKey)；｝

容易看出，最后一轮的轮函数与标准轮函数相比，去掉了列混合变换 MixColumn(State)。

（1）S 盒变换 ByteSub。

ByteSub 变换是按字节进行的代替变换，也称为 S 盒变换。它是作用在状态中每个字

节上的一种非线性字节变换。这个变换(或称 S_box)按以下两步进行:

①把字节的值用它的乘法逆(根据定义 3-4)来代替,其中'00'的逆就是它自己。

②经①处理后的字节值再进行如下定义的仿射变换:

$$
\begin{pmatrix} y_0 \\ y_1 \\ y_2 \\ y_3 \\ y_4 \\ y_5 \\ y_6 \\ y_7 \end{pmatrix} = \begin{pmatrix} 1 & 0 & 0 & 0 & 1 & 1 & 1 & 1 \\ 1 & 1 & 0 & 0 & 0 & 1 & 1 & 1 \\ 1 & 1 & 1 & 0 & 0 & 0 & 1 & 1 \\ 1 & 1 & 1 & 1 & 0 & 0 & 0 & 1 \\ 1 & 1 & 1 & 1 & 1 & 0 & 0 & 0 \\ 0 & 1 & 1 & 1 & 1 & 1 & 0 & 0 \\ 0 & 0 & 1 & 1 & 1 & 1 & 1 & 0 \\ 0 & 0 & 0 & 1 & 1 & 1 & 1 & 1 \end{pmatrix} \begin{pmatrix} x_0 \\ x_1 \\ x_2 \\ x_3 \\ x_4 \\ x_5 \\ x_6 \\ x_7 \end{pmatrix} \oplus \begin{pmatrix} 1 \\ 1 \\ 0 \\ 0 \\ 0 \\ 1 \\ 1 \\ 0 \end{pmatrix} \tag{3-6}
$$

例如,设输入字节 $X = [x_7, x_6, x_5, x_4, x_4, x_3, x_2, x_1, x_0] = [95] = [10010101]$. 它的乘法逆为 $[8A] = [10001010]$. 根据式(3-15)计算可得,$Y = [y_7, y_6, y_5, y_4, y_4, y_3, y_2, y_1, y_0] = [2A] = [00101010]$。

值得注意的是:

①S 盒变换的第一步是把字节的值用它的乘法逆来代替,是一种非线性变换。

②由于式(3-6)的系数矩阵中每列都含有 5 个 1,这说明改变输入中的任意一位,将影响输出中的 5 位发生变化。

③由于式(3-6)的系数矩阵中每行都含有 5 个 1,这说明输出中的每一位,都与输入中的 5 位相关。

④ByteSub 变换就相当于 DES 中的 S 盒子。它为加密算法提供非线性,是决定加密算法安全性的关键。它是一种 8 位输入、8 位输出的非线性变换。

为了确保加密算法是可逆的,如上定义的 ByteSub 变换必须是可逆的。

(2)行移位变换 ShiftRow

ShiftRow 变换是对状态的行进行循环移位变换。在 ShiftRow 变换中,状态的第 0 行不移位,第 1 行循环左移 C1 字节,第 2 行循环左移 C2 字节,第 3 行循环左移 C3 字节。

移位值 C1,C2 和 C3 与 Nb 有关,具体列在表 3-6 中。

表 3-6　　　　　　　　　　　　　　　移　位　值

Nb	C1	C2	C3
4	1	2	3
6	1	2	3
8	1	3	4

(3)列混合变换 MixColumn

MixColumn 变换是对状态的列进行混合变换。在 MixColumn 变换中，把状态中的每一列看做 $GF(2^8)$ 上的多项式，并与一个固定多项式 $c(x)$ 相乘，然后模多项式 x^4+1，其中 $c(x)$ 为：

$$c(x) = `03'x^3 + `01'x^2 + `01'x + `02' \qquad (3\text{-}7)$$

因为 $c(x)$ 与 x^4+1 是互素的，从而保证 $c(x)$ 存在逆多项式 $d(x)$，使 $c(x)d(x)=1 \bmod x^4+1$。只有逆多项式 $d(x)$ 存在，才能正确进行解密。

（4）轮密钥加变换 AddRoundKey

AddRoundKey 变换是利用轮密钥对状态进行模 2 相加的变换。轮密钥长度等于数据块长度。在这个操作中，轮密钥被简单地异或到状态中去。轮密钥根据轮密钥产生算法通过主密钥扩展和选择得到。

通过上面的分析，我们可以把 RIJNDAEL 加密算法的数据状态看成为玩具魔方的一个侧面，而行移位变换 ShiftRow 恰好是对魔方的行进行循环移位操作，列混合变换 MixColumn 恰好是对魔方的列的操作。由于是从横和竖两个方向对数据状态进行处理，从而增强了加密的扩散效果。由此可以猜测，RIJNDAEL 加密算法的设计者受到了玩具魔方的启发。

3. 轮密钥产生算法

轮密钥根据轮密钥产生算法由主密钥产生得到。轮密钥产生分两步进行：密钥扩展和轮密钥选择，且遵循以下原则：

①轮密钥的比特总数为数据块长度与轮数加 1 的积。例如，对于 128 位的分组长度和 10 轮迭代，轮密钥的总长度为 128(10+1)= 1408 位。

②首先将用户密钥扩展为一个扩展密钥。

③再从扩展密钥中选出轮密钥：第一个轮密钥由扩展密钥中的前 Nb 个字组成，第二个轮密钥由接下来的 Nb 个字组成，以此类推。

（1）密钥扩展

用一个字（四个字节）元素的一维数组 W[Nb * (Nr+1)] 存储扩展密钥。把主密钥放在数组 W 最开始的 Nk 个字中，其他的字由它前面的字经过处理后得到。分 Nk ≤ 6 和 Nk > 6 两种情况进行密钥扩展，两种情况的密钥扩展策略稍有不同。

①对于 Nk ≤ 6，按下面的策略进行密钥扩展：

符号说明：CipherKey 表示主密钥，它是一个有 Nk 个密钥字的一维数组。W 为存储扩展密钥的一维数组。

```
KeyExpansion(CipherKey, W)
  {  For(I=0; I<Nk; I++) W[I]=CipherKey[I];
     For(I=Nk; I< Nb * (Nr+1); I++)
        {Temp=W[I-1];
        IF(I%Nk==0)
          Temp=SubByte(Rotl(Temp)) ⊕ Rcon[I/Nk];
        W[I]=W[I-Nk]⊕ Temp;
        }
```

　　}

可以看出，最前面的 Nk 个字是由主密钥填充的。这之后的每一个字 W[I]等于前面的字 W[I-1]与 Nk 个位置之前的字 W[I-Nk]的异或。如果 I 是 Nk 的整数倍，在异或之前，要先对 W[I-1]进行 Rotl 变换和 ByteSub 变换，再异或一个轮常数 Rcon。

其中，Rotl 是对一个字里的字节以字节为单位进行循环移位的函数，设 W=(A，B，C，D)，则 Rotl(W)=(B，C，D，A)。

轮常数 Rcon 与 Nk 无关，且定义为：

Rcon[i]=(RC[i]，'00'，'00'，'00')

RC[0]='01'

RC[i]=$x$time(RC[i-1])

使用轮常数 Rcon 的目的是为了防止不同轮的轮密钥存在相似性。由于轮常数 Rcon 是变化的，可使不同轮的轮密钥有明显的不同。

② 对于 Nk>6，有下面的密钥扩展策略：

```
KeyExpansion(CipherKey，W)
  {  For(I=0；I<Nk；I++)   W[I]=CipherKey[I]；
     For(I=Nk；I< Nb * (Nr+1)；I++)
       {Temp=W[I-1]；
        IF(I%Nk==0)
          Temp=SubByte(Rotl(Temp) ) ⊕ Rcon[I/Nk]；
        ELSE   IF(I%Nk==4)
          Temp=SubByte(Temp)；
        W[I]=W[I-Nk]⊕ Temp；
       }
  }
```

Nk>6 的密钥扩展策略与 Nk≤6 的密钥扩展策略相比，区别在于当 I mod Nk=4 时，需要先将 W[I-1]进行 ByteSub 变换。这样就在扩展密钥中增加了部分字的 ByteSub 变换，从而提高了扩展密钥的安全性。这是因为当 Nk>6 时密钥很长，仅仅对 Nk 的整数倍的位置处的字进行 ByteSub 变换，就显得 ByteSub 变换的密度较稀，安全程度不够强。

密钥扩展是影响密码安全的重要环节。AES 的密钥扩展方案是精心设计的。首先，它的扩展过程实现了充分的扩散，确保密钥的每一位能够影响轮密钥的许多位。其次，它采用非线性的 S 盒变换 ByteSub，而且当 Nk>6 时增加了 ByteSub 作用的密度，这样就提供了足够的混淆，确保知道了部分轮密钥不能求出密钥。再者，采用轮常数 Rcon 消除了不同轮的轮密钥可能存在的相似性。这些措施共同确保了密钥扩展的安全性。

(2)轮密钥选择。

轮密钥 I 由轮密钥缓冲区 W[Nb * I]到 W[Nb * (I+1)-1]的字组成。例如，Nb=4 且 Nk=4 的轮密钥选择如图 3-12 所示。

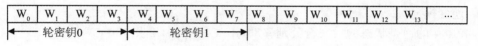

图 3-12　Nb＝4 且 Nk＝4 的轮密钥选择

4. 加密算法

RIJNDAEL 加密算法由以下部分组成：

①一个初始轮密钥加。

②Nr-1 轮的标准轮函数。

③最后一轮的非标准轮函数。

用伪码表示：

Rijndael(State, CipherKey)

{

KeyExpansion(CipherKey, RoundKey)

AddRoundKey(State, ExpandedKey)

For(I＝1; I<Nr; I++)

　　Round(State, ExpandedKey+Nb∗I)

　　　{ByteSub(State);

　　　ShiftRow(State);

　　　MixColumn(State);

　　　AddRoundKey(State, ExpandedKey+Nb∗I);}

FinalRound(State, ExpandedKey+Nb∗Nr)

　　　{ByteSub(State);

　　　ShiftRow(State);

　　　AddRoundKey(State, ExpandedKey+Nb∗Nr);}

}

其中的 ExpandedKey 就是图 3-12 中的存储扩展密钥的数组 W[Nb∗(Nr+1)]。

注意 RIJNDAEL 加密算法的第一步和最后一步都用了轮密钥加，因为任何没有密钥参与的变换的密码意义都是不大的。例如 DES 中的初始置换 IP 和逆初始置换 IP^{-1}，因为没有密钥参与变换，因而密码意义不大。两者相比，可见在这一点上 AES 比 DES 要好。

3.2.3　RIJNDAEL 解密算法

由于 RIJNDAEL 算法不是对合运算，所以 RIJNDAEL 的解密算法与加密算法不同。根据解密算法应当是加密算法的逆，最直接的办法是把加密算法倒序执行，便得到解密算法。但是这样得到的解密算法不便于工程实现。

由于 RIJNDAEL 设计得非常巧妙，使得我们只要略稍改变一下密钥扩展策略，便可以得到等价的解密算法，等价解密算法的结构与加密算法的结构相同，从而方便了工程实现。等价解密算法中的变换为加密算法中相应变换的逆变换。

1. 逆变换

ShiftRow 的逆是状态的后三行分别移动 Nb-C1，Nb-C2 和 Nb-C3 个字节。

MixColumn 的逆类似于 MixColumn，把状态的每列都乘以一个固定的多项式 $d(x)$：

$$d(x) = '0B'x^3 + '0D'x^2 + '09'x + '0E' \tag{3-8}$$

容易验证，式(3-7)的 $c(x)$ 与式(3-8)的 $d(x)$ 的积等于单位元'01'。所以 $d(x)$ 是 $c(x)$ 的逆多项式。

AddRoundKey 的逆就是它自己。

ByteSub 的逆是把 S_box 的逆作用到状态的每个字节上。ByteSub 的逆变换按如下方法得到，首先进行式(3-9)的逆变换，然后再取 $GF(2^8)$ 上的乘法逆。式(3-9)是根据式(3-6)推出的，两式中的矩阵互为逆矩阵。

$$
\begin{pmatrix} x_0 \\ x_1 \\ x_2 \\ x_3 \\ x_4 \\ x_5 \\ x_6 \\ x_7 \end{pmatrix} =
\begin{pmatrix}
0 & 0 & 1 & 0 & 0 & 1 & 0 & 1 \\
1 & 0 & 0 & 1 & 0 & 0 & 1 & 0 \\
0 & 1 & 0 & 0 & 1 & 0 & 0 & 1 \\
1 & 0 & 1 & 0 & 0 & 1 & 0 & 0 \\
0 & 1 & 0 & 1 & 0 & 0 & 1 & 0 \\
0 & 0 & 1 & 0 & 1 & 0 & 0 & 1 \\
1 & 0 & 0 & 1 & 0 & 1 & 0 & 0 \\
0 & 1 & 0 & 0 & 1 & 0 & 1 & 0
\end{pmatrix}
\begin{pmatrix} y_0 \\ y_1 \\ y_2 \\ y_3 \\ y_4 \\ y_5 \\ y_6 \\ y_7 \end{pmatrix} \oplus
\begin{pmatrix} 1 \\ 0 \\ 1 \\ 0 \\ 0 \\ 0 \\ 0 \\ 0 \end{pmatrix} \tag{3-9}
$$

例如，在式(3-6)举例时得到 $Y = [y_7, y_6, y_5, y_4, y_4, y_3, y_2, y_1, y_0] = [2A] = [00101010]$。现在把 Y 代入(3-9)，可得 $[8A] = [10001010]$。对其求逆，得到 $[95] = [10010101]$，正是在式(3-6)举例时的输入 X。

2. 逆轮函数的定义

逆轮函数的定义如下：

    Inv_Round(State, Inv_RoundKey)
        ｛ InvByteSub(State);
          InvShiftRow(State);
          InvMixColunm(State);
          AddRoundKey(State, Inv_RoundKey); ｝

最后一轮的非标准逆轮函数如下：

    Inv_FinalRound(State, Inv_RoundKey)
        ｛ InvByteSub(State);
          InvShiftRow(State);
          AddRoundKey(State, Inv_RoundKey); ｝

3. 解密算法

利用逆轮函数可将解密算法表述如下：

    Inv_Rijndael(State, CipherKey)

```
        }
    Inv_KeyExpansion(CipherKey, Inv_ExpandedKey);
    AddRoundKey(State, Inv_ExpandedKey+Nb * Nr);
    For(I = Nr-1; I>0; I--)
        Inv_Round(State, Inv_ExpandedKey+Nb * I));
            { InvByteSub(State);
              InvShiftRow(State);
              InvMixColumn(State);
              AddRoundKey(State, Inv_ExpandedKey+Nb * I);}
    Inv_FinalRound(State, Inv_ExpandedKey)
            { InvByteSub(State);
              InvShiftRow(State);
              AddRoundKey(State, Inv_ExpandedKey);}
        }
```

注意：解密算法与加密算法使用轮密钥的顺序相反。

其中，解密算法的密钥扩展定义为：

① 加密算法的密钥扩展。

② 把 InvMixColumn 应用到除第一个轮密钥和最后一个轮密钥之外的所有轮密钥上。

用伪 C 码表示如下：

```
    Inv_KeyExpansion(CipherKey, Inv_ExpandedKey)
            { Key_Expansion(CipherKey, Inv_ExpandedKey);
              For(I = 1; I<Nr; I++) InvMixColumn(Inv_ExpandedKey+Nb * I);    }
```

3.2.4 算法的实现

实现容易是 RIJNDAEL 算法的一个优点，它可以灵活方便地用 8 位 CPU，32 位 CPU 以及专用硬件芯片实现。

由于 RIJNDAEL 算法的基本运算由 ByteSub 变换、MixColumn 变换、ShiftRow 变换和 AddRoundKey 变换构成，因此 RIJNDAEL 算法的实现主要是这些变换的实现。而这其中 ShiftRow 变换和 AddRoundKey 变换的实现比较容易，因此主要是 ByteSub 变换和 MixColumn 变换的实现问题。有了这些基本运算的实现，便可以进一步方便地实现轮函数，从而有效地实现整个密码。

1. S 盒的实现

实现 S 盒运算的最快方法是，直接计算出 S 盒的变换的结果，并存储造表，使用时直接查表。因为 ByteSub 变换是字节函数，所以表的规模不大，只含 256 个字节。

表 3-7 给出不可约多项式为 $m(x) = x^8 + x^4 + x^3 + x + 1(11B)$ 时的 S 盒表。对于 S 盒表，第一个元素是 63(十六进制)，它是输入为 00 时的 S 盒输出。根据定义，00 的逆是 00，再根据式(3-6)计算可得出输出为 63。同理，S 盒表的第二个元素是 7C，它是输入为 01 时的 S 盒输出。其余类似。

表 3-7 S 盒表

		低 位														
		0	1	2	3	4	5	6	7	8	9	A	B	C	D	E	F
高位	0	63	7C	77	7B	F2	6B	6F	C5	30	01	67	2B	FE	D7	AB	76
	1	CA	82	C9	7D	FA	59	47	F0	AD	D4	A2	AF	9C	A4	72	C0
	2	B7	FD	93	26	36	3F	F7	CC	34	A5	E5	F1	71	D8	31	15
	3	04	C7	23	C3	18	96	05	9A	07	12	80	E2	EB	27	B2	75
	4	09	83	2C	1A	1B	6E	5A	A0	52	3B	D6	B3	29	E3	2F	84
	5	53	D1	00	ED	20	FC	B1	5B	6A	CB	BE	39	4A	4C	58	CF
	6	D0	EF	AA	FB	43	4D	33	85	45	F9	02	7F	50	3C	9F	A8
	7	51	A3	40	8F	92	9D	38	F5	BC	B6	DA	21	10	FF	F3	D2
	8	CD	0C	13	EC	5F	97	44	17	C4	A7	7E	3D	64	5D	19	73
	9	60	81	4F	DC	22	2A	90	88	46	EE	B8	14	DE	5E	0B	DB
	A	E0	32	3A	0A	49	06	24	5C	C2	D3	AC	62	91	95	E4	79
	B	E7	C8	37	6D	8D	D5	4E	A9	6C	56	F4	EA	65	7A	AE	08
	C	BA	78	25	2E	1C	A6	B4	C6	E8	DD	74	1F	4B	BD	8B	8A
	D	70	3E	B5	66	48	03	F6	0E	61	35	57	B9	86	C1	1D	9E
	E	E1	F8	98	11	69	D9	8E	94	9B	1E	87	E9	CE	55	28	DF
	F	8C	A1	89	0D	BF	E6	42	68	41	99	2D	0F	B0	54	BB	16

解密时需要逆 S 盒变换。表 3-8 给出不可约多项式为 $m(x) = x^8 + x^4 + x^3 + x + 1 (11\mathrm{B})$ 时的逆 S 盒表。

表 3-8 逆 S 盒表

		低 位														
		0	1	2	3	4	5	6	7	8	9	A	B	C	D	E	F
高位	0	52	09	6A	D5	30	36	A5	38	BF	40	A3	9E	81	F3	D7	FB
	1	7C	E3	39	82	9B	2F	FF	87	34	8E	43	44	C4	DE	E9	CB
	2	54	7B	94	32	A6	C2	23	3D	EE	4C	95	0B	42	FA	C3	4E
	3	08	2E	A1	66	28	D9	24	B2	76	5B	A2	49	6D	8B	D1	25
	4	72	F8	F6	64	86	68	98	16	D4	A4	5C	CC	5D	65	B6	92
	5	6C	70	48	50	FD	ED	B9	DA	5E	15	46	57	A7	8D	9D	84
	6	90	D8	AB	00	8C	BC	D3	0A	F7	E4	58	05	B8	B3	45	06

续表

		低									位					
		0	1	2	3	4	5	6	7	8	9	A	B	C	D	E	F
	7	D0	2C	1E	8F	CA	3F	0F	02	C1	AF	BD	03	01	13	8A	6B
	8	3A	91	11	41	4F	67	DC	EA	97	F2	CF	CE	F0	B4	E6	73
	9	96	AC	74	22	E7	AD	35	85	E2	F9	37	E8	1C	75	DF	6E
高	A	47	F1	1A	71	1D	29	C5	89	6F	B7	62	0E	AA	18	BE	1B
	B	FC	56	3E	4B	C6	D2	79	20	9A	DB	C0	FE	78	CD	5A	F4
位	C	1F	DD	A8	33	88	07	C7	31	B1	12	10	59	27	80	EC	5F
	D	60	51	7F	A9	19	B5	4A	0D	2D	E5	7A	9F	93	C9	9C	EF
	E	A0	E0	3B	4D	AE	2A	F5	B0	C8	EB	BB	3C	83	53	99	61
	F	17	2B	04	7E	BA	77	D6	26	E1	69	14	63	55	21	0C	7D

2. MixColumn 运算的实现

MixColumn 变换是对状态列的混合变换。把状态中的每一列看作 $GF(2^8)$ 上的多项式，与一个固定多项式 $c(x)$ 相乘，然后模多项式 x^4+1，其中 $c(x) =$ '03' $x^3 +$ '01' $x^2 +$ '01' $x +$ '02'。该多项式与 x^4+1 互素，因此保证了运算的可逆性。

设 $a(x) = a_3 x^3 + a_2 x^2 + a_1 x + a_0$ 为 $GF(2^8)$ 上的任一多项式，它和 $c(x)$ 的积为 $b(x)$，$b(x) = c(x)a(x) \mod x^4+1$。设 $b(x) = b_3 x^3 + b_2 x^2 + b_1 x + b_0$，其中，

$$b_0 = \text{'02'} \, a_0 + \text{'03'} \, a_1 + \text{'01'} \, a_2 + \text{'01'} \, a_3,$$
$$b_1 = \text{'01'} \, a_0 + \text{'02'} \, a_1 + \text{'03'} \, a_2 + \text{'01'} \, a_3,$$
$$b_2 = \text{'01'} \, a_0 + \text{'01'} \, a_1 + \text{'02'} \, a_2 + \text{'03'} \, a_3,$$
$$b_3 = \text{'03'} \, a_0 + \text{'01'} \, a_1 + \text{'01'} \, a_2 + \text{'02'} \, a_3 。$$

可以写为矩阵乘积形式：

$$
\begin{bmatrix} b_0 \\ b_1 \\ b_2 \\ b_3 \end{bmatrix} =
\begin{bmatrix} 02 & 03 & 01 & 01 \\ 01 & 02 & 03 & 01 \\ 01 & 01 & 02 & 03 \\ 03 & 01 & 01 & 02 \end{bmatrix} \cdot
\begin{bmatrix} a_0 \\ a_1 \\ a_2 \\ a_3 \end{bmatrix}
\tag{3-10}
$$

这样就把 MixColumn 变换变为矩阵的乘法运算，其中的乘法运算为 $GF(2^8)$ 上的乘法。

InvMixColumn 运算为 MixColumn 运算的逆运算，同样只需要将系数矩阵换为其乘法逆矩阵即可：

$$
\begin{bmatrix} a_0 \\ a_1 \\ a_2 \\ a_3 \end{bmatrix} =
\begin{bmatrix} 0E & 0B & 0D & 09 \\ 09 & 0E & 0B & 0D \\ 0D & 09 & 0E & 0B \\ 0B & 0D & 09 & 0E \end{bmatrix} \cdot
\begin{bmatrix} b_0 \\ b_1 \\ b_2 \\ b_3 \end{bmatrix}
\tag{3-11}
$$

分析式（3-10）和式（3-11）可知，MixColumn 和 InvMixColumn 运算中的乘法仅牵涉及到与固定系数 02，03，01，01 以及 0E，0B，0D，09，而且矩阵的行和列具有循环移位的特点。所以在需要提高速度而存储空间较大的应用中可以通过，预先造表、计算时查表的方法来实现。如果存储空间足够，可以造一个大表。如果存储空间不够，可以造小表。造大表，计算时查表的次数少，计算速度快，但占用存储空间较大。造小表，计算时查表的次数多，计算速度慢，但占用存储空间较小。

3. 轮变换的实现

在这里我们将用简单的造表查表来实现轮变换，从而使 RIJNDAEL 密码的实现变得非常简单高效。

首先分析加密算法轮变换的查表实现。

设 A 是输入状态，E 是输出状态，K 是密钥数组。根据表 3-3，$a_{i,j}$ 表示 A 的第 i 行第 j 列的字节元素，a_j 表示 A 的第 j 列。类似地，根据表 3-4，$k_{i,j}$ 表示 K 的第 i 行第 j 列的字节元素，k_j 表示 K 的第 j 列。

根据加密轮函数的结构

$$Round(State，RoundKey)$$
$$\{\quad ByteSub(State)；$$
$$ShiftRow(State)；$$
$$MixColumn(State)；$$
$$AddRoundKey(State，RoundKey)；\quad \}$$

我们可以设计出加密算法轮变换的查表实现方案。

因为 AddRoundKey 变换的结果是轮变换的输出，我们用 $e_{i,j}$ 表示其输出，用 $d_{i,j}$ 表示其输入数据，用 $k_{i,j}$ 表示轮密钥。于是，可将 AddRoundKey 变换表示成：

$$\begin{pmatrix} e_{0,j} \\ e_{1,j} \\ e_{2,j} \\ e_{3,j} \end{pmatrix} = \begin{pmatrix} d_{0,j} \\ d_{1,j} \\ d_{2,j} \\ d_{3,j} \end{pmatrix} \oplus \begin{pmatrix} k_{0,j} \\ k_{1,j} \\ k_{2,j} \\ k_{3,j} \end{pmatrix} \tag{3-12}$$

同样，根据式（3-7）和式（3-10），可将 MixColumn 变换表示成：

$$\begin{pmatrix} d_{0,j} \\ d_{1,j} \\ d_{2,j} \\ d_{3,j} \end{pmatrix} = \begin{pmatrix} 02 & 03 & 01 & 01 \\ 01 & 02 & 03 & 01 \\ 01 & 01 & 02 & 03 \\ 03 & 01 & 01 & 02 \end{pmatrix} \begin{pmatrix} c_{0,j} \\ c_{1,j} \\ c_{2,j} \\ c_{3,j} \end{pmatrix} \tag{3-13}$$

根据 ShiftRow 变换的规定，可将 ShiftRow 变换表示成：

$$\begin{pmatrix} c_{0,j} \\ c_{1,j} \\ c_{2,j} \\ c_{3,j} \end{pmatrix} = \begin{pmatrix} b_{0,j} \\ b_{1,j-c1} \\ b_{2,j-c2} \\ b_{3,j-c3} \end{pmatrix} \tag{3-14}$$

注意：其中 $b_{i,j}$ 的列下标 j 应按 Nb 取模。

可将 ByteSub 变换表示成：$b_{i,j}=S[a_{i,j}]$，即

$$\begin{pmatrix} b_{0,j} \\ b_{1,j-c1} \\ b_{2,j-c2} \\ b_{3,j-c3} \end{pmatrix} = \begin{pmatrix} S[a_{0,j}] \\ S[a_{1,j-c1}] \\ S[a_{2,j-c2}] \\ S[a_{3,j-c3}] \end{pmatrix} \tag{3-15}$$

综合式(3-15)、式(3-14)、式(3-13)和式(3-12)，可得：

$$\begin{pmatrix} e_{0,j} \\ e_{1,j} \\ e_{2,j} \\ e_{3,j} \end{pmatrix} = \begin{pmatrix} 02 & 03 & 01 & 01 \\ 01 & 02 & 03 & 01 \\ 01 & 01 & 02 & 03 \\ 03 & 01 & 01 & 02 \end{pmatrix} \begin{pmatrix} S[a_{0,j}] \\ S[a_{1,j-c1}] \\ S[a_{2,j-c2}] \\ S[a_{3,j-c3}] \end{pmatrix} \oplus \begin{pmatrix} k_{0,j} \\ k_{1,j} \\ k_{2,j} \\ k_{3,j} \end{pmatrix} \tag{3-16}$$

将式(3-16)中的矩阵乘表示成向量的线性组合：

$$\begin{pmatrix} e_{0,j} \\ e_{1,j} \\ e_{2,j} \\ e_{3,j} \end{pmatrix} = S[a_{0,j}]\begin{pmatrix}02\\01\\01\\03\end{pmatrix} \oplus S[a_{1,j-c1}]\begin{pmatrix}03\\02\\01\\01\end{pmatrix} \oplus S[a_{2,j-c2}]\begin{pmatrix}01\\03\\02\\01\end{pmatrix} \oplus S[a_{3,j-c3}]\begin{pmatrix}01\\01\\03\\02\end{pmatrix} \oplus \begin{pmatrix}k_{0,j}\\k_{1,j}\\k_{2,j}\\k_{3,j}\end{pmatrix} \tag{3-17}$$

其中 $S[a_{0,j}]$、$S[a_{1,j-c1}]$、$S[a_{2,j-c2}]$ 和 $S[a_{3,j-c3}]$ 是对输入查 S 盒表所得。

我们定义 T_0 到 T_3 四个新表：

$$\left. \begin{array}{cc} T_0 = \begin{pmatrix} S[a]\,02 \\ S[a] \\ S[a] \\ S[a]\,03 \end{pmatrix} & T_1 = \begin{pmatrix} S[a]\,03 \\ S[a]\,02 \\ S[a] \\ S[a] \end{pmatrix} \\ \\ T_2 = \begin{pmatrix} S[a] \\ S[a]\,03 \\ S[a]\,02 \\ S[a] \end{pmatrix} & T_3 = \begin{pmatrix} S[a] \\ S[a] \\ S[a]\,03 \\ S[a]\,02 \end{pmatrix} \end{array} \right\} \tag{3-18}$$

T_0 到 T_3 中的每一个都是一个 256 个 4 字节元素的表，它们共占 4KB 的存储空间。

利用 T_0 到 T_3，可通过查表实现轮变换，于是式(3-17)变为：

$$e_j = T_0[a_{0,j}] \oplus T_1[a_{1,j-c1}] \oplus T_2[a_{2,j-c2}] \oplus T_3[a_{3,j-c3}] \oplus k_j \tag{3-19}$$

这样，加密算法轮变换中的每一列变换，可通过式(3-19)作 4 次查表和 4 次异或运算得到。

注意，在最后一轮中，没有 MixColumn 变换。这说明我们不能按式(3-19)来计算，而只能按式(3-12)、式(3-14)和式(3-15)来计算。据此我们可以得到如下的式(3-20)。

$$\begin{pmatrix} e_{0,j} \\ e_{1,j} \\ e_{2,j} \\ e_{3,j} \end{pmatrix} = \begin{pmatrix} S[a_{0,j}] \\ S[a_{1,j-c1}] \\ S[a_{1,j-c2}] \\ S[a_{1,j-c3}] \end{pmatrix} \oplus \begin{pmatrix} k_{0,j} \\ k_{1,j} \\ k_{2,j} \\ k_{3,j} \end{pmatrix} = \begin{pmatrix} S[a_{0,j}] & \oplus k_{0,j} \\ S[a_{1,j-c1}] & \oplus k_{0,j} \\ S[a_{2,j-c2}] & \oplus k_{2,j} \\ S[a_{3,j-c3}] & \oplus k_{3,j} \end{pmatrix} \tag{3-20}$$

根据式(3-20)，加密算法最后一轮中的每一列变换，可通过式(3-20)作 4 次查 S 盒表和 4 次异或运算得到。

至此，我们用查表和异或实现了加密算法的轮变换。对于 AES，加密算法共循环迭代 10 轮，其中包括 9 个标准轮和 1 个非标准轮。所以共需要

$$9 \times 4 \times (4 \text{ 次查 } T \text{ 表和 } 4 \text{ 次异或}) + 4 \times (4 \text{ 次查 } S \text{ 盒表和 } 4 \text{ 次异或}) \qquad (3\text{-}21)$$

次查表和异或运算就实现了 AES 加密算法的循环迭代加密部分。再加上一个初始 AddRoundKey，就实现了 AES 的完整加密算法。而初始 AddRoundKey，可用简单的异或运算实现。这样，整个 AES 的加密算法就简单高效地实现了。

上面分析了加密算法轮变换的查表实现。仿此可得到解密算法轮变换的查表实现方法。值得注意的是在解密算法中的各变换均为逆变换：InvByteSub(State)、InvShiftRow(State)、InvMixColunm(State)、AadRoundKey(State, Inv_RoundKey)。根据这些逆变换，可得到与式(3-19)和式(3-20)类似的表达式，同样可以通过查逆表和异或来实现解密轮变换。

作者的研究小组曾分别用硬件和软件实现了 AES，并实际用于各种应用系统中。其中软件实现实际用于多种嵌入式操作系统中，如智能卡操作系统 COS 和可信计算机的嵌入式安全模块(ESM)的嵌入式操作系统 JetOS 和可信 PDA 的信任根芯片的嵌入式操作系统等；硬件实现采用大规模集成电路 FPGA，加密速度高达 3Gb/s 以上，并制成硬件加密卡，实际用于网络加密系统中。

3.2.5　RIJNDAEL 的安全性

RIJNDAEL 算法的安全设计策略是宽轨迹策略(Wide Trail Strategy)。宽轨迹策略是针对差分攻击和线性攻击提出来的。它的最大优点是可以给出算法的最佳差分特征的概率以及最佳线性逼近的偏差界，由此可以分析算法抵抗差分攻击和线性攻击的能力。从而确保密码算法具有所需要的抵抗差分攻击和线性攻击的能力，确保密码算法的安全。

1. 抗攻击能力

根据分析，RIJNDAEL 的主要密码部件 S 盒和列混合都设计得相当好。其列混合的一个重要密码学指标分支数达到了最佳值，其 S 盒在非线性度、自相关性、差分均匀性、代数免疫性等主要密码学指标方面都达到相当好的水平。轮密钥加变换施加到加密算法的首尾，而 DES 中的初始置换和逆初始置换都没有密钥的参与。密钥扩展算法中采用了非线性的 S 盒变换，而 DES 的子密钥生产算法中没有采用非线性的 S 盒变换。

由于 RIJNDAEL 密码算法被颁布为高级加密标准 AES，得到了世界范围的应用，因此也就吸引了全世界密码学者对其进行安全分析[43-46]。文献[43]利用积分攻击方法分析了 7 轮 AES-128、8 轮 AES-192、8 轮 AES-256。文献[44]给出了 7 轮 AES-128、7 轮 AES-192、8 轮 AES-256 的不可能差分分析，给出了 7 轮 AES-128 的差分分析，给出了 8 轮 AES-192、8 轮 AES-256 的中间相遇分析。文献[45]给出了 8 轮 AES-128、7 轮 AES-192、9 轮 AES-256 的不可能差分分析，给出了 14 轮 AES-256 的相关密钥的不可能差分分析。文献[46]研究了对 AES 密码芯片的侧信道分析，给出了分别使用 10 和 15 个样本恢复出 AES-192 的 192 位密钥和 AES-256 的 256 位密钥的侧信道分析。

另有文献指出，根据式（3-6），RIJNDAEL 的 S 盒运算的输出与输入之间存在着简单的数学关系，这一数学关系是简单的，这将影响其抗代数攻击的能力。

对 AES 的分析研究，使人们对 AES 的安全性有了更深刻的认识。尽管在设计者和 NIST 看来，RIJNDAEL 密码算法已经设计得相当好，但是和任何密码一样，RIJNDAEL 密码算法有自己的优点，也有自己的弱点。根据现在的分析可知，RIJNDAEL 密码算法中的列混合的扩散度不够，密钥扩展的非线性不够，而且缺少抵抗侧信道分析得设计。这些不足之处给密码分析提供了可乘之机。

2. 弱密钥

RIJNDAEL 的加解密算法采用不同的密钥扩展算法，而且都使用了非线性的 ByteSub 变换，并且在扩展产生每一轮密钥中使用不同的轮常数。这些措施使得 RIJNDAEL 不存在象 DES 里出现的那种弱密钥和半弱密钥。因此，在 RIJNDAEL 加解密算法中，对密钥的选择没有任何限制。

3. 适应性

RIJNDAEL 的数据块长度和密钥长度都可变，因此能够适应不同的安全应用环境。即使今后计算能力和攻击能力提高了，只要及时提高密钥的长度，便可获得满意的安全，因此密码的安全使用寿命长。

应当指出，AES 已经在世界范围得到广泛的应用，而且应用时间已经超过二十年，为确保信息安全作出了贡献。现在的分析研究，揭示了 RIJNDAEL 密码算法存在的一些安全弱点。但是现有分析所需要的数据资源和空间资源都很多，仍未对 RIJNDAEL 密码算法构成实际的威胁，所以美国 NIST 至今仍然支持 AES 密码。但是，我们应当密切关注针对 RIJNDAEL 密码算法的安全分析进展。

3.3　中国商用密码算法 SM4

2006 年我国国家密码管理局公布了无线局域网产品使用的 SM4 密码算法。这是我国第一次公布自己的商用密码算法，意义重大。这一举措标志着我国商用密码管理更加科学化。这必将促进我国商用密码的科学研究和产业发展。

SM4 密码算法设计简洁，算法结构有特色，安全高效。它的公开颁布向世界展示了我国在商用密码方面的研究成果。

3.3.1　SM4 算法描述

SM4 密码算法是一个分组算法。数据分组长度为 128 比特，密钥长度为 128 比特。加密算法与密钥扩展算法都采用 32 轮迭代结构。SM4 密码算法以字节（8 位）和字（32 位）为单位进行加解密数据处理。SM4 密码算法是对合运算，因此解密算法与加密算法相同，只是轮密钥的使用顺序相反。

1. 基本运算

SM4 密码算法使用模 2 加和循环移位作为基本运算。

①模 2 加：$\oplus$，32 位异或运算。

②循环移位：$<<<i$，把 32 位字循环左移 i 位。

2. 基本密码部件

SM4 密码算法使用了以下基本密码部件。

（1）S 盒

SM4 的 S 盒是一种以字节为单位的非线性代替变换，其密码学的作用是起混淆作用，使明文、密钥、密文之间的关系错综复杂，提高安全性。S 盒的输入和输出都是 8 位的字节。它本质上是 8 位的非线性置换。设输入字节为 a，输出字节为 b，则 S 盒的运算可表示为：

$$b = S\_box(a) \tag{3-22}$$

S 盒的代替规则如表 3-9 所示。例如，设 S 盒的输入为 EF，则 S 盒的输出为表 3-9 中第 E 行与第 F 列交点处的值 84。即，$S\_box(\mathrm{EF}) = 84$。

表 3-9 　　　　　　　　　　　　　　　S　盒　表

		低　位														
		0	1	2	3	4	5	6	7	8	9	A	B	C	D	E	F
高位	0	D6	90	E9	FE	CC	E1	3D	B7	16	B6	14	C2	28	FB	2C	05
	1	2B	67	9A	76	2A	BE	04	C3	AA	44	13	26	49	86	06	99
	2	9C	42	50	F4	91	EF	98	7A	33	54	0B	43	ED	CF	AC	62
	3	E4	B3	1C	A9	C9	08	E8	95	80	DF	94	FA	75	8F	3F	A6
	4	47	07	A7	FC	F3	73	17	BA	83	59	3C	19	E6	85	4F	A8
	5	68	6B	81	B2	71	64	DA	8B	F8	EB	0F	4B	70	56	9D	35
	6	1E	24	0E	5E	63	58	D1	A2	25	22	7C	3B	01	21	78	87
	7	D4	00	46	57	9F	D3	27	52	4C	36	02	E7	A0	C4	C8	9E
	8	EA	BF	8A	D2	40	C7	38	B5	A3	F7	F2	CE	F9	61	15	A1
	9	E0	AE	5D	A4	9B	34	1A	55	AD	93	32	30	F5	8C	B1	E3
	A	1D	F6	E2	2E	82	66	CA	60	C0	29	23	AB	0D	53	4E	6F
	B	D5	DB	37	45	DE	FD	8E	2F	03	FF	6A	72	6D	6C	5B	51
	C	8D	1B	AF	92	BB	DD	BC	7F	11	D9	5C	41	1F	10	5A	D8
	D	0A	C1	31	88	A5	CD	7B	BD	2D	74	D0	12	B8	E5	B4	B0
	E	89	69	97	4A	0C	96	77	7E	65	B9	F1	09	C5	6E	C6	84
	F	18	F0	7D	EC	3A	DC	4D	20	79	EE	5F	3E	D7	CB	39	48

（2）非线性变换 τ

SM4 的非线性变换 τ 是一种以字为单位的非线性代替变换。它由 4 个 S 盒并置构成。本质上它是 S 盒的一种并行应用。

设输入字为 $A=(a_0,\ a_1,\ a_2,\ a_3)$，输出字为 $B=(b_0,\ b_1,\ b_2,\ b_3)$，则

$$B=\tau(A)=(S\_box(a_0),\ S\_box(a_1),\ S\_box(a_2),\ S\_box(a_3))。 \qquad (3\text{-}23)$$

（3）线性变换部件 L

线性变换部件 L 是以字为处理单位的线性变换部件，其输入输出都是 32 位的字。其密码学的作用是起扩散的作用，把 S 盒的混淆作用尽可能地扩散到更大范围。

设 L 的输入为字 B，输出为字 C，则

$$\begin{aligned}C&=L(B)\\&=B\oplus(B<<<2)\oplus(B<<<10)\oplus(B<<<18)\oplus(B<<<24)\end{aligned} \qquad (3\text{-}24)$$

（4）合成变换 T

合成变换 T 由非线性变换 τ 和线性变换 L 复合而成，数据处理的单位是字。设输入为字 X，则先对 X 进行非线性 τ 变换，再进行线性 L 变换。记为

$$T(X)=L(\tau(X))。 \qquad (3\text{-}25)$$

由于合成变换 T 是非线性变换 τ 和线性变换 L 的复合，所以它综合起到混淆和扩散的作用，从而可提高密码的安全性。

3. 轮函数

SM4 密码算法采用对基本轮函数进行迭代的结构。利用上述基本密码部件，便可构成轮函数。SM4 密码算法的轮函数是一种以字为处理单位的密码函数。

设轮函数 F 的输入为 $(X_0,\ X_1,\ X_2,\ X_3)$，四个 32 位字，共 128 位。轮密钥为 rk，rk 也是一个 32 位的字。轮函数 F 的输出也是一个 32 位的字。轮函数 F 的运算由式（3-26）给出：

$$F(X_0,\ X_1,\ X_2,\ X_3,\ rk)=X_0\oplus T(X_1\oplus X_2\oplus X_3\oplus rk) \qquad (3\text{-}26)$$

根据式（3-25），有

$$F(X_0,\ X_1,\ X_2,\ X_3,\ rk)=X_0\oplus L(\tau(X_1\oplus X_2\oplus X_3\oplus rk))$$

简记 $B=(X_1\oplus X_2\oplus X_3\oplus rk)$，根据式（3-22）和式（3-23），有

$$F(X_0,\ X_1,\ X_2,\ X_3,\ rk)=X_0\oplus[S\_box\ (B)]\oplus[S\_box\ (B)<<<2]\oplus[S\_box\ (B)<<<10]\oplus[S\_box\ (B)<<<18]\oplus[S\_box\ (B)<<<24] \qquad (3\text{-}27)$$

根据式（3-27）我们给出图 3-13 所示的轮函数结构图，其中 $B=(X_1\oplus X_2\oplus X_3\oplus rk)$，S 表示 S_box 变换，T 变换框表示出了式（3-25）的 T 变换。

4. 加密算法

SM4 密码算法是一个分组算法。数据分组长度为 128 比特，密钥长度为 128 比特。加密算法采用 32 轮迭代结构，每轮使用一个轮密钥。

设输入明文为 $(X_0,\ X_1,\ X_2,\ X_3)$，四个字，共 128 位。输入轮密钥为 rk_i，$i=0$，1，…，31，共 32 个字。输出密文为 $(Y_0,\ Y_1,\ Y_2,\ Y_3)$，四个字，128 位。则加密算法可描述如下。

加密算法：

$$\begin{aligned}X_{i+4}&=F(X_i,\ X_{i+1},\ X_{i+2},\ X_{i+3},\ rk_i)\\&=X_i\oplus T(X_{i+1}\oplus X_{i+2}\oplus X_{i+3}\oplus rk_i)，i=0，1\cdots31\end{aligned} \qquad (3\text{-}28)$$

为了与解密算法需要的顺序一致，在加密算法之后还需要增加一个反序处理 R：

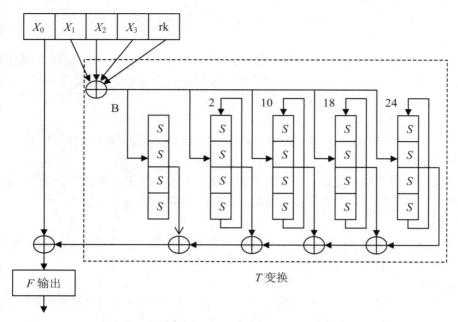

图 3-13　SM4 的轮函数

$$R(Y_0，Y_1，Y_2，Y_3)=(X_{35}，X_{34}，X_{33}，X_{32}) \tag{3-29}$$

　　加密算法的框图如图 3-14 所示。由图可以看出，虽然 SM4 的加密算法与 DES、AES 一样都采用了基本轮函数迭代的结构，但是 SM4 的加密迭代处理有自己的不同特点。SM4 一次加密处理四个字，产生一个字的中间密文，这个中间密文与前三个字拼接在一起供下一次加密处理，共迭代加密处理 32 轮，最终产生出四个字的密文。整个加密处理过程像一个宽度为四个字的窗口在滑动，加密处理一轮，窗口滑动一个字，窗口滑动 32 次，加密迭代结束。

5. 解密算法

　　SM4 密码算法是对合运算，因此解密算法与加密算法相同，只是轮密钥的使用顺序相反，解密轮密钥是加密轮密钥的逆序。

　　设输入密文为 $(Y_0，Y_1，Y_2，Y_3)$，输入轮密钥为 rki，$i=31，30，\cdots，1，0$，输出明文为 $(M_0，M_1，M_2，M_3)$。根据式（3-29），应有 $(Y_0，Y_1，Y_2，Y_3)=(X_{35}，X_{34}，X_{33}，X_{32})$。因为我们在加密算法结束后加了一个反序变换 R，反序后的密文数据刚好符合这一要求。于是，我在解密算法中直接采用 $(X_{35}，X_{34}，X_{33}，X_{32})$ 表示初始的待解密密文，用 X_i 表示解密过程中的中间数据。于是可得到如下解密算法。

　　解密算法：

$$X_i = F(X_{i+4}，X_{i+3}，X_{i+2}，X_{i+1}，rk_i)$$
$$= X_{i+4} \oplus T(X_{i+3} \oplus X_{i+2} \oplus X_{i+1} \oplus rk_i)，i=31，30，\cdots 1，0 \tag{3-30}$$

与加密算法之后需要一个反序处理同样的道理，在解密算法之后也需要一个反序处理 R：

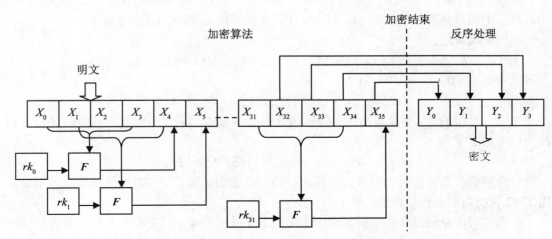

图 3-14 SM4 的加密算法与反序处理

$$R(M_0, M_1, M_2, M_3) = (X_3, X_2, X_1, X_0) \tag{3-31}$$

6. 密钥扩展算法

SM4 密码算法使用 128 位的加密密钥,并采用 32 轮迭代加密结构,每一轮加密使用一个 32 位的轮密钥,共使用 32 个轮密钥。因此需要使用密钥扩展算法,从加密密钥产生出 32 个轮密钥。

(1)常数 FK。

在密钥扩展中使用如下常数:

$FK_0 = (A3B1BAC6)$,$FK_1 = (56AA3350)$,$FK_2 = (677D9197)$,$FK_3 = (B27022DC)$。

(2)固定参数 CK。

共使用 32 个固定参数 CK_i,CK_i 是一个字,其产生规则如下:

设 $ck_{i,j}$ 为 CK_i 的第 j 字节($i = 0, 1, \cdots, 31$;$j = 0, 1, 2, 3$),即 $CK_i = (ck_{i,0}, ck_{i,1}, ck_{i,2}, ck_{i,3})$,则

$$ck_{i,j} = (4i+j) \times 7 \,(\mathrm{mod}\ 256)。 \tag{3-32}$$

这 32 个固定参数如下(16 进制):

00070e15,	1c232a31,	383f464d,	545b6269,
70777e85,	8c939aa1,	a8afb6bd,	c4cbd2d9,
e0e7eef5,	fc030a11,	181f262d,	343b4249,
50575e65,	6c737a81,	888f969d,	a4abb2b9,
c0c7ced5,	dce3eaf1,	f8ff060d,	141b2229,
30373e45,	4c535a61,	686f767d,	848b9299,
a0a7aeb5,	bcc3cad1,	d8dfe6ed,	f4fb0209,
10171e25,	2c333a41,	484f565d,	646b7279

(3)密钥扩展算法。

设输入加密密钥为 MK = (MK_0，MK_1，MK_2，MK_3)，输出轮密钥为 rki，$i = 0$，$1\cdots$，30，31，中间数据为 K_i，$i = 0$，$1\cdots$，34，35。则密钥扩展算法可描述如下。

密钥扩展算法：

① $(K_0$，K_1，K_2，$K_3) = (MK_0 \oplus FK_0$，$MK_1 \oplus FK_1$，$MK_2 \oplus FK_2$，$MK_3 \oplus FK_3)$

② *For* $i = 0$，$1\cdots$，30，31 *Do*

$$rki = K_{i+4} = K_i \oplus T'(K_{i+1} \oplus K_{i+2} \oplus K_{i+3} \oplus CK_i)$$

说明：其中的 T' 变换与加密算法轮函数中的 T 基本相同，只将其中的线性变换 L 修改为以下的 L'：

$$L'(B) = B \oplus (B <<< 13) \oplus (B <<< 23)$$

分析密钥扩展算法可以发现，在算法结构方面密钥扩展算法与加密算法类似，也是采用了 32 轮类似的迭代处理。

特别应当注意的是在密钥扩展算法中采用了非线性变换 τ，这将大大加强密钥扩展的安全性。这一点与 AES 密码类似。而 DES 的子密钥生产算法却没有采用类似措施。

3.3.2 SM4 的可逆性和对合性

可逆性是对密码算法的基本要求，对合性可使密码算法实现的工作量减半。我们下面证明 SM4 的可逆性和对合性。

为了便于分析理解，我们把图 3-13 中的轮函数，稍微改画一下，画成图 3-15 的简洁形式。从图 3-15 我们可以看出，SM4 的加密轮函数，由两个运算组成。它们分别是加密函数 G 和数据交换 E，在图 3-15 中分别用两个的虚线框示出。

进一步我们利用图 3-15 的加密轮函数，把 SM4 的加解密过程用另一种形式分别画到图 3-16 和图 3-17 中。图 3-16 和图 3-17 展示出完整的加密和解密过程，有利于理解其可逆性和对合性。

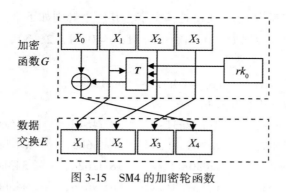

图 3-15　SM4 的加密轮函数

首先，根据图 3-15 的轮函数，我们把其中的加密函数 G 的运算写成：

$$\begin{aligned}
\boldsymbol{G}_i &= \boldsymbol{G}_i(X_i，X_{i+1}，X_{i+2}，X_{i+3}，rki) \\
&= (X_i \oplus T(X_{i+1}，X_{i+2}，X_{i+3}，rki)，X_{i+1}，X_{i+2}，X_{i+3})
\end{aligned} \qquad (3\text{-}33)$$

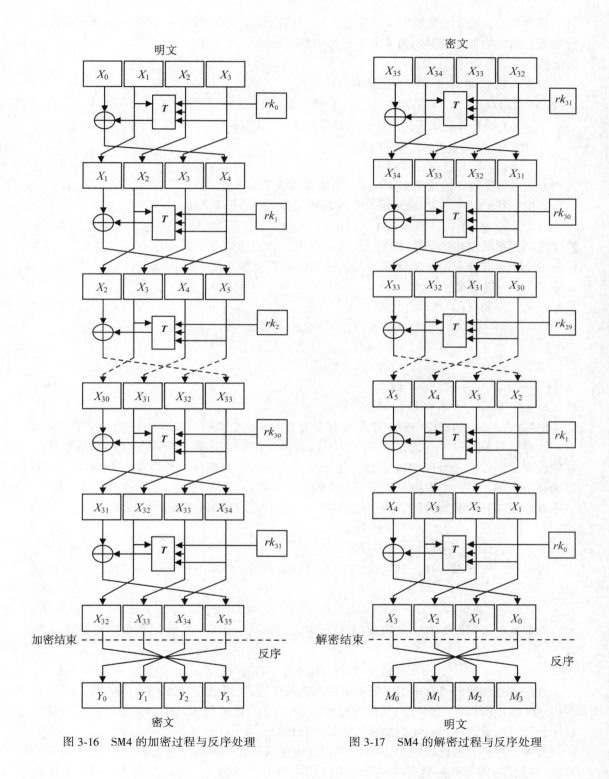

图 3-16 SM4 的加密过程与反序处理   图 3-17 SM4 的解密过程与反序处理

其含义是，把 4 个数据字 X_i，X_{i+1}，X_{i+2}，X_{i+3} 和 1 个轮密钥 rki 字送入 G_i 加密函数进行加密，输出的加密结果仍为 4 个字，其中最左边的字为 $X_i \oplus T(X_{i+1}, X_{i+2}, X_{i+3}, rki)$，后面依次是 X_{i+1}，X_{i+2}，X_{i+3}。

加密函数 G_i 是对合运算，这是因为：

$$
\begin{aligned}
(G_i)^2 = G_i(G_i) &= G_i(X_i \oplus T(X_{i+1}, X_{i+2}, X_{i+3}, rki), X_{i+1}, X_{i+2}, X_{i+3}, rki) \\
&= (X_i \oplus T(X_{i+1}, X_{i+2}, X_{i+3}, rki) \oplus T(X_{i+1}, X_{i+2}, X_{i+3}, rk_i), X_{i+1}, X_{i+2}, X_{i+3}) \\
&= (X_i, X_{i+1}, X_{i+2}, X_{i+3}) \\
&= I
\end{aligned} \tag{3-34}
$$

其中 I 是恒等变换。这说明 $G_i = G_i^{-1}$，所以 G_i 是对合运算。

其次，我们把图 3-15 的轮函数中的数据左右交换运算 E 写成：

$$
E(X_{i+4}, (X_{i+1}, X_{i+2}, X_{i+3})) = ((X_{i+1}, X_{i+2}, X_{i+3}), X_{i+4}) \tag{3-35}
$$

其含义是，把最左边的数据字 X_{i+4} 放到最右边，把右边的 3 个数据字 $(X_{i+1}, X_{i+2}, X_{i+3})$ 作为一个整体放到左边。要特别注意：这里的数据交换是把 $(X_{i+1}, X_{i+2}, X_{i+3})$ 作为一个整体，与 X_{i+4} 进行交换。

于是，根据式 (3-35) 可得，

$$
\begin{aligned}
E^2 &= E[E(X_{i+4}, (X_{i+1}, X_{i+2}, X_{i+3}))] \\
&= E[((X_{i+1}, X_{i+2}, X_{i+3}), X_{i+4})] \\
&= (X_{i+4}, (X_{i+1}, X_{i+2}, X_{i+3})) \\
&= I。
\end{aligned} \tag{3-36}
$$

即，$E^2 = I$，$E = E^{-1}$。所以 E 是对合运算。

根据式 (3-34) 和式 (3-36)，G 和 E 都是对合的。这说明图 15 的轮函数是对合的。

注意，与 DES 中每一轮的数据交换不同的是，在 DES 中每一轮参与交换的两个数据块的长度是相等的，而在 SM4 中每一轮参与交换的两个数据块的长度是不相等的，一个数据是一个字，另一个数据是 3 个字组成的一个整体。

根据图 3-15，利用式 (3-33) 和式 (3-35)，我们可以把 SM4 的轮函数写成，

$$
\begin{aligned}
F_i &= F_i(X_i, X_{i+1}, X_{i+2}, X_{i+3}, rk_i) \\
&= G_i E
\end{aligned} \tag{3-37}
$$

进一步，根据图 3-16，利用式 (3-37)，我们可以把 SM4 的加密过程和反序处理 R 写成，

$$
SM4 = G_0 E\, G_1\, E \cdots\cdots G_{30} E\, G_{31} R \tag{3-38}
$$

类似地，根据图 3-17，利用式 (3-37)，我们可以把 SM4 的解密过程和反序处理 R 写成，

$$
SM4^{-1} = G_{31} E\, G_{30}\, E \cdots\cdots G_1\, E\, G_0\, R \tag{3-39}
$$

式 (3-38) 和式 (3-39) 中的下标表示轮密钥的序号。比较式 (3-38) 和式 (3-39)，可以发现，SM4 的加密过程 (含反序) 与解密过程 (含反序) 的运算是相同的，只是轮密钥的使用顺序相反。这就说明，SM4 的加密算法是对合运算。

另外，我们直接比较图 3-16 和图 3-17，也可以发现 SM4 的加密过程 (含反序) 与解密过程 (含反序) 的运算是相同的，只是轮密钥的使用顺序相反。这同样说明，SM4 的加密

算法是对合运算。

我们还可以直接利用图 3-16 和图 3-17 来证明 SM4 加密算法的可逆性。根据图 3-16 把明文$(X_0,\ X_1,\ X_2,\ X_3)$加密过程中数据的变化写出如下：

$$(X_0,\ X_1,\ X_2,\ X_3)\rightarrow(X_1,\ X_2,\ X_3,\ X_4)\rightarrow(X_2,\ X_3,\ X_4,\ X_5)\rightarrow\cdots\rightarrow(X_{32},\ X_{33},\ X_{34},\ X_{35})\rightarrow(X_{35},\ X_{34},\ X_{33},\ X_{32})=(Y_0,\ Y_1,\ Y_2,\ Y_3)。 \tag{3-40}$$

其中最后一步变换为反序。

同样，根据图 3-17 把密文$(Y_0,\ Y_1,\ Y_2,\ Y_3)$解密过程中数据的变化写出如下：

$$(X_{35},\ X_{34},\ X_{33},\ X_{32})\rightarrow(X_{34},\ X_{33},\ X_{32},\ X_{31})\rightarrow(X_{33},\ X_{32},\ X_{31},\ X_{30})\rightarrow\cdots\rightarrow(X_3,\ X_2,\ X_1,\ X_0)\rightarrow(X_0,\ X_1,\ X_2,\ X_3)。 \tag{3-41}$$

其中最后一步变换为反序。

比较式(3-40)和式(3-41)中的加密和解密的数据变化，可以得出，

$$\mathrm{SM4}^{-1}(\mathrm{SM4}(X_0,\ X_1,\ X_2,\ X_3))=(X_0,\ X_1,\ X_2,\ X_3) \tag{3-42}$$

式(3-42)说明，SM4 加密算法是可逆的。

把 SM4 的图 3-16 和图 3-17 与 DES 的图 3-1 进行比较，就可以发现 SM4 与 DES 的密码结构相似，而且都是对合运算。我们知道 DES 密码采用的是 Feistel 结构，因此 SM4 也是采用了 Feistel 结构。不同的是，在 DES 中每一轮参与交换的两个数据块的长度是相等的，都是 32 位。而在 SM4 中每一轮参与交换的两个数据块的长度是不相等的，一个数据是一个字，另一个数据是 3 个字组成的一个整体。于是，密码学界称 DES 的密码结构是对称 Feistel 结构，称 SM4 的密码结构是非对称 Feistel 结构。

3.3.3　SM4 的安全性

SM4 密码算法是我国专业密码机构设计的商用密码算法，经过了专业密码机构的充分的分析测试，主要用于商用数据保密。

根据分析，SM4 的主要密码部件 S 盒设计得相当好。在非线性度、自相关性、差分均匀性、代数免疫性等主要密码学指标方面都达到相当好的水平，与 AES 的 S 盒相当。SM4 的密钥扩展算法中采用了 S 盒变换，这一点与 AES 类似。而 DES 的子密钥生产算法中没有采用 S 盒变换。

SM4 密码算法公布后引起国际密码界的关注，国内外的密码学者已经开始对其进行分析研究。文献[44]给出了 23 轮 SM4 的差分分析，给出了 20 轮的 SM4 的线性分析。文献[46]研究了对 SM4 的差分故障攻击，理论上仅需要 32 个错误就可以恢复出 128 位的密钥。实验上，平均需要 47 个错误就可以恢复出 128 位的密钥。这表明 SM4 抵抗差分故障攻击的能力是脆弱的。

虽然国内外学者对 SM4 密码算法进行了各种分析，但是这种攻击尚不能对其构成实际威胁。所以，至今我国国家密码管理局仍然支持 SM4 密码。

SM4 密码已经得到广泛应用，为确保我国的信息安全作出了贡献。但是，任何密码都是既有优点，也有缺点的。国内外的密码分析发现了 SM4 密码的一些弱点，这是很正常的，是对我们改进 SM4 密码和设计新密码都是有帮助的。因此，我们应当密切关注国内外对 SM4 密码算法进行的各种密码分析。

3.3.4 示例

以下为 SM4 算法在 ECB 工作方式下的运算实例，用以验证密码算法实现的正确性。其中，数据采用 16 进制表示。

明　　文：01 23 45 67 89 ab cd ef fe dc ba 98 76 54 32 10

加密密钥：01 23 45 67 89 ab cd ef fe dc ba 98 76 54 32 10

轮密钥与每轮输出状态如下：

rk[0] = f12186f9	X[0] = 27fad345
rk[1] = 41662b61	X[1] = a18b4cb2
rk[2] = 5a6ab19a	X[2] = 11c1e22a
rk[3] = 7ba92077	X[3] = cc13e2ee
rk[4] = 367360f4	X[4] = f87c5bd5
rk[5] = 776a0c61	X[5] = 33220757
rk[6] = b6bb89b3	X[6] = 77f4c297
rk[7] = 24763151	X[7] = 7a96f2eb
rk[8] = a520307c	X[8] = 27dac07f
rk[9] = b7584dbd	X[9] = 42dd0f19
rk[10] = c30753ed	X[10] = b8a5da02
rk[11] = 7ee55b57	X[11] = 907127fa
rk[12] = 6988608c	X[12] = 8b952b83
rk[13] = 30d895b7	X[13] = d42b7c59
rk[14] = 44ba14af	X[14] = 2ffc5831
rk[15] = 104495a1	X[15] = f69e6888
rk[16] = d120b428	X[16] = af2432c4
rk[17] = 73b55fa3	X[17] = ed1ec85e
rk[18] = cc874966	X[18] = 55a3ba22
rk[19] = 92244439	X[19] = 124b18aa
rk[20] = e89e641f	X[20] = 6ae7725f
rk[21] = 98ca015a	X[21] = f4cba1f9
rk[22] = c7159060	X[22] = 1dcdfa10
rk[23] = 99e1fd2e	X[23] = 2ff60603
rk[24] = b79bd80c	X[24] = eff24fdc
rk[25] = 1d2115b0	X[25] = 6fe46b75
rk[26] = 0e228aeb	X[26] = 893450ad
rk[27] = f1780c81	X[27] = 7b938f4c
rk[28] = 428d3654	X[28] = 536e4246
rk[29] = 62293496	X[29] = 86b3e94f
rk[30] = 01cf72e5	X[30] = d206965e

rk[31] = 9124a012   X[31] = 681edf34

最后得到密文：68 1e df 34 d2 06 96 5e 86 b3 e9 4f 53 6e 42 46

3.4 分组密码的应用技术

我们已经介绍了一些典型的密码算法，但是密码算法的实际应用仍有许多具体的技术问题。这些应用技术不解决，即使采用安全的密码算法也是徒劳的。本节介绍分组密码在实际应用中的一些技术问题。

1977 年 DES 的颁布，对推动密码技术的应用起了重要作用。1981 年美国 NSB 针对 DES 的应用制定了四种基本工作模式：电码本模式（**ECB**）、密文链接模式（**CBC**）、密文反馈模式（**CFB**）和输出反馈模式（**OFB**）。2000 年美国在征集 AES 的同时又公开征集 AES 的工作模式[49]。共征集到 15 个候选工作模式，其中 **X CBC** 模式很有实用价值，**CTR**（Counter Mode Encryption）模式很有特色。这些新的工作模式将为 AES 的应用作出贡献。下面我们介绍分组密码的这几种工作模式。

3.4.1 分组密码的工作模式

分组密码可以按不同的模式工作，实际应用的环境不同应采用不同的工作模式。只有这样才能既确保安全，又方便高效。

1. 电码本模式 ECB（Electric Code Book）

直接利用分组密码对明文的各分组进行加密。设明文 $M = (M_1, M_2, \cdots, M_n)$，相应的密文 $C = (C_1, C_2, \cdots, C_n)$，其中

$$C_i = E(M_i, K), i = 1, 2, \cdots, n \tag{3-43}$$

电码本方式是分组密码的基本工作模式。

ECB 的一个缺点是要求数据的长度是密码分组长度的整数倍，否则最后一个数据块将是短块，这时需要特殊处理。

ECB 模式的另一缺点是容易暴露明文的数据模式。

在计算机系统中，许多数据都具有某种固有的模式。这主要是由数据冗余和数据结构引起的。例如，各种计算机语言的语句和指令都十分有限，因而在程序中便表现为少量的语句和指令的大量重复。各种语言程序往往具有某种固定格式。数据库的记录也往往具有某种固定结构，如学生成绩数据库一定包含诸如姓名、学号和各科成绩等字段。计算机通信通常按固定的步骤和格式进行。如工作站和网络服务器之间的联络一定从 LOGIN 开始。如果不采取措施，根据明文相同、密钥相同，则密文相同的道理，这些固有的数据模式将在密文中表现出来。

掩盖明文数据模式的有效方法有采用某种预处理技术和链接技术。

所谓预处理技术就是在用分组密码加密之前首先选用一个随机序列（如 m 序列等）与明文按位模 2 相加，这样明文的数据模式便被掩盖。这种方法的缺点是增大了数据处理的工作量，并且需要保存所用的随机序列，否则密文不能还原。

所谓链接是使加解密算法的当前输出不仅与当前的输入和密钥相关，而且也和先前的

输入和输出相关的一种技术。采用链接后密文和明文之间的关系变得更加复杂，既使明文和密钥相同，所产生的密文也可能不相同，所以可以掩盖明文的数据模式。采用链接后，当前的密文(明文)和先前的密文(明文)都相关，所以若某一密文(明文)块发生了错误，将影响以后的密文(明文)也发生错误。这种现象称为错误传播。错误传播有时是有益的，如可用于认证数据的真实性和完整性。然而有时又是不希望的，例如对于磁盘文件加密，磁盘介质的损坏是经常的，不希望因某一点的磁盘介质损坏而影响整个文件损坏。

下面介绍分组密码的链接工作模式。

2. 密文链接模式 CBC(Ciphertext Block Chaining)

首先介绍明密文链接模式(Plaintext and Ciphertext Block Chaining)。

设明文 $M = (M_1, M_2, \cdots, M_n)$，相应的密文 $C = (C_1, C_2, \cdots, C_n)$，而

$$C_i = \begin{cases} E(M_i \oplus Z, K), & i = 1 \\ E(M_i \oplus M_{i-1} \oplus C_{i-1}, K), & i = 2, \cdots, n \end{cases} \tag{3-44}$$

其中 Z 为初始化向量。

根据式(3-44)可知，即使 $M_i = M_j$，但因一般都有 $M_{i-1} \oplus C_{i-1} \neq M_{j-1} \oplus C_{j-1}$，从而使 $C_i \neq C_j$，从而掩盖了明文中的数据模式。

同样根据式(3-44)可知加密时，当 M_i 或 C_i 中发生一位错误时，自此以后的密文全都发生错误。这种现象称为错误传播无界。

解密时，因为

$$M_i = \begin{cases} D(C_i, K) \oplus Z, & i = 1 \\ D(C_i, K) \oplus M_{i-1} \oplus C_{i-1}, & i = 2, \cdots, n \end{cases} \tag{3-45}$$

所以，解密时也是错误传播无界。

进一步为了使相同的报文也产生不同的密文，应当使 Z 随机化，每次加密均使用不同的初始化向量 Z。

明密文链接的工作原理如图 3-18 所示。

明密文链接方式具有加解密错误传播无界的特性，而磁盘文件加密通常希望解密错误传播有界，这时可采用密文链接方式。从式(3-44)和式(3-45)中去掉参数 M_{i-1}，即明文不参与链接，只让密文参与链接，便成为密文链接方式。

加密时，

$$C_i = \begin{cases} E(M_i \oplus Z, K), & i = 1 \\ E(M_i \oplus C_{i-1}, K), & i = 2, \cdots, n \end{cases} \tag{3-46}$$

根据式(3-46)可知加密时，当 M_i 或 C_i 中发生错误时，自此以后的密文全都发生错误，同样为错误传播无界。

解密时，

$$M_i = \begin{cases} D(C_i, K) \oplus Z, & i = 1 \\ D(C_i, K) \oplus C_{i-1}, & i = 2, \cdots, n \end{cases} \tag{3-47}$$

而根据式(3-47)可知解密时，C_{i-1} 发生了错误，则只影响 M_{i-1} 和 M_i 发生错误，其余不错，因此错误传播有界。

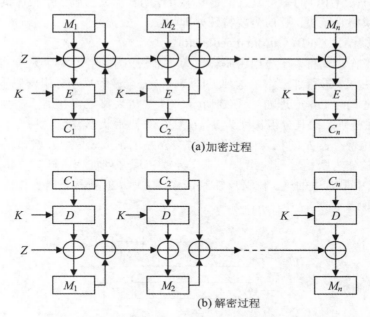

(a)加密过程

(b) 解密过程

图 3-18 明密文链接工作原理

密文链接的工作原理如图 3-19 所示。

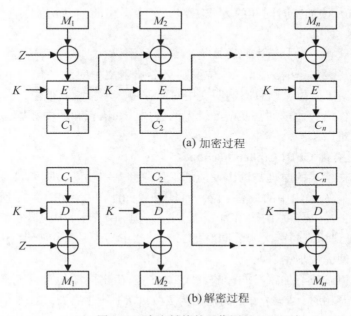

(a) 加密过程

(b) 解密过程

图 3-19 密文链接的工作原理

与 **ECB** 一样，**CBC** 的一个缺点也是要求数据的长度是密码分组长度的整数倍，否则最后一个数据块将是短块，这时需要特殊处理。

3. 输出反馈模式 OFB(Output Feedback)

输出反馈工作模式将一个分组密码转换为一个密钥序列产生器。从而可以实现用分组密码按流密码的方式进行加解密。这种工作模式的安全性取决于分组密码本身的安全性。

输出反馈方式的工作原理如图 3-20 所示。其中 R 为移位寄存器。E 为分组密码，如 AES、SM4 等强密码。设其分组长度为 n。I_0 为 R 的初始状态并称为种子，K 为密钥。分组密码 E 把移位寄存器 R 的状态内容作为明文，并加密成密文。E 输出的密文中最右边的 $s(1 \leqslant s \leqslant n)$ 位作为密钥序列输出，与明文异或实现序列加密。同时，移位寄存器 R 左移 s 位，E 输出中最右边的这 s 位又反馈到寄存器 R。R 的新状态内容作为 E 下一次加密的输入。如此继续。

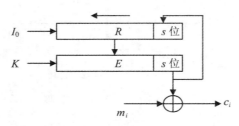

图 3-20　输出反馈工作原理

解密时 R 和 E 按加密时同样的方式工作，产生出相同的密钥流，与密文异或便完成了解密。

这种工作模式将一个分组密码转换为一个序列密码。它具有普通序列密码的优缺点，如没有错误传播。设加密时 m_i 错了一位，则只影响密文中对应一位，不影响其他位。同样，设解密时 c_i 错了一位，则只影响明文中对应一位，不影响其他位。

输出反馈工作模式适于加密冗余度较大的数据，如语音和图像数据，但因无错误传播而对密文的篡改难以检测。

4. 密文反馈模式 CFB(Cipher Feedback)

密文反馈工作模式的原理与输出反馈的工作原理基本相同，所不同的仅仅是反馈到移位寄存器 R 的不是 E 输出中的最右 s 位，而是密文 c_i 的 s 位。如图 3-21 所示。

加密开始时，$R = I_0$，E 的输出为 $E(I_0, K)$。把 $E(I_0, K)$ 中的最右 s 位作为密钥流与明文 m_1 异或，得到相应的密文 c_1。同时把 c_1 反馈给 R，于是又可产生下一个正确的密钥流。如此继续，便完成加密。

解密时，R 和 E 按与加密时同样的方式工作，产生出同样的密钥流，与密文异或便完成了解密。解密开始时，$R = I_0$，E 的输出为 $E(I_0, K)$。把 $E(I_0, K)$ 中的最右 s 位作为密钥流与密文 c_1 异或，便得到相应的明文 m_1。同时把 c_1 反馈给 R，于是又可产生下一个正确的密钥流。如此继续，便完成解密。

密文反馈工作模式的错误传播情况与输出反馈工作模式不同。加密时若明文 m_i 错了

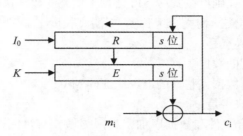

图 3-21 密文反馈工作原理

一位，则影响密文 c_i 错，这一错误反馈到移位寄存器后将影响到后续的密钥序列错，导致后续的密文都错。同样，解密时若密文 c_i 错了一位，则影响明文 m_i 错，但密文的这一错误反馈到移位寄存器后将影响到后续的密钥序列错，导致后续的明文都错。

这种加解密都错误传播无界的特性，使得密文反馈工作模式适合数据完整性认证方面的应用。

5. X CBC(Extended Cipher Block Chaining Encryption)模式

2000 年美国学者 John Black 和 Phillip Rogaway 提出 **X CBC** 模式，作为 **CBC** 模式的扩展，被美国政府采纳作为标准。**X CBC** 主要是解决了 **CBC** 要求明文数据的长度是密码分组长度的整数倍的限制，可以处理任意长的数据。

设明文 $M = (M_1, M_2, \cdots, M_{n-1}, M_n)$，相应的密文 $C = (C_1, C_2, \cdots, C_{n-1}, C_n)$，而 M_n 可能是短块。使用 3 个密钥 K_1, K_2, K_3 进行加密，使用填充函数 Pad(X) 对短块数据进行填充。

令 $Z = 0$，以 Z 作为初始化向量。处理过程如下：

$$C_i = \begin{cases} E(M_i \oplus Z, K_1), & i = 1 \\ E(M_i \oplus C_{i-1}, K_1), & i = 2, \cdots, n-1 \end{cases} \tag{3-48}$$

$$C_n = \begin{cases} E(M_n \oplus C_{n-1} \oplus K_2, K_1), & \text{当 } M_n \text{ 不是短块;} \\ E(\text{Pad}(M_n) \oplus C_{n-1} \oplus K_3, K_1), & \text{当 } M_n \text{ 是短块}. \end{cases} \tag{3-49}$$

其中填充函数 Pad(X) 定义由式（3-50）给出。

$$\text{Pad}(X) = \begin{cases} X, & \text{当 } X \text{ 不是短块;} \\ X10\cdots0, & \text{当 } X \text{ 是短块}. \end{cases} \tag{3-50}$$

经填充函数 Pad(X) 填充后的数据块一定是标准块。

由式（3-49）和式（3-50）可知，**X CBC** 与 **CBC** 区别在于最后一个数据块的处理不同。**CBC** 要求最后一个数据块是标准块，不是短块。而 **X CBC** 既允许最后一个数据块是标准块，也允许是短块。而且最后一个数据块的加密方法与 **CBC** 不同。

X CBC 模式既允许最后一个数据块是标准块，也允许是短块，这给应用带来方便。但是，若最后一个数据块是短块，**X CBC** 对之先填充后加密。因此要求通信双方共享填充的长度信息，否则发方无法完成数据填充，收方无法去除填充数据。有两种办法解决这一问题：一种方法是增加指示信息，通常用最后 8 位作为填充指示符。另一种方法是如果通信双方知道明文的长度，则可按式(3-51)计算出填充的数据位数。

$$填充的数据位数 = 明文分组长度 - (明文长度 \bmod 明文分组长度) \qquad (3-51)$$

X CBC 模式的主要优点是：

①可以处理任意长度的数据。

②适于计算产生检测数据完整性的消息认证码 MAC。

X CBC 模式的主要缺点是：

① 填充的方法不适合文件和数据库加密，因为填充有可能造成存储器溢出或破坏数据库的记录结构。

② **X CBC** 使用 3 个密钥，使得密钥的存储和加解密控制都比较麻烦。

6. CTR(Counter Mode Encryption)模式

CTR 模式是 Diffie 和 Hellman 于 1979 年提出的，在征集 AES 工作模式的活动中由 California 大学的 Phillip Rogaway 等人推荐。

CTR 模式与密文反馈工作模式和输出反馈工作模式一样，把分组密码转化为序列密码。在本质上是利用分组密码产生密钥序列，按序列密码的方式进行加解密。如图 3-22 所示。

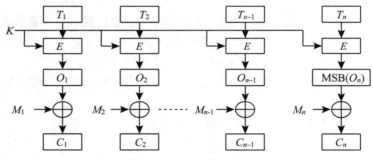

图 3-22　CRT 工作原理

设 T_1，T_2，$\cdots$，T_{n-1}，T_n 是一给定的计数序列，M_1，M_2，$\cdots$，M_{n-1}，M_n 是明文，其中 M_1，M_2，$\cdots$，M_{n-1} 是标准块，M_n 的长度等于 u，u 小于等于分组长度。CTR 的工作模式的加密过程如下：

$$\begin{cases} O_i = E(T_i,\ K),\ i = 1,\ 2,\ \cdots,\ n. \\ C_i = M_i \oplus O_i,\ i = 1,\ 2,\ \cdots,\ n-1. \\ C_n = M_n \oplus \mathrm{MSB}_u(O_n). \end{cases} \qquad (3-52)$$

其中，$\mathrm{MSB}_u(O_n)$ 表示 O_n 中的高 u 位。

CTR 的工作模式的解密过程如下：

$$\begin{cases} O_i = E(T_i,\ K),\ i = 1,\ 2,\ \cdots,\ n. \\ M_i = C_i \oplus O_i,\ i = 1,\ 2,\ \cdots,\ n-1. \\ M_n = C_n \oplus \mathrm{MSB}_u(O_n) \end{cases} \qquad (3-53)$$

值得注意的是，在 CTR 模式中计数序列 T_1，T_2，$\cdots$，T_{n-1}，T_n 必须是时变的。即使是用同一个密钥加密不同的明文，其计数序列也应当是不同的。否则，如果计数序列长期不变，根据 $O_i = E(T_i,\ K)$，$i=1,\ 2,\ \cdots,\ n$，在密钥 K 和 T_i 相同的情况下则有 O_i 相同。从而出现用相同的 O_i 进行加密。这将影响加密的保密性。

CTR 模式的优点是可并行、效率高、O_i 的计算可预处理、适合任意长度的数据、加解密速度快，而且在加解密处理方式上适合随机存取数据的加解密。因此，特别适合计算机随机文件的加密，因为随机文件要求能随机地访问。这对数据库加密是有重要意义的。

CTR 模式的加密算法是模 2 加，是对合运算，因此加解密使用同一算法，工程实现工作量减半。

CTR 模式的优点是没有错误传播，但因此不适合用于数据完整性认证。

以上六种工作方式各有特点和用途。电码本方式适于对密钥加密。明密文链接和密文链接方式适于字符文件加密，其中前者常用以鉴别数据的真实性、完整性。输出反馈方式适于对语音、图像等冗余度大的数据加密。密文反馈工作模式适合数据完整性认证方面的应用。**X CBC** 模式适合任意长数据的链接加密。**CTR** 模式加密是对合运算，简单、高效、可并行、工程实现简单、适合随机存取数据的加解密。

3.4.2　分组密码的短块加密

因为分组密码一次只能对一个固定长度的明文(密文)块进行加(解)密，而对长度小于分组长度的明文(密文)块不能正确进行加(解)密。称长度小于分组长度的数据块为短块。当明文长度大于分组长度而又不是分组长度的整数倍时，短块总是最后一块。而当明文长度小于分组时，本身就是一个短块。无论是网络通信加密还是文件加密，短块是经常遇到的。因此必须采用合适的技术解决短块加密问题。前面介绍的 **ECB** 模式和 **CBC** 模式都会遇到短块的处理问题。

1. 填充法

用无用的数据填充短块，使之成为标准块，然后再利用分组密码进行加密。为了确保加密强度，填充数据应是随机的。但是收信者如何知道哪些数字是填充的呢？有两种办法解决这一问题：一种方法是增加指示信息，通常用最后 8 位作为填充指示符。另一种方法是根据式(3-51)计算得到填充数据的位数。

填充法在概念上是简单的。但它适于通信加密而不适于文件加密和数据库加密。这是因为，填充所造成的数据扩张对通信不会构成困难，而对文件加密则会扩展文件或记录及字段的长度，这可能造成存储空间的溢出，或数据结构所不允许(在数据库中，扩展记录长度或字段长度将破坏库结构)。

为了避免短块数据扩张可采用下面两种短块加密技术。

2. 序列密码加密法

采用序列密码加密短块的原理如图 3-23 所示。这是一种混合使用分组密码和序列密码两种技术的方案，其中对标准块用分组密码加密，而对短块用序列密码加密。在图 3-23 中，M_n 为短块，M_n 的长度等于 u，u 小于分组长度。其余数据块为标准块。短块加密按式(3-54)进行

$$C_n = M_n \oplus \mathrm{MSB}_u(E(C_{n-1},\ K)) \tag{3-54}$$

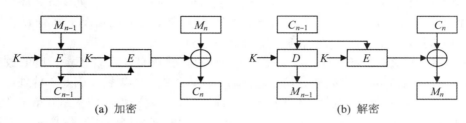

图 3-23　用序列密码加密短块

其中：$\mathrm{MSB}_u(E(C_{n-1}, K))$ 表示 $(E(C_{n-1}, K))$ 中的高 u 位。

解密时，C_{n-1} 的错误将直接影响 M_{n-1} 和 M_n 也发生错误。C_n 中的某一位错误仅仅影响 M_n 中与之相应的位发生错误。

当明文 M 本身就是一个短块时，用初始向量 Z 代替 C_{n-1}，仍用序列密码方式加密。

$$C_n = M \oplus \mathrm{MSB}_u(E(Z, K)) \tag{3-55}$$

3. 密文挪用技术

利用密文挪用技术加密短块的原理如图 3-24 所示。在对短块 M_n 加密之前，首先从密文 C_{n-1} 中挪出刚好够填充的位数，填充到 M_n 中去，使 M_n 成为一个标准块。这样 C_{n-1} 却成了短块。然后再对填充后的 M_n 加密，得到密文 C_n。虽然 C_{n-1} 是短块，但 C_n 却是标准块，两者的总位数等于 M_{n-1} 和 M_n 的总位数，没有数据扩张。解密时先对 C_n 解密，还原出明文 M_n 和从 C_{n-1} 中挪用的数据。把从 C_{n-1} 中所挪用的数据再挪回 C_{n-1}，然后再对 C_{n-1} 解密，还原出 M_{n-1}。当明文本身就是一个短块时，用初始向量 Z 代替 C_{n-1}。

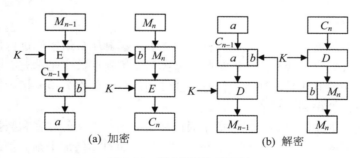

图 3-24　密文挪用加密短块

解密时 C_{n-1} 中的错误只影响 M_{n-1} 也产生错误，而 C_n 中的错误则将影响 M_n 和 M_{n-1} 都发生错误。

和填充法一样，密文挪用法也需要知道挪用的位数，否则收信者不知道挪用了多少位，从而不能正确解密。这也可以根据式 (3-51) 计算得到挪用的位数。

密文挪用加密短块的优点是不引起数据扩展，缺点是解密时要先解密 C_n、还原挪用后再解密 C_{n-1}，从而使控制复杂。

最后指出，采用序列密码加密短块的方法的安全性较弱。如果短块很短，可能被穷举攻破。而采用密文挪用加密短块的方法的安全性较高。因此在实际应用中多采用密文挪用的方法加密短块。

3.5　推荐阅读

文献［42］是 AES 的设计者写的论文，是关于 AES 的最完整的参考文献。读者阅读它可以加深对 DES 的理解。这对掌握 AES 和应用 AES 都是有帮助的。

如果想深入了解 SM4，请读者阅读文献［44，45，46］。这些文献分析了 SM4 某个方面的安全性。

常见的分组密码结构有 Feistel 结构（如 DES 和 SM4），SP 结构（如 AES），多群交叉运算结构（如 IDEA）。本书的第 3 版介绍了 IDEA 密码。限于篇幅，本书的第四版没有介绍 IDEA 密码。有兴趣的读者请参考文献［47］和本书的第 3 版（文献［85］）。

如果想进一步深入了解分组密码的设计与分析，可阅读文献［48］。其中对分组密码的安全原则、设计原理、安全分析和测试都作了介绍。

习题与实验研究

1. 说明在 DES 中 S 盒的安全作用。
2. 说明在 DES 中 P 置换的安全作用。
3. 画出 3 密钥 3DES 的框图。
4. 实验研究：编程实现 SM4 或 AES 密码算法，并研究其雪崩效应及其密钥位的使用情况：

①改变明文或密钥中的 1 位，考察密文变化的位数，并进行统计分析。

②改变密钥中的 1 位，考察子密钥的变化数，并进行统计分析。

5. AES 的解密算法与加密算法有什么不同？
6. 在 AES 中，对于字节"00"和"01"计算 S 盒的输出。
7. 软件实验：编程验证 AES 密码算法中的多项式 $c(x)$ 与 $d(x)$，模 x^4+1 互逆。
8. 软件实验：

①根据 AES 的 S 盒表达式(3-6)，建立表 3-7 的 S 盒表。

②根据 AES 的 S 盒表达式(3-6)，求出逆 S 盒表达式(3-9)。

9. 软件实验：编程用造表查表方法实现 AES 的加密轮函数。
10. 设 S 是状态，W 是轮密钥：

①证明：InvShiftRow(InvByteSub(S)) = InvByteSub(InvShiftRow(S))。

②证明：InvMixColumn (S⊕W) = InvMixColumn (S) ⊕InvMixColumn (W)。

③说明上述结论对 AES 解密算法的设计有何作用。

11. 比较 SM4 和 DES，说明它们各有什么特点？
12. 比较 SM4 和 AES，说明它们各有什么特点？
13. 软件实验：编程研究 SM4 的 S 盒，设 A 是一个字节数据，计算 $B = S(A)$，$C = S$

$(B)=S^2(A)$，$D=S(C)=S^3(A)$，…，直到 $S^n(A)=A$ 时停止。求出正整数 n。

14. 实验研究：以 SM4 或 AES 密码为基础，开发出文件加密软件系统，软件要求如下：

①具有文件加密和解密功能；

②具有加解密速度统计功能；

③采用密文链接和密文挪用短块处理技术；

④具有较好的人机界面。

15. 计算机数据加密有些什么特殊问题？它对加密的安全性有什么影响？

16. 分析 ECB、CBC、CFB、OFB、X CBC、CTR 工作模式的加解密错误传播情况。

17. 画出 CFB 模式的加解密框图。

18. 为什么说填充法不完全适合计算机文件和数据库加密应用？

19. 密文挪用方法有什么优缺点？

第4章 序列密码

序列密码是密码学的一个重要分支，由于人们对序列密码的研究比较充分，而且序列密码具有效率高、实现容易等特点，所以序列密码在世界各国成为许多重要应用领域的主流密码。本章讨论序列密码的基本理论、基本技术和基本应用。

4.1 序列密码的概念

"一次一密"密码在理论上是不可破译的，这一事实使人们感觉到：如果能以某种方式仿效"一次一密"密码，则将可以得到安全性很高的密码。长期以来，人们试图以序列密码方式仿效"一次一密"密码，从而促进了序列密码的研究和发展。目前，序列密码的理论已经比较成熟，而且具有效率高、工程实现容易等优点，所以序列密码在世界各国成为许多重要领域应用的主流密码体制。

为了安全，序列密码应使用尽可能长的密钥，而长密钥的存储、分配都很困难。于是人们采用一个短的种子密钥来控制某种算法产生出长的密钥序列，供加解密使用，而短的种子密钥的存储、分配相对比较容易。

图4-1给出了序列密码的原理。序列密码加解密器采用简单的模2加法器，这使得序列密码的工程实现十分简单。于是，序列密码的关键就是产生密钥序列的算法。密钥序列产生算法应能产生随机性好的密钥序列。目前已有许多产生优质密钥序列的算法。保持通信双方的精确同步是序列密码实际应用中的关键技术之一。由于通信双方必须能够产生相同的密钥序列，所以这种密钥序列不可能是真随机序列，只能是伪随机序列，只不过是具有良好随机性的伪随机序列。

为了产生出随机性好而且周期足够长的密钥序列，密钥序列产生算法都采用带有存储部件的时序算法，其理论模型为有限自动机，其实现电路为时序电路。

如图4-1所示，对于序列密码，因为通信的双方拥有相同的密钥产生算法，所以只要通信双方的密钥序列产生器具有相同的种子密钥和相同的初始状态，就能产生相同的密钥序列。但是，在保密通信过程中，通信的双方必须保持精确的同步，收方才能正确解密，如果失步，收方将不能正确解密。例如，如果通信中丢失或增加了一个密文字符，则收方的解密将一直错误，直到重新同步为止。这是序列密码的一个主要缺点。但是序列密码对失步的敏感性，使我们能够容易检测插入、删除等主动攻击。序列密码的一个优点是没有错误传播，当通信中某些密文字符产生了错误(如0变成1，或1变成0)，只影响相应字符的解密产生错误，不影响其他字符。

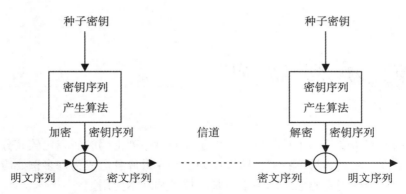

图 4-1　序列密码原理

4.2　随机序列的安全性

随机数和随机序列在密码学领域有着广泛的应用，扮演了重要的角色。随机数与随机序列的主要区别在于数据的长度。随机数一般被认为是长度较短的随机数据，而随机序列一般被认为是长度较长的随机数据。在不强调长度时，可以统称为随机数或随机序列。

随机数和随机序列在密码学领域的应用主要有以下几个方面：

（1）用作密钥。

我们在第 3 章已经学习了 AES、SM4 等分组密码，这些密码需要使用密钥才能进行加密，密钥具有固定的长度而且必须具有良好的随机性。这就需要为这些密码产生随机性良好的密钥。分组密码的密钥是相对较短的随机数，可以直接由良好的随机数来作为密钥。另外，序列密码的种子密钥也是比较短的，也可以直接由良好的随机数来作为种子密钥。

（2）用作密码协议中的时变量。

密钥协商协议和相互认证协议是两类重要的密码协议。密钥协商协议是，通信的双方按照一定的规则交换信息从而达到双方共享一个密钥。相互认证协议是，通信的双方按照一定的规则交换信息而达到鉴别和确认对方。在密钥协商协议和相互认证协议中，为了防止重放攻击，常使用一个时变量以确保信息的新鲜性。采用随机数作为时变量，可以防止攻击者判断出或者猜测出时变量，从而确保协议的安全。

1. 随机序列的安全性

在密码学中，对随机序列的基本要求是具有良好的随机性。目前普遍认为良好的随机性主要包括长周期性、非线性、统计上的预期性、可伸缩性以及不可预测性等方面。

首先，一个有限长度的数字序列一定是可重复的，即有周期的。例如，一个长度为 n 的二元序列，其重复周期一定 $\leqslant 2^n$。我们希望密钥的重复周期能够等于 2^n。当 n 足够大时，2^n 是一个很大的数，因此序列的重复周期很长，从而使密钥空间很大。例如，对于 AES 和 SM4 密码，密钥长度为 128 位，2^{128} 是一个很大的数，因此其密钥空间很大。如果其重复周期很小，密钥空间就很小，用户很可能使用重复的密钥，这显然是不安全的。

非线性是密码学的基本要求。这是因为，从计算复杂性角度来看任何线性的数学问题都是容易计算的。如果序列的内在数学关系是线性的，则容易受到基于数学的攻击。因此，要求序列的内在数学关系是非线性的，而且具有足够的复杂度。

统计上的预期性是指序列的一些统计指标应达到预期值。例如，二元序列中 0 和 1 的频率应是相等的或接近相等的，0 游程和 1 游程的数量也应是相等的或接近相等的。

可伸缩性是指，如果序列是随机的，那么任何从中抽取的子序列也应该是随机的。反之，如果任何抽取的子序列不随机，那么这个序列也不是随机的。我们称具有这一特性为序列的可伸缩性。

不可预测性在这里有两方面的意思，一是指人们不能人为有意识地重复产生该随机序列，二是指不能由已知的序列数据求出未知的序列数据。

真随机序列具有上述两方面的不可预测性。基于物理学可以产生真随机序列(TRN)。注意，这里强调的是不可人为有意识地重复。显然，长度有限的真随机序列也是会发生重复的。例如，连续产生 257 个长度为 8 比特的真随机序列，必然会出现重复。但是这种重复不是人为有意识地重复。因为任何基于数学算法产生的随机序列都是可以人为重复产生的，因此任何基于数学算法产生的随机序列都不是真随机的，我们称其为伪随机序列(PRN)。

真随机序列和伪随机序列在密码学中都有重要的应用。由于真随机序列不能人为有意识地重复产生，所以真随机序列不能直接用于序列密码，这是因为序列密码的加密方和解密方必须持有相同的密钥序列，否则将不能正确解密。这就告诉我们序列密码只能使用伪随机序列作密钥序列。真随机序列主要用作密钥、口令、协议中的时变量、产生伪随机序列的种子，等等。

伪随机序列是可以人为有意识地重复产生的。因此，其不可预测性主要强调不可由已知的序列数据求出未知的序列数据。为此，把不可预测性划分为前向不可预测性和后向不可预测性。所谓前向不可预测性是指，如果不知道产生该序列的种子，那么不管知道序列中前面的多少比特都无法预测序列中的下一比特。所谓后向不可预测性是指，从产生出的序列不能推断出产生它的种子值。

目前，我们尚不能从理论上证明一个序列是随机序列。世界密码界采用的办法是对序列进行一系列的随机性指标测试，如果被测序列通过了这些测试，我们就认为它是随机的。

2009 年 2 月我国国家密码管理局颁布了《随机性测试规范》[50]，规范给出了 15 项随机性检测。我们在这里列出其中三项检测。

(1)单比特频率检测。

对于二元序列，统计被测序列中 0 和 1 出现的频率。如果 0 和 1 出现的频率相等或接近相等，则认为被测序列在这一指标上是合格的。

(2)游程分布检测。

对于二元序列，统计被测序列中 0 游程和 1 游程的数目。如果 0 游程和 1 游程的数目相等或接近相等，则认为被测序列在这一指标上是合格的。

定义 4-1　称二元序列中连续 i 个 1 组成的子序列为长度等于 i 的 1 游程，连续 i 个 0 组成的子序列为长度等于 i 的 0 游程。

例 4-2 中电路产生的序列为：001101011110001，因为它是周期序列中的一个周期，所以我们可以把它看成是首尾相接的。根据定义 4-1，1 游程的前后位都是 0，0 游程的前后位都是 1，容易看出，它包含 2 个长度为 1 的 0 游程和 2 个长度为 1 的 1 游程、包含 1 个长度为 2 的 0 游程和 1 个长度为 2 的 1 游程、包含 1 个长度为 4 的 1 游程、包含 1 个长度为 3 的 0 游程，游程总数为 8。游程分布达到最佳状态。

（3）自相关检测：检测序列的自相关系数，反映该序列的自相关程度。

定义 4-2　设 $\{k_i\}$ 是周期为 p 的序列，k_0，k_1，…，k_{p-1} 是其中一个周期子段，则 $k_{0+\tau}$，$k_{1+\tau}$，…，$k_{p-1+\tau}$ 也是一个周期子段。记这两个子段中相同的位数为 A，不相同的位数为 D，则自相关函数定义为：

$$R(\tau) = \frac{A-D}{P} \tag{4-1}$$

进一步，如果有

$$R(\tau) = \begin{cases} 1, & \tau = 0 \\ -1/p, & 0 < \tau \leqslant p-1 \end{cases} \tag{4-2}$$

则称其自相关系数达到最佳值。

根据定义 4-2 可知，自相关函数反映了一个周期序列在一个周期内平均每位的相同程度。如果一个序列的自相关函数达到最佳值，则表明其具有良好的随机性。

2. 随机序列的产生

如何产生具有良好随机性的随机序列是随机序列应用的关键一步[51,52]。

目前有三种产生随机序列的方法。第一种方法是基于数学算法来产生随机序列。早期人们采用线性算法，后来发现不安全，现在都是采用非线性算法来产生随机序列。基于数学算法产生随机序列的优点是可以得到统计随机特性很好的随机序列，且可以人为有意识地重复产生，适于序列密码应用。缺点是不是真随机的。4.3 节的线性移位寄存器序列是早期基于线性算法产生随机序列的典型。4.5 节的祖冲之密码中的序列产生则是当今基于非线性算法产生随机序列的典型。第二种方法是基于物理学来产生随机序列。早期最典型的是抛撒硬币或掷骰子。今天广泛采用基于电子噪声来产生随机序列。随着量子信息技术的发展，基于量子信息技术产生真随机序列的技术已经走向应用。基于物理学产生随机序列的优点是真随机的，缺点是其序列的统计随机特性往往不够好。第三种方法是将前两种方法相结合。采用一个物理的随机源和一个基于数学算法的随机化处理器，互相结合。物理随机源的输出作为种子，输入给基于数学算法的随机化处理器做进一步的随机化处理，其输出可得到良好的随机序列。图 4-2 示出了第三种方法的框图。

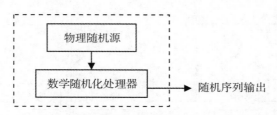

图 4-2　基于物理与数学结合的随机序列产生方法框图

4.3　线性移位寄存器序列

　　移位寄存器是大家熟悉的概念。图 4-3 给出了移位寄存器的结构，其中省略了移位脉冲电路。图中 s_0，s_1，$\cdots$，s_{n-1} 为 n 个寄存器，每个寄存器都记忆一个确定的内容，每来一个移位脉冲，寄存器的内容便向左移动一位，所以称为左移移位寄存器。具体移动情况为：首先通过函数 $f(s_0, s_1, \cdots, s_{n-1})$ 计算出移位寄存器的输出。然后，s_1 的内容移入 s_0，s_2 的内容移入 s_1，$\cdots$，s_{n-1} 的内容移入 s_{n-2}。最后，将输出反馈送入 s_{n-1}。称函数 $f(s_0, s_1, \cdots, s_{n-1})$ 为移位寄存器的反馈函数。如果反馈函数 $f(s_0, s_1, \cdots, s_{n-1})$ 是 s_0，s_1，$\cdots$，s_{n-1} 的线性函数，则称移位寄存器为线性移位寄存器(LSR)，否则称为非线性移位寄存器。称每一时刻移位寄存器的具体取值 $(s_0, s_1, \cdots, s_{n-1})$ 为移位寄存器的一个状态，随着移位脉冲的不断加入，移位寄存器的状态将不断变化，同时输出一个数字序列。

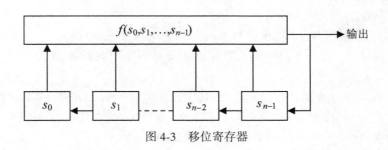

图 4-3　移位寄存器

　　设 $f(s_0, s_1, \cdots, s_{n-1})$ 为线性函数，则 $f(s_0, s_1, \cdots, s_{n-1})$ 是 s_0，s_1，$\cdots$，s_{n-1} 的一次函数，于是可写成

$$f(s_0, s_1, \cdots, s_{n-1}) = g_0 s_0 + g_1 s_1 +, \cdots, + g_{n-1} s_{n-1} \tag{4-3}$$

其中，g_0，g_1，$\cdots$，g_{n-1} 为反馈系数。在二进制的情况下，式(4-3)中的+即为模 2 加 $\oplus$，此时线性移位寄存器的结构如图 4-4 所示。其中，如果 $g_i = 0$，则表示在式(4-3)中的 $g_i s_i$ 项不存在，也就表示在图 4-4 中 s_i 不连接。同理，如果 $g_i = 1$，则表示在式(4-3)中的 $g_i s_i$ 项存在，也就表示在图 4-4 中 s_i 连接。故 g_i 的作用相当于一个开关，$g_i = 0$，开关断开，$g_i = 1$，开关闭合。

　　形式地，用 x^i 与 s_i 相对应，再添加一个 x^n，于是由式(4-3)的反馈函数可导出一个 x 的 n 次多项式：

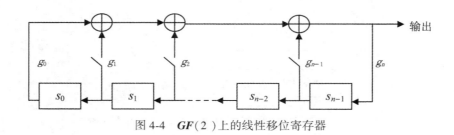

图 4-4　$GF(2)$上的线性移位寄存器

反馈函数：$f(s_0, s_1, \cdots, s_{n-1}) = g_0 s_0 + g_1 s_1 +, \cdots, + g_{n-1} s_{n-1}$

连接多项式：$\qquad g(x) = g_0 x^0 + g_1 x^1 +, \cdots, + g_{n-1} x^{n-1} + g_n x^n \qquad$ （4-4）

称 $g(x)$ 为线性移位寄存器的连接多项式。与图 4-4 对照可知，其中 $g_n = g_0 = 1$。否则，若 $g_n = 0$ 则输出不反馈到 s_{n-1}。若 $g_1 = 0$ 则 s_0 不起作用，应将其去掉。

线性移位寄存器的输出序列的性质完全由反馈函数所决定，也即完全由连接多项式所决定。有了连接多项式的概念，便可利用数学工具深入研究线性移位寄存器的输出序列的性质。目前，线性移位寄存器的输出序列的理论已经十分成熟。n 级线性移位寄存器最多有 2^n 个不同的状态。若其初始状态为零，则其后续状态恒为零。若其初始状态不为零，则其后续状态也不为零。因此，n 级线性移位寄存器的状态周期 $\leq 2^n - 1$，因此其输出序列的周期 $\leq 2^n - 1$。只要选择合适的连接多项式，便可使线性移位寄存器的输出序列周期达到最大值 $2^n - 1$。

定义 4-3　如果二元域 $GF(2)$ 上的 n 级线性移位寄存器输出序列的周期长度达到最大值 $2^n - 1$，则称其输出序列为 m 序列。

结论 4-1　二元域 $GF(2)$ 上的 m 序列具有如下的良好随机性：

①在一个周期内，0 和 1 出现的次数接近相等，即 0 出现的次数为 $2^{n-1} - 1$，1 出现的次数为 2^{n-1}；

②在一个周期内，游程总数为 2^{n-1}，其中长度为 $i(1 \leq i \leq n-2)$ 的 1 游程和 0 游程的数目各有 2^{n-i-2} 个，长度为 $n-1$ 的 0 游程有 1 个，长为 n 的 1 游程有 1 个。

③与式（4-2）比较可知，自相关函数达到最佳值：

$$C(\tau) = \begin{cases} 1, & \tau = 0 \\ -1/(2^n - 1), & 0 < \tau \leq 2^n - 2 \end{cases} \qquad （4-5）$$

由于 m 序列具有良好的随机性，它不仅在密码领域，而且在通信、雷达等领域都得到广泛应用。那么，怎样才能让线性移位寄存器的输出序列为 m 序列呢？这个问题理论上已经解决，而且十分容易。

结论 4-2　当且仅当二元域 $GF(2)$ 上的线性移位寄存器的连接多项式 $g(x)$ 为本原多项式时，其输出的非零序列为 m 序列。

定义 4-4　设 $f(x)$ 为二元域 $GF(2)$ 上的多项式，使 $f(x) \mid x^p - 1$ 的最小正整数 p 称为 $f(x)$ 的周期。如果 $f(x)$ 的次数为 n，且其周期 $p = 2^n - 1$，则称 $f(x)$ 为本原多项式。

例 4-1　二元域 $GF(2)$ 上多项式 $g(x) = x^4 + x + 1$ 是本原多项式。

首先注意，$g(x) = x^4 + x + 1$ 是二元域 $GF(2)$ 上的多项式，这说明 $g(x)$ 的系数是二元

域 $GF(2)$ 上的元素。也就是说，其系数或为 0 或为 1，二者必居其一。其次注意：二元域 $GF(2)$ 上的加法是模 2 加，因为模 2 加是对合运算，模 2 加等于模 2 减，因此多项式中写 +号和写–号都是可以的。我们一般都写成+号。特别指出：如果系数域中的加法运算不是对合运算，则多项式中的+号和–号是不能随意写的。

其次考察用 $g(x)$ 去除 x^i-1，$i=1$，2，3，$\cdots$，14，15 的情况。因为 $g(x)$ 是 4 次多项式，显然它不能整除 $x-1$，x^2-1，x^3-1。进一步，逐一考察用它去除 x^i-1，$i=4$，5，$\cdots$，14 的情况，发现也都不能整除 x^i-1。最后用它去除 $x^{15}-1$，发现刚好能够整除，商为 $x^{11}+x^8+x^7+x^5+x^3+x^2+x+1$，所以 $g(x)=x^4+x+1$ 的周期 $p=15$。又因为周期 $p=15=2^4-1=15$，所以 $g(x)=x^4+x+1$ 是本原多项式。

已经证明，对于任意的正整数 n，至少存在一个二元域 $GF(2)$ 上的 n 次本原多项式。这表明，对于任意的 n 级线性移位寄存器，至少有一种连接方式使其输出序列为 m 序列。

例 4-2 设 $g(x)=x^4+x+1$，$g(x)$ 为本原多项式，以其为连接多项式的线性移位寄存器如图 4-5 所示，分析其输出序列。

首先考察其输出序列：设其初始状态为 $(s_0,s_1,s_2,s_3)=(0,0,0,1)$，则状态的变迁过程如表 4-1 所示。

表 4-1   例 4-2 中线性移位寄存器的状态变迁

序号	s_0	s_1	s_2	s_3	输出
0	0	0	0	1	0
1	0	0	1	0	0
2	0	1	0	0	1
3	1	0	0	1	1
4	0	0	1	1	0
5	0	1	1	0	1
6	1	1	0	1	0
7	1	0	1	0	1
8	0	1	0	1	1
9	1	0	1	1	1
10	0	1	1	1	1
11	1	1	1	1	0
12	1	1	1	0	0
13	1	1	0	0	0
14	1	0	0	0	1
15	0	0	0	1	开始重复

表 4-1 说明，例 4-2 中线性移位寄存器在初始状态为 $(0,0,0,1)$ 时，输出序列为 001101011110001，在第 16 个节拍时输出序列开始重复，周期 $p=2^4-1=15$，所以输出序

列是 m 序列。因为输出为周期序列，因此可以把输出序列 001101011110001 看成是一个首尾相接的环。由表 4-1 可得到如下几点结论：

①改变移位寄存器的初始状态，只改变输出序列的起始点。

②从每一个寄存器输出，都可得到同一个 m 序列，只是起始点不同。

③移位寄存器的每一个状态，都是这个 m 序列的一个子段。

其次考察其输出序列的随机性：

① 首先分析它的 0，1 分布，可知有 $2^3-1=7$ 个 0，$2^3=8$ 个 1，达到理想值。

② 其次分析它的游程分布：发现它有 2 个长度为 1 的 0 游程和 2 个长度为 1 的 1 游程，有 1 个长度为 2 的 0 游程和 1 个长度为 2 的 1 游程，有 1 个长度为 3 的 0 游程和 1 个长度为 4 的 1 游程，总共有 $2^3=8$ 个游程，达到理想值。

③ 最后分析它的自相关函数：其输出序列是一个周期 $p=15$ 的周期序列：0 0 1 1 0 1 0 1 1 1 1 0 0 0 1 0 0 1 1 0 1 0 1 1 1 1 0 0 0 1……。取出一个周期子段为 k_0，k_1，…，$k_{p-1}=$ 0 0 1 1 0 1 0 1 1 1 1 0 0 0 1。令 $\tau=0$，则有 $k_{0+\tau}$，$k_{1+\tau}$，…，$k_{p-1+\tau}=k_0$，k_1，…，$k_{p-1}=0011$ 0 1 0 1 1 1 1 0 0 0 1，所以 $A=p$，$D=0$，$R(\tau)=1$。令 $\tau=1$，则有 k_0，k_1，…，$k_{p-1}=0011$ 0 1 0 1 1 1 1 0 0 0 1，$k_{0+\tau}$，$k_{1+\tau}$，…，$k_{p-1+\tau}=k_1$，k_2，…，$k_p=0110101111$0 0 0 1 0，简单计算可得 $A=7$，$D=8$，根据式（4-1）$R(\tau)=-1/15$。类似地，验证 $\tau=2$，3，…，$\tau=$ 14，仍有 $R(\tau)=-1/15$。根据式（4-2）可知，这个序列的自相关函数达到最佳值。综上与式（4-5）比较，符合 m 序列的要求。

通过例 4-2 的考察分析，可知图 4-5 的线性移位寄存器的输出序列为周期 $p=15$ 的 m 序列，它具有良好的随机性。

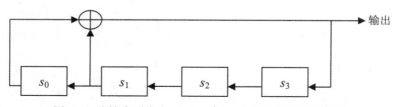

图 4-5　连接多项式为 $g(x)=x^4+x+1$ 的线性移位寄存器

虽然线性移位寄存器 m 序列具有良好的随机性，然而以线性移位寄存器的 m 序列作为密钥序列的序列密码却是可破译的。

设 $GF(2)$ 上 m 序列线性移位寄存器的状态为 $S=(s_0$，s_1，…，$s_{n-1})^T$，下一状态为 $S'=(s'_0$，s'_1，…，$s'_{n-1})^T$，其中

$$\begin{cases} s'_0=s_1 \\ s'_1=s_2 \\ \quad\cdots \\ s'_{n-2}=s_{n-1} \\ s'_{n-1}=g_0s_0+g_1s_1+\cdots+g_{n-1}s_{n-1} \end{cases} \tag{4-6}$$

写成矩阵形式：

$$S = HS \quad \text{mod} \quad 2 \tag{4-7}$$

其中,

$$H = \begin{pmatrix} 0 & 1 & 0 & \cdots & 0 \\ 0 & 0 & 1 & \cdots & 0 \\ 0 & 0 & 0 & \cdots & 0 \\ & & & \cdots & \\ 0 & 0 & 0 & \cdots & 1 \\ g_0 & g_1 & \cdots & & g_{n-1} \end{pmatrix}$$

矩阵 H 称为连接多项式 $g(x) = g_n x^n + g_{n-1} x^{n-1} + , \cdots , + g_1 x + g_0$ 伴侣矩阵, 它和 $g(x)$ 一一对应, 互相确定。

式(4-7)说明线性移位寄存器的下一状态等于 H 矩阵与现状态相乘。

进一步假设破译者知道了一段长 $2n$ 位的明密文对, 即已知:

$$M = m_1 , m_2 , \cdots , m_{2n}$$
$$C = c_1 , c_2 , \cdots , c_{2n}$$

于是可求出一段长 $2n$ 位的密钥序列, $K = k_1 , k_2 , \cdots , k_{2n}$, 其中 $k_i = m_i \oplus c_i = m_i \oplus (m_i \oplus k_i)$, 由此可以推出线性移位寄存器连续 $n+1$ 个状态:

$$\begin{cases} S_1 = (k_1 , k_2 , \cdots , k_n)^{\mathrm{T}} \\ S_2 = (k_2 , k_3 , \cdots , k_{n+1})^{\mathrm{T}} \\ \cdots \\ S_{n+1} = (k_{n+1} , k_{n+2} , \cdots , k_{2n})^{\mathrm{T}} \end{cases} \tag{4-8}$$

作矩阵

$$X = (S_1 , S_2 , \cdots , S_n)^{\mathrm{T}}$$
$$Y = (S_2 , S_3 , \cdots , S_{n+1})^{\mathrm{T}}$$

根据式(4-7), $S' = HS \quad \text{mod} \quad 2$, 有

$$\begin{cases} S_2 = HS_1 \\ S_3 = HS_2 \\ \cdots \\ S_{n+1} = HS_n \end{cases} \tag{4-9}$$

于是,

$$Y = HX \quad \text{mod} \quad 2 \tag{4-10}$$

因为 m 序列的线性移位寄存器连续 n 个状态向量彼此线性无关, 因此 X 矩阵为满秩矩阵[55], 故存在逆矩阵 X^{-1}, 于是

$$H = YX^{-1} \text{mod} \quad 2 \tag{4-11}$$

求出 H 矩阵, 便确定出连接多项式 $g(x)$, 从而完全确定线性移位寄存器的结构, 进而完全破译线性移位寄存器序列密码。

求满秩矩阵 X 的逆矩阵 X^{-1} 的计算复杂度为 $\mathrm{O}(n^3)$, 为多项式复杂度。一般地, 对于 $n = 1000$ 的线性移位寄存器序列密码, 用每秒 100 万次的计算机, 一天之内便可破译。现

在手机 CPU 的运算速度都超过了亿次/秒，更不要说超计算机了。

最后，我们把线性移位寄存器和本原多项式以及 m 序列的概念推广到域 $GF(q)$ 上，其中 q 为某素数之正整数幂。

如果图 4-3 中的 s_0, s_1, $\cdots$, s_{n-1} 为域 $GF(q)$ 上的元素，并且反馈函数 $f(s_0, s_1, \cdots, s_{n-1})$ 为域 $GF(q)$ 上的线性函数，则称其为域 $GF(q)$ 上的线性移位寄存器。

定义 4-5 设 $f(x)$ 为域 $GF(q)$ 上的多项式，使 $f(x) \mid x^p - 1$ 的最小正整数 p 称为 $f(x)$ 的周期。如果 $f(x)$ 的次数为 n，且其周期为 $q^n - 1$，则称 $f(x)$ 为 $GF(q)$ 上的本原多项式。

结论 4-3 当且仅当一个 $GF(q)$ 域上的线性移位寄存器的连接多项式是域 $GF(q)$ 上的本原多项式，则其输出的非零序列为域 $GF(q)$ 上 m 序列。域 $GF(q)$ 上 m 序列同样具有良好的随机性。

例 4-3 因为 $2^{31} - 1 = 2147483647$ 是素数，所以 域 $GF(2^{31}-1)$ 是素域。域 $GF(2^{31}-1)$ 上的 16 次多项式

$$p(x) = x^{16} - 2^{15}x^{15} - 2^{17}x^{13} - 2^{21}x^{10} - 2^{20}x^4 - (2^8 + 1)$$

是域 $GF(2^{31}-1)$ 上的本原多项式，其周期为 $(2^{31}-1)^{16} - 1 \approx 2^{496}$。以 $p(x)$ 为连接多项式的线性移位寄存器的输出序列为域 $GF(2^{31}-1)$ 上的 m 序列，其周期等于多项式 $p(x)$ 的周期，这是相等大的，而且具有良好的随机性。这个多项式 $p(x)$ 就是我国设计被采纳为 4G 移动通信国际标准的祖冲之密码(ZUC)使用的本原多项式，详见 4.5 节。

4.4 非线性序列

线性移位寄存器序列密码在已知明文攻击下是可破译的，可破译的根本原因在于线性移位寄存器序列是线性的，这一事实促使人们向非线性领域探索。目前，研究比较多的有非线性移位寄存器序列、对线性移位寄存器序列进行非线性组合、利用非线性分组码产生非线性序列等。

1. 非线性移位寄存器序列

根据图 4-3 和图 4-4 可知，令反馈函数 $f(s_0, s_1, \cdots, s_{n-1})$ 为非线性函数便构成非线性移位寄存器，其输出序列为非线性序列。二元域 $GF(2)$ 上的 N 级非线性移位寄存器的输出序列的周期可达到最大值 2^N，并称周期达到最大值的非线性移位寄存器序列为 M 序列。

$GF(2)$ 上的 n 级移位寄存器共有 2^n 个状态，因此共有 2^{2^n} 种不同的反馈函数，而根据式(4-4)可知线性反馈函数只有 2^{n-1} 种，其余均为非线性。可见非线性反馈函数的数量是巨大的。但是值得注意的是并非这些非线性反馈函数都能产生良好的非线性密钥序列。其中 M 序列是比较受重视的一种。这是因为 M 序列的 0，1 分布和游分布是均匀的，而且周期最大。

目前，由于缺少得力的数学工具，对非线性移位寄存器序列的分析和研究都比较困难。

例 4-4 令 $n = 3$，反馈函数 $f(s_0, s_1, s_2) = s_0 \oplus s_2 \oplus s_1 s_2 \oplus 1$，由于与运算为非线性运算，故反馈函数为非线性反馈函数，如图 4-6 所示，其输出序列为 $10110100 \cdots$，周期 $p =$

$8 = 2^3$，为 M 序列。

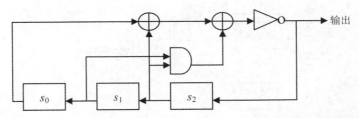

图 4-6　反馈函数为 $f(s_0, s_1, s_2) = s_0 \oplus s_2 \oplus s_1 s_2 \oplus 1$ 的非线性移位寄存器

　　线性移位寄存器和非线性移位寄存器在序列密码中都有许多应用。例如，文献[59]介绍的 Grain-128a 密码就是采用了线性移位寄存器与非线性移位寄存器组合的方式，来产生非线性随机序列。它是欧盟 eSTREAM 密码工程的一个优胜密码。

2. 对线性移位寄存器序列进行非线性组合

　　非线性移位寄存器序列的研究比较困难，但人们对线性移位寄存器序列的研究却比较充分和深入。于是人们想到，利用线性移位寄存器序列设计容易、随机性好等优点，对一个或多个线性移位寄存器序列进行非线性组合可以获得良好的非线性序列。图 4-7 给出了对一个 LSR 进行非线性组合的逻辑结构。通常称这里的非线性电路为前馈电路，称这种输出序列为前馈序列。图 4-8 给出了对多个 LSR 进行非线性组合的逻辑结构。

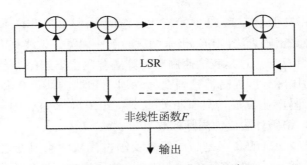

图 4-7　对一个 LSR 的非线性组合

　　在这里用线性移位寄存器序列作为驱动源来驱动非线性电路产生非线性序列。其中用线性移位寄存器序列来确保所产生序列的长周期，用非线性电路来确保输出序列的非线性和其他密码性质。4.5 节介绍的祖冲之密码的序列产生器，就是一种对一个 LSR 进行非线性组合的前馈逻辑结构。

3. 利用强分组码产生非线性序列

　　利用好的非线性分组码，如 AES、SM4 等强密码，可以产生良好的非线性序列，而且只要这些分组密码是安全的，则由它们产生的非线性序列就是安全的。

　　在第 3 章 3.4 节介绍了输出反馈模式（**OFB**）和密文反馈模式（**CFB**），它们都能够利用分组密码产生密钥序列。

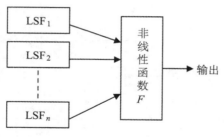

图 4-8　对多个 LSR 的非线性组合

例如在图 3-20 的输出反馈工作模式（**OFB**）中，R 为移位寄存器，E 为分组密码（AES、SM4 等强密码），K 为密钥。设分组密码的分组长度为 n，I_0 为移位寄存器 R 的初始状态并称为种子，分组密码 E 把寄存器 R 的状态内容作为明文，并加密成密文。密文的最右边 $s(1 \leqslant s \leqslant n)$ 位作为密钥序列输出。同时，移位寄存器 R 左移 s 位，E 输出中最右边的 s 位又反馈到寄存器 R。R 的新状态内容作为 E 下一次加密的输入。如此继续便可产生出源源不断的密钥序列。为了提高效率可把 s 取大一些。现在通常把 s 取为 8 位或 16 位。

4.5　祖冲之密码

2011 年 9 月 19—21 日，在第 53 次第三代合作伙伴计划(3GPP)系统架构组(SA)会议上，我国设计的祖冲之密码算法(ZUC)被采纳成为新一代宽带无线移动通信系统(LTE)国际标准，即 4G 的国际标准。这是我国商用密码算法首次走出国门参与国际标准竞争，并取得胜利。ZUC 成为国际标准提高了我国在移动通信领域的话语权和影响力，对我国移动通信产业和商用密码产业发展均具有重要意义。2020 年 8 月，国际标准化组织(ISO/IEC)也接受我国 ZUC 密码算法成为国际标准。

祖冲之密码算法(ZUC)的名字是为了纪念我国古代数学家祖冲之。祖冲之密码算法(ZUC)由信息安全国家重点实验室等单位研制，经中国通信标准化协会与工业和信息化部电信研究院推荐给 3GPP。

中国提交的标准包括祖冲之密码算法(ZUC)以及基于祖冲之密码的机密性算法 128-EEA3 和完整性算法 128-EIA3，分别用于 4G 移动通信中数据的机密性和完整性保护[53-55]。

4.5.1　祖冲之密码的算法结构

祖冲之密码算法本质上是一个密钥序列产生算法[53]。有了一个安全高效的密钥序列产生算法，确保机密性和完整性的应用是容易的。

祖冲之密码算法在逻辑上分为上中下三层，见图 4-9。上层是 16 级线性反馈移位寄存器(LFSR)，中层是比特重组(BR)，下层是非线性函数 F。与图 4-7 比较可知，祖冲之密码算法在结构上属于对一个线性反馈移位寄存器(LFSR)进行非线性组合。

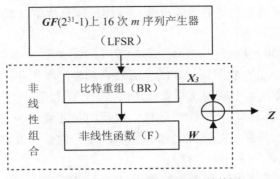

图 4-9　祖冲之密码算法的逻辑结构图

祖冲之密码算法的具体结构如图 4-10 所示。

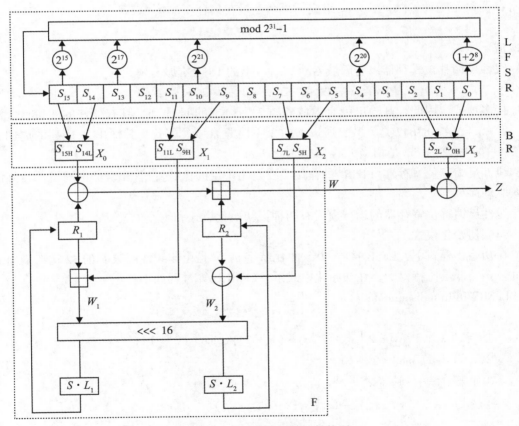

图 4-10　祖冲之密码算法结构图

上层是一个线性反馈移位寄存器，用以提供长周期的、随机性良好的驱动序列。它以

一个有限域 $GF(2^{31}-1)$ 上的 16 次本原多项式为连接多项式。因此，其输出为 $GF(2^{31}-1)$ 上的 m 序列，具有最长周期和良好的随机性。线性反馈移位寄存器（LFSR）的输出作为中层比特重组（BR）的输入。

中层的比特重组（BR）从线性反馈移位寄存器（LFSR）的状态中取出 128 位，拼成 4 个 32 位字（X_0，X_1，X_2，X_3），供下层的非线性函数 F 和输出密钥序列使用。

下层的非线性函数 F 从中层的比特重组（BR）接受 3 个 32 位字（X_0，X_1，X_2）作为输入，经过内部的异或、循环移位和模 2^{32} 运算，以及两个非线性 S 盒变换，最后输出一个 32 位字 W。由于非线性函数 F 是祖冲之密码算法中唯一的非线性部件，所以非线性函数 F 就成为确保祖冲之密码安全性的关键。

最后，非线性函数 F 输出的 W 与比特重组（BR）输出的 X_3 异或，形成祖冲之密码的输出密钥字序列 Z。

1. 线性反馈移位寄存器

在祖冲之密码算法结构的上层是 16 级线性反馈移位寄存器（LFSR）。它由 16 个 31 比特寄存器单元变量 s_0，s_1，$\cdots$，s_{15}组成，每个变量在集合

$$\{1, 2, 3, \cdots, 2^{31}-1\}$$

中取值。

线性反馈移位寄存器以有限域 $GF(2^{31}-1)$ 上的 16 次本原多项式

$$P(x)=x^{16}-2^{15}x^{15}-2^{17}x^{13}-2^{21}x^{10}-2^{20}x^4-(2^8+1) \tag{4-12}$$

为连接多项式。因此，其输出为有限域 $GF(2^{31}-1)$ 上的 m 序列，具有良好的随机性。注意，$2^{31}-1=2147483647$ 是素数，所以 $GF(2^{31}-1)$ 是素域。因此，其输出 m 序列的周期为 $(2^{31}-1)^{16}-1\approx2^{496}$，这是相当大的。

线性反馈移位寄存器（LFSR）的作用主要是为中层的比特重组（BR）提供随机性良好的输入驱动序列。

线性反馈移位寄存器的运行模式有两种：初始化模式和工作模式。

（1）初始化模式。

在初始化模式下，LFSR 接收一个 31 比特字 u。u 是由非线性函数 F 的 32 比特输出 W 通过舍弃最低位比特得到。在初始化模式下，LFSR 计算过程如下：

LFSRWithInitialisationMode（u）

{

①$v = 2^{15}s_{15}+2^{17}s_{13}+2^{21}s_{10}+2^{20}s_4+(1+2^8)s_0 \bmod (2^{31}-1)$；

②$s_{16}=(v+u) \bmod (2^{31}-1)$；

③如果 $s_{16}=0$，则置 $s_{16}=2^{31}-1$；

④$(s_1, s_2, \cdots, s_{15}, s_{16}) \rightarrow (s_0, s_1, \cdots, s_{14}, s_{15})$。

}

初始化的目的是为线性移位寄存器（LFSR）设置一个随机的、非零的初始值。主要是设置 s_{16} 来完成的。如果初始值为 0，则 LFSR 的状态将永远为 0，所以初始值不能为 0，为此设置了第③行的处理：如果 $s_{16}=0$，则置 $s_{16}=2^{31}-1$。注意，LFSR 的运算是按 Mod $2^{31}-1$

进行的，$2^{31}-1=0 \bmod 2^{31}-1$，$2^{31}-1$ 与 0 同余，但不为 0。

v 的计算是按式（4-12）的连接多项式来计算的，是 LFSR 的正常运算，目的是确定 s_{16}。由于初始状态时 LFSR 的状态是随机的，因此 s_{15}，s_{13}，s_{10}，s_4，s_0 的值是随机的，因此 v 的值也是随机的。为了进一步使 LFSR 的状态随机化，还引入了参数 u，u 由非线性函数 F 输出 W 通过舍弃最低位比特得到。因为在初始阶段非线性函数 F 的输出 W 是随机的，舍弃 W 的最低位，u 也是随机的。

（2）工作模式。

在工作模式下，LFSR 不接收任何输入。其计算过程如下：

LFSRWithWorkMode（）

{

①$s_{16}=2^{15}s_{15}+2^{17}s_{13}+2^{21}s_{10}+2^{20}s_4+(1+2^8)s_0 \bmod (2^{31}-1)$；

②如果 $s_{16}=0$，则置 $s_{16}=2^{31}-1$；

③$(s_1,s_2,\cdots,s_{15},s_{16}) \rightarrow (s_0,s_1,\cdots,s_{14},s_{15})$。

}

比较初始化模式和工作模式可知，两者的差异仅在于初始化时需要引入由非线性函数 F 输出 W 通过舍弃最低位比特得到的 u，而工作模式不需要。目的在于，引入非线性函数 F 的输出，使线性反馈移位寄存器的状态随机化。

2. 比特重组

比特重组从 LFSR 的寄存器单元中抽取 128 比特组成 4 个 32 比特字 X_0、X_1、X_2、X_3。比特重组的具体计算过程如下：

符号说明：下面式中 s_{15H} 表示 LFSR 的 s_{15} 的高 16 位，s_{14L} 表示 LFSR 的 s_{14} 的低 16 位，‖ 表示两个数据首尾拼接。$s_{15H}\|s_{14L}$ 刚好组成一个 32 位字 X_0。

BitReconstruction（）

{

①$X_0=s_{15H}\|s_{14L}$；

②$X_1=s_{11L}\|s_{9H}$；

③$X_2=s_{7L}\|s_{5H}$；

④$X_3=s_{2L}\|s_{0H}$。

}

3. 非线性函数 F

非线性函数 F 内部包含 2 个 32 比特存储单元 R_1 和 R_2。F 的输入为来自比特重组的 3 个 32 比特字 X_0、X_1、X_2，输出为一个 32 比特字 W。因此，非线性函数 F 是一个把 96 比特压缩为 32 比特的一个非线性压缩函数。函数 F 的计算过程如下：

F（X_0，X_1，X_2）

{

① $W=(X_0 \oplus R_1) \boxplus R_2$；其中符号 $\boxplus$ 表示 mod 2^{32} 加法。

② $W_1=R_1 \boxplus X_1$；

③ $W_2=R_2 \oplus X_2$；

④ $R_1 = S(L_1(W_{1L} \parallel W_{2H}))$;

⑤ $R_2 = S(L_2(W_{2L} \parallel W_{1H}))$。

}

注意，在图 4-10 中有一个循环左移 16 位的运算 <<< 16，而在此处没有明显表示出来。它的作用是，把 $W_2 = W_{2H}W_{2L}$ 和 $W_1 = W_{1H}W_{1L}$ 两个字循环左移 16 位，形成 $W_{1L} \parallel W_{2H}$ 和 $W_{1L} \parallel W_{2H}$，供 L_1 和 L_2 使用。请看，把 $W_{2H}W_{2L}W_{1H}W_{1L}$ 循环左移 16 位，刚好变成 $W_{2L}W_{1H}W_{1L}$ W_{2H}，供 L_1 和 L_2 使用。

这里的 S 表示 S 盒变换。这里的 S 盒由 4 个并置的 8 进 8 出 S 盒构成，即

$$S = (S_0, \ S_1, \ S_2, \ S_3)$$

其中 $S_2 = S_0$，$S_3 = S_1$，于是有

$$S = (S_0, \ S_1, \ S_0, \ S_1)。 \tag{4-13}$$

S 盒 S_0 和 S_1 的置换矩阵分别如表 4-2 和表 4-3 所示。

表 4-2 S 盒 S_0

	0	1	2	3	4	5	6	7	8	9	A	B	C	D	E	F
0	3E	72	5B	47	CA	E0	00	33	04	Dl	54	98	09	B9	6D	CB
1	7B	1B	F9	32	AF	9D	6A	A5	B8	2D	FC	1D	08	53	03	90
2	4D	4E	84	99	E4	CE	D9	91	DD	B6	85	48	8B	29	6E	AC
3	CD	C1	F8	1E	73	43	69	C6	B5	BD	FD	39	63	20	D4	38
4	76	7D	B2	A7	CF	ED	57	C5	F3	2C	BB	14	21	06	55	9B
5	E3	EF	5E	31	4F	7F	5A	A4	0D	82	51	49	5F	BA	58	lC
6	4A	16	D5	17	A8	92	24	1F	8C	FF	D8	AE	2E	01	D3	AD
7	3B	4B	DA	46	EB	C9	DE	9A	8F	87	D7	3A	80	6F	2F	C8
8	B1	B4	37	F7	0A	22	13	28	7C	CC	3C	89	C7	C3	96	56
9	07	BF	7E	F0	0B	2B	97	52	35	41	79	6l	A6	4C	10	FE
A	BC	26	95	88	8A	B0	A3	FB	C0	18	94	F2	E1	E5	E9	5D
B	D0	DC	11	66	64	5C	EC	59	42	75	12	F5	74	9C	AA	23
C	0E	86	AB	BE	2A	02	E7	67	E6	44	A2	6C	C2	93	9F	F1
D	F6	FA	36	D2	50	68	9E	62	71	15	3D	D6	40	C4	E2	0F
E	8E	83	77	6B	25	05	3F	0C	30	EA	70	B7	A1	E8	A9	65
F	8D	27	1A	DB	81	B3	A0	F4	45	7A	19	DF	EE	78	34	60

表 4-3 S 盒 S_1

	0	1	2	3	4	5	6	7	8	9	A	B	C	D	E	F
0	55	C2	63	71	3B	C8	47	86	9F	3C	DA	5B	29	AA	FD	77
1	8C	C5	94	0C	A6	1A	13	00	E3	A8	16	72	40	F9	F8	42
2	44	26	68	96	81	D9	45	3E	10	76	C6	A7	8B	39	43	E1
3	3A	B5	56	2A	C0	6D	B3	05	22	66	BF	DC	0B	FA	62	48
4	DD	20	11	06	36	C9	C1	CF	F6	27	52	BB	69	F5	D4	87
5	7F	84	4C	D2	9C	57	A4	BC	4F	9A	DF	FE	D6	8D	7A	EB
6	2B	53	D8	5C	A1	14	17	FB	23	D5	7D	30	67	73	08	09
7	EE	B7	70	3F	61	B2	19	8E	4E	E5	4B	93	8F	5D	DB	A9
8	AD	F1	AE	2E	CB	0D	FC	F4	2D	46	6E	JD	97	E8	D1	E9
9	4D	37	A5	75	5E	83	9E	AB	82	9D	B9	1C	E0	CD	49	89
A	01	B6	BD	58	24	A2	5F	38	78	99	15	90	50	B8	95	E4
B	D0	91	C7	CE	ED	0F	B4	6F	A0	CC	F0	02	4A	79	C3	DE
C	A3	EF	EA	51	E6	6B	18	EC	1B	2C	80	F7	74	E7	FF	21
D	5A	6A	54	1E	41	31	92	35	C4	33	07	0A	BA	7E	0E	34
E	88	B1	98	7C	F3	3D	60	6C	7B	CA	D3	1F	32	65	04	28
F	64	BE	85	9B	2F	59	8A	D7	B0	25	AC	AF	12	03	E2	F2

这里的 L_1 和 L_2 为 32 比特线性变换，定义如下：

$$\begin{cases} L_1(X) = X \oplus (X <<< 2) \oplus (X <<< 10) \oplus (X <<< 18) \oplus (X <<< 24), \\ L_2(X) = X \oplus (X <<< 8) \oplus (X <<< 14) \oplus (X <<< 22) \oplus (X <<< 30)。 \end{cases} \tag{4-14}$$

其中符号 $a <<< n$ 表示把 a 循环左移 n 位。

把式（4-14）与式（3-24）比较可知，式（4-14）中的 $L_1(X)$ 与 SM4 密码中的线性变换 $L(B)$ 相同。

由于非线性函数 F 采用了两个非线性变换 S 盒 S_0 和 S_1，从而为祖冲之密码提供了非线性。又由于线性反馈移位寄存器（LFSR）和比特重组（BR）都是线性变换，所以非线性函数 F 就成祖冲之密码算法中唯一的非线性部件，从而成为确保祖冲之密码安全的关键。根据商农的密码设计理论，在非线性函数 F 中采用非线性变换 S 盒的目的是为密码提供混淆作用，采用线性变换 L 的目的是为密码提供扩散作用。正是混淆和扩散互相配合提高了密码的安全性。

4. 密钥装入

密钥装入过程将 128 比特的初始密钥 KEY 和 128 比特的初始向量 IV 扩展为 16 个 31 比特字作为 LFSR 寄存器单元变量 $s_0, s_1, \cdots, s_{15}$ 的初始状态。

设 KEY 和 IV 分别为

$$KEY = k_0 \parallel k_1 \parallel \cdots\cdots \parallel k_{15}$$

和

$$IV = iv_0 \parallel iv_1 \parallel \cdots\cdots \parallel iv_{15},$$

其中：k_i 和 iv_i 均为 8 比特字节，$0 \leqslant i \leqslant 15$。密钥装入过程如下：

①设 D 为 240 比特的常量，可按如下方式分成 16 个 15 比特的子串：

$$D = d_0 \parallel d_1 \parallel \cdots\cdots \parallel d_{15}$$

其中 d_i 的二进制表示为：

$$d_0 = 100010011010111$$
$$d_1 = 010011010111100$$
$$d_2 = 110001001101011$$
$$d_3 = 001001101011110$$
$$d_4 = 101011110001001$$
$$d_5 = 011010111100010$$
$$d_6 = 111000100110101$$
$$d_7 = 000100110101111$$
$$d_8 = 100110101111000$$
$$d_9 = 010111100010011$$
$$d_{10} = 110101111000100$$
$$d_{11} = 001101011110001$$
$$d_{12} = 101111000100110$$
$$d_{13} = 011110001001101$$
$$d_{14} = 111100010011010$$
$$d_{15} = 100011110101100$$

为了增进安全，这里的 $d_0 - d_{15}$ 选用了随机性良好的 m 序列。其中 $d_0 - d_{14}$ 是本原多项式 $x^4 + x + 1$ 产生的 m 序列的移位，d_{15} 是本原多项式 $x^4 + x^3 + 1$ 产生的 m 序列。

②对 $0 \leqslant i \leqslant 15$，有

$$s_i = k_i \parallel d_i \parallel iv_i。 \tag{4-15}$$

5. 算法运行

（1）初始化阶段。

首先把 128 比特的初始密钥 KEY 和 128 比特的初始向量 IV 按照上面的密钥装入方法装入到 LFSR 的寄存器单元变量 s_0，s_1，$\cdots$，s_{15} 中，作为 LFSR 的初态，并置非线性函数 F 中的 32 比特存储单元 R_1 和 R_2 为全 0。然后执行下述操作。

重复执行下述过程 32 次：

①BitReconstruction( )；

②$W = F(X_0, X_1, X_2)$；

③LFSRWithInitialisationMode (u)。

之所以要上述处理过程要重复执行 32 次，是为了使初始密钥 KEY 和 128 比特的初始向量 IV 的随机化作用充分发挥出来。根据商农关于加密象揉面团的思想，仅仅把密钥

KEY 和初始向量 *IV* 装入是不够的，因为还没有进过充分的搅拌和揉面团，密钥 *KEY* 和初始向量 *IV* 的作用还不能充分发挥出来。只有通过把上述处理过程重复执行 32 次，才是完成了充分的搅拌和揉面团，密钥 *KEY* 和初始向量 *IV* 的作用才能充分发挥出来。这对确保密码安全是十分必要的。

（2）工作阶段。

首先执行下列过程一次，并将 *F* 的输出 *W* 舍弃：

①BitReconstruction（）；

②$F(X_0, X_1, X_2)$；

③LFSRWithWorkMode（）。

之所以要把第一次执行过程的 *F* 输出 *W* 舍弃，也是担心由于初始化过程的随机化不够，而产生的 *W* 质量不高，所以为了安全，把第一个舍弃掉。

然后进入密钥输出阶段。在密钥输出阶段，每运行一个节拍，执行下列过程一次，并输出一个 32 比特的密钥字 *Z*：

①BitReconstruction（）；

②$Z = F(X_0, X_1, X_2) \oplus X_3$；

③LFSRWithWorkMode（）。

4.5.2　基于祖冲之密码的机密性算法 128-EEA3

基于祖冲之密码的机密性算法，主要用于 4G 移动通信中移动用户设备 UE 和无线网络控制设备 RNC 之间的无线链路上通信信令和数据的加解密[54]。

1. 算法的输入与输出

为了适应移动通信的应用要求，基于祖冲之密码的机密性算法 128-EEA3 需要使用一些必要的参数。算法的输入参数见表 4-4，输出参数见表 4-5。

表 4-4　　　　　　　　　　　　　　　输入参数表

输入参数	比特长度	备注
COUNT	32	计数器
BEARER	5	承载层标识
DIRECTION	1	传输方向标识
CK	128	机密性密钥
LENGTH	32	明文消息流的比特长度
IBS	*LENGTH*	输入比特流

表 4-5　　　　　　　　　　　　　　　输出参数表

输出参数	比特长度	备注
OBS	*LENGTH*	输出比特流

2. 算法工作流程

基于祖冲之密码的机密性算法 128-EEA3 的加解密框图如图 4-11 所示。

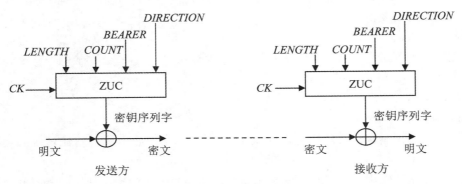

图 4-11 基于祖冲之密码的机密性算法 128-EEA3

（1）初始化。

本算法的初始化是指根据机密性密钥 CK 以及其他输入参数（参见表 4-4）构造祖冲之算法的初始密钥 KEY 和初始向量 IV。

设 128 位的机密性密钥为 CK，把 CK 表示为 16 个 8 位字节，

$$CK = CK[0] /\!\!/ CK[1] /\!\!/ CK[2] /\!\!/ \cdots /\!\!/ CK[15]。$$

设祖冲之算法的 128 位初始密钥为 KEY，把 KEY 表示为 16 个 8 位字节，

$$KEY = KEY[0] /\!\!/ KEY[1] /\!\!/ KEY[2] /\!\!/ \cdots /\!\!/ KEY[15]。$$

对于确保机密性的应用，机密性密钥 CK 是事前获得的。而构造祖冲之算法初始密钥的最简单方法是，直接令祖冲之算法初始密钥等于机密性密钥。于是有

$$KEY[i] = CK[i], \quad i = 0, 1, 2, \cdots, 15。 \tag{4-16}$$

设计数器为 $COUNT$，它是一个 32 位的通信计数器，把 $COUNT$ 表示为 4 个 8 位字节，

$$COUNT = COUNT[0] /\!\!/ COUNT[1] /\!\!/ COUNT[2] /\!\!/ COUNT[3]。$$

设祖冲之算法的 128 位的初始向量为 IV，把 IV 表示为 16 个 8 位字节，

$$IV = IV[0] /\!\!/ IV[1] /\!\!/ IV[2] /\!\!/ \cdots /\!\!/ IV[15].$$

于是可按如下方式产生祖冲之密码算法的初始向量 IV：

$$
\begin{cases}
IV[0] = COUNT[0]. & IV[1] = COUNT[1]. \\
IV[2] = COUNT[2]. & IV[3] = COUNT[3]. \\
IV[4] = BEARER /\!\!/ DIRECTION /\!\!/ 00, \\
IV[5] = IV[6] = IV[7] = 00000000, \\
IV[8] = IV[0]. & IV[9] = IV[1]. \\
IV[10] = IV[2]. & IV[11] = IV[3]. \\
IV[12] = IV[4]. & IV[13] = IV[5]. \\
IV[14] = IV[6]. & IV[15] = IV[7]。
\end{cases}
\tag{4-17}
$$

（2）产生加解密密钥流。

为了加解密 *LENGTH* 比特的输入比特流，祖冲之密码必须产生足够长度的加解密密钥。由于祖冲之密码所产生的密钥是以 32 位字为单位的。所以祖冲之密码必须产生 *L* 个 32 位字的加解密密钥，其中 *L* 的取值为

$$L=\lceil LENGTH/32 \rceil。 \tag{4-18}$$

利用初始密钥 *KEY* 和初始向量 *IV*，执行祖冲之密码算法便可产生 *L* 个 32 位字的加解密密钥流。将生成的密钥流用比特串表示为 $k[0].k[1].\cdots,k[32\times L-1]$. 其中 $k[0]$ 为祖冲之算法生成的第一个 32 位密钥字的最高位比特，$k[31]$ 为最低位比特，其他依此类推。

（3）加解密。

加解密密钥流产生之后，数据的加解密就十分简单了。

设长度为 *LENGTH* 的输入比特流为

$$IBS=IBS[0]/\!\!/IBS[1]/\!\!/IBS[2]/\!\!/\cdots/\!\!/IBS[LENGTH-1].$$

对应的输出比特流为

$$OBS=OBS[0]/\!\!/OBS[1]/\!\!/OBS[2]/\!\!/\cdots/\!\!/OBS[LENGTH-1].$$

其中 $IBS[i]$ 和 $OBS[i]$ 均为比特，$i=0,1,2,\cdots\cdots,LENGTH-1$。

加解密只需要把明文（密文）与加解密密钥模 2 相加即可：

$$OBS[i]=IBS[i]\oplus k[i].\ i=0,1,2,\cdots,LENGTH-1。 \tag{4-19}$$

4.5.3 基于祖冲之密码的完整性算法 128-EIA3

基于祖冲之密码的完整性算法主要用于 4G 移动通信中移动用户设备 UE 和无线网络控制设备 RNC 之间的无线链路上通信信令和数据的完整性认证，并对信令源进行认证。主要技术手段是利用完整性算法 128-EIA3 产生消息认证码（MAC），通过对消息认证码（MAC）进行验证，实现对消息的完整性认证[55]。

1. 算法的输入与输出

为了适应移动通信的应用需求，基于祖冲之密码的完整性算法 128-EIA3 需要使用一些必要的参数。算法的输入参数见表 4-6，输出参数见表 4-7。

表 4-6　　　　　　　　　　　　　**输入参数表**

输 入 参 数	比 特 长 度	备　　注
COUNT	32	计数器
BEARER	5	承载层标识
DIRECTION	1	传输方向标识
IK	128	完整性密钥
LENGTH	32	输入消息流的比特长度
M	*LENGTH*	输入消息流

表 4-7	输出参数表	
输 出 参 数	比 特 长 度	备　　　注
MAC	32	消息认证码

2. 算法工作流程

基于祖冲之密码的完整性算法 128-EEA3 计算消息认证码(MAC)的原理框图如图 4-12 所示。

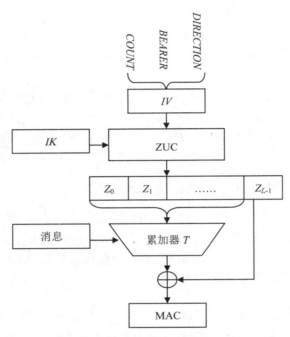

图 4-12　完整性算法 128-EEA3 计算消息认证码(MAC)的原理框图

基于祖冲之密码产生消息认证码(MAC)的原理如下：根据通信参数 $COUNT$、$BEARER$、$DIRECTION$ 按照一定规则产生出初始向量 IV，以完整性密钥 IK 作为祖冲之算法的密钥，执行祖冲之算法产生出长度为 L 的 32 位密钥字流 Z_0，Z_1，$\cdots$，Z_{L-1}。把 Z_0，Z_1，$\cdots$，Z_{L-1} 看成二进制比特流，从 Z_0 的首位开始逐比特向后形成一系列新的 32 位密钥字，并在消息比特流的控制下进行累加，最后再加上 Z_{L-1} 便产生出消息认证码(MAC)。

为了确保消息的完整性，在通信的发送端把消息及其消息认证码一起传送。在接收端根据收到消息重新计算消息认证码，并与收到的消息认证码进行比较。如果两者相等，则说明消息是完整的。如果两者不相等，则说明消息的完整性受到危害。

由于消息认证码(MAC)的产生，受完整性密钥 IK 的控制，因此在没有完整性密钥 IK 的情况下篡改消息或篡改消息认证码，必将被检测发现，从而确保消息的完整性。

(1)初始化。

本算法的初始化主要是指根据完整性密钥 *IK* 和其他输入参数(见表 4-6)构造祖冲之算法的初始密钥 *KEY* 和初始向量 *IV*。

设 128 位的完整性密钥为 *IK*,把 *IK* 表示为 16 个 8 位字节:

$$IK = IK[0] /\!/ IK[1] /\!/ IK[2] /\!/ \cdots /\!/ IK[15]$$

设祖冲之算法的 128 位初始密钥为 *KEY*,把 *KEY* 表示为 16 个 8 位字节:

$$KEY = KEY[0] /\!/ KEY[1] /\!/ KEY[2] /\!/ \cdots /\!/ KEY[15]$$

在确保完整性的应用中,完整性密钥 *IK* 是事前获得的。而构造祖冲之算法初始密钥的最简单方法是,直接令祖冲之算法的初始密钥等于完整性密钥。于是有

$$KEY[i] = IK[i]. \quad i = 0, 1, 2, \cdots, 15。 \tag{4-20}$$

设计数器为 *COUNT*,它是一个 32 位的通信计数器,把 *COUNT* 表示为 4 个 8 位字节,

$$COUNT = COUNT[0] /\!/ COUNT[1] /\!/ COUNT[2] /\!/ COUNT[3]。$$

设祖冲之算法的 128 位初始向量为 *IV*,把 *IV* 表示为 16 个 8 位字节,

$$IV = IV[0] /\!/ IV[1] /\!/ IV[2] /\!/ \cdots /\!/ IV[15]。$$

于是可按如下方式产生祖冲之密码算法的初始向量 *IV*:

$$\begin{cases} IV[0] = COUNT[0]. & IV[1] = COUNT[1]. \\ IV[2] = COUNT[2]. & IV[3] = COUNT[3]. \\ IV[4] = BEARER /\!/ 000, & IV[5] = 00000000, \\ IV[6] = 00000000, & IV[7] = 00000000, \\ IV[8] = IV[0] \oplus (DIRECTION << 7), & IV[9] = IV[1]. \\ IV[10] = IV[2]. & IV[11] = IV[3]. \\ IV[12] = IV[4]. & IV[13] = IV[5]. \\ IV[14] = IV[6] \oplus (DIRECTION << 7), & IV[15] = IV[7]。 \end{cases} \tag{4-21}$$

其中符号 $A << n$ 表示把 *A* 左移 *n* 位。

(2) 产生完整性密钥字流。

为了对长度为 LENGTH 比特的消息计算消息认证码(MAC),祖冲之密码必须产生足够长度的完整性密钥字流。设祖冲之密码必须产生 *L* 个 32 位字的完整性密钥,为了满足计算 MAC 的需要,其中 *L* 的取值为

$$L = \lceil LENGTH/32 \rceil + 2 \tag{4-22}$$

利用初始密钥 *KEY* 和初始向量 *IV*,执行祖冲之密码算法便可产生 *L* 个 32 位的完整性密钥字流。将生成的密钥字流表示为二进制比特串,$k[0]. k[1]. k[2]. \cdots, k[32 \times L - 1].$ 其中 $k[0]$ 为祖冲之算法生成的第一个 32 位密钥字的最高比特位,$k[31]$ 为最低比特位。其他依此类推。

为了计算消息认证码(MAC),需要把比特串 $k[0]. k[1]. k[2]. \cdots, k[32 \times L - 1].$ 重新组合成新的 $32 \times (L-1) + 1$ 个 32 位密钥字 K_i。表示的方法是把 $k[0]. k[1]. k[2]. \cdots, k[31]$ 表示为 K_0,把 $k[1]. k[2]. \cdots, k[32]$ 表示为 K_1,以此类推,把 $k[32 \times (L-1)]. k[32 \times (L-1)+1]. k[32 \times (L-1)+2]. \cdots, k[32 \times (L-1)+31]$ 表示为 $K_{32 \times (L-1)}$。即

$$\begin{cases} K_i = k[i] \ /\!/ \ k[i+1] \ /\!/ \cdots /\!/ \ k[i+31] \\ i = 0, \ 1, \ 2, \ \cdots, \ 32 \times (L-1) \end{cases} \tag{4-23}$$

（3）计算 MAC。

设需要计算消息认证码的消息比特序列为 $M = m[0].\ m[1].\ \cdots,\ m[LENGTH-1]$。

设 T 为一个 32 比特的字变量，于是可如下计算消息认证码（MAC）：

MACComputation( )

{

   ① 置 T=0；

   ② For(I=0；I< LENGTH；I++)

       If m[I] = 1 Then T = T $\oplus$ K_i；

   ③ End For

   ④ T = T $\oplus$ K_{LENGTH}；

   ⑤ MAC = T $\oplus$ $K_{32 \times (L-1)}$；

}

最后讨论一下祖冲之密码的安全性。

为了确保祖冲之密码算法的安全性，设计者在密码算法设计时就考虑了弱密钥攻击、Guess-and-Determine 攻击、Binary Decision trees 攻击、线性区分攻击、代数攻击、选择初始向量攻击等多种密码攻击，并对算法的每一个部件都进行精心设计，以期能够抵抗这些攻击。

在线性反馈移位寄存器（LFSR）层采用了精心挑选的 $GF(2^{31}-1)$ 上的 16 次本原多项式，使其输出序列随机性好、周期足够大。在比特重组部分，精心选用数据使得重组的数据具有良好的随机性，并且出现重复的概率足够小。在非线性函数 F 中采用了两个存储部件 R、两个线性部件 L 和两个非线性 S 盒，使得其输出具有良好的非线性、混淆特性和扩散特性。设计者经过测试评估认为，在这些安全性措施的综合作用下，祖冲之密码是可以抵抗上述攻击的。这是 ZUC 密码能够被接受为国际 4G 通信密码标准的基础。

在祖冲之密码发布之后，密码工作者就开始对其进行安全性分析[56-58]。

对祖冲之密码算法进行侧信道分析，理论分析与实验都表明祖冲之密码算法经不起 DPA 类侧信道的攻击。这说明，祖冲之密码算法在硬件实现时必须采取保护措施，使之能够抵抗侧信道攻击。

另外，基于祖冲之密码的完整性算法 128-EIA3 所产生的消息认证码（MAC）的长度只有 32 位，穷举攻击的复杂度只有 $O(2^{32})$，显然是太短了。这可能是 4G 移动通信环境的要求所致。因此，实际应用中应当采取保护和加强措施。

这些安全分析为祖冲之密码算法的安全应用和改进，提供了帮助。

必须指出，祖冲之密码提出的时间不长，实际使用的时间更短，还需要接受更长时间的实践检验。只有实践才能真正证明它的安全性。

4.5.4 示例

为了方便读者工程实现过程中进行系统调试，本节给出祖冲之密码算法、基于祖冲之密码的机密性算法 128-EEA3 和基于祖冲之密码的完整性算法 128-EIA3 的示例数据[55]。

说明：本节示例中的数据全部采用十六进制表示。

1. 祖冲之算法的示例

① 初始输入：

密钥 k：　　3d 4c 4b e9 6a 82 fd ae b5 8f 64 1d b1 7b 45 5b

初始向量 IV：84 31 9a a8 de 69 15 ca 1f 6b da 6b fb d8 c7 66

② 初始化阶段线性反馈移位寄存器的初态：

i	S_{0+i}	S_{1+i}	S_{2+i}	S_{3+i}	S_{4+i}	S_{5+i}	S_{6+i}	S_{7+i}
0	1ec4d784	2626bc31	25e26b9a	74935ea8	355789de	4135e269	7ef13515	5709afca
8	5acd781f	47af136b	326bc4da	0e9af16b	58de26fb	3dbc4dd8	22f89ac7	2dc7ac66

t	X_0	X_1	X_2	X_3	R_1	R_2	W	S_{15}
0	5b8f9ac7	f16b8f5e	afca826b	6b9a3d89	9c62829f	5df00831	5b8f9ac7	3c7b93c0
1	78f7ac66	26fb64d7	781ffde2	5ea84c4d	3d533f3a	80ff1faf	4285372a	41901ee9
2	832093c0	4dd81d35	136bae13	89de4bc4	2ca57e9d	d1db72f9	3f72cca9	411efa99
3	823d1ee9	9ac7b1bc	c4dab59a	e269e926	0e8dc40f	60921a4f	8073d36d	24b3f49f
4	4967fa99	ac667b78	f16b8f5e	35156aaf	16c81467	da8e7d8a	a87c58e5	74265785
5	e84cf49f	93c045f1	26fb64d7	afca826b	50c9eaa4	3c3b2dfd	d9135e82	481c5b9d
6	90385785	1ee95b8f	4dd81d35	781ffde2	59857b80	be0fbdc1	fd2ceb1e	4b7f87ed
7	96ff5b9d	fa9978f7	9ac7b1bc	136bae13	9528f8ea	bcc7f7eb	8d89ddde	0e633ce7
8	1cc687ed	f49f8320	ac667b78	c4dab59a	c59d2932	e1098a64	46b676f2	643ae5a6
9	c8753ce7	5785823d	93c045f1	f16b8f5e	755ebae8	3f9e6e86	eef1a039	625ac5d7

③ 初始化后线性反馈移位寄存器的状态：

i	S_{0+i}	S_{1+i}	S_{2+i}	S_{3+i}	S_{4+i}	S_{5+i}	S_{6+i}	S_{7+i}
0	10da5941	5b6acbf6	17060ce1	35368174	5cf4385a	479943df	2753bab2	73775d6a
8	43930a37	77b4af31	15b2e89f	24ff6e20	740c40b9	026a5503	194b2a57	7a9a1cff

④ 有限状态自动机的内部状态：

$R_1 = $ 860a7dfa

$R_2 = $ bf0e0ffc

⑤ 产生的密钥流：

t	X_0	X_1	X_2	X_3	R_1	R_2	Z	S_{15}
0	f5342a57	6e20ef69	5d6a8f32	0ce121b4	129d8b39	2d7cdce1	3ead461d	3d4aa9e7
1	7a951cff	40b92b65	0a374ea7	8174b6d5	ab7cf688	c1598aa6	14f1c272	71db1828
2	e3b6a9e7	550349fe	af31e6ee	385a2e0c	3cec1a4a	9053cc0e	3279c419	258937da

⑥ 输出的密钥流：

Z_1：14f1c272

Z_2：3279c419

说明：根据算法规定，Z_0 被舍弃。

2. 基于祖冲之密码的机密性算法 128-EEA3 的示例

① 第一组加密实例：

CK	= 17 3d 14 ba 50 03 73 1d 7a 60 04 94 70 f0 0a 29
$COUNT$	= 66035492
$BEARER$	= f
$DIRECTION$	= 0
$LENGTH$	= c0

IBS：6cf65340 735552ab 0c9752fa 6f9025fe 0bd675d9 005875b2

OBS：a6c85fc6 6afb8533 aafc2518 dfe78494 0ee1e4b0 30238cc8

② 第二组加密实例：

CK	= e5 bd 3e a0 eb 55 ad e8 66 c6 ac 58 bd 54 30 2a
$COUNT$	= 56823
$BEARER$	= 18
$DIRECTION$	= 1
$LENGTH$	= 320

IBS：

14a8ef69 3d678507 bbe7270a 7f67ff50 06c3525b 9807e467 c4e56000 ba338f5d 42955903
67518222 46c80d3b 38f07f4b e2d8ff58 05f51322 29bde93b bbdcaf38 2bf1ee97 2fbf9977
bada8945 847a2a6c 9ad34a66 7554e04d 1f7fa2c3 3241bd8f 01ba220d

OBS：

131d43e0 dea1be5c 5a1bfd97 1d852cbf 712d7b4f 57961fea 3208afa8 bca433f4 56ad09c7
417e58bc 69cf8866 d1353f74 865e8078 1d202dfb 3ecff7fc bc3b190f e82a204e d0e350fc
0f6f2613 b2f2bca6 df5a473a 57a4a00d 985ebad8 80d6f238 64a07b01

3. 基于祖冲之密码的完整性算法 128-EIA3 的示例

以下为本算法的计算实例，数据采用 16 进制表示。

① 第一组实例：

IK	= 00 00 00 00 00 00 00 00 00 00 00 00 00 00 00 00

COUNT	= 0
BEARER	= 0
DIRECTION	= 0
LENGTH	= 8
M	= 00000000
MAC	= c8a9595e

② 第二组实例：

IK	= c9 e6 ce c4 60 7c 72 db 00 0a ef a8 83 85 ab 0a
COUNT	= a94059da
BEARER	= a
DIRECTION	= 1
LENGTH	= 240
M	= 983b41d4 7d780c9e 1ad11d7e b70391b1 de0b35da 2dc62f83 e7b78d63 06ca0ea0 7e941b7b e91348f9 fcb170e2 217fecd9 7f9f68ad b16e5d7d 21e569d2 80ed775c ebde3f40 93c53881
MAC	= fae8ff0b

4.6　推荐阅读

2020 年 8 月，国际标准化组织(ISO/IEC)接受我国祖冲之密码算法成为国际标准。这说明祖冲之密码不存在大的安全性缺陷。但是，任何密码都是既有优点也有缺点的。分析祖冲之密码的安全性，对完善祖冲之密码是有益的。如果读者想了解祖冲之密码的安全性，请进一步阅读文献[56-58]。

如果读者对线性移位寄存器和非线性移位寄存器序列密码有兴趣，请阅读文献[59]。文献[59]介绍的 Grain-128a 密码是欧盟 eSTREAM 密码工程的一个优胜密码。

近年来 5G 通信迅速发展，3GPP 要求在 5G 通信中要具有 128 位和 256 位密钥的对称密码算法，以便与 4G 通信保持兼容。3GPP 还表明将在两年内完成 256 位密码算法应用协议的标准化。为此，我国 ZUC 算法研制组又研制出了 ZUC-256 流密码算法，与 ZUC-128 流密码算法高度兼容，且适合 5G 应用环境。有兴趣的读者请参看文献[60]。

习题与实验研究

1. 为什么序列密码的密钥序列，不能采用真随机序列，只能采用伪随机序列？

2. 在密码学领域中，随机序列的随机性包含哪些性质？

3. 分析序列密码的失步影响状况和错误传播状况。

4. 设 $g(x) = x^4 + x^3 + 1$，以其为连接多项式组成线性移位寄存器。画出逻辑图，写出输出序列及状态变迁。

5. 设 $g(x) = x^4 + x^3 + x^2 + x + 1$，以其为连接多项式组成线性移位寄存器。画出逻辑图，写出输出序列及状态变迁，并分析与习题 4 的输出序列有什么不同。

6. 软件实验：$g(x)=x^8+x^4+x^3+x^2+1$ 是本原多项式，以其为连接多项式组成线性移位寄存器，画出逻辑图。用软件实现这一线性移位寄存器，设初始状态为：00000001，求出其输出序列。

7. 令 $n=3$，$f(s_0, s_1, s_2)=s_1\oplus s_2\oplus s_1 s_0\oplus 1$，以其为反馈函数构成非线性移位寄存器。画出逻辑图，写出非线性移位寄存器的状态变迁及输出序列。

8. 证明：$GF(2)$ 上的 n 级移位寄存器有 2^n 个状态，有种 2^{2^n} 不同的反馈函数，其中线性反馈函数只有 2^{n-1} 种，其余均为非线性反馈函数。

9. 说明图 4-9 中祖冲之密码算法的三个主要组成部件的作用。

10. 说明为什么祖冲之密码在算法运行时必须先重复执行下述过程 32 次：

①BitReconstruction( )；

②$W=F(X_0, X_1, X_2)$；

③LFSRWithInitialisationMode（u）。

11. 说明为什么祖冲之密码算法在完成初始化进入工作状态后，将算法第一次执行过程 F 的输出 W 舍弃。

12. 软件实验：编程实现祖冲之密码算法模块：

①祖冲之密码算法模块；

②基于祖冲之密码的机密性算法 128-EEA3 模块；

③基于祖冲之密码的完整性算法 128-EIA3 模块。

13. 实验研究：以祖冲之密码为基础开发出加密通信传输及完整性保护系统，系统要求如下：

①具有加密通信传输功能；

②具有数据完整性保护功能；

③具有较好的人机界面。

第 5 章　密码学 Hash 函数

5.1　密码学 Hash 函数的概念

密码学 Hash 函数又称密码杂凑函数，它将任意长的数据 M 映射为定长的 Hash 码 h，表示为

$$h = H(M) \tag{5-1}$$

Hash 码是所有数据位的函数，因此也被称为数据指纹和数据摘要。它具有很强的错误检测能力，即改变数据的任何一位或多位，都将极大可能地改变其 Hash 码。

显然密码学 Hash 函数应当具有如下基本性质：

①输入可以任意长；

②输出定长，多数情况下输入的长度大于输出的长度；

③有效性：对于给定的输入 M，计算 $h = H(M)$ 的运算是高效的。

除了这些基本性质之外，为了安全，密码学 Hash 函数还应满足一些安全性要求，这将在 5.2 节介绍。

由于密码学 Hash 码具有很强的错误检测能力，改变数据的任何一位或多位，都将极大可能地改变其 Hash 码。因此，Hash 码与数据紧密关联，很好地反映着数据的真实性和完整性，因此人们把 Hash 码称为数据的"指纹"。又由于 Hash 码是从数据压缩而成的，其长度比数据的长度小得多，所以人们又把 Hash 码称为数据的"摘要"。

必须指出：虽然纠错编码具有检测和纠正错误的能力，但其与密码学 Hash 函数不同。纠错编码属于线性变换，不追求安全性。主要用于检测纠正非人为的错误（如用于磁盘纠错），不能抵抗人为的恶意攻击。密码学 Hash 函数属于非线性变换，追求高安全性，既可检测非人为的错误，也可检测人为的篡改，而且还能够抵抗人为的恶意攻击。另外，我们称 Hash 码是数据"指纹"或"摘要"，并强调它从数据压缩而来。但密码 Hash 函数的压缩与我们以节省数据存储空间为目的的压缩算法不同。后者有加压和解压，而且解压是高保真的，如常用的压缩软件 ZIP、RAR 等。而密码学 Hash 函数只有加压，不能解压。

密码学 Hash 函数主要用于确保数据的真实性和完整性。具体地，主要用于数字签名（第 7 章）、认证（第 12 章）、区块链（第 13 章）和可信计算（第 14 章）等应用中。

5.2　密码学 Hash 函数的安全性

密码学 Hash 函数应具有下列安全性质：

（1）单向性：对任何给定的 Hash 值 h，找到使 $H(x)=h$ 的 x 在计算上是不可行的。

对于 Hash 值 $h=H(x)$，称 x 是 h 的原像。由 $h=H(x)$ 求出 x，称为原像攻击。如果密码学 Hash 函数具有安全性质（1），则称其为是抗原像攻击的。

设 A 和 B 是通信的双方，它们共享的一个秘密值 S（密钥或时变量），则可进行如下的通信：

$$A \to B: <M \parallel H(M \parallel S)>。$$

B 收到 M 后，利用收到的 M 和共享的秘密值 S 重新计算出新的 $H(M \parallel S)$，并与收到的 $H(M \parallel S)$ 比较。若两者相等，则可认为收到的数据 M 是真实的、完整的。若不相等，则肯定收到数据 M 的真实性和完整性受到破坏。

这一通信在非法者不能知道秘密值 S 的条件下是安全的。这是因为非法者不知道秘密值 S，便不能伪造出合理的 $H(M \parallel S)$，因此任何伪造都会被发现。

但是，若密码学 Hash 函数不是单向的，则攻击者可以截获传送的 $<M \parallel H(M \parallel S)>$，然后求出 Hash 函数的逆 $H^{-1}(H(M \parallel S))=M \parallel S$，然后由 M 和 $M \parallel S$ 便可得到秘密值 S。于是便可以任意伪造数据，而不被发现。

设密码学 Hash 函数的 Hash 值是等概分布的，Hash 值 h 的长度为 n 位，那么任意输入数据 x 产生的 Hash 值 $H(x)$ 恰好为 h 的概率是 $1/2^n$。因此穷举攻击对于单向性求解的时间复杂度为 $O(2^n)$。可见，只要 Hash 值 h 的长度足够大，则穷举攻击是不可能成功的。这就是目前世界各国密码学 Hash 函数的 Hash 值长度都选择大于等于 256 的原因之一。

（2）抗弱碰撞性：对任何给定的数据 x，找到满足 $y \neq x$ 且 $H(y)=H(x)$ 的 y 在计算上是不可行的。

对于 Hash 值 $h=H(x)$，称 $y \neq x$ 且使 $H(y)=H(x)$ 的 y 为第二原像。由 $h=H(x)$ 求出 $y \neq x$ 且使 $H(y)=H(x)$ 的 y，称为第二原像攻击。如果密码学 Hash 函数具有安全性质（2），则称其为是抗第二原像攻击的。

设 A 和 B 是通信的双方，采用对称密码算法 E，它们共享一个密钥 K，则可进行如下的通信：

$$A \to B: <M \parallel E(H(M), K)>。$$

这一通信在密码学 Hash 函数具有抗弱碰撞性的条件下是安全的。这是因为抗弱碰撞性保证，不能找到与给定数据具有相同 Hash 值的另一数据。因此，非法者用伪造数据 M' 冒充 M 必将被发现。

如果抗弱碰撞性不成立，那么攻击者可以截获一条数据 M 及其 $E(H(M), K)$，由数据 M 计算产生 $H(M)$，然后找出数据 M' 使得 $H(M')=H(M)$，这样攻击者就可用 M' 去冒充 M 而不被发现。

从穷举分析的角度求解弱碰撞问题的难度通常等价于求解单向性的难度。根据前面的分析，穷举攻击对于单向性求解的时间复杂度为 $O(2^n)$。因此，穷举攻击对于弱碰撞问题求解的时间复杂度也是 $O(2^n)$。由此可见，对于密码学 Hash 函数的原像攻击与第二原像攻击的复杂度通常是一样的。

（3）抗强碰撞性：找到任何满足 $H(x)=H(y)$ 的数偶 (x, y) 在计算上是不可行的。

抗强碰撞性涉及密码学 Hash 函数抗生日攻击的能力问题。

所谓的生日问题是密码学领域经常涉及的一个基本问题。这里我们讨论生日问题是因为它对于理解密码学 Hash 函数的安全性十分重要。

假设你和其余 N 个人一起在一个屋子中。那么至少有一个人与你的生日相同的概率为多大？另外一个问题是，如要有人与你生日相同的概率超过 1/2 的话，则要求 N 为多大？显然，如果第一个问题解决了，则第二个问题将迎刃而解。解决第一个问题的思路是：首先计算出这个概率的补，即 N 个人中没有人与你生日相同的概率，然后用 1 减去这个结果，就得到 N 个人中有与你生日相同的概率。

我们知道一年有 365 天。你的生日是一年中的某一天。如果别人与你不是同一天生日，那么他的生日必然是一年中的其他 364 天。假设所有生日日期的可能性都相等，那么随机选择一个人与你生日不相同的概率就是 364/365。那么所有 N 个人中没有人同你生日相同的概率就是 $(364/365)^N$ 那么至少有一个人与你生日相同的概率是

$$1-(364/365)^N$$

令上式等于 1/2，求解 N，我们得出 $N = 253$。因为一年有 365 天，这个结果看起来合理。

同样假设有 N 个人在一个屋子中。但是现在我们要解决这样的问题：如果任何两个或两个以上人的生日相同的概率超过 1/2 的话，需要 N 为多大？很容易计算出上面问题的概率的补，即 N 个人中没有人生日相同的概率，然后用 1 减去这个结果。

将屋子中的 N 个人编号为 0，1，2，$\cdots$，$N-1$。给定第 0 个人的生日，显然他的生日是 365 天中的某一天。如果所有的人生日都不相同，那么第 1 个人的生日必须与第 0 个人的生日不同，即第 1 个人的生日只能从剩余的 364 天中选取。类似地，第 2 个人的生日只能从剩余的 363 天中选取，以此类推。假设所有生日日期的可能性都相等，则概率是：

$$1-(365/365)\cdot(364/365)\cdot(363/365)\cdots((365-N+1)/365)$$

令上式等于 1/2，求解 N，我们得出 $N = 23$。这通常称为生日悖论。乍一看这个结果很荒谬，在一个屋子里只需要 23 个人就可以找到两个或两个以上相同生日的人。仔细考虑后这个结果是正确的。因为在该问题中，我们对每两个人都比较了生日。对于屋子里面的 N 个人，共比较了 $N(N-1)/2 \approx N^2$ 次。因为这里只有 365 种可能的生日日期，所以找到一对相同生日的临界点就是 $N^2 = 365$，或者 $N = \sqrt{365} \approx 19$。这样看来生日悖论也并非不合理。

事实上，对于输出摘要值为 n 位且均匀分布的 Hash 函数，设 X 为碰撞阈值，即满足 X 个不同输入之间不存在碰撞。则对于尝试次数 $k < X$ 时没有碰撞，概率为

$$\mathrm{Pr}(X > k) = \left(1 - \frac{1}{N}\right)\left(1 - \frac{2}{N}\right)\cdots\left(1 - \frac{k-1}{N}\right) = \prod_{i=1}^{k-1}\left(1 - \frac{i}{N}\right) \approx \prod_{i=1}^{k-1}e^{-\frac{i}{N}} = e^{-\frac{k(k-1)}{2N}}$$

令 $N = 2^n$，碰撞阈值 X 的数学期望：

$$E(X) = \sum_{k=1}^{d} k \cdot \mathrm{Pr}(X = k) = \sum_{k=1}^{d} k \cdot (\mathrm{Pr}(X > k-1) - \mathrm{Pr}(X > k)) = \sum_{k=1}^{d} k \cdot \mathrm{Pr}(X > k -$$

$$1) - \sum_{k=1}^{\infty} k \cdot \mathrm{Pr}(X > k) = \sum_{k=0}^{d-1}(k+1)\cdot\mathrm{Pr}(X > k) - \sum_{k=1}^{d} k \cdot \mathrm{Pr}(X > k) \approx \sum_{k=0}^{d}\mathrm{Pr}(X > k) \approx$$

$$\sum_{k=0}^{\infty} e^{-k^2/2N} \approx \int_0^{\infty} e^{-x^2/2N} dx = \sqrt{\pi N/2}$$

因此对于生日攻击来说平均需要尝试超过 $2^{n/2}$ 个数据就能产生一个碰撞。

据此为了安全，Hash 值应有足够的长度。例如，我国商用密码杂凑函数 SM3 的 Hash 码长度是 256 位，美国 SHA-3 的 Hash 码长度分别是 224 位，256 位，384 位，512 位。

以上三个安全性质是密码学 Hash 函数应具有的主要安全性质。但是，随着密码学 Hash 函数在密钥和随机数产生中的应用越来越多，对密码学 Hash 函数提出了新的安全性质需求，即随机性。

（4）随机性：密码学 Hash 函数的输出具有伪随机性。

理论上，对于密码学 Hash 函数的输出来说，主要是统计上的预期性，即统计指标应达到预期值。例如，二元序列中 0 和 1 的频率应是相等的或接近相等的，0 游程和 1 游程的数量也应是相等的或接近相等的。

实践上，随机性应当通过我国国家密码管理局颁布的《随机性测试规范》[50] 的测试，也可参考美国 NIST 的随机性测试标准。

5.3　密码学 Hash 函数的一般结构

由于密码学 Hash 函数可以把任意长的输入数据处理成一个定长的输出数据，在大多数情况下是把一个很长的输入数据压缩成一个相对较短的输出数据。因此，在结构上密码学 Hash 函数都要有一个压缩函数。为了达到安全性要求，通过压缩函数对输入数据进行迭代压缩处理。

5.3.1　密码学 Hash 函数的一般结构

Merkle 最早提出了密码学 Hash 函数的一般结构[61,62]，如图 5-1 所示。

这种结构将输入数据分为 $L-1$ 个大小为 b 位的分组。若第 $L-1$ 个分组不足 b 位，则将其填充为 b 位。然后再附加上一个表示输入总长度的分组。由于输入中包含长度，所以攻击者要想攻击成功，就必须找出具有相同 Hash 值且长度相等的两条数据，或者找出两条长度不等但加入数据长度后 Hash 值相同的数据，从而增加了攻击的难度。

这类密码学 Hash 函数的一般结构可归纳如下：

$$\begin{cases} CV_0 = IV = n \text{ 位的初始值} \\ CV_i = f(CV_{i-1}, M_{i-1}) \qquad 1 \leqslant i \leqslant L \\ H(M) = CV_L \end{cases} \tag{5-2}$$

在式（5-2）中，密码学 Hash 函数的输入为数据 M，它由 L 个分组 M_0，M_1，M_2，$\cdots$，M_{L-1} 组成。f 为压缩函数，其输入是前一步中得出的 n 位中间结果 CV_{i-1}（也称为链接变量）和一个 b 位数据分组 M_{i-1}，输出为一个 n 位结果 CV_i。最后的迭代压缩结果为 Hash 码 CV_L。通常 $b>n$，所以 f 称为压缩函数。压缩函数 f 在处理每个数据块 M_i 时，是进行迭代压缩的。这样，密码学 Hash 函数处理一个数据 M 时，进行两层迭代处理：外层对各数据分块进行迭代处理，内层对每一个数据块又进行迭代压缩。

根据图 5-1 可知，密码学 Hash 函数建立在压缩函数迭代处理的基础之上。研究表明，如果压缩函数具有抗碰撞能力，那么 Hash 函数也具有抗碰撞能力，但其逆不一定为真)[63]。因此，要设计如图 5-1 结构的安全密码学 Hash 函数，最重要的是要设计具有抗碰撞能力的压缩函数。

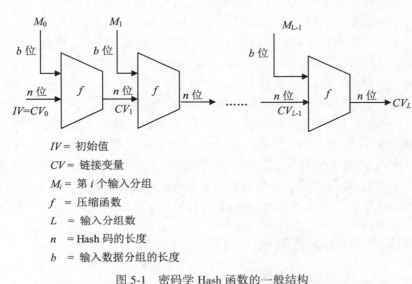

$IV=$ 初始值

$CV=$ 链接变量

$M_i=$ 第 i 个输入分组

$f\ =$ 压缩函数

$L\ =$ 输入分组数

$n\ =$ Hash 码的长度

$b\ =$ 输入数据分组的长度

图 5-1　密码学 Hash 函数的一般结构

5.3.2　密码学 Hash 函数的类型

根据压缩函数结构不同，可将常用密码学 Hash 函数分为以下三种类型。

(1)压缩函数迭代型的密码学 Hash 函数

这一类密码学 Hash 函数的压缩函数由一些简单的非线性函数和线性函数组成。由于压缩函数简单，为了获得安全性，对一个数据分组的处理中采用压缩函数多次迭代处理进行压缩。如果输入数据很长，将其分成一系列的数据分组，在各个数据分组之间再进行迭代处理。这种类型的 Hash 函数的突出优点是数据处理速度快。目前广泛应用的主要是这种类型的密码学 Hash 函数。本章将要介绍的中国商用密码杂凑函数算法 SM3 和美国 NIST 的密码学 Hash 函数标准算法 SHA-1、SHA-2，都是这种类型的密码学 Hash 函数。

(2)基于对称密码的密码学 Hash 函数

由于对称密码已经发展的非常成熟，世界主要国家都颁布了自己的对称密码标准算法。这些密码算法安全高效，于是人们想到利用对称密码充当 Hash 函数的压缩函数来设计密码学 Hash 函数的技术路线，并设计出一些好的密码学 Hash 函数。例如，欧洲的 Whirlpool 算法。为了提高数据处理速度，设计者专门为此 Hash 函数设计了一个分组密码。Wirlpool 得到新欧洲签名、完整性和加密计划(NESSIE)的认可。又例如，俄罗斯的密码学 Hash 函数标准算法 GOST R34.11-94 是基于俄罗斯的标准分组密码设计的。文献[64，65]分别给出了 ANSI 和 ISO 的基于分组密码的 Hash 函数标准。这种类型的密码学 Hash 函数的安全性和数据处理速度取决于所使用的对称密码。但是，一般情况下数据处理速度不如第一类基本函数迭代型的密码学 Hash 函数，而且有时分组密码的分组长度不一定与希望的 Hash 码长度一致。

（3）基于数学困难问题的密码学 Hash 函数

计算复杂性理论已经找到大量的困难问题，如 NP 问题和 NPC 问题。例如，大整数因子分解问题、离散对数问题、背包问题、纠错码的一般译码问题、多变量二次方程组求解问题等。基于这些困难问题人们设计出了各种密码。例如，基于大整数因子分解问题设计了 RSA 密码，基于离散对数问题设计了 ElGamal 密码，基于背包问题设计了背包密码，基于纠错码的一般译码问题设计了 McEliece 密码，基于多变量二次方程组求解问题设计了 MQ 密码。进一步研究发现一些困难问题不仅能够用于设计密码，还可以用于设计密码学 Hash 函数。具体地，基于困难问题设计构成压缩函数。对输入数据处理时，进行迭代压缩处理，最后产生出 Hash 码。例如，作者在文献[66]中基于多变量二次方程组求解问题设计了一种密码学 Hash 函数。基于数学困难问题的密码学 Hash 函数的主要优点是安全性容易确保、输出 Hash 码的长度容易调整，主要缺点是数据处理效率低、工程实现复杂。因此，目前基于数学困难问题的密码学 Hash 函数仍处于研究阶段，实际应用尚少。

5.4 中国商用密码杂凑算法 SM3

SM3 密码杂凑算法是中国国家密码管理局颁布的一种商用密码 Hash 函数。它已经成为我国的国家标准和国际标准化组织（ISO/IEC）的国际标准。SM3 密码 Hash 算法在结构上属于基本压缩函数迭代型的 Hash 函数，采用了图 5-1 的一般结构。

5.4.1 SM3 密码杂凑算法

SM3 密码 Hash 算法的输入数据长度为 l 比特，$1 \leqslant l \leqslant 2^{64}-1$，输出 Hash 值的长度为 256 比特。

1. 常量与函数

SM3 密码 Hash 函数使用以下常数与函数。

（1）常量。

初始值 IV = 7380166f 4914b2b9 172442d7 da8a0600 a96f30bc 163138aa e38dee4d b0fb0e4e

$$常量\ T_j = \begin{cases} 79cc4519 & 0 \leqslant j \leqslant 15 \\ 7a879d8a & 16 \leqslant j \leqslant 63 \end{cases} \tag{5-3}$$

（2）函数

布尔函数：

$$FF_j(X,\ Y,\ Z) = \begin{cases} X \oplus Y \oplus Z & 0 \leqslant j \leqslant 15 \\ (X \wedge Y) \vee (X \wedge Z) \vee (Y \wedge Z) & 16 \leqslant j \leqslant 63 \end{cases} \tag{5-4}$$

$$GG_j(X,\ Y,\ Z) = \begin{cases} X \oplus Y \oplus Z & 0 \leqslant j \leqslant 15 \\ (X \wedge Y) \vee (\neg X \wedge Z) & 16 \leqslant j \leqslant 63 \end{cases} \tag{5-5}$$

式中 X、Y、Z 为 32 位字。

式(5-4)和式(5-5)中的布尔函数 $FF(X, Y, Z) = (X \wedge Y) \vee (X \wedge Z) \vee (Y \wedge Z)$ 被称为大数逻辑函数，$GG(X, Y, Z) = (X \wedge Y) \vee (\neg X \wedge Z)$ 被称为条件逻辑函数，它们是非线性函数，而且具有良好的非线性和平衡性。布尔函数 $FF(X, Y, Z) = X \oplus Y \oplus Z$ 是线性函数，被称为奇数逻辑函数，它也具有良好的平衡性。美国的 SHA-1 和 SHA-2 采用了这 3 个函数，中国的 SM3 也采用了这 3 个函数。

置换函数：

$$P_0(X) = X \oplus (X <<< 9) \oplus (X <<< 17) \tag{5-6}$$

$$P_1(X) = X \oplus (X <<< 15) \oplus (X <<< 23) \tag{5-7}$$

式中 X 为 32 位字，符号 $a <<< n$ 表示把 a 循环左移 n 位。

2. 算法描述

SM3 密码 Hash 算法对数据进行填充和迭代压缩后生成 Hash 值。

（1）填充

对数据进行填充的目的是使填充后的数据长度为 512 的整数倍。后面进行的迭代压缩是对 512 位的数据块进行的，如果数据的长度不是 512 的整数倍，最后一块数据将是短块，这将无法处理。

假设消息 m 的长度为 l 比特。首先将比特"1"添加到消息 m 的末尾，再添加 k 个"0"，其中，k 是满足式(5-8)的最小非负整数。

$$l + 1 + k = 448 \bmod 512 \tag{5-8}$$

然后再添加一个 64 位比特串，该比特串是长度 l 的二进制表示。这样填充后的消息 m 的比特长度一定为 512 的倍数。

例如：对消息 01100001 01100010 01100011，其长度 $l = 24$，经填充得到比特串：

$$l\text{ 的二进制表示}$$

$$\overbrace{423\text{比特}} \quad \overbrace{64\text{比特}}$$

01100001 01100010 01100011 100 …… 00　00 … 011000

（2）迭代压缩。

将填充后的消息 m' 按 512 比特进行分组：$m' = B^{(0)} B^{(1)} \cdots B^{(n-1)}$

其中，

$$n = (l + k + 65) / 512。 \tag{5-9}$$

对 m' 按下列方式迭代压缩：

FOR $i = 0$ TO $n-1$

　　$V^{(i+1)} = CF(V^{(i)}, B^{(i)})$

ENDFOR

其中 CF 是压缩函数，$V^{(0)}$ 为 256 比特初始值 IV，$B^{(i)}$ 为填充后的消息分组，迭代压缩的结果为 $V^{(n)}$。$V^{(n)}$ 即为消息 m 的 Hash 值。

（3）消息扩展。

在对消息分组 $B^{(i)}$ 进行迭代压缩之前，首先对其进行消息扩展。进行消息扩展有两个目的。目的之一是将 16 个字的消息分组 $B^{(i)}$ 扩展生成如式(5-10)的 132 个字，供压缩函

数 *CF* 使用。目的之二是通过消息扩展把原消息位打乱，隐蔽了原消息位之间的关联，增强了 SM3 的安全性。

$$W_0, \ W_1, \ \cdots, \ W_{67}, \ W'_0, \ W'_1, \ \cdots, \ W'_{63}, \tag{5-10}$$

消息扩展是 SM3 的特色安全措施之一。美国的 SHA-1 和 SHA-2 缺少这一安全措施。

消息扩展的步骤如下：

①将消息分组 $B^{(i)}$ 划分为 16 个字 $W_0, \ W_1, \ \cdots, \ W_{15}$。

② FOR $j = 16$ TO 67

  $W_j \leftarrow P_1(W_{j-16} \oplus W_{j-9} \oplus (W_{j-3} <<< 15)) \oplus (W_{j-13} <<< 7) \oplus W_{j-6}$

 ENDFOR

③ FOR $j = 0$ TO 63

  $W'_j = W_j \oplus W_{j+4}$

ENDFOR

消息分组 $B^{(i)}$ 经消息扩展后就可以进行迭代压缩了。

（4）压缩函数。

令 $A, \ B, \ C, \ D, \ E, \ F, \ G, \ H$ 为字寄存器，$SS1, \ SS2, \ TT1, \ TT2$ 为中间变量，压缩函数 $V^{(i+1)} = CF(V^{(i)}, \ B^{(i)})$，$0 \leqslant i \leqslant n-1$。计算过程描述如下，图 5-2 给出了压缩函数的框图。

 $ABCDEFGH \leftarrow V^{(i)}$；

 FOR $j = 0$ TO 63

  $SS1 \leftarrow \ ((A <<< 12) + E + (T_j <<< j)) <<< 7$；

  $SS2 \leftarrow \ SS1 \oplus (A <<< 12)$；

  $TT1 \leftarrow \ FF_j(A, \ B, \ C) + D + SS2 + W'_j$；

  $TT2 \leftarrow \ GG_j(E, \ F, \ G) + H + SS_1 + W_j$：

  $D \leftarrow \ C$：

  $C \leftarrow \ B <<< 9$：

  $B \leftarrow \ A$：

  $A \leftarrow \ TT1$：

  $H \leftarrow \ G$

  $G \leftarrow \ F <<< 19$

  $F \leftarrow \ E$

  $E \leftarrow \ P_0(TT2)$

 ENDFOR

 $V^{(i+1)} \leftarrow ABCDEFGH \oplus V^{(i)}$

其中，压缩函数中的 + 运算为 mod 2^{32} 算术加运算，字的存储为大端格式（big-endian）。大端格式是数据在内存中的一种存储格式，规定左边为高有效位，右边为低有效位。数的高位字节放在存储器的低地址，数的低位字节放在存储器的高地址。

由 SM3 的压缩函数的算法可以看出，其压缩函数是由一些基本的线性和非线性函数构成，而且在压缩函数中进行了 64 轮循环迭代。所以 SM3 在结构上属于基本函数迭代型的 Hash 函数。

　　压缩函数是密码学 Hash 函数安全的关键。它的第一个作用是数据压缩，第二个作用是提供安全性。对于第一个作用，SM3 的压缩函数 CF 把每一个 512 位的消息分组 $B^{(i)}$ 压缩成 256 位。经过各数据分组之间的迭代处理后把 l 位的消息压缩成 256 位的 Hash 值。对于第二个作用，根据商农的密码设计理论，压缩函数必须具有混淆和扩散的作用。在 SM3 的压缩函数 CF 中，布尔函数 $FF_j(X, Y, Z)$ 和 $GG_j(X, Y, Z)$ 是非线性函数，经过循环迭代后提供混淆作用。置换函数 $P_0(X)$ 和 $P_1(X)$ 是线性函数，经过循环迭代后提供扩散作用。加上压缩函数 CF 中的其它运算的共同作用，压缩函数 CF 具有很高的安全性，从而确保 SM3 具有很高的安全性。

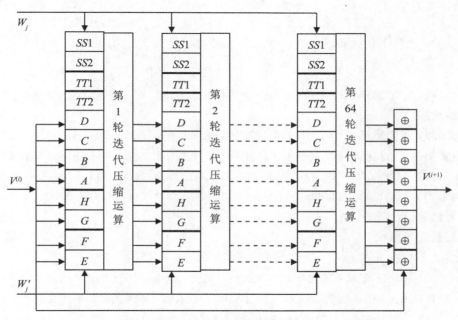

图 5-2　SM3 的压缩函数

　　（5）杂凑值。

$ABCDEFGH \leftarrow V^{(n)}$

输出 256 比特的杂凑值 $y = ABCDEFGH$。

图 5-3 给出了 SM3 产生消息杂凑值的处理过程。

5.4.2　SM3 示例

　　为了读者在工程实现 SM3 密码杂凑算法时调试方便，下面我们给出 SM3 密码杂凑算法的一个实现示例。

512 比特消息：

　　61626364　61626364　61626364　61626364　61626364　61626364　61626364　61626364

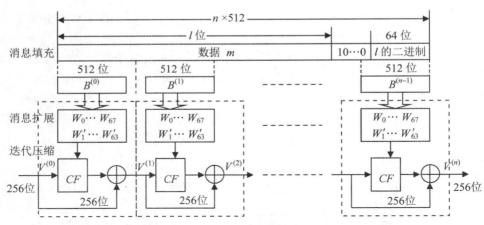

图 5-3　SM3 产生消息杂凑值的处理过程

61626364	61626364	61626364	61626364	61626364	61626364	61626364	61626364

填充后的消息：

61626364	61626364	61626364	61626364	61626364	61626364	61626364	61626364
61626364	61626364	61626364	61626364	61626364	61626364	61626364	61626364
80000000	00000000	00000000	00000000	00000000	00000000	00000000	00000000
80000000	00000000	00000000	00000000	00000000	00000000	00000000	00000200

第一个消息分组

扩展后的消息：

W_0，W_1，…，W_{67}：

61626364	61626364	61626364	61626364	61626364	61626364	61626364	61626364
61626364	61626364	61626364	61626364	61626364	61626364	61626364	61626364
a121a024	a121a024	a121a024	6061e0e5	6061e0e5	6061e0e5	a002e345	a002e345
a002e345	49c969ed	49c969ed	49c969ed	85ae5679	a44ff619	a44ff619	694b6244
e8c8e0c4	e8c8e0c4	240e103e	346e603e	346e603e	9a517ab5	8a01aa25	8a01aa25
0607191c	25f8a37a	d528936a	89fbd8ae	00606206	10501256	7cff7ef9	3c78b9f9
cc2b8a69	9f03f169	df45be20	9ec5bee1	0a212906	49ff72c0	46717241	67e09a19
6efaa333	2ebae676	3475c386	201dcff6	2f18fccf	2c5f2b5c	a80b9f38	bc139f34
c47f18a7	a25ce71d	42743705	51baf619				

W'_0，W'_1，…，W'_{63}：

00000000	00000000	00000000	00000000	00000000	00000000	00000000	00000000
00000000	00000000	00000000	00000000	c043c340	c043c340	c043c340	01038381
c14040c1	c14040c1	01234361	c06303a0	c06303a0	29a88908	e9cb8aa8	e9cb8aa8
25acb53c	ed869ff4	ed869ff4	20820ba9	6d66b6bd	4c8716dd	8041e627	5d25027a
dca680fa	72999a71	ae0fba1b	be6fca1b	32697922	bfa9d9cf	5f29394f	03fa728b

06677b1a　35a8b12c　a9d7ed93　b5836157　cc4be86f　8f53e33f　a3bac0d9　a2bd0718

c60aa36f　d6fc83a9　9934cc61　f92524f8　64db8a35　674594b6　7204b1c7　47fd55ef

41e25ffc　02e5cd2a　9c7e5cbe　9c0e50c2　eb67e468　8e03cc41　ea7fa83d　eda9692d

迭代压缩中间值：

j	A	B	C	D	E	F	G	H
	7380166f	4914b2b9	172442d7	da8a0600	a96f30bc	163138aa	e38dee4d	b0fb0e4e
0	588b5dab	7380166f	29657292	172442d7	b2e561d0	a96f30bc	c550b189	e38dee4d
1	b31cecd3	588b5dab	002cdee7	29657292	887cdf53	b2e561d0	85e54b79	c550b189
2	087b31df	b31cecd3	16bb56b1	002cdee7	5234344f	887cdf53	0e85972b	85e54b79
3	17448b12	087b31df	39d9a766	16bb56b1	16372ca6	5234344f	fa9c43e6	0e85972b
4	dca06de5	17448b12	f663be10	39d9a766	f7bc113c	16372ca6	a27a91a1	fa9c43e6
5	8eb847a3	dca06de5	8916242e	f663be10	9fe64fb1	f7bc113c	6530b1b9	a27a91a1
6	0e0f1218	8eb847a3	40dbcbb9	8916242e	57e5fc4e	9fe64fb1	89e7bde0	6530b1b9
7	ada83827	0e0f1218	708f471d	40dbcbb9	55eb8591	57e5fc4e	7d8cff32	89e7bde0
8	6e12c163	ada83827	1e24301c	708f471d	c26a14b8	55eb8591	e272bf2f	7d8cff32
9	f7578117	6e12c163	50704f5b	1e24301c	3433dd28	c26a14b8	2c8aaf5c	e272bf2f
10	bc497c66	f7578117	2582c6dc	50704f5b	4f85c749	3433dd28	a5c61350	2c8aaf5c
11	ecc59168	bc497c66	af022fee	2582c6dc	8ce5ee61	4f85c749	e941a19e	a5c61350
12	63723715	ecc59168	92f8cd78	af022fee	38e2aa27	8ce5ee61	3a4a7c2e	e941a19e
13	e57bfbf8	63723715	8b22d1d9	92f8cd78	542318e7	38e2aa27	730c672f	3a4a7c2e
14	8ba504b1	e57bfbf8	e46e2ac6	8b22d1d9	8c73777	542318e7	5139c715	730c672f
15	b6a4be20	8ba504b1	f7f7f1ca	e46e2ac6	8ae4d7a0	8c73777	c73aa118	5139c715
16	c0a0e3f7	b6a4be20	4a096317	f7f7f1ca	f671e12a	8ae4d7a0	bbbd4639	c73aa118
17	68ef7357	c0a0e3f7	497c416d	4a096317	673f9d46	f671e12a	bd045726	bbbd4639
18	4c6499d3	68ef7357	41c7ef81	497c416d	f01924a3	673f9d46	0957b38f	bd045726
19	9f532735	4c6499d3	dee6aed1	41c7ef81	71c6ef02	f01924a3	ea3339fc	0957b38f
20	231d84bd	9f532735	c933a698	dee6aed1	108149de	71c6ef02	251f80c9	ea3339fc
21	6a203212	231d84bd	a64e6b3e	c933a698	90c31af9	108149de	78138e37	251f80c9
22	175c3b57	6a203212	3b097a46	a64e6b3e	508f82d2	90c31af9	4ef0840a	78138e37
23	cdcbabd5	175c3b57	406424d4	3b097a46	b5a2f2fb	508f82d2	d7cc8618	4ef0840a
24	7dd941f8	cdcbabd5	b876ae2e	406424d4	a541cb9b	b5a2f2fb	1692847c	d7cc8618
25	eaf54f3e	7dd941f8	9757ab9b	b876ae2e	912d4e17	a541cb9b	97ddad17	1692847c
26	f7310a83	eaf54f3e	b283f0fb	9757ab9b	b43da5e9	912d4e17	5cdd2a0e	97ddad17
27	f8441d7e	f7310a83	ea9e7dd5	b283f0fb	cf194872	b43da5e9	70bc896a	5cdd2a0e
28	270dce67	f8441d7e	621507ee	ea9e7dd5	7564b6c0	cf194872	2f4da1ed	70bc896a
29	ac12a6c0	270dce67	883afdf0	621507ee	964015e3	7564b6c0	439678ca	2f4da1ed
30	1bd9e6e3	ac12a6c0	1b9cce4e	883afdf0	0fac4cad	964015e3	b603ab25	439678ca
31	32418d74	1bd9e6e3	254d8158	1b9cce4e	3f717698	0fac4cad	af1cb200	b603ab25

32	9c89b505	32418d74	b3cdc637	254d8158	38766abf	3f717698	65687d62	af1cb200
33	3c60352a	9c89b505	831ae864	b3cdc637	8aedd93b	38766abf	b4c1fb8b	65687d62
34	2a116c70	3c60352a	136a0b39	831ae864	476048d4	8aedd93b	55f9c3b3	b4c1fb8b
35	a0c7c66f	2a116c70	c06a5478	136a0b39	b47a7dc5	476048d4	c9dc576e	55f9c3b3
36	b7e58f33	a0c7c66f	22d8e054	c06a5478	3a3537a9	b47a7dc5	46a23b02	c9dc576e
37	79baf4ca	b7e58f33	8f8cdf41	22d8e054	9455b731	3a3537a9	ee2da3d3	46a23b02
38	ad5b0bcf	79baf4ca	cb1e676f	8f8cdf41	289d35e0	9455b731	bd49d1a9	ee2da3d3
39	a167bd76	ad5b0bcf	75e994f3	cb1e676f	da27276b	289d35e0	b98ca2ad	bd49d1a9
40	2ccc1878	a167bd76	b6179f5a	75e994f3	7eded43b	da27276b	af0144e9	b98ca2ad
41	610c6084	2ccc1878	cf7aed42	b6179f5a	9da32cab	7eded43b	3b5ed139	af0144e9
42	a40209fe	610c6084	9830f059	cf7aed42	7d483846	9da32cab	a1dbf6f6	3b5ed139
43	6fa376a2	a40209fe	18c108c2	9830f059	12a851cf	7d483846	655ced19	a1dbf6f6
44	53f9ffc5	6fa376a2	0413fd48	18c108c2	c3d3327b	12a851cf	c233ea41	655ced19
45	4f60bbd5	53f9ffc5	46ed44df	0413fd48	f3cae7e6	c3d3327b	8e789542	c233ea41
46	6e89a7fb	4f60bbd5	f3ff8aa7	46ed44df	17394ca0	f3cae7e6	93de1e99	8e789542
47	fef3cb16	6e89a7fb	c177aa9e	f3ff8aa7	4a9e594f	17394ca0	3f379e57	93de1e99
48	fa8e6731	fef3cb16	134ff6dd	c177aa9e	7d9e1966	4a9e594f	6500b9ca	3f379e57
49	08a826c3	fa8e6731	e7962dfd	134ff6dd	ebfa90cc	7d9e1966	ca7a54f2	6500b9ca
50	614c7627	08a826c3	1cce63f5	e7962dfd	969ecf53	ebfa90cc	cb33ecf0	ca7a54f2
51	d776618d	614c7627	504d8611	1cce63f5	423489f6	969ecf53	86675fd4	cb33ecf0
52	ef958266	d776618d	98ec4ec2	504d8611	6ef4554d	423489f6	7a9cb4f6	86675fd4
53	04b44fd2	ef958266	ecc31bae	98ec4ec2	290032b5	6ef4554d	4fb211a4	7a9cb4f6
54	008d6012	04b44fd2	2b04cddf	ecc31bae	50aa1faa	290032b5	aa6b77a2	4fb211a4
55	57859fec	008d6012	689fa409	2b04cddf	c00cd655	50aa1faa	95a94801	aa6b77a2
56	c864420d	57859fec	1ac02401	689fa409	2fb3c502	c00cd655	fd528550	95a94801
57	e7423482	c864420d	0b3fd8af	1ac02401	aac3b183	2fb3c502	b2ae0066	fd528550
58	5c5be9dd	e7423482	c8841b90	0b3fd8af	8b1ba117	aac3b183	28117d9e	b2ae0066
59	ebd4948c	5c5be9dd	846905ce	c8841b90	74a75fe1	8b1ba117	8c1d561d	28117d9e
60	05627b53	ebd4948c	b7d3bab8	846905ce	f58d98d8	74a75fe1	08bc58dd	8c1d561d
61	28aaec87	05627b53	a92919d7	b7d3bab8	cc6b5f2a	f58d98d8	ff0ba53a	08bc58dd
62	0f92d652	28aaec87	c4f6a60a	a92919d7	b8ab6d40	cc6b5f2a	c6c7ac6c	ff0ba53a
63	2ad0c8ee	0f92d652	55d90e51	c4f6a60a	69caa1b7	b8ab6d40	f956635a	c6c7ac6c

第二个消息分组

扩展后的消息：

W_0, W_1, ..., W_{67}:

```
80000000 00000000 00000000 00000000 00000000 00000000 00000000 00000000
00000000 00000000 00000000 00000000 00000000 00000000 00000000 00000200
80404000 00000000 01008080 10005000 00000000 002002a0 ac545c04 00000000
```

09582a39 a0003000 00000000 00200280 a4515804 20200040 51609838 30005701

a0002000 008200aa 6ad525d0 0a0e0216 b0f52042 fa7073b0 20000000 008200a8

7a542590 22a20044 d5d6ebd2 82005771 8a202240 b42826aa eaf84e59 4898eaf9

8207283d ee6775fa a3e0e0a0 8828488a 23b45a5d 628a22c4 8d6d0615 38300a7e

e96260e5 2b60c020 502ed531 9e878cb9 218c38f8 dcae3cb7 2a3e0e0a e9e0c461

8c3e3831 44aaa228 dc60a38b 518300f7

W'_0, W'_1, $\cdots$, W'_{63}：

80000000 00000000 00000000 00000000 00000000 00000000 00000000 00000000

00000000 00000000 00000000 00000200 80404000 00000000 01008080 10005200

80404000 002002a0 ad54dc84 10005000 09582a39 a02032a0 ac545c04 00200280

ad09723d 80203040 51609838 30205581 04517804 20a200ea 3bb5bde8 3a0e5517

10f50042 faf2731a 4ad525d0 0a8c02be caa105d2 d8d273f4 f5d6ebd2 828257d9

f07407d0 968a26ee 3f2ea58b ca98bd88 08270a7d 5a4f5350 4918aef9 c0b0a273

a1b37260 8ced573e 2e8de6b5 b01842f4 cad63ab8 49eae2e4 dd43d324 a6b786c7

c8ee581d f7cefc97 7a10db3b 776748d8 adb200c9 98049e9f f65ead81 b863c496

迭代压缩中间值：

j	A	B	C	D	E	F	G	H
	5950de81	468664eb	42fd4c86	1e7ca00a	c0a5910b	ae9a55ea	1adb8d17	763ca222
0	1cc66027	5950de81	0cc9d68d	42fd4c86	24fe81a1	c0a5910b	af5574d2	1adb8d17
1	b7197324	1cc66027	a1bd02b2	0cc9d68d	61b7397a	24fe81a1	885e052c	af5574d2
2	b1aacb3f	b7197324	8cc04e39	a1bd02b2	4c7cbb59	61b7397a	0d0927f4	885e052c
3	920d5d4d	b1aacb3f	32e6496e	8cc04e39	c6c863a3	4c7cbb59	cbd30db9	0d0927f4
4	03162191	920d5d4d	55967f63	32e6496e	dbcb73dd	c6c863a3	daca63e5	cbd30db9
5	cbfddbb7	03162191	1aba9b24	55967f63	6a6eaafb	dbcb73dd	1d1e3643	daca63e5
6	67f45147	cbfddbb7	2c432206	1aba9b24	e0cc5b97	6a6eaafb	9eeede5b	1d1e3643
7	dfc06393	67f45147	fbb76f97	2c432206	9d84a8d5	e0cc5b97	57db5375	9eeede5b
8	777f980d	dfc06393	e8a28ecf	fbb76f97	89d0a059	9d84a8d5	dcbf0662	57db5375
9	502a9be2	777f980d	80c727bf	e8a28ecf	befc3eda	89d0a059	46acec25	dcbf0662
10	df0f77ed	502a9be2	ff301aee	80c727bf	c8b999f7	befc3eda	02cc4e85	46acec25
11	b8bc2801	df0f77ed	5537c4a0	ff301aee	3a05da38	c8b999f7	f6d5f7e1	02cc4e85
12	5b3baaa5	b8bc2801	1eefdbbe	5537c4a0	eebf718f	3a05da38	cfbe45cc	f6d5f7e1
13	0f7185e4	5b3baaa5	78500371	1eefdbbe	f3fbf969	eebf718f	d1c1d02e	cfbe45cc
14	141cb1e7	0f7185e4	77554ab6	78500371	5cc495db	f3fbf969	8c7f75fb	d1c1d02e
15	f185448a	141cb1e7	e30bc81e	77554ab6	32028d02	5cc495db	cb4f9fdf	8c7f75fb
16	a7374acd	f185448a	3963ce28	e30bc81e	3d03e81b	32028d02	aedae624	cb4f9fdf
17	aaca2dcb	a7374acd	0a8915e3	3963ce28	130bc932	3d03e81b	68119014	aedae624
18	3d2dfd31	aaca2dcb	6e959b4e	0a8915e3	07fff8f8	130bc932	40d9e81f	68119014
19	15bab3e6	3d2dfd31	945b9755	6e959b4e	85b2dd34	07fff8f8	4990985e	40d9e81f

20	f477625b	15bab3e6	5bfa627a	945b9755	d2b3c82b	85b2dd34	c7c03fff	4990985e
21	ecbfba29	f477625b	7567cc2b	5bfa627a	604bda38	d2b3c82b	e9a42d96	c7c03fff
22	b9f6943d	ecbfba29	eec4b7e8	7567cc2b	e996d68b	604bda38	415e959e	e9a42d96
23	c537ac67	b9f6943d	7f7453d9	eec4b7e8	7f6c2bc6	e996d68b	d1c3025e	415e959e
24	c59665b3	c537ac67	ed287b73	7f7453d9	1a89ef0d	7f6c2bc6	b45f4cb6	d1c3025e
25	50115e1f	c59665b3	6f58cf8a	ed287b73	3ddf2899	1a89ef0d	5e33fb61	b45f4cb6
26	44196085	50115e1f	2ccb678b	6f58cf8a	0abc22da	3ddf2899	7868d44f	5e33fb61
27	bde4e355	44196085	22bc3ea0	2ccb678b	da96412a	0abc22da	44c9eef9	7868d44f
28	ca176dca	bde4e355	32c10a88	22bc3ea0	b418ac1b	da96412a	16d055e1	44c9eef9
29	541e456e	ca176dca	c9c6ab7b	32c10a88	35cf8215	b418ac1b	0956d4b2	16d055e1
30	b6feeef7	541e456e	2edb9594	c9c6ab7b	d41f5fda	35cf8215	60dda0c5	0956d4b2
31	026e42f7	b6feeef7	3c8adca8	2edb9594	c9436b11	d41f5fda	10a9ae7c	60dda0c5
32	8fd27582	026e42f7	fdddef6d	3c8adca8	a48dc4c2	c9436b11	fed6a0fa	10a9ae7c
33	2527f8c6	8fd27582	dc85ee04	fdddef6d	b29dc9d4	a48dc4c2	588e4a1b	fed6a0fa
34	3218579f	2527f8c6	a4eb051f	dc85ee04	0da81ad7	b29dc9d4	2615246e	588e4a1b
35	35421cf3	3218579f	4ff18c4a	a4eb051f	644b37e4	0da81ad7	4ea594ee	2615246e
36	12cb048f	35421cf3	30af3e64	4ff18c4a	107cb2fb	644b37e4	d6b86d40	4ea594ee
37	c6716749	12cb048f	8439e66a	30af3e64	7903974d	107cb2fb	bf232259	d6b86d40
38	66bf4600	c6716749	96091e25	8439e66a	e5575380	7903974d	97d883e5	bf232259
39	046516a9	66bf4600	e2ce938c	96091e25	e23d4f18	e5575380	ba6bc81c	97d883e5
40	e14ab898	046516a9	7e8c00cd	e2ce938c	6e25affe	e23d4f18	9c072aba	ba6bc81c
41	bc44d883	e14ab898	ca2d5208	7e8c00cd	4ef0cb38	6e25affe	78c711ea	9c072aba
42	e017c779	bc44d883	957131c2	ca2d5208	10132c10	4ef0cb38	7ff3712d	78c711ea
43	11154e38	e017c779	89b10778	957131c2	c1d401bd	10132c10	59c27786	7ff3712d
44	3ba43e10	11154e38	2f8ef3c0	89b10778	953c1e65	c1d401bd	60808099	59c27786
45	445e8d34	3ba43e10	2a9c7022	2f8ef3c0	94bcdd11	953c1e65	0dee0ea0	60808099
46	34d09ee0	445e8d34	487c2077	2a9c7022	1d0ea72c	94bcdd11	f32ca9e0	0dee0ea0
47	18c77c40	34d09ee0	bd1a6888	487c2077	a8ca98c6	1d0ea72c	e88ca5e6	f32ca9e0
48	a2507cea	18c77c40	a13dc069	bd1a6888	9845362a	a8ca98c6	3960e875	e88ca5e6
49	7e014176	a2507cea	8ef88031	a13dc069	2cb0c2f2	9845362a	c6354654	3960e875
50	eb39074b	7e014176	a0f9d544	8ef88031	0df22b74	2cb0c2f2	b154c229	c6354654
51	f67597e1	eb39074b	0282ecfc	a0f9d544	8d4f6b2f	0df22b74	17916586	b154c229
52	31e9309d	f67597e1	720e97d6	0282ecfc	eecf99be	8d4f6b2f	5ba06f91	17916586
53	c6329c3c	31e9309d	eb2fc3ec	720e97d6	c672ad96	eecf99be	597c6a7b	5ba06f91
54	75cc3800	c6329c3c	d2613a63	eb2fc3ec	8515c87f	c672ad96	cdf7767c	597c6a7b
55	925156ad	75cc3800	6538798c	d2613a63	150cbd57	8515c87f	6cb63395	cdf7767c
56	7d0de10b	925156ad	987000eb	6538798c	7ee47610	150cbd57	43fc28ae	6cb63395
57	2066f136	7d0de10b	a2ad5b24	987000eb	7d7aadcc	7ee47610	eab8a865	43fc28ae

58	85b31359	2066f136	1bc216fa	a2ad5b24	07b9cfd1	7d7aadcc	b083f723	eab8a865
59	6cddcb93	85b31359	cde26c40	1bc216fa	c43eb29c	07b9cfd1	6e63ebd5	b083f723
60	23eff97d	6cddcb93	6626b30b	cde26c40	1ea21d46	c43eb29c	7e883dce	6e63ebd5
61	07bd4e82	23eff97d	bb9726d9	6626b30b	c8d6867c	1ea21d46	94e621f5	7e883dce
62	64f3dc4a	07bd4e82	dff2fa47	bb9726d9	96e4028f	c8d6867c	ea30f510	94e621f5
63	87ee4178	64f3dc4a	7a9d040f	dff2fa47	af7ee1ee	96e4028f	33e646b4	ea30f510

杂凑值：

debe9ff9　2275b8a1　38604889　c18e5a4d　6fdb70e5　387e5765　293dcba3　9c0c5732

5.5　美国密码 Hash 函数算法 SHA-3

美国 SHA 系列密码学 Hash 函数算法是由美国标准与技术研究所（NIST）主持制定的美国密码学 Hash 函数标准算法。1993 年颁布了 SHA-0（FIPS PUB 180）。后来发现 SHA-0 不安全。1995 年 NIST 又颁布了改进的 SHA-1（FIPS PUB 180-1）。SHA-1 在全世界得到广泛的应用。2000 年 NIST 颁布了 AES，而 SHA-1 的 Hash 码长度与 AES 不匹配。于是，为了与 AES 匹配，同时增强 Hash 函数的安全性，2002 年 NIST 又颁布了 SHA-2（FIPS 180-2）。SHA-2 包含三个 Hash 函数，因为其 Hash 码的长度分别为 256，384 和 512 比特，故分别称为 SHA-256，SHA-384 和 SHA-512。2008 年 NIST 又颁布了 SHA-224（FIP PUB 180-3）。由于 SHA-2 的数据分组和 Hash 码长度都比 SHA-1 大，所以 SHA-2 和 SHA-1 相比具有更高的安全性。SHA-2 的另一个优点是其 Hash 码长度与 AES 匹配，用户使用方便。但是 SHA-2 和 SHA-1 具有相同的结构，使用了相同的模算术和逻辑运算。而且在压缩函数中存在同样的问题：①基本函数太简单，少数是非线性函数，多数是线性函数；②只有少数寄存器的内容经过了较复杂的运算，多数只是简单的平移。因此，SHA-2 和 SHA-1 相比，只能算是版本升级，不能算是新的密码学 Hash 函数。

由于中国学者对 SHA-1 等密码学 Hash 函数进行了有效分析，揭示出了 SHA-1 的安全缺陷[29]。于是，2007 年美国 NIST 宣布公开征集新一代的密码学 Hash 函数标准，并命名为 SHA-3。SHA-3 候选算法需要满足以下基本要求：

①SHA-3 对于任何应用都能够直接替代 SHA-2。这要求 SHA-3 必须也能够产生 224，256，384，512 比特的 Hash 码。

②SHA-3 必须保持 SHA-2 的在线处理能力。这要求 SHA-3 必须能处理小的数据块（如 512 或 1024 比特）。

③安全性：对于抵抗原像和碰撞攻击的能力，SHA-3 的安全强度必须达到或接近最大理论强度。SHA-3 算法的设计必须能够抵抗已有的或潜在的对于 SHA-2 的攻击。

④效率：SHA-3 在各种硬件平台上的实现，应当是高效的和存储节省的。

⑤灵活性：可设置可选参数以提供安全性与效率折中的选择，便于并行计算等。

制定 SHA-3 的工作与当年制定 AES 的工作模式一样，对征集到的算法进行三轮评审，最后胜出者为 SHA-3。NIST 共征集到 64 个应征算法。通过三轮评审，于 2012 年 10 月 2 日 NIST 公布了最终的优胜者。它就是由意法半导体公司的 Guido Bertoai、Jean Daemen、

Gilles Van Assche 与恩智半导体公司的 Michaël Peeters 联合设计的 Keccak 算法。2015 年 8 月 5 日 SHA-3 正式成为 NIST 的新密码学 Hash 函数标准算法（FIPS PUB 180-5）。

5.5.1　海绵结构

SHA-3 最大的创新是采用了一种被称为海绵结构[67,68]的新的迭代结构。海绵结构又称为海绵函数。在海绵函数中，输入数据被分为固定长度的数据分组。每个分组逐次作为迭代的输入，同时上轮迭代的输出也反馈至下轮的迭代中，最终产生输出 Hash 码。

海绵函数允许输入长度和输出长度都可变。由于具有这个灵活的结构特点，海绵函数能够用于设计密码学 Hash 函数（固定输出长度）、伪随机数发生器（固定输入长度），以及其他密码函数。图 5-4 给出了海绵函数的输入和输出结构。

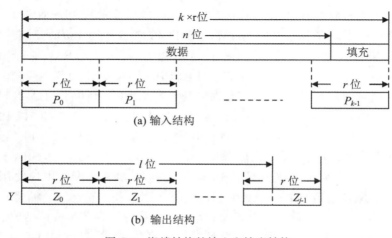

图 5-4　海绵结构的输入和输出结构

海绵结构的数据处理过程如下：

（1）填充　与其他密码学 Hash 函数一样，首先进行数据填充。填充算法实质上是作为海绵函数的一个参数。

设输入数据的长度为 n 位，经填充后它被分为 k 个分组长度为 r 位的数据分组 P_0，P_1，…，P_{k-1}。对任何消息都需要进行填充。即使输入数据的长度是 r 的整数倍，即 $n \bmod r = 0$，也需要填充，此时将填充一个 r 位的完整块。有两种填充方法，简单填充和多重位速率填充。

① 简单填充：用 pad10 * 表示，用一个 1 后面跟若干个 0 进行填充，0 的个数是使得总长度为分组长度整倍数的最小值。

② 多重位速率填充：用 pad10 * 1 表示，用一个 1 后面跟若干个 0，再跟一个 1 进行填充，0 的个数是使得总长度为分组长度整倍数的最小值。这是在安全地采用不同位速率 r 使用相同的 f 时，最简单的填充方法。

（2）迭代处理　迭代处理是密码学 Hash 函数的核心。海绵结构也采用迭代处理方式，图 5-5 给出了海绵结构的迭代处理过程。

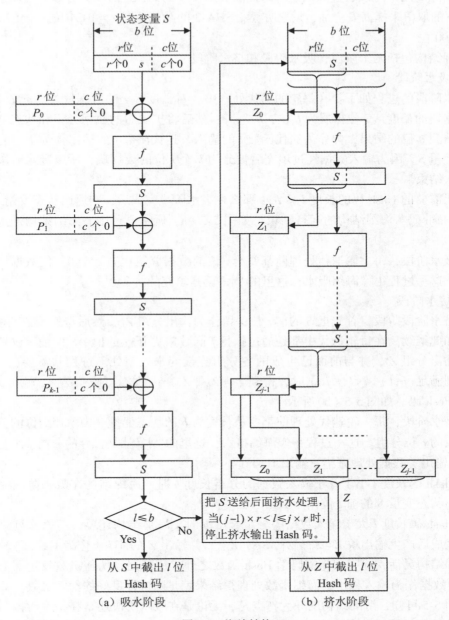

图 5-5　海绵结构

迭代处理的核心是迭代函数 f，它在很大程度上决定着密码学 Hash 函数的安全和效率。在迭代处理过程中，用迭代函数 f 对数据分组和状态变量 S 进行迭代处理。状态变量 S 的长度为 $b = r+c$ 位，其初值置为全 0，其取值在每轮迭代中更新。数值 r 称为位速率，它是输入数据分组的长度。位速率反映了每轮迭代中处理的数据位数。r 越大，海绵结构处理数据的速度就越快。数值 c 称为容量。容量的大小反映了海绵结构的复杂度和安全度。在实际应用中可以通过降低速率来提高安全性。例如，通过增大容量 c 的取值，减小位速率 r 的取值来提高安全性，反之亦然。SHA-3 的默认值是 $c=1024$ 位，$r=576$ 位，于是 $b=1600$ 位。

海绵结构包括两个阶段，吸水阶段和挤水阶段

① 吸水阶段

吸水阶段的过程如下：在每轮的迭代处理中，对长度为 r 的数据块，填充 c 个 0，使输入数据块的长度从 r 位扩展为 b 位，$b=r+c$；然后将扩展后的数据分组和状态变量 S 进行异或得到 b 位的结果，并作为迭代函数 f 的输入。迭代函数 f 的输出作为下一轮迭代中的状态变量 S。因为输入数据经过填充后被分为 k 个 r 位的数据块，所以吸水阶段要迭代处理 k 次结束。

如果需要的 Hash 码的长度 $l \leqslant b$，那么在吸水阶段完成后，则返回状态变量 S 的前 l 位作为 Hash 码，海绵结构的运行结束，如图 5-5（a）所示。否则，海绵结构进入挤水阶段。

在吸水阶段，每一轮迭代处理前都要给 r 位的数据分组填充 c 个 0，使数据块长度变成 b 位。这一过程很像海绵吸水，这里的"水"就是填充的 c 个 0。

② 挤水阶段

在挤水阶段阶段，首先把 S 的前 r 位保留作为输出分组 Z_0，然后迭代函数 f 对 S 进行处理。如此继续。在每轮迭代中都是通过执行 f 函数来更新 S 的值，S 的前 r 位被依次保留作为输出分组 Z_i，并与前面已生成的各分组连接起来。该处理过程共需要 $(j-1)$ 次迭代，直到满足 $(j-1) \times r < l \leqslant j \times r$ 时，得到 $Z= Z_0 \| Z_1 \| \cdots \| Z_{j-1} \|$。最后，输出 Z 的前 l 位作为 Hash 码。如图 5-5（b）所示。

在挤水阶段，每一轮迭代处理前都要从长度为 b 的状态变量 S 中取出 r 位的分组，并丢弃其余的 c 位分组。这一过程很像海绵挤水，这里的"水"就是丢弃的 c 位分组。

（3）输出　数据处理完毕，输出 Hash 码。

当 Hash 码长度 l 小于等于输入数据的分组长度 b 时，海绵结构在吸水阶段完成后结束，输出状态变量 S 的前 l 位作为 Hash 码。

当 Hash 码长度 l 大于输入数据的分组长度 b 时，海绵结构还要进行挤水处理，在挤水阶段完成后产生输出块 $Z=Z_0$，Z_1，$\cdots$，Z_{j-1}，并输出 Z 的前 l 位作为 Hash 码。

海绵结构灵活，除了用作密码学 Hash 函数之外，还可用作伪随机数发生器。把长度为 r 的短数据作为输入种子，海绵函数处理得结果就是随机性良好的伪随机数。

由图 5-5 可知，海绵结构的一大特点是，无论是在吸水阶段还是在挤水阶段，其迭代处理都是等长的数据变换，并没有进行压缩。这一点与 Merkle 提出的迭代压缩结构不同，从根本上避免了内部压缩函数在客观上存在的碰撞。海绵结构的压缩是通过在吸水阶段或挤水阶段最后的截出 Hash 码、丢弃其余数据来实现的。

（4）海绵函数的形式化描述。

海绵函数由以下参数定义：

M 是输入数据。

l 是输出 Hash 码的长度。

f 是迭代函数。

r 是输入数据分组的长度，称其为位速率。

c 是容量。

pad 是填充算法。

Algorithm 5-1　海绵函数 $Sponge$ (M, l, f, Pad, r, c)

要求：$r<b$，$b=r+c$。

接口：Z。

$P=M \parallel Pad(M)$;　　　　　　/* 对数据 M 进行填充，使填充后的数据 P 的长度是 r 的整数倍。其中符号 $\parallel$ 表示前后两个比特串首尾相连，$Pad(M)$ 表示对 M 的填充数据。*/

$k= \mid P \mid /r$;　　　　　　　　/* 这里 $\mid P \mid$ 表示 P 的位数。*/

$s=0^b$;　　　　　　　　　　　　/* S 是状态变量，这里把 b 位的 s 的初值置为全 0。*/

For $i=0$ **To** $k-1$ **Do**　　　　/* 这里 For 循环是吸水阶段。*/

　　$P_i=\lfloor P \rfloor_{r \times i}$;　　　　　　　/* 取出 P 中前面第 i 个 r 位形成数据分组 P_i。*/

　　$s=s \oplus (P_i \parallel o^{b-r})$;　　　/* 数据分组 P_i 添加 c 个 0，与状态变量 s 异或。*/

　　$s=f(s)$;　　　　　　　　　/* 对状态变量 s 进行迭代函数 f 处理。*/

EndFor

If　$l \leq b$　**Then**　$Z=s$ **Else**

　　$J=1$；

　　While $(J-1) \times r<l$ **Do** /* 这里 While 循环是挤水阶段。*/

　　$s=f(s)$；

　　$Z=Z \parallel \lfloor s \rfloor_r$：　　　　/* $\lfloor s \rfloor_l$ 表示从 s 的前面取出 r 位。*/

　　$J=J+1$

　　EndWhile

EndIf

Return $\lfloor Z \rfloor_l$　　　　　　/* $\lfloor Z \rfloor_l$ 表示从 Z 的前面取出 l 位，输出为 Hash 码。*/

5.5.2　SHA-3

2015 年 8 月 5 日美国政府正式颁布 SHA-3 成为新的密码学 Hash 函数标准算法(FIPS PUB 180-5)。本节讲述 SHA-3 的核心压缩算法，主要参考了文献[69]。

SHA-3 的主要参数如表 5-1 所示。

表 5-1　　　　　　　　　　　　　　　**SHA-3 的主要参数**

Hash 码长度	224	256	384	512
输入数据长度	没有限制	没有限制	没有限制	没有限制
数据分组长度(位速率 r)	1152	1088	832	576
字长度	64	64	64	64

续表

Hash 码长度	224	256	384	512
迭代轮数	24	24	24	24
容量 c	448	512	768	1024
抗强碰撞攻击强度	2^{112}	2^{128}	2^{192}	2^{256}
抗原像和第二原像攻击强度	2^{224}	2^{256}	2^{384}	2^{512}

注：所有的长度和安全度量以二进制位为单位。

在 5.5.1 节的算法 5-1 中没有给出其迭代函数 f 的具体结构，也没有给出其具体的数据填充方法。下面我们将对此进行详细讨论。

首先讨论填充。SHA-3 采用了多重位速率填充。用 pad10 * 1 表示，即用一个 1 后面跟若干个 0，再跟一个 1 进行填充。0 的个数是使总长度为分组长度整倍数的最小值。

其次讨论迭代函数 f，并记 SHA-3 的迭代函数为 Keccak-f。在吸水阶段，迭代函数 Keccak-f 对状态变量 S 与数据分组的异或值进行迭代处理。在挤水阶段，迭代函数 Keccak-f 直接对状态变量 S 进行迭代处理。在吸水阶段，数据分组的长度为 r，吸入的"水"为 c 位。状态变量 S 的长度 $b = r + c$。在挤水阶段，状态变量 S 又被拆分成长度为 r 和长度为 c 的两部分。保留长度为 r 的部分，丢弃长度为 c 的部分，丢弃的部分就是挤出的"水"。

在 SHA-3 默认 $r = 576$，$c = 1024$，$b = r + c = 1600$ 位。从表 5-1 可以看出，基于海绵结构的 Hash 函数的安全性随着容量 c 的增大而提高。

下面给出 SHA-3 迭代函数的具体算法。

1. SHA-3 的迭代函数 Keccak-f

迭代函数 Keccak-f 用于对状态变量 S 进行迭代处理。如图 5-5 所示。

状态变量 S 的长度 $b = 1600$ 位，用 $S[i]$ 表示状态变量 S 中的第 i 位，则状态变量 S 可表示为：

$$S = S[0] \parallel S[1] \parallel \cdots \parallel S[b-2] \parallel S[b-1]. \tag{5-11}$$

还可以把状态变量 S 排列为 $5 \times 5 \times 64$ 的长方体，如图 5-6 所示。用矩阵 $A[x, y, z]$ 表示状态变量 S 中的某一位。其中 $x = 0, 1, \cdots, 4$，$y = 0, 1, \cdots, 4$，$z = 0, 1, \cdots, 63$。于是，状态变量 S 中的位与矩阵 $A[x, y, z]$ 的对应关系如下：

$$A[x, y, z] = S[64 \times (5y+x) + z] \tag{5-12}$$

例如：$A[1, 0, 61] = S[125]$ 是状态变量 S 中的第 125 位。$A[4, 2, 63] = S[959]$ 是状态变量 S 中的第 959 位。

从垂直切面方向来看，这个长方体 S 可以看成一个 5×5 的矩阵。矩阵的每个元素都是一个 64 位字，并且称为纵（lanes）。用矩阵 $L[x, y]$ 表示纵，对于 $x = 0, 1, \cdots, 4$，$y = 0, 1, \cdots, 4$，便有：

$$L(x, y) = A[x, y, 0] \parallel A[x, y, 1] \parallel A[x, y, 2] \parallel \cdots \parallel A[x, y, 63]. \tag{5-13}$$

举例如下：

$Lane(1, 3) = A[1, 3, 0] \parallel A[1, 3, 1] \parallel A[1, 3, 2] \parallel \cdots \parallel A[1, 3, 62] \parallel A[1,$

3, 63]

$Lane(4, 4) = A[4, 4, 0] \parallel A[4, 4, 1] \parallel A[4, 4, 2] \parallel \cdots \parallel A[4, 4, 62] \parallel A[4, 4, 63]$

此外,还可以把这个长方体 S 切分成行水平切面(Plane)、行(Line)和列(Column),如图 5-6 所示。类似地,可以得到用纵表示水平切面和用水平切面表示长方体 S 的方法:

$$Plane(y) = L(0, y) \parallel L(1, y) \parallel L(2, y) \parallel L(3, y) \parallel L(4, y), y = 0, 1, \cdots, 4. \tag{5-14}$$

$$S = Plane(0) \parallel Plane(1) \parallel Plane(2) \parallel Plane(3) \parallel Plane(4). \tag{5-15}$$

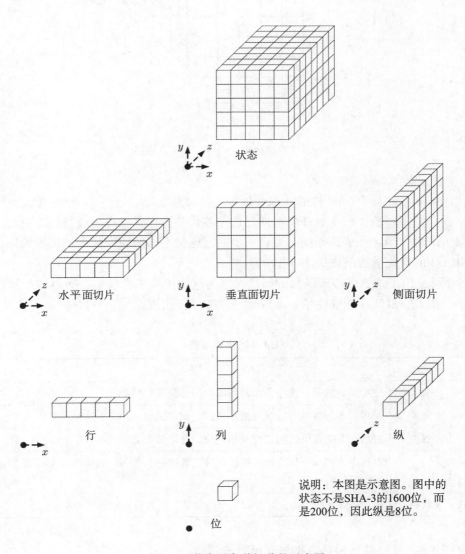

图 5-6　状态及各种切分的示意图

为了方便迭代函数 *Keccak-f* 对状态变量 S 的处理，规定状态 S 各坐标的顺序如图 5-7 所示。图中规定坐标$(x, y) = (0, 0)$ 在垂直切面的中央。

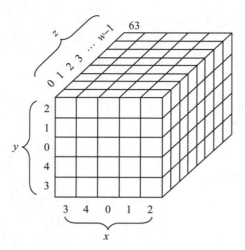

图 5-7　状态的坐标顺序

（1）迭代函数 *Keccak-f* 的结构。

迭代函数 f 的输入是 1600 位的状态变量 S，对状态变量 S 进行 24 轮的迭代处理。每一轮包括 5 个处理步骤，每个处理步骤通过置换或代替操作对状态 S 进行处理更新。每轮的处理除了最后一步之外全都相同。最后一步通过施加不同的轮常数而使得各轮操作互不相同。SHA-3 的迭代函数结构如图 5-8 所示。

表 5-2 总结出了这 5 个步骤函数的操作。因为这些步骤非常简单，所以整个算法描述简单紧凑。因此，SHA-3 能够简单、高效地通过软硬件实现。

表 5-2　　　　　　　　　　　　　　　**SHA-3 的步骤函数**

函数	类型	描　　述
θ	代替	把状态 S 的每一位与其相邻的两列的各位进行异或
ρ	置换	对状态 S 的各纵进行纵内循环移位，规定纵 $L[0, 0]$ 不移位
π	置换	对状态 S 的各纵之间进行互相移位，规定纵 $L[0, 0]$ 不移位
χ	代替	对状态 S 的每一位进行非线性代替。具体是，使每一位都在与相邻两位进行非线性运算后更新
ι	代替	把状态 S 的纵 $L[0, 0]$ 异或一个轮常数，使各轮的处理互不相同

根据图 5-8，可以得到 SHA-3 的迭代函数表达式：

$$Keccak\text{-}f\,(A[x, y, z],\ ir) = \iota(\chi(\pi(\rho(\theta(A[x, y, z]))))),\ ir). \qquad (5\text{-}16)$$

其中，参数 ir 是迭代的轮数，$ir = 0, 1, \cdots, 23$.

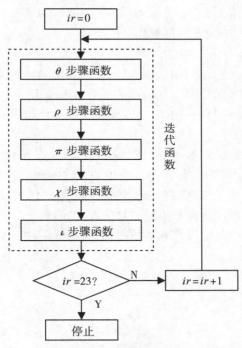

图 5-8　SHA-3 迭代函数结构

（2）迭代函数 *Keccak-f* 的步骤运算算法。

现在介绍迭代函数中的各处理步的运算算法。

① θ 步骤函数。

Algorithm 5-2　$\theta(\mathbf{A})$

Input：

　　state array **A**.

Output：

　　state array **A**′.

Step 1. For all pairs (x, z) such that $0 \leqslant x < 5$ and $0 \leqslant z < 64$, let
　　$C[x, z] = \mathbf{A}[x, 0, z] \oplus \mathbf{A}[x, 1, z] \oplus \mathbf{A}[x, 2, z] \oplus \mathbf{A}[x, 3, z] \oplus \mathbf{A}[x, 4, z]$.

Step 2. For all pairs (x, z) such that $0 \leqslant x < 5$ and $0 \leqslant z < 64$, let
　　$D[x, z] = C[(x-1) \bmod 5, z] \oplus C[(x+1) \bmod 5, (z-1) \bmod 64]$.

Step 3. For all pairs (x, z) such that $0 \leqslant x < 5$, $0 \leqslant y < 5$, and $0 \leqslant z < 64$, let
　　$\mathbf{A}'[x, y, z] = \mathbf{A}[x, y, z] \oplus D[x, z]$.

Step 4. ：Return **A**′.

说明：算法中 **A** 表示原矩阵，**A**′ 表示运算后的新矩阵。

θ 步骤函数的主要功能是异或，把状态 S 的每一位与其相邻的两列的各位进行异或。

例如，对于位 $A[x_0, y_0, z_0]$. θ 步骤函数把位 $\mathbf{A}[x_0, y_0, z_0]$ 与这样两列的各位进行异或

操作：其中一列的 x 坐标为 $(x_0-1) \bmod 5$，z 坐标为 z_0。另一列的 x 坐标为 $(x_0+1) \bmod 5$，z 坐标为 $(z_0-1) \bmod 64$。直观上看，x 坐标为 $(x_0-1) \bmod 5$ 的那一列是位于 $A[x_0, y_0, z_0]$ 左边的一列，x 坐标为 $(x_0+1) \bmod 5$ 的那一列是位于 $A[x_0, y_0, z_0]$ 右前边的一列，请参见图 5-9。需要说明的是，因为有 (x_0-1) 的计算，当 $x_0=0$ 时，$x_0-1=-1$，超出了 x 坐标的取值范围。加上 $\bmod 5$ 运算后，当 $x_0=0$ 时，$x_0-1=-1 \bmod 5=4$，避免了 x 坐标超出取值范围。同样的道理，另一列的 x 坐标采用 $(x_0+1) \bmod 5$，z 坐标采用了 $(z-1) \bmod 64$。注意，与位 $A[x_0, y_0, z_0]$ 相邻的两列与该位的 y 坐标无关，因此该位所在的列中的每一位都与这两列相邻。

Step 1 按列逐一求出状态 S 每一列各位的模 2 和，共 $5 \times 64 = 320$ 列，结果存入 $C[x, z]$ 中。*Step* 2 把存入 $C[x, z]$ 中所有符合上述相邻条件的两列的各位模 2 和，再进行模 2 相加，结果存入 $D[x, z]$ 中。*Step* 3 把状态 S 中的每一位 $A[x, y, z]$ 与存入 $D[x, z]$ 中的其相邻两列的模 2 和，再进行模 2 相加，并存入 $A'[x, y, z]$ 中。至此完成了把状态 S 的每一位与其相邻的两列的各位进行异或的操作。位 $A[2, 2, 3]$ 与相邻两列的位置关系如图 5-9 所示。

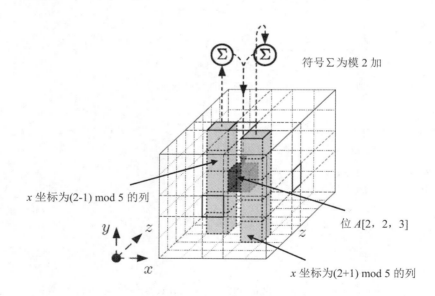

图 5-9　θ 步骤函数运算示意图

通过上述分析不难发现以下结论。通过 θ 步骤函数操作后，状态的每一位都进行了更新，其取值由自身的原值、其左边一列的各位、右前一列的各位共同决定。因此每一位的更新值与原来的 11 位的取值相关。这种运算提供了很好的混合作用，与 AES 中的列混合类似。因此，θ 步骤函数提供了很好的扩散效果。*Keccak* 的设计者指出 θ 步骤函数提供了高强度的扩散，如果没有 θ 步骤函数，迭代函数 f 的扩散效果将不明显。

② ρ 步骤函数。

Algorithm 5-3　$\rho(\mathbf{A})$

Input：

　　state array **A**.

Output：

　　state array **A**′.

Step 1. ：For all $0 \leqslant z < 64$, let $\mathbf{A}'[0, 0, z] = A[0, 0, z]$.

Step 2. ：Let $(x, y) = (1, 0)$.

Step 3. ：For t from 0 to 23：

　　　a. for all $0 \leqslant z < 64$, let $\mathbf{A}'[x, y, z] = A[x, y, (z - (t + 1)(t + 2)/2) \bmod 64]$;

　　　b. let $(x, y) = (y, (2x + 3y) \bmod 5)$.

Step 4. ：Return **A**′.

ρ 步骤函数的主要功能是把状态 S 中的每一个纵循环移位 d 位，其目的是提供每个纵内部的扩散。如果没有 ρ 步骤函数，纵的各个位之间的扩散将会非常缓慢。

Step 1 规定纵 $L[0, 0]$ 不循环移位。*Step* 2 设置起始循环移位的纵的坐标 $x = 1$ 和 $y = 0$。在 *Step* 3 中，a 步完成一个纵内的循环移位。b 步计算出下一个要循环移位的纵的坐标。如此循环往复，在参数 t 的控制下完成全部 24 个纵的循环移位。各纵的循环移位量 d 由参数 t 确定，按式(5-17)计算。

$$d = (t+1)(t+2)/2 \bmod 64. \tag{5-17}$$

Step 3 中的 b 步给出了计算下一个要循环移位的纵的坐标的方法，如式(5-18)所示，其中 x, y 表示循环移位起始纵的坐标，x', y' 表示下一个要循环移位的纵的坐标。

$$\begin{cases} x' = y \\ y' = (2x + 3y) \bmod 5 \end{cases} \tag{5-18}$$

据式(5-17)和式(5-18)逐一计算，可得到表 5-3。

举例说明：根据 *Step* 2，起始循环移位的纵为 $L[1, 0]$。对于 $t = 0$，据式(5-17)计算可得 $d = (0+1)(0+2)/2 = 1 \bmod 64$。据式(5-18)计算可得：$x' = y = 0$，$y' = 2 \times 1 + 3 \times 0 = 2$。这说明下一个要循环移位的纵，也就是 $t = 1$ 时要循环移位的纵为 $L[0, 2]$。对于 $t = 1$，据式(5-17)计算可得 $d = (1+1)(1+2)/2 = 3 \bmod 64$。据式(5-18)计算可得：$x' = y = 2$，$y' = 2 \times 0 + 3 \times 2 = 1 \bmod 5$。这说明下一个要循环移位的纵，也就是 $t = 2$ 时要循环移位的纵为 $L[2, 1]$。计算结果与表 5-3 一致。

图 5-10 给出了当 $b = 200$，即纵的位数为 8 时的 ρ 步骤函数运算示意图，其中 x, y 坐标的顺序遵守图 5-7 的规定。例如，纵 $L[0, 0]$ 处于图 5-10 上中间那块侧切片的中间，纵 $L[2, 3]$ 处于图 5-10 上最右边那块侧切片的最下边。在图 5-10 中，黑点表示 $z = 0$ 的位，有阴影的位表示黑点的位在 ρ 步骤函数运算后的位置。因为是纵循环移位，所以纵内其他位与标黑点的位循环移位相同的位数。例如，对于纵 $L[1, 0]$. 查表 5-3 得知其循环移位量是 1 位，这说明纵 $L[1, 0]$ 的所有位都循环移位 1 位。其中 $z = 7$ 的那一位，沿 z 坐标方向移位 1 位后的坐标 $z = 7 + 1 = 0 \bmod 8$。注意：因为图 5-10 是示意图，纵的位数为 8，所以 z 坐标按 mod 8 运算。如果是 SHA-3，纵的位数为 64，z 坐标按 mod 64 运算。

将表 5-3 逐一与图 5-10 进行验证，可知两者是一致的。

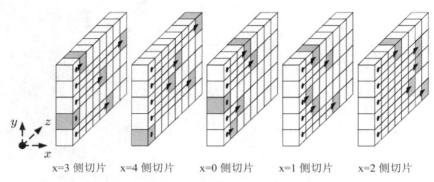

x=3 侧切片　　x=4 侧切片　　x=0 侧切片　　x=1 侧切片　　x=2 侧切片

图 5-10 ρ 步骤函数运算示意图

表 5-3   **ρ 步骤函数使用的循环移位参数**

t	移位量 d	纵的坐标(x, y)	t	移位量 d	纵的坐标(x, y)
0	1	$(1, 0)$	12	27	$(4, 0)$
1	3	$(0, 2)$	13	41	$(0, 3)$
2	6	$(2, 1)$	14	56	$(3, 4)$
3	10	$(1, 2)$	15	8	$(4, 3)$
4	15	$(2, 3)$	16	25	$(3, 2)$
5	21	$(3, 3)$	17	43	$(2, 2)$
6	28	$(3, 0)$	18	62	$(2, 0)$
7	36	$(0, 1)$	19	18	$(0, 4)$
8	45	$(1, 3)$	20	39	$(4, 2)$
9	55	$(3, 1)$	21	61	$(2, 4)$
10	2	$(1, 4)$	22	20	$(4, 1)$
11	14	$(4, 4)$	23	44	$(1, 1)$

③π 步骤函数

Algorithm 5-4 $\pi(\mathbf{A})$

Input：

      state array $\mathbf{A}$.

Output：

      state array $\mathbf{A}'$.

Steps 1：For all triples (x, y, z) such that $0 \leqslant x < 5$, $0 \leqslant y < 5$, and $0 \leqslant z < 63$, let
      $.\mathbf{A}'[x, y, z] = .\mathbf{A}[y, (2x + 3y) \bmod 5, z]$

Steps 2：Return $\mathbf{A}'$.

π 步骤函数的主要功能是在状态 S 的各纵之间进行互相移位，其目的是提供各个纵之间的扩散。如果没有 π 步骤函数，各纵之间的扩散将会非常缓慢。

Steps 1 告诉我们，纵的移位主要依据坐标 x，y 的变化，规定纵 $L[0，0]$ 不移位。用 x'，y' 表示新纵的坐标，x，y 表示原纵的坐标，新旧坐标的关系仍旧遵从式(5-18)。

例如，设原纵为 $L(4，1)$，根据式(5-18)计算，$x'=1$，$y'=2\times4+3\times1=11=1 \bmod 5$。这说明，执行 Steps 1 要把原纵 $L(4，1)$ 写到纵 $L(1，1)$ 处。又例如，设原纵为 $L(4，3)$，根据式(5-18)计算，$x'=3$，$y'=2\times4+3\times3=17=2 \bmod 5$。这说明，执行 Steps 1 要把原纵 $L(4，3)$ 写到纵 $L(3，2)$ 处。

注意，π 步骤函数是对纵之间的置换：各纵在 5×5 矩阵内部移动位置。这与 ρ 步骤函数是不同的。ρ 步骤函数是对纵内部的循环移位操作。

图 5-11 给出了当 $b=200$，即纵的位数为 8 时的 π 步骤函数运算示意图，其中 x，y 坐标的顺序遵守图 5-7 的规定。图 5-11 中的每一个箭头指示出一个纵移动的起始和终止位置。因为状态 S 共有 25 个纵，其中纵 $L[0，0]$ 不移动，24 个纵要移动，因此需要 24 个箭头来表示。于是在图 5-10 用了 6 个垂直切片图，每个垂直切片图上画出 4 个箭头，共有 24 个箭头，刚好每个箭头表示一个纵的移动。例如，根据前面的分析执行 Steps 1 要把纵 $L(4，1)$ 移到纵 $L(1，1)$ 处。这刚好与图 5-11（a）中上边的第 2 个箭头一致。又例如，设纵为 $L(4，3)$，执行 Steps 1 要把原纵 $L(4，3)$ 移到纵 $L(3，2)$ 处。这刚好与图 5-11（f）中最左边的向斜上方的箭头一致。图 5-11 各垂直切片图中的黑点代表纵 $L[0，0]$. 画了一个环绕自己的箭头线，表示不移位。

表 5-4 给出了 π 步骤函数对状态 S 部分纵的移位情况，空缺部分留给读者自己补上。

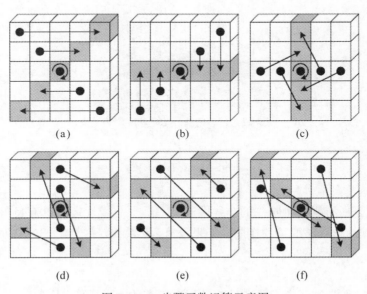

图 5-11 π 步骤函数运算示意图

④ χ步骤函数

Algorithm 5-5 χ(A)

Input：

state array **A**.

Output：

state array **A′**.

Step 1：For all triples（x，y，z）such that 0≤x<5，0≤y<5，and 0≤z<64，let

A［x，y，z］=**A**［x，y，z］⊕（（**A**［（x+1）mod 5，y，z］⊕ 1）AND **A**［（x+2）mod 5，y，z］）.

Step 2：Return **A′**.

χ步骤函数的主要功能是对状态 S 的每一位进行非线性代替变换。具体是，使每一位都与相邻两位进行非线性运算后被更新。这个非线性运算如式(5-19)所示。

$$A'［x，y，z］=A［x，y，z］⊕（NOT（A［（x+1）mod 5，y，z］）AND A［（x+2）mod 5，y，z］）.$$

$$(5-19)$$

运算的图示如图 5-12 所示。例如，**A′**=**A**⊕NOT（B）AND C。

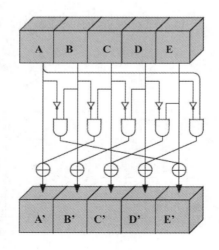

图 5-12 χ 步骤函数

χ步骤函数是所有操作中唯一的非线性运算。这个非线性运算具有良好的非线性和平衡性，起到良好的密码学混淆的作用。如果没有χ步骤函数，整个 SHA-3 的迭代函数 *f* 将成为线性函数，这将是不安全的。

⑤ ι步骤函数。

ι步骤函数包含两个算法。算法 5-6 是产生轮常数中可变位(可能为 0，也可能为 1 的位)的算法。不变位(固定为 0 的位)和可变位共同构成轮常数。算法 5-7 是 ι 步骤函数的主算法，给迭代处理的每一轮异或一个轮常数。

给迭代处理的每一轮异或一个轮常数的目的是破坏迭代函数的对称性。如果没有这一措施，迭代函数在所有轮都不变。这一性质被称为对称性。这样就容易遭受侧信道攻击。给迭代处理的每一轮异或一个与轮数相关，而且互不相同的轮常数，可以增加迭代函数的非对称性，有利于安全。对于 SHA-3，纵的长度 $b = 64$，参数 $l = \text{Log}_2 64 = 6$。通常取轮常数中可变位的长度为 $l+1$，显然参数 l 越大，增加迭代函数的非对称性的作用就越大。

每一轮的轮常数都与状态 S 的纵 $L(0,0)$ 相异或，经过一轮的迭代函数变换（特别是 θ 变换和 χ 变换）之后，其破坏迭代函数对称性的作用将扩散到所有其他的纵。从而增强了 SHA-3 的安全性。

Algorithm 5-6　$rc(t)$

Input：

　　integer t.

Output：

　　bit $rc(t)$.

Steps 1：If $t \bmod 255 = 0$, return 1.

Steps 2：Let $R = 10000000$.

Steps 3：For i from 1 to $t \bmod 255$, let：

　　　a. $R = 0 \parallel R$;

　　　b. $R[0] = R[0] \oplus R[8]$;

　　　c. $R[4] = R[4] \oplus R[8]$;

　　　d. $R[5] = R[5] \oplus R[8]$;

　　　e. $R[6] = R[6] \oplus R[8]$;

　　　f. $R = \text{Trunc8}[R]$.

Steps 4：Return $R[0]$.

算法 5-6 的功能是产生轮常数的一位。rc 是产生轮常数位的函数，t 是 rc 的输入变量，t 是一个正整数，$1 \leqslant t < 255$。*Steps* 2 置 $R = 10000000$，最左边的是第 0 位 $R[0] = 1$，最右边的是第 7 位 $R[7] = 0$。*Steps* 3 中的 a 步置 $0 \parallel R$，于是 R 变为 $R = 010000000$，$R[0] = 0$，$R[1] = 1$，$R[8] = 0$。*Steps* 3 中的 f 步 $\text{Trunc8}[R]$. 表示从 R 中截取出低 8 位。算法的输出是一个二进制位 $R[0]$。

Algorithm 5-7　$\iota(A, i_r)$

Input：

　　state array $\mathbf{A}$；

　　round index i_r.

Output：

　　state array $\mathbf{A}'$.

Steps 1：For all triples (x, y, z) such that $0 \leqslant x < 5$, $0 \leqslant y < 5$, and $0 \leqslant z < 64$, let

　　$\mathbf{A}'[x, y, z] = \mathbf{A}[x, y, z]$.

Steps 2：Let $RC = 0^{64}$.

Steps 3：For j from 0 to l, let $RC[2^j - 1] = rc(j + 7i_r)$.

Steps 4：For all z such that $0 \leqslant z < 64$, let $\mathbf{A}'[0, 0, z] = \mathbf{A}'[0, 0, z] \oplus RC[z]$.

Steps 5：Return $\mathbf{A}'$.

算法 5-7 的主要功能是调用算法 5-6 产生轮常数中的可变位，加上不变位，形成一个完整的轮常数 RC，并把这个轮常数 RC 与状态 S 的纵 $L(0, 0)$ 异或。其中，i_r 为迭代处理轮数的标示。$Steps$ 2 置轮常数的初值为 64 个零，$RC = 0^{64}$。$Steps$ 3 调用算法 5 产生轮常数 RC 中的 $l+1$ 个可变位 $rc(j + 7i_r)$，RC 的其余位仍保持为零不变。对于 SHA-3，纵的长度 $b = 64$，参数 $l = Log_2 64 = 6$。这说明轮常数中最多只有 $6+1 = 7$ 个位可能为 1，其余 57 个位固定为 0。$Steps$ 4 把轮常数 RC 与状态 S 的纵 $L[0, 0]$ 异或。虽然，只有轮常数中这 1 到 7 个可能为 1 的位能够影响 $L[0, 0]$ 的取值。但是，由于迭代函数中其他步骤函数（特别是 θ 变换和 χ 变换）的置换和代替作用，在一轮迭代之后，便可使 ι 步骤函数的效果传播到状态矩阵 S 中的所有其他纵。

我们可以对 ι 步骤函数进行如下的优化：根据第四章的知识可知，m 序列具有良好的随机性。而且产生 m 序列的线性移位寄存器的状态都是 m 序列的子段，也有很好的随机性。因此，可以选择 m 序列或产生 m 序列的线性移位寄存器的状态来作为轮常数中的可变位。对于 SHA-3，可变位的长度为 7，于是可以选用一个 7 次的本原多项式组成一个线性移位寄存器，来产生周期为 $2^7 - 1 = 127$ 的 m 序列。一次取出一个 7 位的状态，与不变位结合，构成轮常数。把轮常数与 $L(0, 0)$ 异或，便完成了 ι 步骤函数的处理功能。这一工作留给读者自己试验研究，见本章习题 19。

2. SHA-3 评述

一方面，科学技术的进步对密码学 Hash 函数提出了新的需求。例如，需要具有更高的安全性，需要具有可配置的灵活性，如需要与 AES 等密码算法兼容等。另一方面，中国学者对 SHA-1 等密码学 Hash 函数的有效分析，揭示出这些密码学 Hash 函数的安全缺陷。在这种情形下，美国 NIST 主持制定了新的密码学 Hash 函数标准 SHA-3。

首先，SHA-3 的征集与评审采用国际化的开放方式，最后选中由非美国单位设计的 Keccak 算法。这种工作方式符合密码学的公开设计原则，已经被 DES、AES 的制定实践证明是正确的，

其次，在安全性方面，测评表明 SHA-3 可以抵御对密码学 Hash 函数的现有攻击。到目前为止，没有发现它有严重的安全弱点。

SHA-3 的海绵结构很有特色，它的迭代处理是等长的数据处理，不进行压缩，从根本上避免了内部迭代处理中的碰撞。另外，它的吸水与 SM3 的消息扩展类似，有增强安全性的作用。这是因为吸水经过迭代函数处理后，把原消息位打乱，隐蔽了原消息位之间的关联，增强了安全性。但是，SHA-3 的迭代函数中共有 5 个步骤函数，其中只有一个非线性函数，其余 4 个都是线性函数。而 SM3、SHA-1、SHA-2 的迭代函数中都用了 2 个非线性函数。

此外，SHA-3 具有可选参数配置的灵活性，能够适应 Hash 函数的各种应用。它设计简单，软硬件实现方便。在效率方面，它是高效的。从表 5-1 可以看出，SHA-3 完全可以代替 SHA-2 的各种应用。

评测看来，SHA-3 具有安全、灵活、高效等优点。但是，只有经过实践的检验才能说

明其真正的优劣。

5.6　推荐阅读

如果读者想了解我国学者对美国 Hash 函数的有效分析，请阅读文献[29]。正是我国学者的这一研究，促使美国 NIST 启动 SHA-3 的制定工作。

要全面掌握 SHA-3 算法，请阅读文献[69].它是 NIST 的官方文件。为了深入了解作为 SHA-3 基础的海绵结构，请阅读文献[67，68].它们详细介绍了海绵结构的理论和安全性分析。

习题与实验研究

1. 什么是密码学 Hash 函数？

2. 密码学 Hash 函数的安全性要求有哪些？

3. 抗弱碰撞与抗强碰撞有什么不同？

4. 密码学 Hash 函数在密码学中有何作用？带密钥的 Hash 函数和不带密钥的 Hash 函数在应用方面有何不同？

5. 理解 Merkle 提出的密码学 Hash 函数的一般结构。

6. 了解密码学 Hash 函数的构造类型。

7. SM3 采用了如下 3 个布尔函数：

① $FFj\ (X,\ Y,\ Z)= X \oplus Y \oplus Z$

② $FFj\ (X,\ Y,\ Z)= (X \wedge Y) \vee (X \wedge Z) \vee (Y \wedge Z)$

③ $GG_j(X,\ Y,\ Z)= (X \wedge Y) \vee (\neg X \wedge Z)$

计算验证这 3 个函数的平衡性。

8. 为什么 SM3 要根据式(5-8)进行填充数据？

9. 为什么 SM3 在压缩前要先进行数据扩展，它对提高 SM3 的安全性有何贡献？

10. 在 SM3 的压缩函数中使用参数 W_j 和 W'_j 有何作用？

11. 实验研究：编程实现 SM3，研究其随机性：

①任意取一数据，用 SM3 进行杂凑处理，得到杂凑值。分析考察杂凑值中的 0 和 1 的频率、0 和 1 游程的分布和自相关系数。

②改变数据中的 1 位，考察杂凑值变化的位数。

12. 实验研究：以 SM3 密码学 Hash 函数为基础，开发出文件完整性保护软件系统，软件要求如下：

①初装文件时，具有计算产生文件 Hash 码，并保存其 Hash 码的功能；

②使用文件时，重新计算产生该文件 Hash 码，并与其保存的 Hash 码进行一致性比较的功能。如果两者一致，则指示"文件是完整的"。如果两者不一致，则指示"文件的完整性被破坏"。

③具有较好的人机界面。

13. 什么是海绵结构？

14. 说明吸水阶段和挤水阶段的工作过程。吸水阶段吸入的"水"是什么？挤水阶段挤出的"水"又是什么？

15. 说明海绵结构的迭代处理与传统 Merkle 结构的迭代处理有何异同，进一步说明海绵结构的优点。

16. 说明 SHA-3 的 θ 步骤函数的功能，对于列 $C[x_0, y, z_0]$. $y = 0, 1, \cdots, 4$，写出符合相邻条件的两个列的表达式。

17. 说明 SHA-3 的 ρ 步骤函数的功能，并根据表 5-3 逐一与图 5-10 进行验证。注意：图 5-10 是示意图，z 坐标要 mod 8 运算。

18. 说明 SHA-3 的 π 步骤函数的功能，并进行以下工作：

（1）对于表 5-4 中已有的起始纵和终止纵，在图 5-11 中找到与其对应的箭头。

（2）根据图 5-11 的（b）的（e）图中的箭头，填写表 5-4 中相应的终止纵空格。

（3）根据式（5-18）计算并填写表 5-4 中空缺的终止纵，然后在图 5-11 中找到相应的箭头。

表 5-4 π 步骤函数对状态 S 的纵移位情况

序号	起始纵 $L(x, y)$	终止纵 $L(x, y)$	序号	起始纵 $L(x, y)$	终止纵 $L(x, y)$
1	$L(0, 1)$		13	$L(2, 3)$	
2	$L(0, 2)$	$L(2, 1)$	14	$L(2, 4)$	
3	$L(0, 3)$		15	$L(3, 0)$	
4	$L(0, 4)$		16	$L(3, 1)$	
5	$L(1, 0)$		17	$L(3, 2)$	
6	$L(1, 1)$		18	$L(3, 3)$	
7	$L(1, 2)$	$L(2, 3)$	19	$L(3, 4)$	
8	$L(1, 3)$		20	$L(4, 0)$	
9	$L(1, 4)$		21	$L(4, 1)$	$L(1, 1)$
10	$L(2, 0)$		22	$L(4, 2)$	
11	$L(2, 1)$		23	$L(4, 3)$	$L(3, 2)$
12	$L(2, 2)$		24	$L(4, 4)$	

19. χ 步骤函数采用了非线性函数 $F = A \oplus NOT (B) AND C$，计算验证其平衡性。

20. 实验研究：选用本原多项式 $g(x) = x^7 + x + 1$，以其为连接多项式构成线性移位寄存器。画出逻辑图，用软件实现这一线性移位寄存器，并完成以下功能：

①以任一非零状态为初始状态，产生 m 序列。

②一次取出一个 7 位的状态，与不变位结合，构成轮常数。

③优化算法 5-7，把轮常数与 $L(0, 0)$ 异或，完成 ι 步骤函数的处理功能。

21. ι 步骤函数把轮常数 RC 与状态 S 的纵 $L[0,0]$ 异或。轮常数中只有 7 个可变位可能为 1，其余 57 个不变位为 0。对于异或运算，只有轮常数中为 1 的位能够影响 $L[0,0]$ 的取值。为什么说轮常数与纵 $L[0,0]$ 异或的效果能够影响到状态矩阵 S 中的所有纵和所有位。

22. 软件实验：理解 SHA-3 各步骤函数的功能，优化这些步骤函数，编程实现这些步骤函数，进而形成完整的迭代函数：

① θ 步骤函数；

② ρ 步骤函数；

③ π 步骤函数；

④ χ 步骤函数；

⑤ ι 步骤函数。

23. 实验研究：编程实现 SHA-3，研究其随机性：

①任意取一数据，用 SHA-3 进行杂凑处理，得到杂凑值。分析考察杂凑值中的 0 和 1 的频率、0 和 1 游程的分布和自相关系数。

②改变数据中的 1 位，考察杂凑值变化的位数。

155

第三篇 公开密钥密码

第 6 章 公开密钥密码

在前面几章里我们主要讨论了对称密码。本章我们将讨论非对称密码，即公开密钥密码。

6.1 公开密钥密码的基本概念

利用传统密码进行保密通信，通信的双方必须首先预约持有相同的密钥才能进行。而私人和商业之间想通过通信工具洽谈生意又要保持商业秘密，有时很难做到事先预约密钥。另外，对于大型计算机网络，设 n 个用户，任意两个用户之间都可能进行通信，共有 $C_n^2 = n(n-1)/2$ 种不同的通信方式，当 n 较大时这一数目是很大的。从安全角度考虑，为了安全，密钥应当经常更换。在网络上产生、存储、分配、管理如此大量的密钥，其复杂性和危险性都是很大的。

因此，密钥管理上的困难是传统密码应用的主要障碍。这种困难在计算机网络环境下更显得突出。另外，传统密码不易实现数字签名，也限制了它的应用范围。

为此，人们希望能设计一种新的密码，从根本上克服传统密码在密钥管理上的困难，而且容易实现数字签名，从而适合计算机网络环境的应用，适合各种需要数字签名的应用。

1976 年美国斯坦福大学的博士生 W. Diffie 和他的导师 M. Hellman 教授发表了"密码学新方向"的论文，第一次提出公开密钥密码的概念[14]。从此开创了一个密码新时代。

6.1.1 公开密钥密码的基本思想

公开密钥密码的基本思想是将传统密码的密钥 K 一分为二，分为加密钥 K_e 和解密钥 K_d，用加密钥 K_e 控制加密，用解密钥 K_d 控制解密，而且由计算复杂性确保由加密钥 K_e 在计算上不能推出解密钥 K_d。这样，即使是将 K_e 公开也不会暴露 K_d，也不会损害密码的安全。于是便可将 K_e 公开，而只对 K_d 保密。由于 K_e 是公开的，只有 K_d 是保密的，所以便从根本上克服了传统密码在密钥分配上的困难。

根据公开密钥密码的基本思想，可知一个公开密钥密码应当满足以下三个条件：

① 解密算法 D 与加密算法 E 互逆，即对于所有明文 M 都有

$$D(E(M, K_e), K_d) = M \tag{6-1}$$

② 在计算上不能由 K_e 求出 K_d。

③ 算法 E 和 D 都是高效的。

条件①是构成密码的基本条件，是传统密码和公开密钥密码都必须具备的起码条件。

条件②是公开密钥密码的安全条件，是公开密钥密码的安全基础。而且这一条件是最难满足的。由于数学水平的限制，目前尚不能从数学上证明一个公开密钥密码完全满足这一条件，而只能证明它不满足这一条件。这就是困难的根本原因。

条件③是公开密钥密码的实用条件。因为只有算法 E 和 D 都是高效的，密码才能实际应用。否则，可能只有理论意义，而不能实际应用。

满足了以上三个条件，便可构成一个公开密钥密码，这个密码可以确保数据的秘密性。

进而，如果满足第四个条件，则能够确保数据的真实性。

④对于所有明文 M 都有

$$E(D(M, K_d), K_e) = M \tag{6-2}$$

如果满足了条件①、②、④，同样可构成一个公开密钥密码，这个密码可以确保数据的真实性。

如果同时满足以上四个条件，则这个公开密钥密码可以同时确保数据的秘密性和真实性。此时，对于所有的明文 M 都有

$$D(E(M, K_e), K_d) = E(D(M, K_d), K_e) = M \tag{6-3}$$

公开密钥密码从根本上克服了传统密码在密钥分配上的困难，利用公开密钥密码进行保密通信需要成立一个密钥管理中心 **KMC**(Key Management Center)，每个用户都将自己的姓名、地址和公开的加密钥等信息在 **KMC** 登记注册，将公钥记入共享的公钥数据库 **PKDB**(Public Key Database)。**KMC** 负责密钥的管理，并且对用户是可信赖的。这样，用户利用公开密钥密码进行保密通信就像查电话号码簿打电话一样方便，再无通信双方预约密钥之苦，因此特别适合计算机网络应用。加上公开密钥密码实现数字签名容易，所以特别受到欢迎。

6.1.2　公开密钥密码的基本工作方式

设 M 为明文，C 为密文，E 为公开密钥密码的加密算法，D 为解密算法，K_e 为公开的加密钥，K_d 为保密的解密钥，每个用户都分配一对密钥，而且将所有用户的公开的加密钥 K_e 存入共享的密钥库 **PKDB**。

再设用户 A 要把数据 M 安全保密地传送给用户 B，我们给出以下三种通信协议：

(1)确保数据的秘密性。

发方：

①A 首先查 **PKDB**，查到 B 的公开的加密钥 K_{eB}。

②A 用 K_{eB} 加密 M 得到密文 C：

$$C = E(M, K_{eB})$$

③A 发 C 给 B。

收方：

①B 接受 C。

②B 用自己的保密的解密钥 K_{dB} 解密 C，得到明文 $M = D(C, K_{dB})$。

由于只有用户 B 才拥有保密的解密钥 K_{dB}，而且由公开的加密钥 K_{eB} 在计算上不能推

出保密的解密钥 K_{dB}，所以只有用户 B 才能获得明文 M，其他任何人都不能获得明文 M，从而确保了数据的秘密性。

然而这一通信协议却不能确保数据的真实性。这是因为 **PKDB** 是共享的，任何人都可以查到 B 的公开的加密钥 K_{eB}，因此任何人都可以冒充 A 通过发假密文 $C' = E(M', K_{eB})$，把假数据 M' 发给 B，而 B 不能发现。

为了确保数据的真实性，可采用下面的通信协议。

（2）确保数据的真实性。

发方：

① A 首先用自己的保密的解密钥 K_{dA} 解密 M，得到密文 C：
$$C = D(M, K_{dA})$$

②A 发 C 给 B。

收方：

①B 接受 C。

②B 查 **PKDB**，查到 A 的公开的加密钥 K_{eA}。

③用 K_{eA} 加密 C 得到 $M = E(C, K_{eA})$。

由于只有用户 A 才拥有保密的解密钥 K_{dA}，而且由公开的加密钥 K_{eA} 在计算上不能推出保密的解密钥 K_{dA}，所以只有用户 A 才能以密文 C 的形式发送数据 M。其他任何人都不能冒充 A 以密文 C 的形式发送数据 M，从而确保了数据的真实性。

然而这一通信协议却不能确保数据的秘密性。这是因为 **PKDB** 是共享的，任何人都可以查到 A 的公开的加密钥 K_{eA}，因此任何人都可以获得数据 M。

为了同时确保数据的秘密性和真实性，可将以上两个协议结合起来，采用下面的通信协议。

（3）同时确保数据的秘密性和真实性。

发方：

① A 首先用自己的保密的解密钥 K_{dA} 解密 M，得到中间密文 S：
$$S = D(\mathrm{M}, K_{dA})。$$

②然后 A 查 **PKDB**，查到 B 的公开的加密钥 K_{eB}。

③ A 用 K_{eB} 加密 S 得到最终的密文 C：
$$C = E(S, K_{eB})$$

④A 发 C 给 B。

收方：

①B 接受 C。

②B 用自己的保密的解密钥 K_{dB} 解密 C，得到中间密文 $S = D(C, K_{dB})$。

③B 查 **PKDB**，查到 A 的公开的加密钥 K_{eA}。用 K_{eA} 加密 S 得到 $M = E(S, K_{eA})$。

由于这一通信协议综合利用了上述两个通信协议，所以能够同时确保数据的秘密性和真实性。具体地，由于只有用户 A 才拥有保密的解密钥 K_{dA}，而且由公开的加密钥 K_{eA} 在计算上不能推出保密的解密钥 K_{dA}，所以只有用户 A 才能正确进行发方的第①步操作，才能发送数据 M。其他任何人都不能冒充 A 发送数据 M，从而确保了数据的真实性。又由于只有用户 B 才拥有保密的解密钥 K_{dB}，而且由公开的加密钥 K_{eB} 在计算上不能推出保密的解密钥 K_{dB}，所以只有用户 B 才能正确进行收方的第②步操作，才能获得明文 M，其他任何人都不能获得明文 M，从而确保了数据的秘密性。

自从 1976 年 W. Diffie 和 M. Hellman 教授提出公开密钥密码的新概念后。由于公开密钥密码具有优良的密码学特性和广阔的应用前景，很快便吸引了全世界的密码爱好者，他们提出了各种各样的公开密钥密码算法和应用方案，密码学进入了一个空前繁荣的阶段。然而公开密钥密码的研究确非易事，尽管提出的算法很多，但是能经得起时间考验的却寥寥无几。经过几十年的研究和发展，目前公开密钥密码已经得到广泛的应用。

目前世界公认的比较安全的公开密钥密码有基于大合数因子分解困难性的 RSA 密码类[70]、基于离散对数问题困难性的 ELGamal 密码类[71]（包括椭圆曲线密码[72,73,74]）、基于纠错编码译码困难性的 McEliece 密码类[75,76] 以及其他一些密码类。但是，随着量子计算机技术的发展，量子计算机将对 RSA 密码类和 ELGamal 密码类构成威胁[3]。目前学术界普遍认为，McEliece 密码类以及其他一些密码类可以抵抗量子计算机的攻击[77]。

6.2　RSA 密码

1978 年美国麻省理工学院的三名密码学者 R. L. Rivest，A. Shamir 和 L. Adleman 提出了一种基于大合数因子分解困难性的公开密钥密码，简称为 RSA 密码[70]。RSA 密码被誉为是一种风格幽雅的公开密钥密码。由于 RSA 密码既可用于加密，又可用于数字签名，通俗易懂，因此 RSA 密码已成为目前应用最广泛的公开密钥密码之一。许多国际标准化组织，如 ISO、ITU、SWIFT 和 TCG 等都已接收 RSA 作为标准。Internet 网络的 Email 保密系统 GPG 以及国际 VISA 和 MASTER 组织的电子商务协议（SET 协议）中都将 RSA 密码作为传送会话密钥和数字签名的标准。

我国学者在公钥密码的设计、分析和应用等方面都作出了许多卓越贡献。例如，我国商用公钥密码 SM2 已成为 ISO 和 TCG 的标准。

6.2.1　RSA 加解密算法

① 随机地选择两个大素数 p 和 q，并且保密；

② 计算 $n = pq$，将 n 公开；

③ 计算 $\varphi(n) = (p-1)(q-1)$，对 $\varphi(n)$ 保密；

④ 随机地选取一个正整数 e，$1 < e < \varphi(n)$ 且 $(e, \varphi(n)) = 1$，将 e 公开；

⑤ 根据 $ed = 1 \mod \varphi(n)$，求出 d，并对 d 保密；

⑥ 加密运算：

$$C = M^e \mod n \tag{6-4}$$

⑦ 解密运算：

$$M = C^d \mod n \tag{6-5}$$

由以上算法可知，RSA 密码的公开加密钥 $K_e = <n, e>$，而保密的解密钥 $K_d = <p, q, d, \varphi(n)>$。

说明：算法中的 $\varphi(n)$ 是一个数论函数，称为欧拉（Euler）函数。$\varphi(n)$ 表示在比 n 小的正整数中与 n 互素的数的个数。例如，$\varphi(6)=2$，因为在 1，2，3，4，5 中与 6 互素的数只有 1 和 5 两个数。若 p 和 q 为素数，且 $n=pq$，则 $\varphi(n)=(p-1)(q-1)$。

例 6-1　令 $p=47$，$q=71$，$n=47\times71=3337$，$\varphi(n)=\varphi(3337)=46\times70=3220$。选取 $e=79$，计算 $d=e^{-1}\bmod 3220=1019\bmod 3220$。公开 $e=79$ 和 $n=3337$，保密 $p=47$，$q=71$，$d=1019$ 和 $\varphi(n)=3220$。

设明文 $M=688\ 232\ 687\ 966\ 668\ 3$，进行分组，$M_1=688$，$M_2=232$，$M_3=687$，$M_4=966$，$M_5=668$，$M_6=003$。$M_1$ 的密文 $C_1=688^{79}\bmod 3337=1570$，继续进行类似计算，可得最终密文

$C=1570\ 2756\ 2091\ 2276\ 2423\ 158$。

如若解密，计算 $M_1=1570^{1019}\bmod 3337=688$，类似地可解密还原出其他明文。

现在对 RSA 算法给出一些证明和说明。

（1）加解密算法的可逆性。

要证明加解密算法可逆性，根据是（6-1）即要证明：

$$M=C^d=(M^e)^d=M^{ed}\bmod n$$

因为 $ed=1\mod\varphi(n)$，这说明 $ed=t\varphi(n)+1$，其中 t 为某整数。所以，

$$M^{ed}=M^{t\varphi(n)+1}\mod n$$

因此要证明 $M^{ed}=M\mod n$，只需证明

$$M^{t\varphi(n)+1}=M\mod n$$

在 $(M,n)=1$ 的情况下，根据数论知识，

$$M^{t\varphi(n)}=1\mod n$$

于是有，

$$M^{t\varphi(n)+1}=M\mod n$$

在 $(M,n)\neq1$ 的情况下，分两种情况 $M=0$ 和 $M\in\{1,2,3,\cdots,n-1\}$：

① $M\in\{1,2,3,\cdots,n-1\}$

因为 $n=pq$，p 和 q 为素数，$M\in\{1,2,3,\cdots,n-1\}$，且 $(M,n)\neq1$。这说明 M 必含 p 或 q 之一为其因子，而且不能同时包含两者，否则将有 $M\geqslant n$，与 $M\in\{1,2,3,\cdots,n-1\}$ 矛盾。

不妨设 $M=ap$，其中 a 为某正整数。

又因 q 为素数，且 M 不包含 q，故有 $(M,q)=1$，于是有，

$$M^{\varphi(q)}=1\mod q$$

进一步有

$$M^{t(p-1)\varphi(q)}=1\mod q$$

因为 q 是素数，$\varphi(q)=(q-1)$，所以 $t(p-1)\varphi(q)=t(p-1)(q-1)=t\varphi(n)$，所以有

$$M^{t\varphi(n)}=1\mod q$$

于是

$$M^{t\varphi(n)}=bq+1，其中 b 为某整数。$$

两边同乘 M，得

$$M^{t\varphi(n)+1}=bqM+M$$

因为 $M=ap$，故

$$M^{t\varphi(n)+1}=bqap+M=abn+M$$

取模 n 得，

$$M^{\varphi(n)+1}=M \quad \mathrm{mod} \quad n$$

②$M=0$

当 $M=0$ 时，直接验证，可知命题成立。

（2）加密和解密运算的可交换性。

根据式（6-4）和式（6-5），有

$$D(E(M))=(M^e)^d=M^{ed}=(M^d)^e=E(D(M)) \quad \mathrm{mod} \ n$$

所以根据式（6-3）可知，RSA 密码可同时确保数据的秘密性和数据的真实性。

（3）加解密算法的有效性。

根据式（6-4）和式（6-5）可知，RSA 密码的加解密运算的核心是模幂运算。目前已有多种有效的模幂运算算法，因此 RSA 密码算法是有效的。请参见 6.3.3 小节。但是，为了安全，RSA 密码的参数必须选用很大的数，这时 RSA 密码算法的运算还是比较困难的。因此提高 RSA 密码的加解密效率仍是一个值得研究的问题。

（4）在计算上由公开密钥不能求出解密钥。

这一问题在 6.2.2 节分析论证。

6.2.2　RSA 密码的安全性

小合数的因子分解是容易的，然而大合数的因子分解却是十分困难的。关于大合数 N 的因子分解的时间复杂度下限目前尚没有一般的结果，迄今为止的各种因子分解算法提示人们这一时间下限将不低于 $O(\mathrm{EXP}(\ln N \ln\ln N)^{1/2})$。根据这一结论，只要合数 N 足够大，进行因子分解是相当困难的。

密码分析者攻击 RSA 密码的一种可能的途经是截获密文 C，从 C 中求出明文 M。他知道

$$M \equiv C^d \quad \mathrm{mod} \quad n$$

因为 n 是公开的，要从 C 中求出明文 M，必须先求出 d，而 d 是保密的。但他知道：

$$ed \equiv 1 \quad \mathrm{mod} \quad \varphi(n)$$

e 是公开的，要从中求出 d，必须先求出 $\varphi(n)$，而 $\varphi(n)$ 是保密的。但他又知道：

$$\varphi(n)=(p-1)(q-1)$$

要从中求出 $\varphi(n)$，必须先求出 p 和 q，而 p 和 q 是保密的。但他也知道：

$$n=pq,$$

要从 n 求出 p 和 q，只有对 n 进行因子分解。而当 n 足够大时，这是很困难的。

由此可见，只要能对 n 进行因子分解，便可攻破 RSA 密码。由此可以得出：破译 RSA 密码的困难性小于或等于对 n 进行因子分解的困难性。目前尚不能证明两者是否能确切相等，因为不能确知除了对 n 进行因子分解的方法外，是否还有别的更简捷的破译方法。

应用 RSA 密码应密切关注世界大数因子分解的进展。虽然大数的因子分解是十分困难的，但是随着科学技术的发展，计算机的计算能力在不断提高、人们对大数因子分解的能力在不断提高，而且分解所需的成本在不断下降。因此，对 RSA 密码的威胁在不断上升。

1994 年 4 月 2 日，由 40 多个国家的 600 多位科学家参加，通过 Internet 网，历时 9 个月，成功地分解了十进制 129 位的大合数，破译了 Rivest 等悬赏 100 美元的 RSA-129。1996 年 4 月 10 日又破译了 RSA-130。更令人惊喜的是，1999 年 2 月由美国、荷兰、英国、法国和澳大利亚的数学家和计算机专家，通过 Internet 网，历时 1 个月，成功地分解了十进制 140 位的大合数，破译了 RSA-140。2007 年 5 月人们成功分解了一个十进制 313 位(1038 位二进制位)的大合数 $2^{1039}-1$。这个大整数是一个梅森数。这是迄今为止被分解的最大整数。2009 年 12 月人们又成功破译了 RSA-232。2019 年 12 月法国和美国科学家宣布，成功地分解了十进制 240 位的大合数，从而破译了 RSA-240。该团队在 2020 年 3 月又宣布，成功分解了十进制 250 位的大合数，从而破译了 RSA-250。

其中，RSA-240 的大整数分解具体如下：

124620366781718784065835044608106590434820374651678805754818788883289666801188210855036039570272508747509864768438458621054865537970253930571891217684318286362846948405301614416430468066875699415246993185704183030512549594371137215902 9236099 = 5094359522885839914555051023580843714132648382024111473186660296521821206469746700620316443478873837606252372049619334517 × 2446242088383181505678131390240028966538020925789314014520412213365584770951781552582188977350305906690413020459908071447

根据大整数因子分解能力的进展，今天要应用 RSA 密码，应当采用足够大的整数 n。普遍认为对于一般应用，n 至少应取 1024 位，对于重要应用，n 最好取 2048 位。作者的研究小组在不同的项目中分别用软硬件方式研制开发出 1024 位和 2048 位的 RSA 密码系统。

大合数因子分解算法的研究是当前数论和密码学的一个十分活跃的领域。应用 RSA 密码应密切世界因子分解的进展。目前大合数因子分解的主要算法有 Pomerance 的二次筛法、Lenstra 的椭圆曲线分解算法、Pollard 的数域筛法及其各种改进、广义数域筛法、格数域筛法和针对特殊数的特殊数域筛法。要了解这些内容，请查阅有关文献。表 6-1 给出采用广义数域筛法进行因子分解所需的计算机资源。表 6-2 给出近年来因子分解问题的进展情况。

表 6-1　　　　　　　　　　　　　　因子分解所需的计算机资源

合数(位)	所需 MIPS 年
116	4×10^2
129	5×10^3
512	3×10^4

续表

合数(位)	所需 MIPS 年
768	2×10^7
1024	3×10^{11}
2048	3×10^{20}

表 6-2　　　　　　　　　　　　　因子分解问题的进展情况

十进制位数	二进制位数(近似值)	完成日期	MIPS 年	算法
100	332	1991 年 4 月	7	二次筛法
110	365	1992 年 4 月	75	二次筛法
120	398	1993 年 6 月	830	二次筛法
129	428	1994 年 4 月	5000	二次筛法
130	431	1996 年 4 月	1000	广义数域筛法
140	465	1999 年 2 月	2000	广义数域筛法
155	512	1999 年 8 月	8000	广义数域筛法
160	530	2003 年 4 月		格数域筛法
174	576	2003 年 12 月		格数域筛法
200	663	2005 年 5 月		格数域筛法
232	768	2009 年 12 月		
313	1038	2007 年 5 月		特殊数域筛法
240	795	2019 年 12 月		
250	829	2020 年 3 月		

由上可知，RSA 密码的安全性除了与上述攻击密切相关之外，还与其参数(p，q，e，d)的选取有密切关系。只要合理地选取参数，并且正确使用，在目前 RSA 密码仍是安全的。这就是目前 RSA 密码仍然广泛使用的重要原因。

最后指出，除了要继续关注用电子计算机进行大整数的因子分解之外，还必须关注用量子计算机进行的大整数因子分解。因为，利用 Shor 算法可以在多项式时间内求解整数分解问题[31]。理论分析表明，利用 Shor 算法 2048 量子位的量子计算机可以攻破 1024 位的 RSA 密码。但是，由于目前多数的量子计算机都是专用型计算机，尚不能执行 Shor 算法。只有少数量子计算机能够执行 Shor 算法，可惜量子位数太少，只能分解小整数，不能分解大整数，尚不能对 RSA 密码构成实际威胁。

请读者注意：除了 Shor 算法可以分解大整数外，又出现了其他类型的大整数分解方法和不用进行因子分解直接对 RSA 进行唯密文攻击的方法[28,78-80]。文献[28]把演化密码扩展到量子计算机领域，不采用 Shor 算法和 Grover 算法，而采用量子模拟退火算法进行大整数因子分解，成功分解了大整数 1245407 = 1109×1123，创造了 2019 年的世界最好量子分解纪录。文献 [78，79] 给出了两种唯密文攻击 RSA 的多项式复杂性的量子算法。两个算法都不需要因子分解，直接由 RSA 的密文求解明文。两个算法的成功概率都高于 Shor 算法，而且也没有 Shor 算法要求密文阶为偶数的限制。但是，目前的这些研究是初步的，还需要进一步提高。

6.2.3　RSA 的应用

　　要应用 RSA 密码，必须首先实现 RSA 密码。根据应用环境的需求不同，可用采用软件实现，也可用采用硬件实现。无论是硬件还是软件实现，有两个困难问题是必须解决的。其一是大素数 p，q 的产生，其二是大数的模乘和模幂高速运算。6.3.3 节给出了解决这两个问题的算法。

　　尽管人们对实现 RSA 的各种运算算法进行了大量的研究，提出了各种快速算法，从而大大提高了 RSA 软件实现的加解密速度，但是人们对 RSA 软件实现的加解密速度仍不满意，仍然希望它能更快一些。这种不满意是有根据的。因为计算机网络的速度在不断提高，现有的 RSA 软件实现的加解密速度不能满足网络的需求。其次，人们对电子商务、电子政务、电子金融等应用系统的数据处理速度的要求在提高，现有的 RSA 软件实现的加解密速度也不能满足人们在这方面的需求。另外，RSA 软件实现作为一种软件产品，它自身的安全性比较弱。根据以上两个方面的原因，我国的商业用密码管理政策鼓励密码产品以硬件形式实现。显然，与软件密码产品相比，硬件密码产品的加解密速度快，而且自身的安全性更高。出于以上的考虑，人们希望用硬件形式实现 RSA，以获得更好的性能。

　　在国外，许多企业都有自己的 RSA 硬件产品。我国深圳中兴集成电路公司于 2001 年推出了我国第一个 RSA 专用集成电路芯片，并且通过了国家密码管理局的认证。

　　2002 年作者和企业合作研制出我国第一款可信计算平台模块芯片 J2810，如图 6-1 所示。芯片 J2810 中成功地实现了 1024 位的 RSA 硬件引擎。

图 6-1　J2810 芯片

芯片 J2810 具有以下特点：
①硬件资源丰富：16 位 RISC CPU；64KB FLASH 存储器；
②地址总线、数据总线、控制总线引至芯片引脚，同时支持 GPIO、UART、7816、

I^2C和 USB 等多种总线；

③存储器的物理和逻辑隔离保护，确保数据安全存储；

④1024 位 RSA 硬件引擎，加密速度快；

⑤物理随机数产生器；

⑥内含电压保护和"看门狗"等保护电路；

⑦支持安全的一个芯片多个应用。

芯片 J2810 的 1024 位 RSA 硬件引擎及其与 CPU 的接口框图如图 6-2 所示。

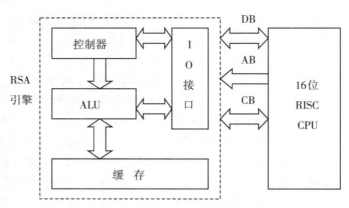

图 6-2　J2810 的 RSA 硬件引擎结构图

为了便于对 RSA 硬件引擎的操作，设置了一组操作命令，如初始化命令 INIT、读命令 **READ**、写命令 **WRITE**、模乘命令 **MODML**、模幂命令 **MODEXP** 等。利用这些操作命令，可以实现大数的模乘和模幂运算，从而实现 RSA 密码的加密、解密、数字签名和验证签名等密码功能。实际上利用这一引擎还可以实现其他基于大数模乘和模幂运算的公钥密码，如 ELGamal 密码、椭圆曲线密码、Diffie-Hellman 密钥协商协议等。

由于这一芯片资源丰富，并采取了一系列安全保密措施(存储器的物理和逻辑隔离保护，1024 位 RSA 硬件引擎，物理随机数产生器等)，因此称得上是一种密码单片机。又因为它具有 USB 接口，所以特别适合用做电子钥匙 EK(Electronic Key)。由于电子钥匙 EK 具有数据加密、数字签名和数据的安全存储等安全功能，因此特别适合用作用户的身份凭证、印章和钥匙。目前，电子钥匙 EK 已广泛用于电子商务、电子政务、电子金融等应用系统中。

2007 年作者和企业合作又推出了新一代可信平台模块芯片(J3210)，它既支持中国的可信计算密码模块(TCM)技术规范，又支持 TCG 的可信平台模块(TPM)技术规范。计算资源和密码资源丰富是它的突出特点。J3210 采用了 32 位 CPU，并成功地实现了 1024～2048 位的 RSA 硬件引擎，可以方便地支持 1024，2048 位的 RSA 密码。

为了方便应用，J3210 设置了 4 个 RSA 基本运算宏命令，如表 6-3 所示。用户利用它们可以方便地实现 RSA 密码的各种运算。

表 6-3	J3210 芯片的 RSA 宏命令
RSA 宏	计　　算
MOD	$x \bmod m$
MODEXP	$x^e \bmod m$ 用 Montgomery 模乘算法计算
MODMULT	$xy \bmod m$
MODDIV	$y/x \bmod m$，其中 $GCD(x, m) = 1$

6.3　ElGamal 密码

ElGamal 密码是除了 RSA 密码之外最有代表性的公开密钥密码之一[71]，它的安全性建立在离散对数问题的困难性之上，是一种公认安全的公钥密码。目前，ElGamal 密码已经得到广泛应用。

6.3.1　离散对数问题

设 p 为素数，若存在一个正整数 α，使得 α^1，α^2，α^3，…，α^{p-1}，关于模 p 互不同余，则称 α 为模 p 的本原元。显而易见若 α 为模 p 的本原元，则对于 $y \in \{1, 2, 3, \cdots, p-1\}$ 一定存在一个正整数 x，使得 $y = \alpha^x \bmod p$。

于是我们有如下的运算：

设 p 为素数，α 为模 p 的本原元，α 的幂乘运算为

$$y = \alpha^x \bmod p, \quad 1 \leqslant x \leqslant p-1, \tag{6-6}$$

则称 x 为以 α 为底的模 p 的对数。求解对数 x 的运算为

$$x = \log_\alpha y, \quad 1 \leqslant y \leqslant p-1。 \tag{6-7}$$

由于上述运算是定义在模 p 有限域 $\mathbf{GF}(p)$ 上的，所以称为离散对数运算。

例 6-2　取 $p = 13$，则 $\alpha = 2$ 是模 p 的本原元。理由如下：

$\alpha^1 = 2$，$\alpha^2 = 4$，$\alpha^3 = 8$，$\alpha^4 = 3$，$\alpha^5 = 6$，$\alpha^6 = 12$，$\alpha^7 = 11$，$\alpha^8 = 9$，$\alpha^9 = 5$，$\alpha^{10} = 10$，$\alpha^{11} = 7$，$\alpha^{12} = 1$

$y = \alpha^x \bmod p$	1	2	3	4	5	6	7	8	9	10	11	12
$x = \log_\alpha y \bmod p$	12	1	4	2	9	5	11	3	8	10	7	6

从 x 计算 y 是容易的，至多需要 $2 \times \log_2 p$ 次乘法运算。可是从 y 计算 x 就困难得多，目前已知最快的求解离散对数算法的时间复杂度为：

$$O\left(\exp\left(\left(\ln p\right)^{\frac{1}{3}} \ln\left(\ln p\right)\right)^{\frac{2}{3}}\right)$$

可见，只要 p 足够大，求解离散对数问题是相当困难的。这便是著名的离散对数问题。而且，离散对数问题具有较好的单向性。

由于离散对数问题具有较好的单向性，所以离散对数问题在公钥密码学中得到广泛应用。除了 ElGamal 密码外，著名的 Diffie-Hellman 密钥交换协议和美国数字签名标准算法 DSA、俄罗斯数字签名标准 GOST 等都是建立在离散对数问题之上的。

6.3.2　ElGamal 密码

ElGamal 改进了 Diffie 和 Hellman 的基于离散对数的密钥交换协议，提出了基于离散对数的公开密钥密码和数字签名体制[71]。

随机地选择一个大素数 p，且要求 $p-1$ 有大素数因子。再选择一个模 p 的本原元 α。将 p 和 α 公开。

1. 密钥生成

用户随机地选择一个整数 d 作为自己的秘密的解密钥，$1 < d < p-1$，计算 $y = \alpha^d \bmod p$，把 y 作为自己的公开的加密钥。

由公开钥 y 计算秘密钥 d，必须求解离散对数，而这是极其困难的。

2. 加密

将明文消息 $M(0 \leqslant M \leqslant p-1)$ 加密成密文的过程如下：

①随机地选取一个整数 k，$1 < k < p-1$。

②计算

$$U = y^k \bmod p \tag{6-8}$$

$$C_1 = \alpha^k \bmod p \tag{6-9}$$

$$C_2 = UM \bmod p \tag{6-10}$$

③取 (C_1, C_2) 作为密文。

3. 解密

将密文 (C_1, C_2) 解密的过程如下：

①计算

$$V = C_1^d \bmod p; \tag{6-11}$$

②计算

$$M = C_2 V^{-1} \bmod p。 \tag{6-12}$$

解密的可还原性证明如下：

因为，

$$
\begin{aligned}
C_2 V^{-1} \bmod p &= (UM) V^{-1} \bmod p \\
&= UM (C_1^d)^{-1} \bmod p \\
&= UM ((\alpha^k)^d)^{-1} \bmod p \\
&= UM ((\alpha^d)^k)^{-1} \bmod p \\
&= UM ((y)^k)^{-1} \bmod p \\
&= UM (U)^{-1} \bmod p \\
&= M \bmod p,
\end{aligned}
$$

故解密可还原。

例 6-3　设 $p = 2579$，取 $\alpha = 2$，秘密钥 $d = 765$，计算出公开钥 $y = 2^{765} \bmod 2579 = 949$。再取明文 $M = 1299$，随机数 $k = 853$，则 $C_1 = 2^{853} \bmod 2579 = 435$，$C_2 = 1299 \times 949^{853} \bmod 2579 = 2396$，所以密文为 $(C_1, C_2) = (435, 2396)$。解密时计算 $M = 2396 \times (435^{765})^{-1} \bmod$

$2579 = 1299$。从而还原出明文。

4. 安全性

由于 ElGamal 密码的安全性建立在 $GF(p)$ 上离散对数的困难性之上，而目前尚无求解 $GF(p)$ 上离散对数的有效算法，所以在 p 足够大时 ElGamal 密码是安全的。为了安全 p 应为 150 位以上的十进制数，而且 $p-1$ 应有大素因子。因为 p 为大素数，$p-1$ 为偶数，$p-1$ 一定有因子 2。我们希望除了因子 2 外，其余因子为大素数因子。理想情况是 p 为强素数，$p-1 = 2q$，其中 q 为大素数。

此外，为了安全加密所使用的 k 必须是一次性的。这是因为，如果使用的 k 不是一次性的，时间长了就可能被攻击者获得。又因 y 是公开密钥，攻击者自然知道。于是攻击者就可以根据式 (6-8) 计算出 U，进而利用 Euclid 算法求出 U^{-1}。又因为攻击者可以获得密文 C_2，于是可根据式 (6-10) 通过计算 $U^{-1}C_2$ 得到明文 M。另外，设用同一个 k 加密两个不同的明文 M 和 M'，相应的密文为 (C_1, C_2) 和 (C_1', C_2')。因为 $C_2/C_2' = M/M'$，如果攻击者知道 M，则很容易求出 M'。

注意，理论上解密钥 d 的选择范围为 $1 < d < p-1$，但是 d 选的太小或太大都不好。因为攻击者在用穷举方法猜测 d 时，一般会首先试验太小或太大的 d。同理，随机数 k 也不要选得太小或太大。随机数 k 的选择还要保证按式 (6-8) 计算的 $U \bmod p \neq 1$。如果 $U \bmod p = 1$，则根据式 (6-10) 可知，$C_2 = M$，从而暴露明文 M。

提醒读者注意，Shor 算法不仅可以在多项式时间内求解整数分解问题，而且能够在多项式时间内求解离散对数问题[31]。因此，在量子计算环境下，Shor 算法不仅是 RSA 密码的主要威胁之一，也是 ElGamal 密码的主要威胁之一。

6.3.3　实现技术

为了 ElGamal 密码能够实用，其密码算法的实现必须是高效的。这就要求 ElGamal 密码的大素数产生、大数的模乘和大数的模幂运算都是高效的。这里介绍大素数的产生方法和两种高速运算算法。

为了 ElGamal 密码安全，素数 p 至少应是十进制 160 位以上的大素数。但是要产生十进制 160 位以上的大素数是比较困难的。目前产生大素数的方法有概率性算法和确定性算法。概率性算法可以以足够高的概率产生一个素数，而确定性算法可准确地产生一个素数。目前广泛应用的还是素数的概率性产生算法。

1. 素数的概率性检验算法

素数产生的概率性算法可以在指定的范围内产生一个大整数，并且可以保证这个整数是素数的概率足够高。目前最常用的概率性算法是 Miller 检验算法。Miller 检验算法已经成为美国的国家标准。

设 n 为被检验的整数，$n = 2^t m + 1$，其中 m 为 $n-1$ 的最大奇因子，$t \geq 1$。记检测 n 是否为素数的算法为 $F(l, k)$，其中 l, k 为正整数，且是算法的输入。Pass 为布尔型变量。

算法 $F(l, k)$：

① Pass $= 0$；

② 随机地从 10^l 到 10^{l+1} 的范围内任取一个奇整数 n；

③ 随机地从 2 到 $n-2$ 之间取 k 个互不相同的整数：a_1，a_2，$\cdots$，a_k；

④ For $i=1$ To k Loop

⑤ 调用子过程 **Miller**($\mathbf{n}$，$\mathbf{a_i}$)；

⑥ If pass $=0$ Then Goto ⑧；

⑦ EndLoop

⑧ 若 Pass $=1$，则认为 n 可能为素数，否则肯定 n 为合数，结束。

子过程 **Miller**(n，a_i)：

① 计算 $b=a_i^m \bmod n$；

② If $b=\pm 1$ Then Pass $=1$ and Goto ⑧；

③ Pass $=0$；

④ For $j=1$ To $t-1$ Loop

⑤ $b=b^2 \bmod n$；

⑥ If $b=-1$ Then Pass $=1$ and Goto ⑧；

⑦ EndLoop

⑧ 结束。

定理 6-1　执行算法 $F(l,k)$ 所产生的正整数 n 不是素数的概率 $\leqslant 2^{-2k}$。

例如，令 $l=99$，$k=50$，执行算法 $F(l,k)$ 可在 $10^{99} \sim 10^{100}$ 的范围内产生一个正整数 n，而 n 不是素数的概率 $\leqslant 2^{-100}$。

除了这里介绍的素数的概率性检验算法外，还有素数的确定性检验算法，通过确定性检验算法后可以肯定被检验的数是否是素数。2003 年印度学者给出了一种确定性素数检验算法。

2. 快速运算算法

这里介绍反复平方乘快速模幂算法和 Montgomery 快速模乘算法。

(1) 反复平方乘算法。

下面介绍一种称为反复平方乘的快速模幂运算算法。

设要计算 $C=m^e \bmod n$。再设 e 的二进制表示为

$$
\begin{aligned}
e &= e_{k-1} 2^{k-1}+e_{k-2} 2^{k-2}+\cdots+e_1 2^1+e_0 \\
&= 2(2(\cdots(2(2(e_{k-1})+e_{k-2})+)\cdots)+e_1)+e_0
\end{aligned}
\tag{6-13}
$$

于是 $C=m^e \bmod n$ 可表示为：

$$
\begin{aligned}
C &= m^{e_{k-1}2^{k-1}+e_{k-2}2^{k-2}+\cdots+e_2 2^2+e_1 2+e_0} \bmod n \\
&= ((\cdots((m^{e_{k-1}})^2 m^{e_{k-2}})^2 \cdots m^{e_2})^2 m^{e_1})^2 m^{e_0} \bmod n
\end{aligned}
\tag{6-14}
$$

式(7-14)说明，可将 $C=m^e \bmod n$ 表示成一种反复平方乘的迭代形式，因此可以用反复平方乘的迭代算法来计算。反复平方乘算法只需要计算 $k-1$ 次平方和一定次数的模乘，模乘的次数等于 e 的二进制系数中为 1 的个数。从而大大简化了计算，提高了运算速度。

算法 $F(m,e,n,c)$：

① $c=1$；

② For $i=k-1$ Downto 0 Loop

③ $c=c^2 \bmod n$；

④ If $e_i = 1$ Then $c = cm \bmod n$；

⑤ EndLoop

⑥ End

反复平方乘的迭代算法，在密码技术中得到广泛应用。

（2）Montgomery 算法。

下面介绍 Montgomery 快速模乘算法[119]。

Montgomery 算法把部分积对任意的 n 取模运算转化为对数基 R 的取模，由于 R 比 n 小得多，对数基 R 的取模运算要比对 n 的取模运算简单得多。对于特别选择的 R 可使得对 R 的取模运算变为移位运算，从而可以提高模乘运算的速度。因为利用 Montgomery 算法可以实现快速模幂运算，所以 Montgomery 算法在许多公钥密码的软硬件实现中得到广泛应用。

Montgomery 算法如下：

设 n 为模数，选择一个与 n 互素的正整数 R 作为基数。再选择正整数 R^{-1} 和 n'，满足 $0 < R^{-1} < n$，$0 < n' < R$，且使

$$RR^{-1} - n\, n' = 1 \tag{6-15}$$

根据式（6-15）有

$$R\, R^{-1} = 1 \quad \bmod \quad n \tag{6-16}$$

$$n\, n' = -1 \quad \bmod \quad R \tag{6-17}$$

于是称 R^{-1} 为 R 的模 n 逆，n' 为 n 的模 R 负逆。

设 A 和 B 是要模乘的两个数，且满足 $0 \leqslant AB < nR$，Montgomery 算法 **Mon**(A, B, R, n) 给出计算模乘 $ABR^{-1} \bmod n$ 的快速算法。

Function　Mon(A, B, R, n)：

① $T = AB$；

② $s = Tn' \quad \bmod R$； $\tag{6-18}$

③ $t = (T + sn)/R$； $\tag{6-19}$

④ if　$t \geqslant n$ then return $(t-n)$ else return t

根据算法 **Mon**(A, B, R, n) 可知，$t = (T + sn)/R$，$tR = T + sn$。所以有

$$T + sn = 0 \quad \bmod R$$

这说明 $(T + sn)$ 是 R 的倍数，因此 t 为整数。根据 $tR = T + sn$，于是又有

$$tR = T \bmod n$$

$$t = T\, R^{-1} \bmod n$$

$$t = ABR^{-1} \bmod n \tag{6-20}$$

这就证明了 Montgomery 算法完成了 $ABR^{-1} \bmod n$ 的计算。即

$$\textbf{Mon}(A, B, R, n) = AB\, R^{-1} \bmod n$$

为了利用函数 **Mon**(A, B, R, n)，必须首先选择产生 R 和 n'，但是这种选择产生的计算是一次性的，可以预处理，因此消耗的时间不多。

值得注意的是，在函数 **Mon**(A, B, R, n) 中的第①步，计算 $T = AB$，由于 A 和 B 都是大数，这一乘法运算仍是很麻烦的。这说明 Montgomery 算法并不能省略大数的乘法运

算。但是这里仅仅是计算大数的乘法，而不需要取模运算。这与普通的大数模乘运算相比，仍然节省了很多。

另外，在函数 **Mon**(A，B，R，n)中没有进行 mod n 的计算，只进行了 mod R 的计算。一般 R 比 n 小得多，而且通常都选 $R=2^w$，w 是非负整数，从而使 mod R 的计算变成移位操作，计算更加简捷。

下面给出利用函数 **Mon**(A，B，R，n)计算 $y=ab$ mod n 的完整过程。

① 首先进行预处理：

$$A=aR，B=bR \tag{6-21}$$

② 然后计算：

$$\begin{aligned} \text{Y}=\textbf{Mon}(A，B，R，n) &= AB\ R^{-1}\ \text{mod}\ n\\ &=(aR)(bR)R^{-1}\ \text{mod}\ n\\ &=abR\quad \text{mod}\ n \end{aligned} \tag{6-22}$$

③ 最后进行调整运算：

$$\begin{aligned} y &= Y\ R^{-1}\ \text{mod}\ n\\ &=(abR)R^{-1}\ \text{mod}\ n\\ &=ab\quad \text{mod}\ n \end{aligned} \tag{6-23}$$

注意，由于 Montgomery 算法采用了 mod R 运算，因此在计算 ab mod n 时先要进行预处理，最后还要进行调整运算。所以用 Montgomery 算法一次性地计算 ab mod n 并不划算。Montgomery 算法最适合用于大量反复模乘的计算，例如 RSA 和 ELGamal 的加解密运算。因此 Montgomery 算法在 RSA 和 ELGamal 密码的软硬件实现中得到广泛应用。

最后指出，上述算法是原理性的。实际应用中还有许多对 Montgomery 算法进行改进的方法，使实际的运算速度更快。

6.3.4　ElGamal 密码的应用

由于 ElGamal 密码的安全性得到世界公认，所以得到广泛的应用。著名的美国数字签名标准 DSS，采用了 ElGamal 密码的一种变形。为了适应不同的应用，人们在应用中总结出 18 种不同的 ElGamal 密码的变形。参见第 7 章表 7-1。

为了应用好 ElGamal 密码，还必须注意以下问题。

(1)加解密速度。

和 RSA 一样，ElGamal 密码的加解密速度主要取决于模幂运算的速度。但是由于实际应用时 ElGamal 密码运算的数比 RSA 要小，所以 ElGamal 密码的加解密速度比 RSA 稍快。

(2)随机数源。

另外，由 ElGamal 密码的加解密算法可以知道，解密钥 d 和随机数 k 都应是高质量的随机数。因此，应用 ElGamal 密码需要一个好的随机数源，也就是说能够快速地产生高质量的随机数。

(3)大素数的选择。

为了 ElGamal 密码的安全，p 应为 160 位(十进制数)以上的大素数，而且 $p-1$ 应有大素因子。理想情况应选 p 为强素数，$p-1=2q$，其中 q 为大素数。选择 p 为强素数的另一个好处是，1 到 $p-1$ 范围内的数约有一半为本原元，另一半的阶为 q，质量也不错。这样，本原元的选择就比较容易。

6.4　椭圆曲线密码

人们对椭圆曲线的研究已有 100 多年的历史，而椭圆曲线密码 ECC（Elliptic Curve Cryptosysytem）是 Koblitz 和 Miller 于 80 年代提出的[72,73]。ElGamal 密码是建立在有限域 $GF(p)$ 之上的，其中 p 是一个大素数，这是因为有限域 $GF(p)$ 的乘法群中的离散对数问题是难解的。受此启发，在其他任何离散对数问题难解的群中，同样可以构成 ElGamal 密码。于是人们开始寻找其他离散问题难解的群。研究发现，有限域上的椭圆曲线上的一些点构成交换群，而且离散对数问题是难解的。于是可在此群上定义 ELGamal 密码，并称为椭圆曲线密码。目前，椭圆曲线密码已成为除 RSA 密码之外呼声最高的公钥密码之一。它密钥短、签名短，软件实现规模小、硬件实现电路省电。普遍认为，160 位长的椭圆曲线密码的安全性相当于 1024 位的 RSA 密码，而且运算速度也较快。正因为如此，一些国际标准化组织已把椭圆曲线密码作为新的信息安全标准。如，IEEE P1363/D4，ANSI F9.62，ANSI F9.63 等标准，分别规范了椭圆曲线密码在 Internet 协议安全、电子商务、Web 服务器、空间通信、移动通信、智能卡等方面的应用。

6.4.1　椭圆曲线

椭圆曲线并不是椭圆，之所以称为椭圆曲线是因为它们与计算椭圆周长的方程相似。椭圆曲线可以定义在不同的有限域上，对我们最有用的是定义在素域 $GF(p)$ 上的椭圆曲线和定义在扩域 $GF(2^m)$ 上的椭圆曲线。下面分别介绍这两种椭圆曲线。

1. $GF(p)$ 上的椭圆曲线

定义 6-1　设 p 是大于 3 的素数，且 $4a^3+27b^2 \neq 0 \bmod p$，称曲线

$$y^2 = x^3+ax+b,\ a,\ b \in GF(p) \tag{6-24}$$

为 $GF(p)$ 上的椭圆曲线。

由式（6-24）的椭圆曲线可得到一个同余方程：

$$y^2-(x^3+ax+b)=0,\ a,\ b \in GF(p)$$
$$y^2 = x^3+ax+b \quad \bmod p \tag{6-25}$$

其解为一个二元组 $(x,\ y)$，其中 $x,\ y \in GF(p)$，将此二元组描画到椭圆曲线上便为一个点，并称其为解点。

为了利用解点构成交换群，需要引进一个 0 元素，并定义如下的加法运算：

①引进一个无穷点 $O(\infty,\ \infty)$，简记为 O，作为 0 元素。

$$O(\infty,\ \infty)+O(\infty,\ \infty)=0+0=0 \tag{6-26}$$

并定义对于所有的解点 $P(x,\ y)$，有

$$P(x,\ y)+O=O+P(x,\ y)=P(x,\ y) \tag{6-27}$$

②设 $P(x_1,\ y_1)$ 和 $Q(x_2,\ y_2)$ 是解点，如果 $x_1=x_2$ 且 $y_1=-y_2$，则

$$P(x_1,\ y_1)+Q(x_2,\ y_2)=0 \tag{6-28}$$

这说明任何解点 $R(x,y)$ 的逆就是 $R(x,-y)$。

③设 $P(x_1,y_1)$ 和 $Q(x_2,y_2)$ 是解点，如果 $P\neq\pm Q$，则

$$P(x_1,y_1)+Q(x_2,y_2)=R(x_3,y_3)$$

其中

$$\begin{cases} x_3=\lambda^2-x_1-x_2 \\ y_3=\lambda(x_1-x_3)-y_1 \\ \lambda=\dfrac{(y_2-y_1)}{(x_2-x_1)} \end{cases} \tag{6-29}$$

④当 $P(x_1,y_1)=Q(x_2,y_2)$ 时，有

$$P(x_1,y_1)+Q(x_2,y_2)=2P(x_1,y_1)=R(x_3,y_3)。$$

其中

$$\begin{cases} x_3=\lambda^2-2x_1 \\ y_3=\lambda(x_1-x_3)-y_1 \\ \lambda=\dfrac{3x_1^2+a}{2y_1} \end{cases} \tag{6-30}$$

作集合 $\boldsymbol{E}=\{$全体解点，无穷点 $O\}$。

可以验证，如上定义的集合 $\boldsymbol{E}$ 和加法运算构成加法交换群。

椭圆曲线及其解点的加法运算的几何意义如图 6-3 所示。

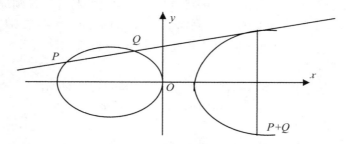

图 6-3　椭圆曲线及其点的相加

设 $P(x_1,y_1)$ 和 $Q(x_2,y_2)$ 是椭圆曲线的两个点，则连接 $P(x_1,y_1)$ 和 $Q(x_2,y_2)$ 的直线与椭圆曲线的另一交点关于横轴的对称点即为 $P(x_1,y_1)+Q(x_2,y_2)$ 点。

例 6-4　取 $p=11$，椭圆曲线 $y^2=x^3+x+6$。由于 p 较小，使 $\boldsymbol{GF}(p)$ 也较小，故可以利用穷举的方法根据式(6-25)求出所有解点。穷举过程示于表 6-4。

表 6-4　　　　　　　　　　　　　　　　**椭圆曲线 $y^2=x^3+x+6$ 的解点**

x	$x^3+x+6 \bmod 11$	是模 11 平方剩余吗?	y
0	6	No	

x	$x^3+x+6 \bmod 11$	是模 11 平方剩余吗?	y
1	8	No	
2	5	Yes	4，7
3	3	Yes	5，6
4	8	No	
5	4	Yes	2，9
6	8	No	
7	4	Yes	2，9
8	9	Yes	3，8
9	7	No	
10	4	Yes	2，9

①根据表 6-4 可知全部解点集为：｛(2，4)，(2，7)，(3，5)，(3，6)，(5，2)，(5，9)，(7，2)，(7，9)，(8，3)，(8，8)，(10，2)，(10，9)｝。再加上无穷远点 O，共 13 的点构成一个加法交换群。

②由于群的元素个数为 13，而 13 为素数，所以此群是循环群，而且任何一个非 O 元素都是生成元。

③由于是加法群，n 个元素 G 相加，$G+G+\cdots+G=nG$。我们取 $G=(2，7)$ 为生成元，具体计算加法如下：

$$2G=(2，7)+(2，7)=(5，2)$$

这是因为 $\lambda=(3\times2^2+1)(2\times7)^{-1} \bmod 11=2\times3^{-1} \bmod 11=2\times4 \quad \bmod 11=8$。于是，$x_3=8^2-2-2 \bmod 11=5$，$y_3=8(2-5)-7 \bmod 11=2$。

经过类似计算，最后得：

$$G=(2，7)，2G=(5，2)，$$
$$3G=(8，3)，4G=(10，2)，$$
$$5G=(3，6)，6G=(7，9)，$$
$$7G=(7，2)，8G=(3，5)，$$
$$9G=(10，9)，10G=(8，8)，$$
$$11G=(5，9)，12G=(2，4)，$$
$$13G=12G+G=(2，4)+(2，7)=O。$$

由此显然可知，全部解点加上无穷远点 O 的集合｛O，G，$2G$，$3G$，$4G$，$5G$，$6G$，$7G$，$8G$，$9G$，$10G$，$11G$，$12G$｝构成循环群，其中任何一个非零元素都是生成元。

例 6-5　$p=5$ 时，$GF(p)$ 上的一些椭圆曲线的解点数(包含无穷远点)如表 6-5 所示。

表 6-5 $GF(5)$ 上的一些椭圆曲线的解点数

椭圆曲线	解点数	椭圆曲线	解点数
$y^2=x^3+2x$	2	$y^2=x^3+4x+2$	3
$y^2=x^3+x$	4	$y^2=x^3+3x+2$	5
$y^2=x^3+1$	6	$y^2=x^3+2x+1$	7
$y^2=x^3+4x$	8	$y^2=x^3+x+1$	9
$y^2=x^3+3x$	10		

2. $GF(2^m)$ 上的椭圆曲线

定义 6-2 设 m 是正整数，且 $b\neq 0$，称曲线

$$y^2+xy=x^3+ax^2+b, \quad a,\ b\in GF(2^m) \tag{6-31}$$

为 $GF(2^m)$ 上的椭圆曲线。

和 $GF(p)$ 上的椭圆曲线一样，$GF(2^m)$ 上的椭圆曲线的全体解点加上无穷远点的集合 E 构成加法交换群。

①单位元　单位元也称为 0 元素，它是无穷远点 $O(\infty,\ \infty)$：

$$O(\infty,\ \infty)+O(\infty,\ \infty)=0+0=0。 \tag{6-32}$$

对于所有的解点 $P(x,\ y)$，有

$$P(x,\ y)+O(\infty,\ \infty)=O(\infty,\ \infty)+P(x,\ y)=P(x,\ y) \tag{6-33}$$

②逆元素　设 $P(x_1,\ y_1)$ 和 $Q(x_2,\ y_2)$ 是解点，如果 $x_2=x_1$ 且 $y_2=x_1+y_1$，则

$$P(x_1,\ y_1)+Q(x_2,\ y_2)=0 \tag{6-34}$$

也就是说，任何解点 $R(x,\ y)$ 的逆是 $R(x,\ x+y)$。

③点加　设 $P(x_1,\ y_1)$ 和 $Q(x_2,\ y_2)$ 是解点，如果 $P\neq\pm Q$，则

$$P(x_1,\ y_1)+Q(x_2,\ y_2)=R(x_3,\ y_3)。$$

其中：

$$\begin{cases} x_3=\lambda^2+\lambda+x_1+x_2+a \\ y_3=\lambda(x_1+x_3)+x_3+y_1 \\ \lambda=\dfrac{(y_1+y_2)}{(x_1+x_2)} \end{cases} \tag{6-35}$$

④倍点　设 $P(x_1,\ y_1)$ 是解点，如果 $P\neq -P$，则 $P+P=2P=Q(x_3,\ y_3)$。

其中：

$$\begin{cases} x_3=\lambda^2+\lambda+a=x_1^2+\dfrac{b}{x_1^2} \\ y_3=x_1^2+\lambda x_3+x_3 \\ \lambda=x_1+\dfrac{y_1}{x_1} \end{cases} \tag{6-36}$$

例 6-6　$g(x)=x^4+x+1$ 是 $GF(2)$ 上的既约多项式，用 $g(x)$ 构造扩域 $GF(2^4)$。$GF(2^4)$ 的任一元素都可用表 6-6 中四种形式来表示。取 $a=\alpha^3$，$b=\alpha^{14}$，考虑 $GF(2^4)$ 上的椭圆曲线多项式

$$y^2+xy=x^3+ax^2+b=x^3+\alpha^3x^2+\alpha^{14}$$

通过穷举，求出其全部解点如下：

$P_1=(0000,\ 1011)$　$P_7=(0011,\ 1111)$　$P_{13}=(1000,\ 1001)$　$P_{19}=(1100,\ 1100)$
$P_2=(0001,\ 0000)$　$P_8=(0101,\ 0000)$　$P_{14}=(1001,\ 0110)$　$P_{20}=(1111,\ 0100)$
$P_3=(0001,\ 0001)$　$P_9=(0101,\ 0101)$　$P_{15}=(1001,\ 1111)$　$P_{21}=(1111,\ 1011)$
$P_4=(0010,\ 1101)$　$P_{10}=(0111,\ 1011)$　$P_{16}=(1011,\ 0010)$
$P_5=(0010,\ 1111)$　$P_{11}=(0111,\ 1100)$　$P_{17}=(1011,\ 1001)$
$P_6=(0011,\ 1100)$　$P_{12}=(1000,\ 0001)$　$P_{18}=(1100,\ 0000)$

用 P_1 点进行验证。因为 $P_1=(x_1,\ y_1)=(0000,\ 1011)$，故 $x_1=(0000)=0$，$y_1=(1011)=\alpha^7$。将其代入椭圆曲线方程，左边 $y^2+xy=(\alpha^7)^2+(0)(\alpha^7)=\alpha^{14}$，右边 $=x^3+\alpha^3x^2+\alpha^{14}=(0)^3+(\alpha^3)(0)^2+\alpha^{14}=\alpha^{14}$，左边等于右边。证明点 P_1 确实是椭圆曲线的解点。

计算点加：$P_5+P_{19}=(0010,\ 1111)+(1100,\ 1100)$。

这里，$x_1=(0010)=\alpha$，$y_1=(1111)=\alpha^{12}$，$x_2=(1100)=\alpha^6$，$y_2=(1100)=\alpha^6$。

首先，

$$\lambda=\frac{(y_1+y_2)}{(x_1+x_2)}=\frac{(1111)+(1100)}{(0010)+(1100)}=\frac{(0011)}{(1110)}=\frac{\alpha^4}{\alpha^{11}}=\alpha^8$$

其次，

$x_3=\lambda^2+\lambda+x_1+x_2+a=(\alpha^8)^2+\alpha^8+\alpha+\alpha^6+\alpha^3=\alpha^8+\alpha^6+\alpha^3=(0101)+(1100)+(1000)=(0001)$，

$y_3=\lambda(x_1+x_3)+x_3+y_1=(\alpha^8)((0010)+(0001))+(0001)+(1111)=\alpha^8(0011)+(1110)=\alpha^8(\alpha^4)+(1110)=\alpha^{12}+(1110)=(1111)+(1110)=(0001)$。

故有 $P_5+P_{19}=(0001,\ 0001)=P_3$

计算倍点，$2P_5=2(0010,\ 1111)$

首先，

$$\lambda=x_1+\frac{y_1}{x_1}=(0010)+\frac{\alpha^{12}}{\alpha}=(0010)+(1110)=(1100)=\alpha^6$$

其次，

$$x_3=x_1^2+\frac{b}{x_1^2}=(\alpha)^2+\frac{\alpha^{14}}{\alpha^2}=(0100)+(1111)=(1011)=\alpha^7$$

$y_3=x_1^2+\lambda x_3+x_3=\alpha^2+\alpha^6\alpha^7+\alpha^7=(0100)+(1101)+(1011)=(0010)=\alpha$。

故 $2P_5=(1011,\ 0010)=P_{16}$。

例 6-6 的全部 21 个解点，再加上无穷远点 O，共 22 个点构成一个加法交换群。

由于群很小，我们可以进行穷举计算，判定这个群是否是循环群。如取 $P_5=(0010,\ 1111)$ 进行一系列的计算，可得如下结果：

$1P_5 = P_5$　　　$2P_5 = P_{16}$　　　$3P_5 = P_8$　　　$4P_5 = P_{13}$　　　$5P_5 = P_{10}$　　　$6P_5 = P_{21}$

$7P_5 = P_7$　　　$8P_5 = P_{14}$　　　$9P_5 = P_2$　　　$10P_5 = P_{18}$　　　$11P_5 = P_1$　　　$12P_5 = P_{19}$

$13P_5 = P_3$　　　$14P_5 = P_{15}$　　　$15P_5 = P_6$　　　$16P_5 = P_{20}$　　　$17P_5 = P_{11}$　　　$18P_5 = P_{12}$

$19P_5 = P_9$　　　$20P_5 = P_{17}$　　　$21P_5 = P_4$　　　$22P_5 = O$

计算结果说明，这个群是循环群，P_5 是群的一个生成元。注意，并不是所有非零元素都是群的生成元，如 $P_{12} = (1000, 0001)$ 的阶为 11。

表 6-6　　　　　　　　　　　　　　由 x^4+x+1 扩成的 $GF(2^4)$ [38]

4 位向量形式	多项式形式	生成元的幂形式	指数形式
0000	0	0	$-\infty$
0001	1	α^0	0
0010	x	α^1	1
0100	x^2	α^2	2
1000	x^3	α^3	3
0011	$x+1$	α^4	4
0110	x^2+x	α^5	5
1100	x^3+x^2	α^6	6
1011	x^3+x+1	α^7	7
0101	x^2+1	α^8	8
1010	x^3+x	α^9	9
0111	x^2+x+1	α^{10}	10
1110	x^3+x^2+x	α^{11}	11
1111	x^3+x^2+x+1	α^{12}	12
1101	x^3+x^2+1	α^{13}	13
1001	x^3+1	α^{14}	14

　　在例 6-4、例 6-5 和例 6-6 中，由于 p 和 m 较小，使得有限域 $GF(p)$ 和 $GF(2^4)$ 也较小，故可以利用穷举的方法求出所有解点。但是，对于一般情况要确切计算椭圆曲线解点数 N 的准确值比较困难。研究表明，对于 $GF(p)$ 上的椭圆曲线，N 满足以下不等式

$$p + 1 - 2\sqrt{p} \leqslant N \leqslant p + 1 + 2\sqrt{p} \tag{6-37}$$

式 (6-37) 给出 $GF(p)$ 上的椭圆曲线解点数 N 的计数范围。

　　虽然确切计算椭圆曲线解点数 N 的准确值比较困难，但是已有一种比较有效的算法来计算它。目前已经能够有效计算 p 大到 10^{409} 的 $GF(p)$ 上的椭圆曲线解点数和 m 大到 601 的 $GF(2^m)$ 上的椭圆曲线解点数。

为了能够利用椭圆曲线构成安全的椭圆曲线密码，必须选用好的椭圆曲线。所谓好的椭圆曲线是指，据此曲线构成的椭圆曲线密码是安全的，而且运算是快速的。

美国信息技术研究所 NIST 向社会推荐了 15 条椭圆曲线[74,85]。其中 5 条是素域 $GF(p)$ 上随机选取的椭圆曲线，5 条是二进制域 $GF(2^m)$ 上随机选取的椭圆曲线，5 条是二进制域 $GF(2^m)$ 上的 Koblits 椭圆曲线。

6.4.2　椭圆曲线密码

我们已经知道，ElGamal 密码建立在有限域 $GF(p)$ 的乘法群的离散对数问题的困难性之上。而椭圆曲线密码建立在椭圆曲线解点群的离散对数问题的困难性之上。两者的主要区别是其离散对数问题所依赖的群不同。因此两者有许多相似之处。

1. 椭圆曲线解点群上的离散对数问题

在例 6-4 和例 6-6 中，椭圆曲线上的解点所构成的交换群恰好是循环群，但是一般并不一定。于是我们希望从中找出一个子群 E_1，而子群 E_1 是循环群。研究表明，当循环子群 E_1 的阶 $|E_1|$ 是足够大的素数时，这个循环子群中的离散对数问题是困难的。

设 P 和 Q 是椭圆曲线上的两个解点，t 为一正整数，且 $1 < t < |E_1|$。对于给定的 P 和 t，计算 $tP = Q$ 是容易的。但若已知 P 和 Q 点，要计算出 t 则是极困难的。这便是椭圆曲线解点群上的离散对数问题，简记为 ECDLP（Elliptic Curve Discrete Logarithm Problem）。

除了几类特殊的椭圆曲线外，对于一般 ECDLP 目前尚没有找到有效的求解方法。于是可以在这个循环子群 E_1 中建立任何基于离散对数困难性的密码，并称这个密码为椭圆曲线密码。据此，诸如 ElGamal 密码、Diffie-Hellman 密钥交换协议，美国数字签名标准 DSS 等许多基于离散对数问题的密码体制都可以在椭圆曲线群上实现。我们称这一类椭圆曲线密码为 ElGamal 型椭圆曲线密码。后来又有人将椭圆曲线密码推广到环 Z_n 上（$n = pq$），这类椭圆曲线密码的安全性依赖于对大合数 n 的因子分解，所以被称为 RSA 型椭圆曲线密码。于是就有众多的椭圆曲线密码方案。不过，一般谈到椭圆曲线密码大多是指 ElGamal 型椭圆曲线密码。在这里我们只讨论 ElGamal 型椭圆曲线密码。

在 SEC 1 的椭圆曲线密码标准（草案）中规定，一个椭圆曲线密码由下面的六元组所描述：

$$T = <p,\ a,\ b,\ G,\ n,\ h> \tag{6-38}$$

其中，p 为大于 3 的素数，p 确定了有限域 $GF(p)$；元素 a，$b \in GF(p)$，a 和 b 确定了椭圆曲线；G 为循环子群 E_1 的生成元，n 为生成元 G 的阶且为素数，G 和 n 确定了循环子群 E_1；$h = |E|/n$，并称为余因子，h 将交换群 E 和循环子群 E_1 联系起来。

用户的私钥定义为一个随机数 d，

$$d \in \{1,\ 2,\ \cdots,\ n-1\}。 \tag{6-39}$$

用户的公开钥定义为 Q 点，

$$Q = dG \tag{6-40}$$

2. ElGamal 型椭圆曲线密码

为了构建椭圆曲线密码，首先要根据式(6-38)建立椭圆曲线密码的基础结构，为构造具体的密码体制奠定基础。这里包括选择一个素数 p，从而确定有限域 $GF(p)$；选择元素 a，$b \in GF(p)$，从而确定一条 $GF(p)$ 上的椭圆曲线；选择一个大素数 n，并确定一个阶为 n 的基点。基础参数 p，a，b，G，n，h 是公开的。

根据式(6-39)，随机地选择一个整数 d，作为私钥。

再根据式(6-40)确定出用户的公开钥 Q。

设要加密的明文数据为 m，其中 $0 \leqslant m < n$。设用户 A 要将数据 m 加密发送给用户 B，其加解密过程如下：

加密过程：

①用户 A 选择一个随机数 k，$k \in \{1, 2, \cdots, n-1\}$。

②用户 A 计算点 X_1：$(x_1, y_1) = kG$。

③用户 A 计算点 X_2：$(x_2, y_2) = kQ_B$，如果分量 $x_2 = O$，则转①。

④用户 A 计算 $C = m \, x_2 \bmod n$。

⑤用户 A 发送加密数据 (X_1, C) 给用户 B。

解密过程：

①用户 B 用自己的私钥 d_B 求出点 X_2：

$$d_B X_1 = d_B(kG) = k\,(d_B\,G) = k\,Q_B = X_2 : (x_2, y_2)$$

②求出分量 x_2 的逆 x_2^{-1}。

③对 C 解密，得到明文数据 $m = C\,x_2^{-1} \bmod n$。

类似地，可以构成其他椭圆曲线密码。

与 ElGamal 密码一样，为了安全，加密所使用的 k 必须是一次性的。这是因为，如果使用的 k 不是一次性的，时间长了就可能被攻击者获得。又因 Q_B 是公开密钥，攻击者自然知道。于是攻击者就可以计算出点 X_2，获得分量 x_2，进而求出 x_2^{-1}。又因为攻击者可以获得密文 C，于是可以计算 $C\,x_2^{-1} \bmod n$ 得到明文 m。

同样，解密钥 d 选得太小或太大都不好。因为攻击者在用穷举方法猜测 d 时，一般会首先试验太小或太大的 d。同理，随机数 k 也不要选得太小或太大。随机数 k 的选择还要保证点 X_2 的分量 $x_2 \bmod n \neq 1$。如果 $x_2 \bmod n = 1$，则会使密文 $C = m\,x_2 = m \bmod n$，从而暴露明文 m。

3. 椭圆曲线密码的实现技术

以上我们介绍了椭圆曲线密码的基本概念和基本原理。由于椭圆曲线密码所依据的数学基础比较复杂，从而使得其具体实现也比较困难。这种困难主要表现在安全椭圆曲线的产生和倍点运算等方面。

(1)安全椭圆曲线产生。

为了椭圆曲线密码体制的安全，要求所用的椭圆曲线满足一些安全准则，而产生这样的安全曲线比较复杂。美国信息技术研究所 NIST 已经向社会推荐了 15 条椭圆曲线。我国密码局也推荐了自己的椭圆曲线，见 6.4.3 节。

但是，对于中国用户来说有两个问题必须考虑，其一是 NIST 推荐的这 15 条曲线都是好的吗？应用之前应当验证。其二是这 15 条曲线之外还有好曲线码？如果有，如何产生？作者的研究小组对此进行了研究，利用演化密码的思想和技术产生了一批好的椭圆曲线[16,82,83]。

（2）硬件引擎。

为了椭圆曲线密码能够实用，其加解密运算必须高效，这就要求有高效的倍点和其他运算实现方法。由于椭圆曲线群中的运算本身比较复杂，所以当所用的有限域和子群 E_1 较大时这些运算是比较困难的。

有许多文献研究椭圆曲线密码的快速运算。其中文献[74]给出了提高倍点运算速度的多种运算算法，并对硬软件平台资源对倍点运算速度的影响进行了分析。分析表明，硬件实现无疑是速度最快的方法。

尽管椭圆曲线密码的工程实现是比较困难的，但是目前已有有效的实现方法。椭圆曲线密码已经走向实际应用。

2007 年作者与企业合作研制出新一代的可信平台模块芯片 J3210 芯片[84,85]，它既符合中国可信密码模块（TCM）规范，也符合 TCG 的可信计算平台模块（TPM）规范。在其中用硬件方法实现了 1024~2048 位的 RSA 密码引擎、192~384 位素域上的椭圆曲线密码引擎、中国商用密码 SM3 和 SM4 的引擎、SHA-1 引擎和真随机数产生器。在嵌入式操作系统 JetOS 中还设置了 3DES 密码模块、AES 密码模块，而且支持密码算法模块的下载与替换。其中椭圆曲线密码引擎可以有效支持中国商用密码算法 SM2，同时支持基于 NIST 推荐的素域 $GF(p)$ 上的四条随机椭圆曲线（$P=192$，$P=224$，$P=256$，$P=384$）的椭圆曲线密码。

如此丰富的计算资源和密码资源，可以满足大部分应用对商用密码的需求。

J3210 芯片的资源配置如下：

①32 位 SPARC CPU；

②24KB 的内部指令 RAM，9KB 的内部数据 RAM，128KB 的 FLASH 存储器；

③1024-2048 位的 RSA 密码引擎；

④192-384 位的 ECC 密码引擎，支持中国商用密码算法 SM2；

⑤中国商用对称密码 SM4 引擎；

⑥中国商用密码 HASH 函数 SM3 引擎；

⑦SHA-1 引擎；

⑧真随机数产生器；

⑨嵌入式操作系统 JetOS 中的软件密码模块包括：

- 3DES 密码模块；
- AES 密码模块；
- 支持密码算法模块的下载与替换。

⑩I/O 接口：LPC，I²C，GPIO，SPI。

J3210 芯片如图 6-4 所示，J3210 芯片的结构如图 6-5 所示。

为了能够方便地利用 ECC 引擎，J3210 设置了 7 个 ECC 基本运算宏命令，如表 6-7 所

 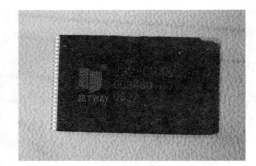

(1)28腿封装　　　　　　　　　　　　　　(2)64腿封装

图 6-4　J3210 芯片

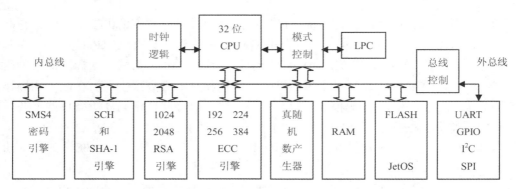

图 6-5　J3210 芯片的结构

示。用户利用它们，可以方便地实现 ECC 密码的各种运算。

表 6-7　　　　　　　　　　　　　　**J3210 芯片的 ECC 宏命令**

ECC GF(p)宏	计　　算
MODADD	$x+y \bmod p$
MODSUB	$x-y \bmod p$
MODDIV	$y / x \bmod p$，其中 $GCD(x, p)=1$
MODMULT	$x * y \bmod p$
POINT_ADD	$R(x, y) = P(x, y) + Q(x, y)$
POINT_DOUBLE	$R(x, y) = 2 * Q(x, y)$
POINT_MULTIPLY	$R(x, y) = k * G(x, y)$
POINT_VERIFY	验证点 $Q(x, y)$ 是否是曲线 $y^2 = x^3 + ax + b$ 上的一个点。

4. 椭圆曲线密码的安全性

椭圆曲线密码的安全性建立在椭圆曲线离散对数问题的困难性之上。目前求解椭圆曲线离散对数问题的最好算法是将 Pohling-Hellman 算法与 Pollard's rho 算法相结合，其计算复杂性为 $O(p^{1/2})$，其中 p 是群的阶的最大素因子[74]。可见当素因子 p 和 n 足够大时椭圆曲线密码是安全的。这就是要求椭圆曲线解点群的阶要有大素数因子的根本原因，在理想情况下群的阶本身就是一个大素数。

另外，为了确保椭圆曲线密码的安全，应当避免使用弱的椭圆曲线。所谓弱的椭圆曲线主要指超奇异椭圆曲线和反常(anomalous)椭圆曲线。

普遍认为，160 位长的椭圆曲线密码的安全性相当于 1024 位的 RSA 密码。由式(6-29)、式(6-30)、式(6-35)、式(6-36)可知，椭圆曲线密码的基本运算比 RSA 密码的基本运算复杂得多，正是因为如此，所以椭圆曲线密码的密钥可以比 RSA 的密钥短。密钥越长，自然越安全，但是技术实现也就越困难，效率也就越低。一般认为，在目前的技术水平下采用 256 位以上的椭圆曲线，其安全性就够了。

由于椭圆曲线密码的密钥位数短，在硬件实现中电路的规模小，省电。因此椭圆曲线密码特别适于在航空航天及智能卡等嵌入式系统中应用。例如，中华人民共和国居民身份证就采用了硬件实现的 256 位椭圆曲线密码，用来保护重要的个人信息。

提醒读者注意，Shor 算法不仅可以在多项式时间内求解整数分解问题和离散对数问题，还可以在多项式时间内求解椭圆曲线离散对数问题。因此，在量子计算环境下，Shor 算法不仅是 RSA 密码和 ElGamal 密码的主要威胁之一，也是椭圆曲线密码的主要威胁之一。理论分析表明，1448 量子位的量子计算机可以攻破 256 位的 ECC 密码。

6.4.3　中国商用密码 SM2 椭圆曲线公钥密码加密算法

SM2 是中国国家密码管理局颁布的中国商用公钥密码标准算法[86]。它是一组椭圆曲线密码算法，其中包含加解密算法、数字签名算法和密钥交换协议。这里介绍加解密算法，数字签名算法在本书第 7.3 节介绍，密钥交换协议在本书 10.2.4 节介绍。

1. 椭圆曲线

SM2 推荐使用椭圆曲线基础参数 $T = <p, a, b, G, n, h>$。

SM2 推荐使用 256 位素数域 **GF**(P) 上的椭圆曲线：

$$y^2 = x^3 + ax + b.$$

国家密码局推荐的椭圆曲线参数如表 6-8 所示。

表 6-8　　　　　　　　　　　国家密码局推荐的椭圆曲线参数

p = FFFFFFFE FFFFFFFF FFFFFFFF FFFFFFFF FFFFFFFF 00000000 FFFFFFFF FFFFFFFF
a = FFFFFFFE FFFFFFFF FFFFFFFF FFFFFFFF FFFFFFFF 00000000 FFFFFFFF FFFFFFFC
b = 28E9FA9E 9D9F5E34 4D5A9E4B CF6509A7 F39789F5 15AB8F92 DDBCBD41 4D940E93
n = 8542D69E 4C044F18 E8B92435 BF6FF7DD 29772063 0485628D 5AE74EE7 C32E79B7

续表

$h=$ FFFFFFFE FFFFFFFF FFFFFFFF FFFFFFFF 7203DF6B 21C6052B 53BBF409 39D54123
$x_G=$ 32C4AE2C 1F198119 5F990446 6A39C994 8FE30BBF F2660BE1 715A4589 334C74C7
$y_G=$ BC3736A2 F4F6779C 59BDCEE3 6B692153 D0A9877C C62A4740 02DF32E5 2139F0A0

2. 加密算法

用户的私钥定义为一个随机数 d：

$$d \in \{1, 2, \cdots, n-1\}。$$

用户的公开密钥定义为椭圆曲线上的 P 点：

$$P = dG，$$

其中 $G = G(x, y) = (x_G, y_G)$ 是基点。

设用户 A 要把比特串明文 M 发给用户 B，M 的长度为 klen。为了对明文 M 进行加密，用户 A 需要执行以下运算步骤：

① 用随机数发生器产生随机数 $k \in [1, 2, \cdots, n-1]$；

② 计算椭圆曲线点 $C_1 = kG = (x_1, y_1)$，将 C_1 的数据表示为比特串；

③ 计算椭圆曲线点 $S = hP_B$，若 S 是无穷远点，则报错并退出；

④ 计算椭圆曲线点 $kP_B = (x_2, y_2)$，将坐标 x_2、y_2 的数据表示为比特串；

⑤ 计算 $t = KDF(x_2 \| y_2, \text{klen})$，若 t 为全 0 比特串，则返回①；

⑥ 计算 $C_2 = M \oplus t$；

⑦ 计算 $C_3 = Hash(x_2 \| M \| y_2)$；

⑧ 输出密文 $C = C_1 \| C_2 \| C_3$。

图 6-6 给出了 SM2 加密算法的执行流程。通过流程图，我们可以清楚地理解加密算法的执行过程。

加密算法中使用了一个密钥派生函数 KDF(Z, K)。它本质上就是一个基于 Hash 函数的伪随机数产生函数，来产生随机密钥。SM2 密码中的密钥派生函数使用中国商用密码 Hash 函数 SM3。

设密码 Hash 函数为 $Hv( )$，其中符号 v 表示输出长度。CT 是一个 32 位的计数器。HA[⌈klen/v⌉] 是存储 ⌈klen/v⌉ 个中间 Hash 值的数组。Z 是输入比特串，K 是输出密钥比特串。整数 klen 表示要获得的密钥的比特长度，要求该值小于 $v (2^{32}-1)$。

用伪码表示如下：

KDF(Z, K)

① For (CT=1；CT $\leqslant$ ⌈klen/v⌉；CT++)　　　 /＊产生⌈klen/v⌉个中间 Hash 值＊/
HA[CT] = H_v(Z ‖ CT)；

② If ⌈klen/v⌉ $\neq$ klen/v Then HA[⌈klen/v⌉] = HA[⌈klen/v⌉] 最左边的 $(klen-(v \times $⌊klen/v⌋$))$ 比特；

/＊若⌈klen/v⌉是整数，则不作处理，否则截短 HA[⌈klen/v⌉]，以确保整个 Hash 值的长度等于 klen ＊/

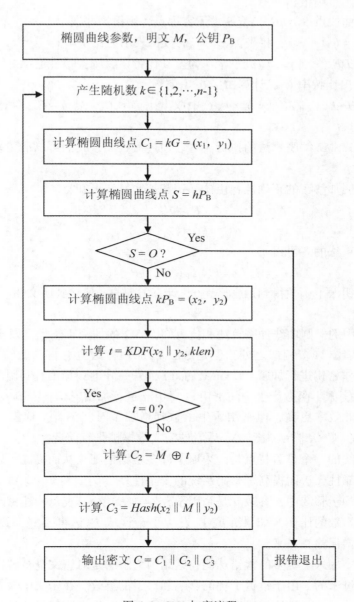

图 6-6　SM2 加密流程

③ K = HA［1］‖ HA［2］‖ … ‖ HA［⌈klen/v⌉−1］ ‖ HA⌈klen/v⌉。 ／＊输出密钥＊／
注意：其中的 Hash 函数要使用中国商用密码标准中的 Hash 函数。

3. 解密算法

用户 B 收到密文后，为了得到明文需要对密文进行解密。为此，用户 B 需要执行以下运算步骤：

① 从 C 中取出比特串 C_1，将 C_1 的数据表示为椭圆曲线上的点，验证 C_1 是否满足椭圆

曲线方程，若不满足则报错并退出。

②计算椭圆曲线点 $S = hC_1$，若 S 是无穷远点，则报错并退出。

③计算 $d_B C_1 = (x_2，y_2)$，将坐标 x_2、y_2 的数据表示为比特串。

④计算 $t = KDF(x_2 \| y_2，klen)$，若 t 为全 0 比特串，则报错并退出。

⑤从 C 中取出比特串 C_2，计算 $M' = C_2 \oplus t$。

⑥计算 $u = Hash(x_2 \| M' \| y_2)$，从 C 中取出比特串 C_3，若 $u \neq C_3$，则报错并退出。

⑦ 输出明文 M'。

图 6-7 给出了 SM2 解密算法的执行流程。通过流程图，我们可以清楚地理解解密算法的执行过程。

我们容易证明加解密的正确性：由公私钥和加密算法可知，

$$P = dG$$
$$C_1 = kG = (x_1，y_1)$$

据此，解密算法的③可得

$$d_B C_1 = d_B kG = k(d_B G) = kP_B = (x_2，y_2)$$

进而利用密钥派生函数得到加密密钥 t，计算 $C_2 \oplus t$，便得到明文 M。

4. 算法比较

与 6.4.2 节中的椭圆曲线加密算法相比可知，SM2 的加密算法也是属于 ELGamal 型椭圆曲线密码。两者有许多相似之处，但是 SM2 的加密算法也有自己的特色之处。例如，前者利用分量 x_2 作密钥进行加密：$C = m x_2 \bmod n$，另一分量 y_2 却没有利用。而后者利用分量 x_2 和 y_2 经过密钥派生函数产生中间密钥 t，再用 t 进行加密：$C_2 = M \oplus t$。后者的加密运算是模 2 加，因此效率更高，但密钥派生函数却增加了时间消耗。前者以 $(X_1，C)$ 为密文，后者以 $C = C_1 \| C_2 \| C_3$ 为密文。后者的密文数据扩张较前者大。

SM2 密码算法的一个显著特点是，采取了许多检错措施，从而提高了密码系统的数据完整性和系统可靠性，进而提高了密码系统的安全性。

在加密算法的步骤③中，参数 h 是余因子，$h = | E | / n$，表示构建密码的子群元素数占整个解点群元素数的比例。如果 h 或 P_B 发生了错误或 P_B 选得不好，致使 $S = hP_B = O$，则步骤③可以把错误检查出来。

在解密算法中加入了更多的检错功能，这是因为解密是对密文进行解密运算，而密文是经过信道传输过来的，由于信道干扰的影响和对手的篡改，在密文中含有错误或被篡改的可能性是存在的。采取措施把错误和篡改检测出来，对提高密码系统的数据完整性、系统可靠性和安全性是有益的。解密算法中的①检查密文 C_1 是否是正确的。②进一步检查 C_1 的正确性，其作用与加密算法中的③类似。④检查 t 的正确性，其中包含着 C_2 的正确性。⑥检查 C_3 的正确性。这样，密文 $C = C_1 \| C_2 \| C_3$ 的正确性都得到检查。

5. SM2 的应用

SM2 密码在中国已经得到广泛应用。例如，在中华人民共和国居民身份证的芯片中就用硬件实现了 SM2 密码，用来保护重要的个人信息。中国有 14 亿多人口，持有身份证的人就有 10 多亿。因此，这是 SM2 密码的一种最大量的应用。除了身份证之外，SM2 密

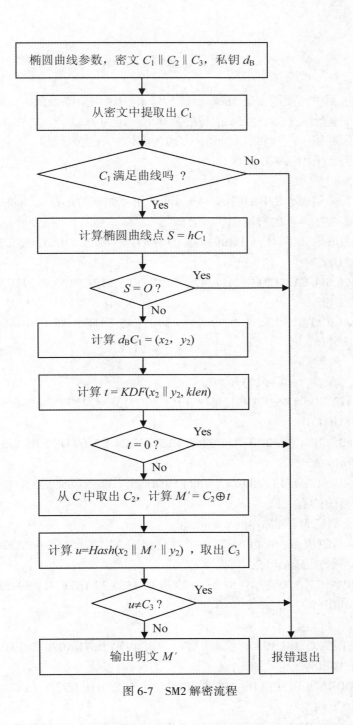

图 6-7　SM2 解密流程

码还在计算机等各种信息系统中得到应用。经过十多年的广泛实际应用，说明 SM2 密码是安全的。

6.4.4　示例

为了读者在工程上实现 SM2 加解密算法时调试方便，我们介绍国家密码局给出的一个实现示例。

本示例中，选用中国商用密码 Hash 函数 SM3 作为密码杂凑函数，其输入是长度小于 2^{64} 的消息比特串，输出是长度为 256 比特的杂凑值，记为 $H_{256}(\ )$。

本示例中，所有用 16 进制表示的数，左边为高位，右边为低位。

本示例中，明文采用 ASCII 编码。

1. 椭圆曲线

本示例中没有采用表 6-8 中的椭圆曲线，而采用了如下的一条椭圆曲线。

256 位素数域 $\boldsymbol{GF}(p)$ 上的椭圆曲线：$y^2 = x^3 + ax + b$

素数 p：8542D69E 4C044F18 E8B92435 BF6FF7DE 45728391 5C45517D 722EDB8B 08F1DFC3

系数 a：787968B4 FA32C3FD 2417842E 73BBFEFF 2F3C848B 6831D7E0 EC65228B 3937E498

系数 b：63E4C6D3 B23B0C84 9CF84241 484BFE48 F61D59A5 B16BA06E 6E12D1DA 27C5249A

余因子 h：1

基点 $G = (x_G, y_G)$，其阶记为 n。

坐标 x_G：421DEBD6 1B62EAB6 746434EB C3CC315E 32220B3B ADD50BDC 4C4E6C14 7FEDD43D

坐标 y_G：0680512B CBB42C07 D47349D2 153B70C4 E5D7FDFC BFA36EA1 A85841B9 E46E09A2

阶 n：8542D69E 4C044F18 E8B92435 BF6FF7DD 29772063 0485628D 5AE74EE7 C32E79B7

2. 加密各步骤中的有关值

待加密的明文消息 M：encryption standard

明文 M 的 16 进制表示：656E63 72797074 696F6E20 7374616E 64617264

消息 M 的比特长度 $klen = 152$

私钥 d_B：1649AB77 A00637BD 5E2EFE28 3FBF3535 34AA7F7C B89463F2 08DDBC29 20BB0DA0

公钥 $P_B = (x_B, y_B)$：

坐标 x_B：435B39CC A8F3B508 C1488AFC 67BE491A 0F7BA07E 581A0E48 49A5CF70 628A7E0A

坐标 y_B：75DDBA78 F15FEECB 4C7895E2 C1CDF5FE 01DEBB2C DBADF453 99CCF77B BA076A42

产生随机数 k：4C62EEFD 6ECFC2B9 5B92FD6C 3D957514 8AFA1742 5546D490 18E5388D 49DD7B4F

计算椭圆曲线点 $C_1 = kG = (x_1, y_1)$：

坐标 x_1：245C26FB 68B1DDDD B12C4B6B F9F2B6D5 FE60A383 B0D18D1C 4144ABF1 7F6252E7

坐标 y_1：76CB9264 C2A7E88E 52B19903 FDC47378 F605E368 11F5C074 23A24B84 400F01B8

计算椭圆曲线点 $kP_B = (x_2, y_2)$：

坐标 x_2：64D20D27 D0632957 F8028C1E 024F6B02 EDF23102 A566C932 AE8BD613 A8E865FE

坐标 y_2：58D225EC A784AE30 0A81A2D4 8281A828 E1CEDF11 C4219099 84026537 5077BF78

计算 $t = KDF(x_2 \| y_2, klen)$：006E30 DAE231B0 71DFAD8A A379E902 64491603

计算 $C2 = M \oplus t$：650053 A89B41C4 18B0C3AA D00D886C 00286467

计算 $C3 = Hash(x_2 \| M \| y_2)$：

$x_2 \| M \| y_2$：

64D20D27 D0632957 F8028C1E 024F6B02 EDF23102 A566C932 AE8BD613 A8E865FE
656E6372 79707469 6F6E2073 74616E64 61726458 D225ECA7 84AE300A 81A2D482
81A828E1 CEDF11C4 21909984 02653750 77BF78

$C3$：9C3D7360 C30156FA B7C80A02 76712DA9 D8094A63 4B766D3A 285E0748 0653426D

输出密文 $C = C_1 \| C_2 \| C_3$：

04245C26 FB68B1DD DDB12C4B 6BF9F2B6 D5FE60A3 83B0D18D 1C4144AB F17F6252
E776CB92 64C2A7E8 8E52B199 03FDC473 78F605E3 6811F5C0 7423A24B 84400F01
B8650053 A89B41C4 18B0C3AA D00D886C 00286467 9C3D7360 C30156FA B7C80A02
76712DA9 D8094A63 4B766D3A 285E0748 0653426D

3. 解密各步骤中的有关值

计算椭圆曲线点 $d_B C_1 = (x_2, y_2)$：

坐标 x_2：64D20D27 D0632957 F8028C1E 024F6B02 EDF23102 A566C932 AE8BD613 A8E865FE

坐标 y_2：58D225EC A784AE30 0A81A2D4 8281A828 E1CEDF11 C4219099 84026537 5077BF78

计算 $t = KDF(x_2 \| y_2, klen)$：006E30 DAE231B0 71DFAD8A A379E902 64491603

计算 $M' = C_2 \oplus t$：656E63 72797074 696F6E20 7374616E 64617264

计算 $u = Hash(x_2 \| M' \| y_2)$：9C3D7360 C30156FA B7C80A02 76712DA9 D8094A63 4B766D3A 285E0748 0653426D

明文 M'：656E63 72797074 696F6E20 7374616E 64617264，即为：encryption standard

6.5 推荐阅读

如果读者对 RSA 和 ECC 密码的安全性分析感兴趣，建议阅读本书第 9 章的相关内容和参考文献。其中文献[120]介绍了长期以来对 RSA 密码的分析进展。

习题与实验研究

1. 证明 RSA 密码加解密算法的可逆性和可交换性。

2. 说明对于 RSA 密码，从公开加密钥不能求出保密的解密钥。

3. 令 $p=3$，$q=11$，$d=7$，$m=5$，手算密文 C。

4. 设 RSA 密码的 $e=5$，$n=35$，$C=15$，手算明文 M。

5. 在 RSA 中使用 $e=3$ 作为加密指数有何优缺点？使用 $d=3$ 作解密指数好吗？为什么？

6. 证明 ELGamal 密码的可逆性。

7. 为什么 ELGamal 密码要求参数 K 是一次性的？

8. 设 $p=5$，$m=3$，构造一个 ELGamal 密码系统，并用它对 m 加密。

9. 分析反复平方乘算法的计算复杂度。

10. 分析 Montgomery 算法计算模幂速度快的原因。

11. 实验研究：开发一个大素数软件系统，功能如下：

①能够随机产生十进制 160 位以上的大素数；

②能够对十进制 160 位以上的大数进行素数检验。

12. 软件实验：编程求出 $p=29$，求出椭圆曲线 $y^2=x^3+4x+20$ 的全部解点。

13. 对于例 6-6 中的点 $P_2=(0001，0000)$ 和 $P_{10}=(0111，1011)$，验证它们是该椭圆曲线的解点。

14. 软件实验：编程验证，例 6-6 中 $P_{12}=(1000，0001)$ 的阶为 11。

15. 以教材例 6-4 为例，分别以 $G=(2，7)$ 和 $G=(5，2)$ 构造椭圆曲线密码，并设 $m=3$，分别进行加密和解密。

16. 以教材例 6-6 为例，以 $G=P_5=(0010，1111)$ 构造椭圆曲线密码，并设 $m=(1010)$，分别进行加密和解密。

17. 登录国家密码管理局网站，了解 SM2 椭圆曲线公钥密码的数据类型及其转换算法。

18. 软件实验：编程实现椭圆曲线点到字节串的转换和字节串到椭圆曲线点的转换。

19. 把 SM2 与 6.4.2 节中的椭圆曲线加密算法进行比较。

20. 为什么在 SM2 的解密算法中采用了比加密算法更多的检错措施？

21. 软件实验：编程实现密钥派生函数 $KDF(\ )$。

22. 实验研究：使用国家密码局推荐的椭圆曲线，编程实现 SM2，并开发出文件加密软件系统，软件要求如下：

①具有文件加密和解密功能；

②采用密文链接和密文挪用短块处理技术；

③具有较好的人机界面。

第7章 ⊕ 数 字 签 名

在人们的工作和生活中，许多事务的处理需要当事者签名。例如，政府部门的文件、命令、证书，商业的合同，财务的凭证等都需要当事者签名。签名起到表示确认、核准、生效和负责任的作用，因此具有抗否认、抗伪造、抗假冒、抗篡改等多种安全作用。

实际上，签名是证明当事者的身份和数据真实性的一种信息。既然签名是一种信息，因此签名可以用不同的形式来表示。在传统的以书面文件为基础的事物处理中，采用书面签名的形式，如手签、印章、手印等。书面签名得到司法部门的支持，具有一定的法律意义。在以计算机文件为基础的现代事物处理中，应采用电子形式的签名，即数字签名(Digital Signature)。

随着计算机科学技术的发展，电子商务、电子政务、电子金融等系统得到广泛应用，数字签名的问题就显得更加突出、更加重要，在这些系统中，数字签名问题不解决是不能实际应用的。

在技术方面，1994年美国颁布了数字签名标准DSS(Digital Signature Stantard)，这是密码史上的第一次。同年，俄罗斯也颁布了自己的数字签名标准。我国于1995年颁布了自己的数字签名标准(GB15851—1995)。

在法律方面，法国是世界上第一个制定并通过数字签名法律的国家。1995年美国犹他州颁布了世界上第一部《数字签名法》，从此数字签名有了法律依据。2004年我国颁布了《中华人民共和国电子签名法》，我国成为世界上少数几个颁布数字签名法的国家。从法律上正式承认数字签名的法律意义是数字签名得到政府与社会公认的一个重要标志。现在，数字签名已经得到广泛的实际应用。

近年来数字签名除了在电子商务、电子政务、电子金融等系统得到广泛应用外，已被应用于计算机系统的软件保护，以提高计算机系统的安全性。例如，为了防止病毒等恶意软件的传播，许多软件公司都对自己的正版软件进行数字签名，而当软件在计算机系统加载执行时要验证签名，只有通过签名验证的软件才能运行。显然，这是提高计算机系统安全性的一种有效措施。

然而近年来关于软件签名的对抗愈演愈烈，已经发现多起成功攻破软件签名保护机制的案例。例如，2010年6月黑客用震网(Stuxnet)病毒成功攻击了伊朗的核工厂，物理毁坏了伊朗核工厂80%的铀离心机，重创了伊朗的核计划。为了使震网病毒能够在伊朗核工厂的计算机上运行，黑客们为震网病毒偷窃了微软公司的签名证书，使它看上去是一个合法软件，从而混过计算机系统的签名验证，使震网病毒得以运行。又例如，2012年5月火焰病毒(Flame)在中东地区大面积传播，收集各种情报。火焰病毒获得签名证书的方法更加技术化。具体办法是通过寻找Hash函数MD5的碰撞，伪造出合理的签名证书。由于火焰病毒拥有合理的签名证书，所以它能顺利通过计算机系统的签名验证，成功侵入目标计算机系统进行情报收集。

这两个实例让我们看到，数字签名对于确保信息安全实在是太重要了。

本章介绍数字签名的原理与应用技术。

7.1　数字签名的概念

一种完善的签名应满足以下三个条件：

①签名者事后不能抵赖自己的签名；

②任何其他人不能伪造签名；

③如果当事的双方关于签名的真伪发生争执，能够在公正的仲裁者面前通过验证签名来确认其真伪。

手签、印章、手印等书面签名基本上满足以上条件，因而得到司法部门的支持，具有一定的法律意义。因为一个人不能彻底地伪装自己的笔迹，同时也不能完全逼真地模仿别人的笔迹，而且公安部门有专业机构进行笔迹鉴别。公章的刻制和使用都受法律的保护和限制，刻制完全相同的两枚印章是作不到的，因为雕刻属于金石艺术，每个雕刻师都有自己的艺术风格，和手书一样，要彻底伪装自己的风格和逼真模仿别人的风格都是不可能的。人的指纹具有非常稳定的特性，终生不变，那怕是生病脱皮后新长出的指纹也和原来的一样。据专家计算大约 50 亿人才会有一个相同的，而现在全世界有 60 亿人口，相同的指纹很少。

数字签名利用密码技术进行，其安全性取决于密码体制及其协议的安全性，因而可以获得比书面签名更高的安全性。

数字签名的形式是多种多样的，例如通用数字签名、仲裁数字签名、代理签名、盲签名、群签名、门限签名等，完全能够适合各种不同类型的应用。

虽然利用传统密码和公开密钥密码都能够实现数字签名，但是因为利用传统密码实现数字签名的方法太麻烦，不实用，故没有得到实际应用。而利用公开密钥密码实现数字签名非常方便，而且安全，因此得到广泛应用。这是公开密钥密码深受欢迎的主要原因之一。虽然许多公开密钥密码既可以用于数据加密，又可以用于数字签名，但是因为公开密钥密码加密的效率比较低，因此目前公开密钥密码主要用于数字签名，或用于保护传统密码的密钥，而不直接用于数据加密。而数据加密主要用传统密码，因为传统密码的加密速度比公钥密码快得多。

目前，许多国际标准化组织都采用公开密钥密码数字签名作为数字签名标准。例如，1994 年颁布的美国数字签名标准 DSS 采用的是基于 ElGamal 公开密钥密码的数字签名。2000 年美国政府又将 RSA 和椭圆曲线密码（ECC）引入数字签名标准 DSS，进一步充实了 DSS 的算法。著名的国际安全电子交易标准 SET 协议也采用 RSA 密码数字签名和椭圆曲线密码（ECC）数字签名。2010 年 12 月我国国家密码管理局颁布了 SM2 椭圆曲线公钥密码数字签名算法。

设用户 A 要对文件 M 签名后发送给用户 B，数字签名技术主要研究解决这一过程中的以下问题：

①A 如何在文件 M 上签名？

②B 如何验证 A 的签名的真伪？

③B 如何阻止 A 签名后又抵赖？

④如果 A、B 对签名真伪发生纠纷，如何公开解决纠纷？

现在我们利用公钥密码技术来解决这四个问题。解决问题①需要一个产生签名的算法，设产生签名的算法为 SIG。解决问题②需要一个验证签名的算法，设验证签名的算法为 VER 。解决问题③和④都需要验证签名技术以及管理和法律的支持。由此可见，解决数字签名问题本质上需要产生签名的算法 SIG、验证签名的算法 VER ，以及管理和法律的支持。在这里，技术、管理、法律缺一不可。因为签名许多时候就是证据，因此没有管理和法律的支持是行不通的。

在技术上，因为签名相当于按手印，所以产生签名应当使用签名者保密的解密钥 K_d。这是因为，解密钥 K_d 只有签名者一人拥有，其他任何人都不可得到，相当于人的指纹。验证签名相当于验证手印，而验证工作许多情况下要公开进行，所以不能使用解密钥 K_d，因此验证签名应当使用公开的加密钥 K_e。

进一步设待签名的数据为 M，产生出的签名信息为 S，则产生签名的过程可表示为，

$$SIG (M, K_d) = S。 \tag{7-1}$$

通过对签名信息 S 进行验证，以判定 S 的真假。判定一定要根据一种准则，如果没有准则就没有是非标准。于是，验证签名的程可表示为，

$$VER(S, K_e) = \begin{cases} S \text{ 为真，当验证结果符合判定准则；} \\ S \text{ 为假，当验证结果不符合判定准则。} \end{cases} \tag{7-2}$$

在普通的书面文件的处理中，经过签名的文件包括两部分信息，一部分是文件的内容 M，另一部分是手签、印章、指纹之类的签名信息。它们同出现在一张纸上而被紧紧地联系在一起。纸是一种比较安全的存储介质，一旦纸被撕破、拼接、涂改，则很容易发现。但是在计算机中若也像书面文件那样简单地把签名信息附加在文件内容之后，则签名函数必须满足以下条件，否则文件内容及签名被篡改或冒充均无法发现。

①当 $M' \neq M$ 时，有 $SIG (M, K_d) \neq SIG (M', K_d)$，即 $S \neq S'$。

条件①要求签名 S 至少和被签名的数据 M 一样长。当 M 较长时，实际应用很不方便，因此希望签名短一些。为此，将条件①修改为：虽然当 $M \neq M'$ 时，存在 $S = S'$，但对于给定的 M 或 S，要找出相应的 M' 在计算上是不可能的。据此，在签名前，应首先对数据进行安全压缩，然后再对压缩过的数据进行签名。能够胜任这种安全压缩的一种算法就是第五章介绍的密码学 Hash 函数。

②签名 S 只能由签名者产生，否则别人便可伪造，于是签名者也就可以抵赖。

根据式(7-1)，产生签名的算法 SIG 使用签名者自己的解密钥 K_d，因为 K_d 只有签名者一人拥有，所以签名 S 只能由签名者产生，别人不能产生。因此，别人也不就能伪造签名。

③收信者可以验证签名 S 的真伪。这使得当签名 S 为假时收信者不致上当，当签名 S 为真时可阻止签名者的抵赖。

根据式(7-2)，验证签名的算法 *VER* 使用签名者的公开加密钥 K_e，收信者和第三方都可得到，于是可以公开验证签名 S 的真伪。从而确保，当签名 S 为假时收信者不致上当，当签名 S 为真时可阻止签名者的抵赖。

④签名者和收信者关于签名真伪发生纠纷，应当能够公开解决纠纷。

除了与③一样的理由外，还有管理与法律的支持，所以可以通过公开验证签名的真伪解决纠纷。

根据上面的分析，我们可以得到如图 7-1 所示的签名原理框图。

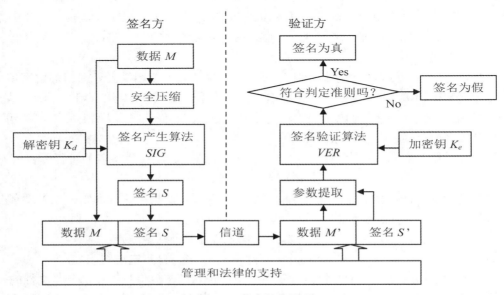

图 7-1　数字签名原理

下面我们从按手印和验证手印的过程，进一步深入理解数字签名的本质。

从技术上看，签名相当于按手印，验证签名相当于验证手印。手印之所以能够进行签名，并得到法律承认，是因为指纹是一种人的唯一性的特征。据此，任何一个事物的具有唯一性的特征，都可以用来签名。在公钥密码体制中，解密钥 K_d 具有唯一性特征，因此，利用解密钥 K_d 可以进行签名。

按手印的过程就是把手指纹按压到有信息的纸上的过程，在纸上留下的指纹图像成为手印。在手印中起核心作用的仍是手印中所蕴含的指纹的唯一性特征。验证手印的过程是把手印与指纹进行鉴别比对，从而感知到唯一性特征指纹的存在，并以此作为根据判定手印的真伪。使我们能够感知到指纹存在的关联关系是手印图案与指纹的吻合度。在验证手印的过程中，手印是验证数据，指纹是比对的对象，两者有紧密的关联关系，两者的吻合度是判定签名真伪的准则，验证过程公开进行。

据此，在基于公钥密码体制的数字签名中，签名就是把解密钥 K_d 作用到数据上的过程，作用之后的结果数据成为数字签名。在数字签名中起核心作用的仍是签名数据中所蕴含的解密钥 K_d 的唯一性特征。数字签名的验证过程是，对签名数据进行鉴别比对，从而感知到唯一性特征解密钥 K_d 的存在，并以此作为根据判定数字签名的真伪。与手印验证不同的是解密钥 K_d 不能公开，因此不能直接对解密钥 K_d 进行鉴别比对。与解密钥 K_d 密切关联的是加密钥 K_e，而且加密钥 K_e 是公开的。于是人们精巧地设计签名产生算法和签名验证算法，使得产生出的签名蕴含着解密钥 K_d 的信息，并且存在着一种与加密钥 K_e 的关联关系。验证签名时使用加密钥 K_e 对签名数据进行处理，能够得出关联解密钥 K_d 与加密钥 K_e 的关联关系。以这种关联关系是否成立为判定准则，并以此作为根据判定签名的真伪。在这一过程中，签名数据及公钥 K_e 是验证数据，解密钥 K_d 是要感知的对象，解密钥 K_d 与加密钥 K_e 的关联关系是否成立是判定准则，验证过程公开进行。

根据上面对签名本质的分析可知，数字签名并不要求产生签名算法 SIG 与验证签名算法 VER 之间具有互逆关系，即不要求式(7-3)一定成立，

$$VER(S, K_e) = VER(SIG(M, K_d), K_e) = M, \tag{7-3}$$

也不要求它们之间具有可交换性，即也不要求式(7-4)一定成立，

$$VER(SIG(M, K_d), K_e) = SIG(VER(M, K_e), K_d) = M。 \tag{7-4}$$

当然，如果一个公钥密码体制能够满足式(7-3)和式(7-4)，那将更好。例如 RSA 密码就能够满足式(7-3)和式(7-4)，难怪学术界把 RSA 密码称为风格优雅的密码。

进一步把第 6 章 6.1 节所讲到的确保数据真实性的条件与产生签名算法 SIG 和验证签名算法 VER 进行比较可知，前者是后者的一种特例，而后者更具一般性。

7.2　利用公开密钥密码实现数字签名

本节讨论利用公开密钥密码实现数字签名的一般方法。

7.2.1　利用 RSA 密码实现数字签名

RSA 密码的字签名已经得到广泛应用，特别是在电子商务等系统中普遍采用 RSA 密码的数字签名。但由于 RSA 密码的数据规模大，运算速度慢，其应用逐渐被椭圆曲线密码(ECC)替换。因此，本节简单介绍 RSA 密码的数字签名。

在第六章 6.2 节，我们已经讨论了 RSA 密码的加密和解密。根据式(6-4)和式(6-5)，

$$D(E(M)) = (M^e)^d = M^{ed} = (M^d)^e = E(D(M)) = M \bmod n,$$

再根据式(6-3)，可知 RSA 密码可以同时确保数据的秘密性和真实性。因此利用 RSA 密码可以同时实现数字签名和数据加密。

另外根据 7.1 节的讨论，视 RSA 密码的解密算法 D 为产生签名的算法 SIG，视 RSA 密码的加密算法 E 为验证签名的算法 VER，可以验证 RSA 密码满足式(7-3)和式(7-4)，所以 RSA 密码不仅可以实现数字签名，而且可以同时实现数字签名和数据加密。

设 M 为明文，$K_{eA} = <e, n>$ 是 A 的公钥，$K_{dA} = <d, p, q, \varphi(n)>$ 是 A 的私钥。则 A 对的 M 签名过程是：

$$S_A = D(M, K_{dA}) = (M^d) \bmod n, \tag{7-5}$$

S_A 便是 A 对 M 的签名。

验证签名的过程是：

$$E(S_A, K_{eA}) = (M^d)^e = M \bmod n。 \tag{7-6}$$

设 A 是发方，B 是收方，如果要同时确保数据的秘密性和真实性，则可以采用先签名后加密的方案。

签名：

①A 对 M 签名：$S_A = D(M, K_{dA})$；

②A 对签名加密：$C = E(S_A, K_{eB})$；

③A 将 C 发送给 B。

验证签名：

④B 解密：$D(C, K_{dB}) = D(E(S_A, K_{eB}), K_{dB}) = S_A$；

⑤B 验证签名：$E(S_A, K_{eA}) = E(D(M, K_{dA}), K_{eA}) = M$。

如果 B 得到正确的 M，则认为 A 的签名 S_A 是真实的，否则认为 A 的签名 S_A 是假的。可见，这里判断签名真伪的准则是验证计算是否能够得到正确的明文 M。试问：B 是收信者，事先 B 并不知道 M，B 如何判定 M 是正确的？一种解决方法是合理设计数据结构并采用消息认证码，具体内容请参见本书第 12 章。

7.2.2　利用 ElGamal 密码实现数字签名

ElGamal 密码既可以用于加密，又可实现数字签名[71]，请参见本书 6.3 节。

选 p 是一个大素数，$p-1$ 有大素数因子，α 是一个模 p 的本原元，将 p 和 α 公开。用户随机地选择一个整数 x 作为自己保密的解密钥，$1 < x < p-1$，计算 $y = \alpha^x \bmod p$，取 y 为自己的公开的加密钥。公开参数 p 和 α 可以由一组用户共用。

于是可以构成如下的产生签名及验证签名系统方案。

1. 系统参数

私钥：x，$1 < x < p-1$

公钥：y，$y = \alpha^x \bmod p$

公开参数：p 和 α.

2. 产生签名

设用户 A 要对明文消息 m 签名，$0 \le m \le p-1$，其签名过程如下：

①用户 A 随机地选择一个整数 k，$1 < k < p-1$，且 $(k, p-1) = 1$；

②计算

$$r = \alpha^k \bmod p; \tag{7-7}$$

③计算

$$s = (m - x_A r)k^{-1} \bmod p-1; \tag{7-8}$$

④取 (r, s) 作为 m 的签名，并以 $<m, r, s>$ 的形式发给用户 B。

3. 验证签名

用户 B 验证

$$\alpha^m = y_A{}^r r^s \bmod p \tag{7-9}$$

是否成立？若成立则判定签名为真，否则判定签名为假。

签名的可验证性可证明如下：

因为 $s = (m - x_A r)k^{-1} \bmod p-1$，所以 $m = x_A r + ks \bmod p-1$。根据式（7-9），有 $\alpha^m = \alpha^{x_A r + ks} = \alpha^{x_A r} \alpha^{ks} = y_A^r r^s \bmod p$，故签名可验证。

对于上述 ElGamal 数字签名，为了安全，随机数 k 应当是一次性的。否则，就不安全。假设随机数 k 不是一次性的。则时间一长，k 可能泄露。因为，

$$x = (m-ks)r^{-1} \bmod \quad p-1$$

而且 (r, s) 是攻击者可以获得的，如果攻击者知道 m，便可求出保密的解密钥 x。

假设 k 重复使用，如用 k 签名 m_1 和 m_2。于是，有

$$m_1 = xr + ks_1 \bmod \quad p-1$$
$$m_2 = xr + ks_2 \bmod \quad p-1$$

故有，

$$(s_1 - s_2)k = (m_1 - m_2) \bmod \quad p-1$$

如果攻击者知道了 m_1 和 m_2，便可求出 k，进而求出保密的解密钥 x。

注意：由于取 (r, s) 作为 m 的签名，所以 ElGamal 数字签名的数据长度是明文的两倍，即数据扩展一倍。另外，ElGamal 数字签名需要使用随机数 k，这就要求在实际应用时要有高质量的随机数产生器，这也就增加了工程实现的工作量。

由于利用 ElGamal 密码实现数字签名，安全方便，文献 [87] 总结给出了 18 种利用 ElGamal 密码实现数字签名的变形算法。如表 7-1 所示。其中 x 是用户的私钥，k 是随机数，α 是一个模 p 的本原元，m 是要签名的信息，r 和 s 是签名的两个分量。

在实际应用中为了提高安全性、提高签名计算速度和缩短签名的长度，应对数据的 Hash 值进行签名，而不要对数据直接签名。

表 7-1　　　　　　　　　**18 种 ElGamal 密码实现数字签名的变形算法**

编号	签名算法		验证算法	
1	$mx = rk + s$	$\bmod \quad p-1$	$y^{m\cdot} = r^r \alpha^s$	$\bmod \quad p$
2	$mx = sk + r$	$\bmod \quad p-1$	$y^{m\cdot} = r^s \alpha^r$	$\bmod \quad p$
3	$rx = mk + s$	$\bmod \quad p-1$	$y^r = r^m \alpha^s$	$\bmod \quad p$
4	$rx = sk + m$	$\bmod \quad p-1$	$y^r = r^s \alpha^m$	$\bmod \quad p$
5	$sx = rk + m$	$\bmod \quad p-1$	$y^s = r^r \alpha^m$	$\bmod \quad p$
6	$sx = mk + r$	$\bmod \quad p-1$	$y^s = r^m \alpha^r$	$\bmod \quad p$
7	$rmx = k + s$	$\bmod \quad p-1$	$y^{rm} = r\alpha^s$	$\bmod \quad p$
8	$x = mrk + s$	$\bmod \quad p-1$	$y = r^{rm} \alpha^s$	$\bmod \quad p$
9	$sx = k + mr$	$\bmod \quad p-1$	$y^s = r\alpha^{mr}$	$\bmod \quad p$
10	$x = sk + rm$	$\bmod \quad p-1$	$y = r^s \alpha^{rm}$	$\bmod \quad p$
11	$rmx = sk + 1$	$\bmod \quad p-1$	$y^{rm} = r^s \alpha$	$\bmod \quad p$
12	$sx = rmk + 1$	$\bmod \quad p-1$	$y^s = r^{rm} \alpha$	$\bmod \quad p$
13	$(r+m)x = k + s$	$\bmod \quad p-1$	$y^{r+m} = r\alpha^s$	$\bmod \quad p$

编号	签名算法		验证算法	
14	$x=(m+r)k+s$	mod $p-1$	$y=r^{r+m}\alpha^{s}$	mod p
15	$sx=k+(m+r)$	mod $p-1$	$y^{s}=r\alpha^{m+r}$	mod p
16	$x=sk+(r+m)$	mod $p-1$	$y=r^{s}\alpha^{m+r}$	mod p
17	$(r+m)x=sk+1$	mod $p-1$	$y^{r+m}=r^{s}\alpha$	mod p
18	$sx=(r+m)k+1$	mod $p-1$	$y^{s}=r^{r+m}\alpha$	mod p

其中，第四个方程就是原始的 ElGamal 数字签名算法，美国数字签名标准（DSS）的签名算法 DSA 是它的一种变形（引入了一个模参数 q）。通过类似的方法，其余 17 种变形也都能转化为 DSA 型签名算法。

例 7-1 取 $p=11$，生成元 $\alpha=2$，私钥 $x=8$。计算公钥

$$y=\alpha^{x} \bmod p=2^{8} \bmod 11=3$$

取明文 $m=5$，随机数 $k=9$，因为 $1<9<10$ 且 $(9,10)=1$，所以 k 满足 $1<k<p-1$ 且 $(k,p-1)=1$，所以 $k=9$ 是合理的。计算

$$r=\alpha^{k} \bmod p=2^{9} \bmod 11=6$$

再利用 Euclidean 算法从下式求出 s，

$$M=(sk+x_{A}r) \bmod p-1$$
$$5=(9s+8\times6) \bmod 10$$
$$s=3$$

于是签名 $(r,s)=(6,3)$。

为了验证签名，需要验证验证 $\alpha^{M}=y_{A}^{r}r^{s} \bmod p$，是否成立。为此计算

$$\alpha^{M}=2^{5} \bmod 11=32 \bmod 11=10$$
$$y_{A}^{r}r^{s} \bmod p=3^{6}\times6^{3} \bmod 11=729\times216 \bmod 11$$
$$=157464 \bmod 11=10$$

因为 $10=10$，通过签名验证，这说明签名是真实的。

7.2.3 利用椭圆曲线密码实现数字签名

利用椭圆曲线密码可以很方便地实现数字签名。下面给出利用椭圆曲线密码实现 ElGamal 数字签名的算法。

在 SEC 1 的椭圆曲线密码标准（草案）中规定，一个椭圆曲线密码由下面的六元组所描述：

$$T=<p,a,b,G,n,h>$$

其中，p 为大于 3 的素数，p 确定了有限域 $\textbf{GF}(p)$；元素 a，$b \in \textbf{GF}(p)$，a 和 b 确定了椭圆曲线；G 为循环子群 $\textbf{E}_{1}$ 的生成元，n 为素数且为生成元 G 的阶，G 和 n 确定了循环子群 $\textbf{E}_{1}$。d 为用户的私钥。用户的公开钥为 Q 点，$Q=dG$，m 为消息，$\text{Hash}(m)$ 是 m 的摘要。

1. 系统参数

私钥：d，$1 < d < n$

公钥：Q，$Q = dG$

公开参数：p，a，b，G，n，h

2. 产生签名

①选择一个随机数 k，$k \in \{1, 2, \cdots, n-1\}$；

②计算点 $R(x_R, y_R) = kG$，并记 $r = x_R$；

③利用保密的解密钥 d 计算 $s = (\text{Hash}(m) - dr) k^{-1} \bmod n$；

④以 <r，s> 作为消息 m 的签名，并以 <m，r，s> 的形式传输或存储。

3. 验证签名

①计算 $s^{-1} \bmod n$；

②利用公开的加密钥 Q 计算 $U(x_U, y_U) = s^{-1}(\text{Hash}(m)G - rQ)$；

③如果 $x_U = r$，则 <r，s> 是用户 A 对 m 的签名。

证明： 因为 $s = (\text{Hash}(m) - dr) k^{-1} \bmod n$，所以 $s^{-1} = (\text{Hash}(m) - dr)^{-1} k \bmod n$，所以 $U(x_U, y_U) = (\text{Hash}(m) - dr)^{-1} k [\text{Hash}(m)G - rQ] = (\text{Hash}(m) - dr)^{-1} [\text{Hash}(m)kG - krQ] = (\text{Hash}(m) - dr)^{-1} R [\text{Hash}(m) - dr] = R(x_R, y_R)$，所以有 $x_U = x_R = r$。

除了用椭圆曲线密码实现上述 ElGamal 数字签名方案以外，对于表 7-1 中的 18 种 ElGamal 变形签名算法都可用椭圆曲线密码来实现，详细内容请参考文献[88]。其验证算法如表 7-2 所示。

2000 年美国政府将椭圆曲线密码引入数字签名标准 DSS。由于椭圆曲线密码具有安全、密钥短、软硬件实现节省资源等特点，所以基于椭圆曲线密码的数字签名应用越来越多。

表 7-2   **18 种 ElGamal 变形签名算法的椭圆曲线密码实现**

编号	验 证 算 法
1	$(r^{-1}m \bmod p-1)Q - (r^{-1}s \bmod p-1)P = (x_e, y_e)$
2	$(s^{-1}m \bmod p-1)Q - (s^{-1}r \bmod p-1)P = (x_e, y_e)$
3	$(m^{-1}r \bmod p-1)Q - (m^{-1}s \bmod p-1)P = (x_e, y_e)$
4	$(s^{-1}r \bmod p-1)Q - (s^{-1}m \bmod p-1)P = (x_e, y_e)$
5	$(r^{-1}s \bmod p-1)Q - (r^{-1}m \bmod p-1)P = (x_e, y_e)$
6	$(m^{-1}s \bmod p-1)Q - (m^{-1}r \bmod p-1)P = (x_e, y_e)$
7	$(rm \bmod p-1)Q - (s \bmod p-1)P = (x_e, y_e)$
8	$((rm)^{-1} \bmod p-1)Q - ((rm)^{-1}s \bmod p-1)P = (x_e, y_e)$
9	$(s \bmod p-1)Q - (mr \bmod p-1)P = (x_e, y_e)$

编号	验 证 算 法
10	$(s^{-1}\bmod p-1)Q-(s^{-1}rm\bmod p-1)P=(x_e,y_e)$
11	$(s^{-1}r\bmod p-1)Q-(s^{-1}\bmod p-1)P=(x_e,y_e)$
12	$((mr)^{-1}s\bmod p-1)Q-((mr)^{-1}\bmod p-1)P=(x_e,y_e)$
13	$((r+m)^{-1}\bmod p-1)Q-(s\bmod p-1)P=(x_e,y_e)$
14	$((m+r)^{-1}\bmod p-1)Q-((m+r)^{-1}s\bmod p-1)P=(x_e,y_e)$
15	$(s\bmod p-1)Q-((m+r)\bmod p-1)P=(x_e,y_e)$
16	$(s^{-1}\bmod p-1)Q-(s^{-1}(r+m)\bmod p-1)P=(x_e,y_e)$
17	$(s^{-1}(r+m)\bmod p-1)Q-(s^{-1}\bmod p-1)P=(x_e,y_e)$
18	$((m+r)^{-1}s\bmod p-1)Q-((m+r)^{-1}\bmod p-1)P=(x_e,y_e)$

7.3　中国商用密码 SM2 椭圆曲线公钥密码数字签名算法

SM2 是中国国家密码管理局颁布的中国商用公钥密码标准算法。它是一组椭圆曲线密码算法，其中包含加解密算法、数字签名算法和密钥交换协议。这里介绍其数字签名算法。

7.3.1　数字签名的生成算法

1. 系统参数

SM2 推荐使用椭圆曲线基础参数 $T=<p,\ a,\ b,\ G,\ n,\ h>$。

SM2 推荐使用 256 位素数域 $GF(P)$ 上的椭圆曲线：

$$y^2=x^3+ax+b.$$

国家密码局推荐的椭圆曲线参数如表 7-3 所示。

表 7-3　　　　　　　　　　国家密码局推荐的椭圆曲线参数

p = FFFFFFFE FFFFFFFF FFFFFFFF FFFFFFFF FFFFFFFF 00000000 FFFFFFFF FFFFFFFF

a = FFFFFFFE FFFFFFFF FFFFFFFF FFFFFFFF FFFFFFFF 00000000 FFFFFFFF FFFFFFFC

b = 28E9FA9E 9D9F5E34 4D5A9E4B CF6509A7 F39789F5 15AB8F92 DDBCBD41 4D940E93

n = 8542D69E 4C044F18 E8B92435 BF6FF7DD 29772063 0485628D 5AE74EE7 C32E79B7

h = FFFFFFFE FFFFFFFF FFFFFFFF FFFFFFFF 7203DF6B 21C6052B 53BBF409 39D54123

x_G = 32C4AE2C 1F198119 5F990446 6A39C994 8FE30BBF F2660BE1 715A4589 334C74C7

y_G = BC3736A2 F4F6779C 59BDCEE3 6B692153 D0A9877C C62A4740 02DF32E5 2139F0A0

私钥：一个随机数 d，$d \in [1, 2, \cdots, n-1]$。

公钥：椭圆曲线上的 P 点，$P = dG$，其中 $G = G(x_G, y_G)$ 是基点。

2. 产生签名算法

签名者用户 A 具有长度为 $entlenA$ 比特的标识 ID_A，记 $ENTL_A$ 是由整数 $entlenA$ 转换而成的两个字节。在椭圆曲线数字签名算法中，签名者和验证者都需要用密码学杂凑函数（Hash 函数）求得用户 A 的杂凑值 ZA。

$$Z_A = H_{256}(ENTL_A \| ID_A \| a \| b \| x_G \| y_G \| x_A \| y_A)。 \tag{7-10}$$

其中，$H_v(\ )$ 表示摘要长度为 v 比特的 Hash 值，在这里 $H_{256}(\ )$ 选用 SM3，a、b 为椭圆曲线的系数，x_G、y_G 为基点 G 的坐标，x_A、y_A 为用户 A 的公钥 PA 的坐标。

设待签名的消息为 M，对消息 M 的数字签名为 (r, s)，为了产生数字签名 (r, s)，签名者用户 A 应执行以下运算步骤：

① 置 $\overline{M} = Z_A \| M$；

② 计算 $e = H_V(\overline{M})$ 并将 e 的数据表示为整数；

③ 用随机数发生器产生随机数 $k \in [1, n-1]$；

④ 计算椭圆曲线点 $G_1 = (x_1, y_1) = kG$，并将 x_1 的数据表示为整数；

⑤ 计算 $r = (e + x_1) \bmod n$，若 $r = 0$ 或 $r + k = n$，则返回③；

⑥ 计算 $s = ((1 + d_A)^{-1} \cdot (k - rd_A)) \bmod n$，若 $s = 0$ 则返回③；

⑦ 将 r、s 的数据表示为字节串，用户 A 对消息 M 的签名为 (r, s)。

图 7-2 给出了 SM2 产生签名算法的执行流程。通过流程图，我们可以清楚地理解产生签名算法的执行过程。

7.3.2 数字签名的验证算法

为了检验收到的消息 M' 及其数字签名 (r', s')，收信者用户 B 应当执行以下运算步骤：

① 检验 $r' \in [1, n-1]$ 是否成立，若不成立则验证不通过；

② 检验 $s' \in [1, n-1]$ 是否成立，若不成立则验证不通过；

③ 置 $\overline{M}' = Z_A \| M'$；

④ 计算 $e' = H_V(\overline{M}')$，将 e' 的数据表示为整数；

⑤ 将 r'、s' 的数据表示为整数，计算 $t = (r' + s') \bmod n$，若 $t = 0$，则验证不通过；

⑥ 计算椭圆曲线点 $G_1' = (x_1', y_1') = s'G + tP_A$；

⑦ 将 x_1' 的数据表示为整数，计算 $R = (e' + x_1') \bmod n$，检验 $R = r'$ 是否成立？若成立，则验证通过。否则，验证不通过。

图 7-3 给出了 SM2 验证签名算法的执行流程。通过流程图，我们可以清楚地理解验证签名算法的执行过程。

签名验证的合理性和可验证性证明如下：

① 因为产生签名算法的第⑤和第⑥步都是 $\bmod n$ 运算，且要求 $r \neq 0$ 且 $s \neq 0$，这样就确保了 $r \in [1, n-1]$ 且 $s \in [1, n-1]$。如果签名没有被篡改和错误，则必有 $r' = r \in [1, n-$

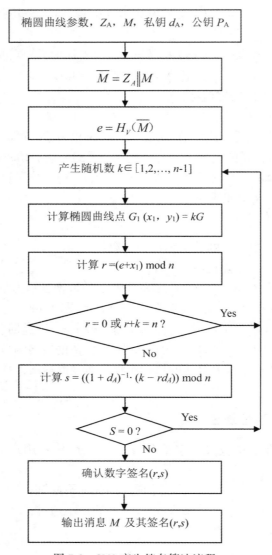

图 7-2　SM2 产生签名算法流程

1]且 $s'=s\in[1, n-1]$。对此进行检验，可发现签名(r, s)是否被篡改或有错误，确保其完整性。这说明验证签名算法①和②的验证是合理的。

　　② 因为签名时确保了 $r\neq0$ 且 $s\neq0$，如果 $t=r+s=0\bmod n$，则 $r+s$ 是 n 的整数倍。但是，由于 $r\in[1, n-1]$ 且 $k\in[1, n-1]$。所以 $2\leq r+k\leq 2n-2$。又由于签名算法⑤确保了 $r+k\neq n$，所以 $r+k$ 不是 n 的整数倍。据签名算法的⑥，$s=\dfrac{k-rd_A}{1+d_A}$，所以 $r+s=r+\dfrac{k-rd_A}{1+d_A}=\dfrac{r+k}{1+d_A}$。由此可知 $r+s$ 也不是 n 的整数倍。否则若 $r+s$ 是 n 的整数倍，因为 d_A 是正整数，

$1+d_A$ 也是正整数，这将导致 $(r+k)$ 是 n 的整数倍，与前面 $r+k$ 不是 n 的整数倍的结论矛盾。$r+s$ 不是 n 的整数倍，即 $r+s \bmod n \neq 0$。这说明，如果 r' 和 s' 没有被篡改或错误，则有 $r'=r$ 和 $s'=s$，则有 $t=(r'+s')=(r+s) \bmod n \neq 0$。这说明验证签名算法⑤的验证是合理的。

③可验证性的证明：一方面，$sG + tP_A = sG + (r+s)(d_A G) = (s+rd_A+sd_A)G$。另一方面，因为 $s = \dfrac{k-rd_A}{1+d_A}$，，故 $(s+rd_A+sd_A) = s(1+d_A) + rd_A = \dfrac{k-rd_A}{1+d_A}(1+d_A) + rd_A = k$。所以 $sG + tP_A = kG = G_1(x_1, y_1)$。这说明，如果 x_1' 和 e' 没有被篡改或错误，则有 $e'=e$，$x_1'=x_1$。根据产生签名算法⑤，$r=(e+x_1) \bmod n$，又根据验证签名算法⑦，$R=(e'+x_1') \bmod n$。所以在 $e'=e$，$x_1'=x_1$ 的条件下，有 $R=r$，签名可验证。

与 7.2.3 节中的椭圆曲线签名和验证算法相比可知，两者有相似之处，但是 SM2 的签名和验证算法有较大的改进，有自己的特色。

SM2 的签名算法中签名 (r, s) 的计算比 7.2.3 节中的椭圆曲线签名算法更复杂。首先是引入了系统参数、用户标识和数据 M 所产生的数据 Z_A，从而把签名与系统参数、用户标识和数据 M 绑定，提高了安全性。具体地，在 r 的计算中加入了数据 $Hv(M)$，增大了 r 与系统参数、用户标识和数据 M 的关联性。在 s 的计算中，使用了 r，私钥 d_A 作用了两次，增大了 s 与系统参数、用户标识和数据 M 的关联性，增大了 s 与私钥的关联性。这些措施增大了签名的安全性。与此配合，SM2 的签名验证算法也作了相应的改进，使之比 7.2.3 节中的椭圆曲线签名验证算法更复杂，因而更安全。

SM2 签名验证算法的一个显著特点是，其中加入了较多的检错功能，这是因为验证是对收信者收到的签名数据进行验证，而收信者收到的签名数据是经过信道传输过来的，由于信道干扰的影响和对手的篡改，在收信者收到的签名数据中含有错误或被篡改的可能性是存在的。采取措施把错误和篡改检测出来，对提高签名验证系统的数据完整性、系统可靠性和安全性是有益的。具体地，验证算法中的①检查签名分量 r' 的合理性，②检查签名分量 s' 的合理性，从而可以检查出并排除许多错误，⑤检查 t 的正确性，从而可以检查出并排除相应的错误。

7.3.3　示例

为了读者在工程实现 SM2 数字签名算法时调试方便，我们介绍国家密码局给出的一个实现示例。

本示例选用《SM3 密码杂凑算法》给出的密码杂凑函数，其输入是长度小于 2^{64} 的消息比特串，输出是长度为 256 比特的杂凑值，记为 $H_{256}(\ )$。

本示例中，所有用 16 进制表示的数，左边为高位，右边为低位。

本示例中，消息采用 ASCII 编码。

设用户 A 的身份是：ALICE123@ YAHOO. COM。

用 ASCII 编码记 ID_A：414C 49434531 32334059 41484F4F 2E434F4D。$ENTL_A = 0090$。

1. 椭圆曲线

本示例中没有采用表 7-3 中的椭圆曲线，而采用了如下的一条椭圆曲线。

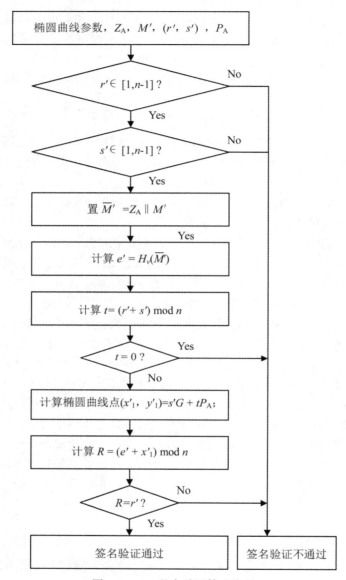

图 7-3　SM2 签名验证算法流程

256 位素数域 $GF(p)$ 上的椭圆曲线：$y^2 = x^3 + ax + b$

素数 p：8542D69E 4C044F18 E8B92435 BF6FF7DE 45728391 5C45517D 722EDB8B 08F1DFC3

系数 a：787968B4 FA32C3FD 2417842E 73BBFEFF 2F3C848B 6831D7E0 EC65228B 3937E498

系数 b：63E4C6D3 B23B0C84 9CF84241 484BFE48 F61D59A5 B16BA06E 6E12D1DA 27C5249A

余因子 h：1

基点 $G=(x_G, y_G)$，其阶记为 n。

坐标 x_G：421DEBD6 1B62EAB6 746434EB C3CC315E 32220B3B ADD50BDC 4C4E6C14 7FEDD43D

坐标 y_G：0680512B CBB42C07 D47349D2 153B70C4 E5D7FDFC BFA36EA1 A85841B9 E46E09A2

阶 n：8542D69E 4C044F18 E8B92435 BF6FF7DD 29772063 0485628D 5AE74EE7 C32E79B7

2. 产生签名各步骤中的有关值

① 预备数据的有关值：

待签名的消息 M：message digest

私钥 d_A：128B2FA8 BD433C6C 068C8D80 3DFF7979 2A519A55 171B1B65 0C23661D 15897263

公钥 $P_A = (x_A, y_A)$：

坐标 x_A：0AE4C779 8AA0F119 471BEE11 825BE462 02BB79E2 A5844495 E97C04FF 4DF2548A

坐标 y_A：7C0240F8 8F1CD4E1 6352A73C 17B7F16F 07353E53 A176D684 A9FE0C6B B798E857

杂凑值 $Z_A = H_{256}(ENTL_A \parallel ID_A \parallel a \parallel b \parallel x_G \parallel y_G \parallel x_A \parallel y_A)$。

Z_A：F4A38489 E32B45B6 F876E3AC 2168CA39 2362DC8F 23459C1D 1146FC3D BFB7BC9A

②签名各步骤中的有关值：

$\overline{M} = Z_A \parallel M$：F4A38489 E32B45B6 F876E3AC 2168CA39 2362DC8F 23459C1D 1146FC3D BFB7BC9A 6D657373 61676520 64696765 7374

密码杂凑函数值 $e = H_{256}(\overline{M})$：B524F552 CD82B8B0 28476E00 5C377FB1 9A87E6FC 682D48BB 5D42E3D9 B9EFFE76

产生随机数 k：6CB28D99 385C175C 94F94E93 4817663F C176D925 DD72B727 260DBAAE 1FB2F96F

计算椭圆曲线点 $(x_1, y_1) = kG$：

坐标 x_1：110FCDA5 7615705D 5E7B9324 AC4B856D 23E6D918 8B2AE477 59514657 CE25D112

坐标 y_1：1C65D68A 4A08601D F24B431E 0CAB4EBE 084772B3 817E8581 1A8510B2 DF7ECA1A

计算 $r = (e + x_1) \bmod n$：40F1EC59 F793D9F4 9E09DCEF 49130D41 94F79FB1 EED2CAA5 5BACDB49 C4E755D1

$(1 + d_A)^{-1}$：79BFCF30 52C80DA7 B939E0C6 914A18CB B2D96D85 55256E83 122743A7 D4F5F956

计算 $s = ((1 + d_A)^{-1} \cdot (k - r \cdot d_A)) \bmod n$：6FC6DAC3 2C5D5CF1 0C77DFB2 0F7C2EB6 67A45787 2FB09EC5 6327A67E C7DEEBE7

消息 M 的签名为(r, s)：

值 r：40F1EC59 F793D9F4 9E09DCEF 49130D41 94F79FB1 EED2CAA5 5BACDB49 C4E755D1

值 s：6FC6DAC3 2C5D5CF1 0C77DFB2 0F7C2EB6 67A45787 2FB09EC5 6327A67E C7DEEBE7

3. 验证各步骤中的有关值：

密码杂凑函数值 $e' = H_{256}(\overline{M})$：B524F552 CD82B8B0 28476E00 5C377FB1 9A87E6FC 682D48BB 5D42E3D9 B9EFFE76

计算 $t = (r' + s') \bmod n$：2B75F07E D7ECE7CC C1C8986B 991F441A D324D6D6 19FE06DD 63ED32E0 C997C801

计算椭圆曲线点$(x_0', y_0') = s'G$

坐标 x_0'：7DEACE5F D121BC38 5A3C6317 249F413D 28C17291 A60DFD83 B835A453 92D22B0A

坐标 y_0'：2E49D5E5 279E5FA9 1E71FD8F 693A64A3 C4A94611 15A4FC9D 79F34EDC 8BDDEBD0

计算椭圆曲线点$(x_{00}', y_{00}') = tP_A$：

坐标 x_{00}'：1657FA75 BF2ADCDC 3C1F6CF0 5AB7B45E 04D3ACBE 8E4085CF A669CB25 64F17A9F

坐标 y_{00}'：19F0115F 21E16D2F 5C3A485F 8575A128 BBCDDF80 296A62F6 AC2EB842 DD058E50

计算椭圆曲线点$(x_1', y_1') = s'G + tP_A$：

坐标 x_1'：110FCDA5 7615705D 5E7B9324 AC4B856D 23E6D918 8B2AE477 59514657 CE25D112

坐标 y_1'：1C65D68A 4A08601D F24B431E 0CAB4EBE 084772B3 817E8581 1A8510B2 DF7ECA1A

计算 $R = (e' + x_1') \bmod n$：40F1EC59 F793D9F4 9E09DCEF 49130D41 94F79FB1 EED2CAA5 5BACDB49 C4E755D1

7.4 美国数字签名标准(DSS)

1994 年美国政府颁布了数字签名标准 DSS(Digital Signature Standard)，这标志着数字签名已得到政府的支持。和当年推出 DES 时一样，DSS 一提出便引起了一场激烈的争论。反对的意见主要认为，DSS 的密钥太短，效率不如 RSA 高，不能实现数据加密，并怀疑 NIST 在 DSS 中留有"后门"。尽管争论十分激烈，最终美国政府还是颁布了 DSS。针对 DSS 密钥太短的批评，美国政府将 DSS 的密钥从原来的 512 位提高到 512～1024 位，从而使 DSS 的安全性大大增强。从 DSS 颁布至今尚未发现 DSS 有明显缺陷。目前，DSS 已被一些国际标准化组织采纳作为标准。2000 年 1 月美国政府将 RSA 和椭圆曲线密码引入数字签名标准 DSS，进一步丰富了 DSS 的算法。美国的一些州已经通过了相关法律，正式承认数字签名的法律意义。目前，DSS 数字签名标准已经得到广泛的应用。

7.4.1　算法描述

1. 算法参数

DSA 签名算法使用以下参数：

①p 为素数，要求 $2^{L-1}<p<2^{L}$，其中 $512 \leqslant L \leqslant 1024$ 且 L 为 64 的倍数，即 $L=512+64j$，$j=0$，1，2，…，8；

②q 为一个素数，它是 $(p-1)$ 的因子，$2^{159}<q<2^{160}$；

③$g=h^{(p-1)/q} \bmod p$，其中 $1<h<p-1$，且满足使 $h^{(p-1)/q} \bmod p>1$；

④x 为一随机数，$0<x<q$，作为用户的私钥；

⑤$y=g^x \bmod p$，作为用户的公钥；

⑥k 为一随机数，$0<k<q$。

这里参数 p，q，g 可以公开，且可为一组用户公用。x 和 y 分别为一个用户的私钥和公开钥。所有这些参数可在一定时间内固定。参数 x 和 k 用于产生签名，必须保密。参数 k 必须对每一签名都重新产生，且每一签名使用不同的 k。

2. 签名的产生

对数据 M 的签名为数 r 和 s，它们分别如下计算产生：

$$r=(g^k \bmod p) \bmod q \tag{7-11}$$
$$s=(k^{-1}(\mathrm{SHA}(M)+xr)) \bmod q \tag{7-12}$$

其中：k^{-1} 为 k 的乘法逆元素，即 $k\,k^{-1}=1 \bmod q$，且 $0<k^{-1}<q$。SHA 是安全 Hash 函数（参见本书第五章），它从数据 M 抽出其摘要 SHA(M)，SHA(M) 为一个 160 位的二进制数字串。

应该检验计算所得的 r 和 s 是否为零，若 $r=0$ 或 $s=0$，则重新产生 k，并重新计算产生签名 r 和 s。

最后，把签名 r 和 s 附在数据 M 后面发给接收者：

M	r	s

3. 验证签名

为了验证签名，要使用参数 p，q，g，用户的公开密钥 y 和其标识符。

令 MP，rP，sP 分别为接收到的 M，r 和 s。

①首先检验是否有 $0<rP<q$，$0<sP<q$，若其中之一不成立，则签名为假。

②计算：

$$w=(sP)^{-1} \bmod q \tag{7-13}$$
$$u_1=(\mathrm{SHA}(MP)w) \bmod q \tag{7-14}$$
$$u_2=((rP)w) \bmod q \tag{7-15}$$
$$v=(((g)^{u1}(y)^{u2}) \bmod p) \bmod q \tag{7-16}$$

③若 $v=rP$，则签名为真，否则签名为假或数据被篡改。

7.4.2　算法证明

引理 7-1　令 p，q 为素数，且 q 为 $(p-1)$ 的因子，h 为小于 p 的正整数，$g=h^{(p-1)/q}$ mod p，则 g^q mod $p=1$，且若 m mod $q=n$ mod q，则 g^m mod $p=g^n$ mod p。

证明　g^q mod $p=(h^{(p-1)/q}$ mod $p)^q$ mod p

$\qquad\qquad\quad =h^{(p-1)}$ mod p，

$\qquad\qquad\quad =1$（根据费马小定理）

令 m mod $q=n$ mod q，则 $m=n+kq$，k 为某一整数。于是

g^m mod $p=g^{n+kq}$ mod p

$\qquad\qquad =((g^n)(g^{kq}))$ mod p

$\qquad\qquad =((g^n$ mod $p)(g^{kq}$ mod $p))$ mod p

$\qquad\qquad =g^n$ mod p　（因为 g^q mod $p=1$）。　　**证毕。**

定理 7-2　如果 $MP=M$，$rP=r$，$sP=s$，则验证签名时有 $v=rP$。

证明　$w=(sP)^{-1}$ mod $q=s^{-1}$ mod q

$u_1=((SHA(MP))w)$ mod $q=(SHA(M)w)$ mod q

$u_2=((rP)w)$ mod $q=(rw)$ mod q

根据 $y=g^x$ mod p，所以根据引理有

$v=((g^{u_1}y^{u_2})$ mod $p)$ mod q

$\quad =((g^{SHA(M)w \bmod q}y^{rw \bmod q})$ mod $p)$ mod q

$\quad =((g^{(SHA(M)+xr)w \bmod q})$ mod $p)$ mod q

此外，$s=(k^{-1}(SHA(M)+xr)$ mod $q)$，所以

$w=s^{-1}$ mod $q=(k^{-1}(SHA(M)+xr)$ mod $q)^{-1}$ mod q

$\quad =(k(SHA(M)+xr)^{-1})$ mod q

$\qquad (SHA(M)+xr)w$ mod $q=k$ mod q

根据引理，$g^{(SHA(M)+xr)w}$ mod $p=g^k$ mod p，即有

$\qquad (g^k$ mod $p)$ mod $q=r=rP$　　**证毕。**

7.5　俄罗斯数字签名标准（GOST）

1994 年俄罗斯颁布了自己的数字签名标准（GOSTR34.10-94）。GOST 的签名算法描述如下。

1. 算法参数

p 为 509～512 位或 1020～1024 位之间的一个大素数。

q 为 $p-1$ 的一个素因子，q 的大小在 254～256 位之间。P 和 q 的产生按 GOST 给出的素数产生算法产生。

α 是小于 $p-1$ 的正整数且满足 $\alpha^q=1$ mod p。

x 为小于 q 的正整数。

$Y = \alpha^x \mod p$。

参数 p、q、α 可以公开，且可以由网络中的所有用户共用。x 为秘密钥，y 为公开钥。

GOST 签名使用一个基于俄罗斯的分组密码标准算法（GOSY78147–89）构建的 HASH 函数 $H(x)$。

2. 签名过程

设要签名的数据为 M，则签名过程如下：

①签名者计算 $H(M)$，若 $H(M) = 0 \mod q$，则置 $H(M) = 1$。

②签名者随机地选择一个小于 q 的的随机数 k。

③计算

$$R = (\alpha^k \mod p) \mod q \qquad (7\text{-}17)$$

如果 $r = 0$，则返回到②，重新选择一个数据数 k，重新计算 r。

④计算

$$S = (xr + kH(M)) \mod q \qquad (7\text{-}18)$$

如果 $s = 0$，则返回到②，重新选择一个数据数 k，重新计算 s。

⑤以二元组 <r, s> 作为数据 M 的签名。

3. 验证签名

①检验 r 和 s 是否都大于零，若否，则签名为假，不能通过验证。

②计算

$$V = H(M)^{q-2} \mod q \qquad (7\text{-}19)$$

$$z_1 = sv \mod q \qquad (7\text{-}20)$$

$$z_2 = ((q-r)v) \mod q \qquad (7\text{-}21)$$

$$u = ((x^{z_1} y^{z_2}) \mod p) \mod q \qquad (7\text{-}22)$$

③如果 $u = r$，则认为签名为真，通过验证。

理论上 GOST 签名与 EIGamal 签名和 DSS 类似。为了更加安全，GOST 签名采用了更大的素数 q。一般学者认为 160 位的 q 就足够了，因此 DSS 采用 160 位的 q，但 GOST 签名却采用了 256 位的 q，这说明俄罗斯希望自己的签名标准更安全。由于参数 q 较大，故其签名速度比 DSS 慢。在 DSS 中采用的签名公式为 $s = (xr + k^{-1}(SHA(M))) \mod q$，而在 GOST 签名中却采用了 $s = (xr + kH(M)) \mod q$，其区别为一个使用参数 k，另一个使用参数 k^{-1}，使用参数 k^{-1}，意味着要多做一次求逆运算，从而导致签名的验证过程也不同。

7.6　推荐阅读

数字签名是内容非常丰富、技术类型很多、应用很广的一种密码技术。签名的类型有基于身份的签名、盲签名、代理签名、群签名，等等。本章所介绍的数字签名是基本的数字签名技术。如果读者对数字签名有更广泛的兴趣，可阅读文献[89]。它比较全面地介绍了多种数字签名方案。

2016 年 12 月美国国家标准技术研究所（NIST）启动了在全球范围内征集抗量子计算密码算法并制定标准的工作。经过 3 轮评审，于 2022 年 7 月 5 日公布 Kyber、Dilithium、

Falcon、Sphincs 四个密码胜出。其中 Dilithium 和 Falcon 是签名算法。本书第 8 章将介绍 Dilithium 签名算法。建议有兴趣的读者登录美国 NIST 的网站，阅读有关信息。

习题与实验研究

1. 为什么数字签名能够确保数据真实性？

2. 说明 HASH 函数在数字签名中的作用。

3. 软件实验：编程实现 RSA 数字签名方案。

4. 设 A 用 RSA 密码对文件 M 签名（$S_A = D(M, K_{dA})$）后发给 B，B 验证签名（$E(S_A, K_{eA}) = M$）。如果 B 得到正确的 M，则认为 A 的签名 S_A 是真实的，否则认为 A 的签名 S_A 是假的。试问：B 是收信者，事先 B 并不知道 M，B 如何判定 M 是正确的？请设计一种方法解决这一问题。

5. 说明在 EIGamal 密码签名中，参数 k 为什么必须是一次性的。

6. 软件实验：编程实现 EIGamal 数字签名方案。

7. 说明在椭圆曲线密码签名中，参数 k 有无一次性的要求。

8. 软件实验：编程实现椭圆曲线密码数字签名方案。

9. 登录国家密码管理局网站，下载并阅读 SM2 的资料，了解 SM2 椭圆曲线公钥密码的数据类型及其转换算法。

10. 为什么在 SM2 椭圆曲线公钥密码数字签名验证算法中采用了比产生签名算法更多的检错措施？

11. 试验研究：使用 SM2 推荐椭圆曲线，编程实现 SM2，并开发出文件签名软件系统。软件要求如下：

①具有文件签名产生功能；

②具有文件签名验证功能；

③具有较好的人机界面。

12. 软件实验：编程实现美国数字签名标准算法 DSS。

13. 软件实验：编程实现俄罗斯数字签名标准算法 GOST。

第8章 ⊕ 抗量子计算密码(选修)

出于对抗量子计算密码需求的迫切性,2016 年 12 月美国国家标准技术研究所(NIST)启动了在全球范围内征集抗量子计算密码算法并制定标准的工作。经过 3 轮评审,于 2022 年 7 月 5 日公布 Kyber、Dilithium、Falcon、Sphincs 四个密码胜出,同时宣布 Bike、Classic McEliece、Hqc、Sike 四个密码进入第四轮评审[90]。

本章介绍 Kyber 和 Dilithium 两个密码。

8.1 量子计算对现有公钥密码的挑战

量子计算机技术已经取得了重要的进展。由于量子计算机具有超强计算能力,从而使得基于计算复杂性理论的现有公钥密码的安全受到挑战[3]。

要准确评估公钥密码在量子计算环境下的安全性,需要量子计算复杂性理论。于是,人们建立了量子计算复杂性理论,并且已经得到一些重要的结论[41]。仿照电子计算复杂性,用 **QP** 表示量子计算机下的易解问题,用 **QNP** 表示量子计算机下的困难问题,由于量子计算机的并行性使得一部分电子计算机下的 **NP** 困难问题转化为量子计算机下的 **QP** 易解问题。这正是量子计算机可以有效攻击 RSA、ECC、ELGamal 等公钥密码的理论基础。然而并非所有的 **NP** 问题都能转化为 **QP** 问题,仍有部分 **NP** 问题在量子计算机下仍是困难的 **QNP** 问题。这就从理论上告诉我们,量子计算机并不能有效攻击所有密码,为我们研究设计抗量子计算密码提供了理论依据。

目前,能够用于密码破译的量子计算算法主要有两种。第一种是 Grover 算法[30],其计算复杂度为 $O(\sqrt{2^n})$。这相当于把密码的密钥长度减少一半,对现有密码构成了一定的威胁,但是并没有构成本质的威胁,因为只要把密钥加长一倍就可以抵抗这种攻击。第二种是 Shor 算法[31]。它可在多项式时间复杂性内求解整数分解、离散对数和椭圆曲线离散对数问题。理论分析表明:利用 Shor 算法,1448 量子位的量子计算机可以破译 256 位的椭圆曲线密码,利用 2048 量子位的量子计算机可以破译 1024 位的 RSA 密码[74]。

在量子计算环境下我们仍然需要确保信息安全,仍然需要使用密码,但是我们如何确保量子计算环境下的信息安全呢?我们使用什么密码呢?这成为摆在我们面前的一个重大战略问题[3,32]。

哲学的基本原理告诉我们:凡是有优点的东西,一定也有缺点。因此,量子计算机有优势:有其擅长计算的问题,有其可以破译的密码。但也有劣势:有其不擅长计算的问题,有其不能破译的密码。据此,只要我们依据量子计算机不擅长计算的数学问题设计构造密码,就可以抵抗量子计算机的攻击。例如,基于纠错码的一般译码问题困难性的

McEliece 密码，基于多变量二次方程组求解困难性的 MQ 密码，基于格困难问题的格密码，基于 Hash 函数的签名方案等，都是抗量子计算密码。

作者的研究小组在国家自然科学基金重点项目的支持下，提出了一种基于输入输出数据复杂性的抗量子计算公钥密码[90]，为抗量子计算密码研究做出自己的探索。

8.2　与格密码相关的几个问题

格密码是一种重要的抗量子计算密码。本章将要介绍的 Kyber 和 Dilithium 都是格密码。这里首先介绍与格密码相关的几个问题。

8.2.1　格和格密码的概念

1. 格的概念

定义 8-1　设 R 为实数集合，R^m 为 R 上的 m 维向量空间（或称欧氏空间），$\mathbb{Z}$ 为整数集合，b_0，b_1，$\cdots$，$b_{n-1} \in R^m$ 为 n（$n \leqslant m$）个线性无关的向量，称 b_0，b_1，$\cdots$，b_{n-1} 一切整系数线性组合的向量集合 L 为格：

$$L = \left\{ \sum_{i=0}^{n-1} k_i b_i \mid k_i \in \mathbf{Z} \right\}。 \tag{8-1}$$

并称 b_0，b_1，$\cdots$，b_{n-1} 为格 L 的一组基底，格 L 为向量 b_0，b_1，$\cdots$，b_{n-1} 生成的格，格 L 的秩为 n。当 $m = n$ 时称格为满秩格。由式（8-1）可知，格是由一组基底向量的整系数线性组合生成的向量集合。

把格的基底作为列向量排成矩阵，$B = [b_0, b_1, \cdots, b_{n-1}]_{m \times n}$，则格可写成矩阵 B 与列向量 x 乘积的形式，即

$$L(B) = \{ Bx \mid x \in \mathbf{Z}^n \}。 \tag{8-2}$$

例 8-1　设一组基底向量为 $b_1 = (31, 53, 5, 2)$，$b_2 = (7, 3, 17, 11)$，$b_3 = (47, 37, 29, 13)$，$b_4 = (43, 19, 41, 23)$，则基底向量的一切整系数线性组合产生一个秩为 4 的格，格的基底矩阵如下：

$$B = \begin{bmatrix} 2 & 11 & 13 & 23 \\ 5 & 17 & 29 & 41 \\ 53 & 3 & 37 & 19 \\ 31 & 7 & 47 & 43 \end{bmatrix}。$$

定义 8-2　设 $\mathbb{Z}$ 为全体整数的集合，q 为一个正整数，$\mathbb{Z}_q$ 为全体整数模 q 余数的集合，b_0，b_1，$\cdots$，$b_{n-1} \in \mathbb{Z}_q^m$ 为 n（$n \leqslant m$）个线性无关的向量，称 b_0，b_1，$\cdots$，b_{n-1} 一切线性组合的向量集合为模 q 格，记为 L_q：

$$L_q = \left\{ \sum_{i=0}^{n-1} k_i b_i \bmod q \mid k_i \in \mathbf{Z}_q \right\}。 \tag{8-3}$$

目前多数格密码都是建立在模 q 格的基础之上，而且选 q 为素数。这样处理的好处是运算简单，可提高密码运算的效率。

Kyber 密码的基础是多项式商环 $\mathbb{R} = \mathbb{Z}[x]/(x^{256}+1)$ 和 $\mathbb{R}_{3329} = \mathbb{Z}_{3329}[x]/(x^{256}+1)$。

Dilithium 签名方案的基础是多项式商环$\mathbb{R}=\mathbb{Z}[X]/(X^{256}+1)$和$\mathbb{R}_q=\mathbb{Z}_q[X]/(X^{256}+1)$，素数 $q=8380417$。

设 $r(x)=\{r_{n-1}x^{n-1}+r_{n-2}x^{n-2}+\cdots+r_1x+r_0|r_i\in\mathbb{Z}\}\in\mathbb{R}=\mathbb{Z}[x]/(x^n+1)$，它可表示为向量$(r_{N-1},r_{N-2},\cdots,r_1,r_0)$，所以它对应一个 N 维的格。格的基底矩阵为 B，格的秩等于矩阵 B 的秩。

$$B=\begin{bmatrix}r_{n-1} & r_{n-2} & \cdots & r_0 \\ r_0 & r_{n-1} & \cdots & r_1 \\ \cdots & \cdots & \cdots & \cdots \\ r_{n-2} & r_{n-3} & \cdots & r_{n-1}\end{bmatrix}。 \tag{8-4}$$

再设 $r(x)=\{r_{n-1}x^{n-1}+r_{n-2}x^{n-2}+\cdots+r_1x+r_0|r_i\in\mathbb{Z}_q\}\in\mathbb{R}_q=\mathbb{Z}_q[x]/(x^n+1)$，同样它也对应一个 N 维的模 q 格。

2. 格上的困难问题

众所周知，公钥密码都是建立在一些困难问题的基础之上的。据此，要在格上建立公钥密码，必须首先了解格上的困难问题。目前最常用的格上困难问题如下所述。

①最短向量问题(SVP)：给定格的一组基底 b_1，b_2，$\cdots$，b_n，找到格 $L(b_1,b_2,\cdots,b_n)$ 的最短非零向量。即找到一个非零向量 $u\in L(b_1,b_2,\cdots,b_n)$，而 u 的长度(欧几里得范数) $\|u\|$ 最小。

②最近向量问题(CVP)：给定格的一组基底 b_1，b_2，$\cdots$，b_n 和一个向量 v(不需要在格内)，找到一个与 v 最接近的向量。即找到一个向量 $u\in L(b_1,b_2,\cdots,b_n)$，而 $\|v-u\|$ 的最小。

③最短独立向量问题(SIVP)：给定格的一组基 B，找到 n 个独立向量 $S=[s_1,s_2,\cdots,s_n]$，其中 $s_i\in L(B)$ 且使得 $\|S\|=\max\limits_i\|s_i\|$ 达到最小。

根据目前已知的算法，求解 SVP、SIVP 和 CVP 都是很困难的[92-94]，并被认为是 **NP** 困难问题。不仅在电子计算机环境下是困难的，在量子计算机环境下也是困难的。因为，至今没有找到求解这些困难问题的有效量子算法。这就为我们设计抗量子计算密码提供了基础。

3. 格密码的特点

基于格的密码具有以下两个突出优点[77]：

①格上的运算多为线性运算，计算效率高，因而格密码的效率高。

②基于格困难问题的密码，密码是安全的概率高。

计算复杂性理论认为，一个困难问题的困难性是指其在最困难情况下的困难度。为了公钥密码的安全，人们基于困难问题设计公钥密码。为了公钥密码能够实用，还要考虑效率等问题。因此，一个实际的公钥密码往往不一定工作在最困难的情况下。这是许多公钥密码被攻破的原因之一。已经证明：某类格上困难问题在最困难情况下的困难度等于其在平均困难情况下的困难度[3]。这就告诉我们，基于这类格上困难问题设计密码，密码是安全的概率高。

与数论中的困难问题相比，格上的困难问题比较新，研究尚不够充分，导致目前对格密码的安全分析也不够充分。再加上目前的量子计算机尚不能对公钥密码构成现实的威胁，因此格密码目前的应用尚少。可以预计，随着量子计算机的发展和格密码的进一步完善，格密码将会得到广泛应用。

8.2.2　快速数论变换 NTT

在基于格的抗量子计算密码中，采用多项式商环 $\mathbb{R}$ 和 $\mathbb{R}_q$ 的多项式来表示数据，其中一个基本运算是多项式的乘法。为了提高多项式乘法的效率，采用快速数论变换 NTT（Number Theoretic Transform）来加速计算。

1. 整数商环中多项式的乘法

设有两个多项式 $A(x)$ 和 $B(x)$，其乘积为 $C(x)$：

$$A(x) = a_{m-1}x^{m-1} + a_{m-2}x^{m-2} + \cdots + a_1x + a_0 \quad B(x) = b_{n-1}x^{n-1} + b_{n-2}x^{n-2} + \cdots + b_1x + b_0$$

$$C(x) = A(x)B(x) = c_{m+n-2}x^{m+n-2} + c_{m+n-3}x^{m+n-3} + \cdots + c_1x + c_0$$

先看一下 $C(x)$ 中各次项的系数是如何计算得到的：

$$c_0 = a_0b_0$$
$$c_1 = a_0b_1 + a_1b_0$$
$$c_2 = a_0b_2 + a_1b_1 + a_2b_0$$
$$\cdots\cdots\cdots\cdots\cdots\cdots\cdots$$
$$c_{m+n-3} = a_{m-1}b_{n-2} + a_{m-2}b_{n-1}$$
$$c_{m+n-2} = a_{m-1}b_{n-1}$$

考察各次方项的系数表达式可以发现：积多项式 $C(x)$ 的任一系数 c 的下标，恰好是多项式 $A(x)$ 和 $B(x)$ 的相应系数 a 和 b 的乘积之和，而且 a 和 b 的下标之和，刚好等于 c 的下标。于是可以得到如下的一般公式：

$$c_r = \sum_{i=0}^{m+n-2} a_ib_{r-i} \tag{8-5}$$

数学上称这种乘法为卷积。实际上，卷积就是一种附带了位置信息的乘法。由此可以推出结论：多项式 $A(x)$ 与 $B(x)$ 乘积的系数序列，就是 $A(x)$ 和 $B(x)$ 各自的系数序列的卷积。

2. 多项式的系数表示与点值表示

设多项式 $A(x) = a_{n-1}x^{n-1} + a_{n-2}x^{n-2} + \cdots + a_1x + a_0$，$A(x)$ 的系数向量为 $A = (a_{n-1}, a_{n-2}, \cdots, a_1, a_0)$，显然 $A(x)$ 与系数向量 A 一一对应。称向量 A 为多项式 $A(x)$ 的系数表示。多项式与其系数表示意义对应，可记为

$$A(x) \leftrightarrow (a_{n-1}, a_{n-2}, \cdots, a_1, a_0).$$

另一方面，多项式 $A(x)$ 在不同的 n 个自变量上取 n 个函数值，$A(x)$ 决定了这 n 个不同的点。反过来，这 n 个不同的点又决定了多项式 $A(x)$。称这 n 个不同的点为多项式点值表示。多项式与其在给定的 n 个自变元上的点值表示一一对应，可记为

$$A(x) \leftrightarrow \{(x_0, A(x_0)), (x_1, A(x_1)), \cdots, (x_{n-1}, A(x_{n-1}))\}.$$

3. 多项式的数论变换

通过两多项式的系数乘积求多项式的乘积的计算复杂度是 $O(n^2)$。但是通过多项式点值表示，可把计算多项式乘积的复杂度降低到 $O(n\log n)$，其中数论变换 NTT 起关键作用。

从 $n-1$ 次多项式的 n 个系数，求该多项式在 n 个特殊自变量上的点值表示是一种有意义的数学变换。在复数域上，求 $n-1$ 次多项式 $f(x) = f_0 + f_1x + \cdots + f_{n-1}x^{n-1}$ 在 n 个复数 n 次单位根 ω^0，ω^1，$\cdots$，ω^{n-1} 上的点值

$$(f(\omega^0)，f(\omega^1)，\cdots，f(\omega^{n-1}))，$$

被称为多项式的离散傅里叶变换，记为

$$F[f(x)] = (f(\omega^0)，f(\omega^1)，\cdots，f(\omega^{n-1}))。 \tag{8-6}$$

此时有一一对应

$$f(x) \leftrightarrow (f(\omega^0)，f(\omega^1)，\cdots，f(\omega^{n-1}))$$

离散傅里叶变换在电信领域有重要意义与广泛应用。

有以下约定：

① ω_n 为有限域 $\mathbb{Z}_q$ 内模 q 的 n 次原根，即 ω_n 有性质：

a) 1，ω_n，ω_n^2，$\cdots$，ω_n^{n-1} 模 q 两两不同；

b) $\omega_n^n = 1 \bmod q$。

② n 为 2 的幂次。

则在 $\mathbb{Z}q$ 上求 $n-1$ 次多项式 $f(x)$ 在 n 个特殊自变量 1，ω_n，ω_n^2，$\cdots$，ω_n^{n-1} 上的函数值，

$$(f(1)，f(\omega_n)，\cdots，f(\omega_n^{n-1}))$$

称为数论变换。记为

$$N[f(x)] = (f(1)，f(\omega_n)，\cdots，f(\omega_n^{n-1}))， \tag{8-7}$$

数论变换可以下述矩阵形式表出

$$
\begin{bmatrix}
f(\omega_8^0) \\
f(\omega_8^1) \\
f(\omega_8^2) \\
f(\omega_8^3) \\
f(\omega_8^4) \\
f(\omega_8^5) \\
f(\omega_8^6) \\
f(\omega_8^7)
\end{bmatrix}
=
\begin{bmatrix}
(\omega_n^0)^0 & (\omega_n^0)^1 & \cdots & (\omega_n^0)^{n-1} \\
(\omega_n^1)^0 & (\omega_n^1)^1 & \cdots & (\omega_n^1)^{n-1} \\
\vdots & \vdots & \ddots & \vdots \\
(\omega_n^{n-1})^0 & (\omega_n^{n-1})^1 & \cdots & (\omega_n^{n-1})^{n-1}
\end{bmatrix}
\begin{bmatrix}
f_0 \\
f_1 \\
f_2 \\
f_3 \\
f_4 \\
f_5 \\
f_6 \\
f_7
\end{bmatrix}
$$

由此，利用矩阵方法推得数论变换的逆变换 $IN[(f(1)，f(\omega_n)，\cdots，f(\omega_n^{n-1}))]$ 为

$$
\begin{bmatrix}
f_0 \\
f_1 \\
f_2 \\
f_3 \\
f_4 \\
f_5 \\
f_6 \\
f_7
\end{bmatrix}
= \frac{1}{n}
\begin{bmatrix}
(\omega_n^{-0})^0 & (\omega_n^{-0})^1 & \cdots & (\omega_n^{-0})^{n-1} \\
(\omega_n^{-1})^0 & (\omega_n^{-1})^1 & \cdots & (\omega_n^{-1})^{n-1} \\
\vdots & \vdots & \ddots & \vdots \\
(\omega_n^{-(n-1)})^0 & (\omega_n^{-(n-1)})^1 & \cdots & (\omega_n^{-(n-1)})^{n-1}
\end{bmatrix}
\begin{bmatrix}
f(\omega_8^0) \\
f(\omega_8^1) \\
f(\omega_8^2) \\
f(\omega_8^3) \\
f(\omega_8^4) \\
f(\omega_8^5) \\
f(\omega_8^6) \\
f(\omega_8^7)
\end{bmatrix}
$$

可见，逆数论变换与正数论变换有同样的架构，仅需将 ω_n^i 变为 ω_n^{-i} 并乘上比例因子 $1/n$ 即可，这就简化了正逆数论变换的软硬件实现。

数论变换在 Kyber 和 Dilithium 密码里有重要应用。

以下讨论 $N[f(x)]$ 的快速计算问题，快速数论变换记为 $\overline{NTT}[f(x)]$。用记号 $\overline{NTT}$ 表示严格的数论变换，以区别于后文的形式数论变换 NTT，严格的快速逆数论变换记为 $\overline{INTT}[f(x)]$，下文讨论严格快速数论变换 $\overline{NTT}[f(x)]$ 计算。

上述约定①与②仍有效。对 $f(x)$ 定义

$$f_e(x) = f_0 + f_2 x^1 + f_4 x^2 + \cdots + f_{n-2} x^{n/2-1}$$
$$f_o(x) = f_1 + f_3 x^1 + f_5 x^2 + \cdots + f_{n-1} x^{n/2-1}$$

则 $f(x) = f_e(x^2) + x f_o(x^2)$。故有下述转化式

$$f(\omega_n^i) = f_e(\omega_n^{2i}) + \omega_n^i f_o(\omega_n^{2i}) = f_e((\omega_{n/2})^i) + \omega_n^i f_o((\omega_{n/2})^i) \quad i = 0, 1, \cdots, n-1$$

$$(8-8)$$

式中利用了 $\omega_n^2 = \omega_{n/2}$。基于转化式(8-8)就可将 $f(x)$ 的 n 个函数值的计算，转化为两个 $n/2$ 次多项式的各 $n/2$ 个函数值的计算，此种转化将问题规模缩小了一半，如此递归做下去可使整个问题的复杂度从 $O(n^2)$ 降为 $O(n\log n)$。

现以 $n=8$ 为例说明转换式的实施详情，其中 $f^{[i]}$ 表示多项式 f 有 i 项。令

$$f^{[8]}(x) = f_0 + f_1 x + \cdots + f_7 x^7,$$
$$f_e^{[4]}(x) = f_0 + f_2 x + \cdots + f_6 x^3,$$
$$f_o^{[4]}(x) = f_1 + f_3 x + \cdots + f_7 x^3,$$

则转换式(8-8)具体表示为

$$f^{[8]}(\omega_8^i) = \begin{cases} f_e^{[4]}((\omega_4)^i) + \omega_4^i f_o^{[4]}((\omega_{n/2})^i), & i = 0, 1, 2, 3 \\ f_e^{[4]}((\omega_4)^{i-4}) - \omega_4^{i-4} f_o^{[4]}((\omega_{n/2})^{i-4}), & i = 4, 5, 6, 7 \end{cases}$$

$$(8-9)$$

式中 ω_4 表示 4 次根，减号来自 $\omega_8^4 = -1$。

图 8-1 给出 7 次多项式计算转化为两个 3 次多项式计算的数据流图。图 8-1 左侧为两个 3 次多项式框图，右侧为将 3 次多项式输出转换成原 7 次多项式输出的转换部分，该转换部分基于式(8-9)绘出。

图 8-2 是 3 次多项式的输出转换成 7 次多项式输出的转换数据流图。在图 8-2 所示的转换部分数据流图中由粗线标示的单元称为蝶形单元，其数据依赖关系为

$$\begin{cases} f^{[8]}(\omega_8^0) = f^{[4]}(\omega_4^0) + \omega_8^0 f^{[4]}(\omega_4^0) \\ f^{[8]}(\omega_8^0) = f^{[4]}(\omega_4^0) - \omega_8^0 f^{[4]}(\omega_4^0) \end{cases}$$

该转换部分数据流图中共有 4 个蝶形单元。

图 8-3 是 1 次多项式输出转换成 3 次多项式输出再转换成到 7 次多项式输出数据流图，它把图 8-1 的两个 3 次多项式又按转化式(8-9)转化为 4 个 1 次多项式的计算。图 8-4 是零次多项式输出转换成 1 次多项式输出再递次转换成 7 次多项式输出的数据流图，它再次将 4 个 1 次多项式转化为 8 个零次多项式。

图 8-5 是图 8-4 更流行的画法。

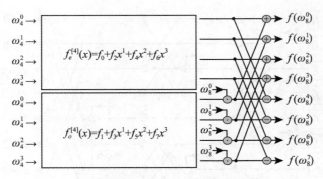

图 8-1　7 次简化成两个 3 次多项式计算的数据流图

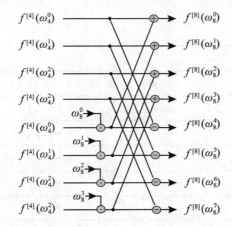

图 8-2　3 次的输出转换成 7 次的输出的转换图

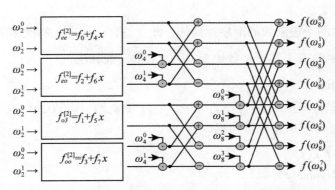

图 8-3　1 次转成 3 次再转换成 7 次多项式输出数据流图

图 8-5 即是一个完整的 7 次多项式作快速数论变换 NTT 的流程图。图 8-5 中圆心为小点的圆圈代表一次乘法。数之共 12，此说明 7 次多项式的快速数论变换 *NTT* 的仅作 12 次乘法，比传统的通过直接求多项式的值方法需 $o(n^2)$ 次乘法少得多。另输入端多项式系数

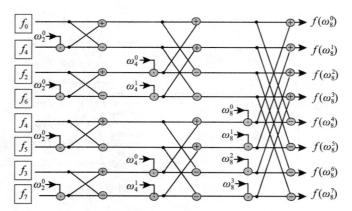

图 8-4　零次转换成 1 次再迭次转换成 7 次多项式输出的数据流图

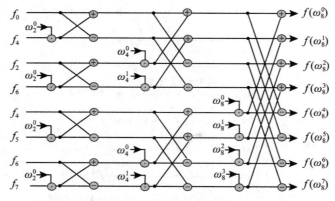

图 8-5　7 次多项式作快速 NTT 的流程图一般画法

的顺序是按其下标的 2 进制数的倒序排列的，此点适合任意 $n = 2^r$ 次多项式的情形。

基于转换式(8-8)有下述严格数论变换 $\overline{N}\,\overline{T}\,\overline{T}$ 的一般算法。

$\overline{N}\,\overline{T}\,\overline{T}$ Algorithm

Input：设 $n = 2^k$，多项式 $f = (f_0,\ f_1,\ \cdots,\ f_{n-1}) \in Z_p[x]$ 次数小于 n，

$\quad\quad \omega_n \in Z_p$ 为 n 次本原单位根

Output：$A = \overline{N}\,\overline{T}\,\overline{T}(f)$

1　$A \leftarrow$ Bit-Reverse(f)

2　$m \leftarrow 2$

3　while $m \leqslant n$ do

4　　　$s \leftarrow 0$

5　　　while $s \leqslant n-m$ do

6　　　　　for $i = 0$ to $m/2 - 1$ do

7	$N \leftarrow i * n/m$
8	$a \leftarrow s + i$
9	$b \leftarrow s + i + m/2$
10	$c \leftarrow A[a]$
11	$d \leftarrow A[b]$
12	$A[a] \leftarrow c + \omega_n^N d$
13	$A[b] \leftarrow c - \omega_n^N d$
14	$s \leftarrow s + m$
15	$m \leftarrow m * 2$
16	return A

易证快速数论变换

$$\mathrm{NTT}[f(x)] = (f(1), f(\omega_n), \cdots, f(\omega_n^{n-1})),$$

计算复杂度为 $O(n\log n)$。

类似可得到严格的逆快速数论变换算法 $\overline{INTT}$ Algorithm。

NTT 算法脱胎于快速傅里叶变换算法 FFT,具体请参见文献[95]。

4. 多项式快速乘

如图 8-6 所示,两多项式复杂度为 $O(n \log n)$ 的乘法方法如下:

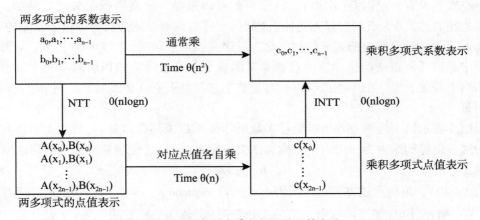

图 8-6　两多项式乘积的两种运算方法

①两多项式各自进行严格 $\overline{NTT}$;

②两多项式对应函数值乘;

③对已求积的函数值作严格 $\overline{INTT}$ 得到两多项式的乘积。

8.2.3　LWE 和 SIS 问题

LWE 和 SIS 问题是由方程组求解衍生出的两个困难问题。通过量子归约表明,平均情况下 LWE 和 SIS 问题的困难性≥最坏情况下近似最短向量问题(SVPγ)和近似最短独立向量问题(SIVPγ)的困难性。因此在 LWE 和 SIS 问题之上建立的密码方案，都能够将其安全建立在格问题的最坏情况下的困难性之上，容易确保其安全性。由此 LWE 和 SIS 问题在抗量子计算密码设计中得到实际应用。

由于目前尚无求解 LWE 和 SIS 问题的有效量子算法，因此基于 LWE 或 SIS 问题的密码方案被认为是抗量子计算的。

1. 带错误的学习(LWE)问题

2005 年，Oded Regev 在文献 [95] 中提出了带错误的学习 (learning with errors，LWE) 问题。此后，LWE 问题发展成为构建密码的一种理论模型。基于 LWE 问题能够构造一大批功能强大且安全的加密方案。因此，Oded Regev 荣获了 2018 年的哥德尔奖。

所谓带错误的学习问题就是求解带噪声的线性方程组的问题，本质上属于理论计算机科学中的计算复杂度问题。设有如下线性方程组，要求出解向量(s_1, s_2, s_3, s_4)。

$$\begin{cases} 14s_1+15s_2+5s_3+2s_4 \approx 8 \bmod 17 \\ 13s_1+7s_2+14s_3+6s_4 \approx 16 \bmod 17 \\ 6s_1+10s_2+13s_3+5s_4 \approx 3 \bmod 17 \\ 7s_1+13s_2+9s_3+11s_4 \approx 9 \bmod 17 \end{cases}$$

如果所有方程都是等于(=)，那这个问题就简单了，使用高斯消元法，在多项式时间内就能容易求出。现在，这一问题的关键就在于每个式子都是约等于(≈)，不是等于(=)，也就是说有一定误差(出错)。这个误差可以遵循一个离散概率分布。例如，有的时候左边比右边大 1，有的时候左边比右边小 1，还有的时候两边相等。由于误差的引入，使用高斯消元法时，所有的式子加到一起之后误差也加了起来。因为噪声过大，导致无法从噪声中获取任何正确信息。这问题就非常困难了。这里误差的作用对于每个方程式来说，相当于添加上了一个干扰或噪声，对于整个方程组来说就是添加上了一个干扰向量或噪声向量。

用矩阵表示这一线性方程组可得：系数矩阵 A 乘以未知数向量 s，再加上干扰向量 e。又因为这一运算的结果为一个向量，称为结果向量 b。于是，便抽象出如下的理论模型：

$$b = As + e \tag{8-10}$$

根据式 (8-10)，可将上述方程组表示为 $b_i = (As)_i + e_i \bmod p$ $(i = 1, 2, \cdots, n)$。其中每个 e_i 是从某一概率分布(如高斯分布，二项式分布等)中独立采样的随机数，s 是从 $\mathbb{Z}_p^n$ 中随机选取的 n 维向量。

所谓带错误学习问题是指：在式 (8-10) 中，已知 A 和 b，求出 s。由于干扰 e 的影响，使得这一问题是困难的。研究表明，这一问题的困难性取决于向量 s 的维数 n。目前最好的算法的计算复杂度为 $O(2^n)$。只要 n 足够大，求解是困难的。

从密码学角度看，可以把 s 看成私钥，把 b 看成为公钥，A 和 e 为公共参数。知道私钥 s，求出公钥 b 是容易的。反之，由于 e 的干扰作用，由公钥 b 求出私钥 s 是困难的。LWE 问题表现出很好的单向性。因此，LWE 问题就成为公钥密码设计的一个基础框架。

当 LWE 问题的元素为环上的元素时，LWE 问题就变为环上的 LWE 问题，记为 RLWE。

本章介绍的 Kyber 密码和 Dilithium 签名方案的安全性，就建立在 RLWE 问题的基础之上。

2. 短整数解问题(SIS)

首先回忆线性代数中的线性齐次方程组求解。

$$\begin{cases} a_{11}x_1 + a_{12}x_2 + \cdots + a_{1n}x_n = 0 \\ a_{21}x_1 + a_{22}x_2 + \cdots + a_{2n}x_n = 0 \\ \cdots\cdots\cdots\cdots\cdots\cdots\cdots\cdots\cdots\cdots \\ a_{m1}x_1 + a_{m2}x_2 + \cdots + a_{mn}x_n = 0 \end{cases}$$

写成矩阵形式，$Ax = 0$。其中，

$$A = \begin{bmatrix} a_{11} & a_{12} & \cdots & a_{1n} \\ a_{21} & a_{22} & \cdots & a_{2n} \\ \cdots & \cdots & \cdots & \cdots \\ a_{m1} & a_{m2} & \cdots & a_{mn} \end{bmatrix}, \quad x = \begin{bmatrix} x_1 \\ x_2 \\ \vdots \\ x_n \end{bmatrix}。$$

根据线性代数的知识，利用高斯消元法容易求出解向量 x。但是，只要对矩阵元素和解向量加以限制，则问题就变成困难的。例如，求式(8-11)中的解向量就是一个著名的困难问题。

设 q 为素数，m，n 为正整数，$n > m$。给定一个 $\mathbb{Z}_q$ 上的随机矩阵 $A_{m \times n}$ 和一个正实数 $d > 0$，找到一个 $\mathbb{Z}_q$ 上的 n 维向量 x 使得，

$$Ax = 0 \bmod q，\text{且 } \|x\| < d。 \tag{8-11}$$

学术界称这一问题为短整数解问题(Short Integer Solution, SIS)。

由于目前 SIS 问题尚无有效的量子求解算法，因此基于 SIS 问题的密码方案被认为是抗量子计算的。

本章介绍的 Dilithium 签名方案的安全性，就建立在 RLWE 问题和 SIS 问题的基础之上。

8.3　Kyber 密码

Kyber 密码是一种基于格的公钥密码[90,97]。它具有加密和密钥封装两个功能。加密功能，称之为 Kyber CPAPKE。密钥封装功能，称为 Kyber CCAKEM。

Kyber 密码的安全基础建立在求解模 q 格中的带错误学习问题 RLWE 的困难性之上。据此，它是抗量子计算的，而且是安全的。加上它容易实现，应用方便，被美国 NIST 选为标准。

8.3.1　辅助运算及符号说明

1. 字节和字节数组

设 B 是一个字节，它在 $\{0, 1, 2, \cdots, 255\}$ 中取值。用 B^k 表示长度为 k 的字节数组，用 B^* 表示任意长度的字节数组(或字节流)。两个字节数组 a 和 b 的连接，用 $a \| b$ 表示。

对于字节数组 a，我们用 $a+k$ 表示从 a 的第 k 个字节开始的字节数组，字节数组的下标从 0 开始。

设 S 是一个集合，符号 $s \leftarrow S$ 表示从 S 中随机选出 s。如果 S 是一个概率分布，则表示 s 是根据概率分布 S 选出的。例如，$B^* \rightarrow \mathbb{R}$ 表示从任意长度的字节数组中随机选出环 $\mathbb{R}$ 中的一个元素。

2. 模运算

Kyber 密码对传统的模运算进行了如下扩展。

定义 8-3

① $\text{mod}^{\pm}$ 运算：设 a 是一个正偶数，定义 $r' = r \, \text{mod}^{\pm} \alpha$ 是在范围 $-\dfrac{\alpha}{2} < r' \leqslant \dfrac{\alpha}{2}$ 内且唯一满足 $r' = r \bmod \alpha$ 的整数。设 a 是一个正奇数，定义 $r' = r \, \text{mod}^{\pm} \alpha$ 是在范围 $-\dfrac{\alpha-1}{2} \leqslant r' \leqslant \dfrac{\alpha-1}{2}$ 内且唯一满足 $r' = r \bmod \alpha$ 的整数。

② mod^+ 运算：设 a 是一个正整数，定义 $r' = r \, \text{mod}^+ \alpha$ 是在范围 $0 \leqslant r' < \alpha$ 内且唯一满足 $r' = r \bmod \alpha$ 的整数。

由此可见：α 为正整数时的 $\text{mod}^+ \alpha$ 运算就是普通取模运算 $\text{mod}\,\alpha$。$\text{mod}^{\pm} \alpha$ 运算则与普通取模运算不同，而且当 α 为正偶数和正奇数时的取模运算的取值范围又不相同。

例 8-2 设 $\alpha = 4$，进行 $\text{mod}^{\pm} 4$ 运算，则 r' 取值范围为 $\{-1, 0, 1, 2\}$。$r=1$，则 $r' = 1 \, \text{mod}^{\pm} 4 = 1$；$r=2$，则 $r' = 2 \, \text{mod}^{\pm} 4 = 2$；$r=3$，则 $r' = 3 \, \text{mod}^{\pm} 4 = -1$；$r=4$，则 $r' = 4 \, \text{mod}^{\pm} 4 = 0$。为什么 $3 \, \text{mod}^{\pm} 4 = -1$ 呢？因为，$4 \, \text{mod}^{\pm} 4 = 0$，$1 \, \text{mod}^{\pm} 4 = 1$，前者减后者得 $3 \, \text{mod}^{\pm} 4 = -1$。

设 $\alpha = 5$，进行 $\text{mod}^{\pm} 5$ 运算，则 r' 取值范围为 $\{-2, -1, 0, 1, 2\}$。$r=1$，则 $r' = 1 \, \text{mod}^{\pm} 5 = 1$；$r=2$，则 $r' = 2 \, \text{mod}^{\pm} 5 = 2$；$r=3$，则 $r' = 3 \, \text{mod}^{\pm} 5 = -2$；$r=4$，则 $r' = 4 \, \text{mod}^{\pm} 5 = -1$；$r=5$，则 $r' = 5 \, \text{mod}^{\pm} 5 = 0$。

例 8-3 设 $\alpha = 4$，进行 $\text{mod}^+ 4$ 运算，则 r' 取值范围为 $\{0, 1, 2, 3\}$。$r=1$，则 $r' = 1 \, \text{mod}^+ 4 = 1$；$r=2$，则 $r' = 2 \, \text{mod}^+ 4 = 2$；$r=3$，则 $r' = 3 \, \text{mod}^+ 4 = 3$；$r=4$，则 $r' = 4 \, \text{mod}^+ 4 = 0$。

再设 $\alpha = 5$，进行 $\text{mod}^+ 5$ 运算，则 r' 取值范围为 $\{0, 1, 2, 3, 4\}$。$r=1$，则 $r' = 1 \, \text{mod}^+ 5 = 1$；$r=2$，则 $r' = 2 \, \text{mod}^+ 5 = 2$；$r=3$，则 $r' = 3 \, \text{mod}^+ 5 = 3$；$r=4$，则 $r' = 4 \, \text{mod}^+ 5 = 4$；$r=5$，则 $r' = 5 \, \text{mod}^+ 5 = 0$。

3. 数的近似值的表示

用符号 $\lfloor x \rceil$ 表示最接近 x 的整数，即对 x 四舍五入的结果。例如，$\lfloor 2.4 \rceil = 2$，$\lfloor 3.8 \rceil = 4$。用符号 $\lfloor x \rfloor$ 表示 $\leqslant x$ 的最大整数，或称为向小取整。例如，$\lfloor 0.1 \rfloor = 0$，$\lfloor 3.8 \rfloor = 3$。用符号 $\lceil x \rceil$ 表示 $\geqslant x$ 的最小整数，或称为向大取整。例如，$\lceil 0.1 \rceil = 1$，$\lceil 3.8 \rceil = 4$。

4. 利用对称密码技术

Kyber 密码使用了一些对称密码技术。其中包括：伪随机函数 PRF：$B^{32} \times B \rightarrow B^*$，可扩展输出函数 XOF：$B^* \times B \times B \rightarrow B^*$，两个哈希函数 H：$B^* \rightarrow B^{32}$ 和 G：$B^* \rightarrow B^{32} \times B^{32}$，密钥

派生函数 KDF：$B^* \rightarrow B^*$。

根据 FIPS 202 标准，Kyber 密码将这些对称密码技术实例化为如下算法：

① XOF 采用 SHAKE-128，SHAKE 是一种输出可为任意长度的 HASH 函数；

② H 采用 SHA3-256；

③ G 采用 SHA3-512；

④ PRF(s, b) 采用 SHAKE-256($s \parallel b$)；

⑤ KDF 采用 SHAKE-256。

5. 多项式环和向量

记 $\mathbb{R} = \mathbb{Z}[x]/(x^n+1)$ 为 $\mathbb{Z}[x]$ 上的多项式模 x^n+1 商环。记 $\mathbb{R}_q = \mathbb{Z}_q[x]/(x^n+1)$ 为 $\mathbb{Z}_q[x]$ 上的多项式模 x^n+1 商环。其中 $n = 2^{n'-1}$，使得 x^n+1 是分圆多项式。数学上，如果一个整系数多项式的根都是 n 次单位根，则这个多项式就是分圆多项式。设 x^n+1 是分圆多项式，β_1，β_2，$\cdots$，β_n 是它的 n 个根，则 $x^n+1 = (x-\beta_1)(x-\beta_2)\cdots(x-\beta_n)$。使用分圆多项式的好处是：一方面保证了环上 RLWE 问题的分布随机性，另外一方面能够提高计算效率。

常规字母表示 $\mathbb{R}$ 和 $\mathbb{R}_q$ 中的元素(包含 $\mathbb{Z}$ 和 $\mathbb{Z}_q$ 中的元素)。粗体小写字母表示向量，如向量 $\boldsymbol{a}$。向量的系数取自 $\mathbb{R}$ 和 $\mathbb{R}_q$ 中的元素。默认所有向量都是列向量。粗体大写字母表示矩阵，如 $\boldsymbol{A}$ 矩阵。$\boldsymbol{a}^{\mathrm{T}}$ 和 $\boldsymbol{A}^{\mathrm{T}}$ 表示转置。$\boldsymbol{a}[i]$ 表示向量 $\boldsymbol{a}$ 的第 i 个元素，$\boldsymbol{A}[i][j]$ 表示矩阵 $\boldsymbol{A}$ 的第 i 行第 j 列的元素，元素的起始下标为 0。

6. 元素的大小

Kyber 密码使用 L_∞ 和 L_2 范数定义元素的大小。

设整数 $w \in \mathbb{Z}q$，$\|w\|_\infty$ 就意味着 $|w \bmod^\pm q|$。

设多项式 $w = w_0 + w_1 x + w_2 x^2 + \cdots + w_{n-1} x^{n-1} \in \mathbb{R}$，定义 w 的 l_∞ 和 l_2 范数如下：

$$\|w\|_\infty = \underset{i}{\mathrm{MAX}} \|w_i\|_\infty,$$

$$\|w\|_2 = \sqrt{\|w_0\|_\infty^2 + \cdots + \|w_{n-1}\|_\infty^2}。$$

类似地，对于 $\boldsymbol{W} = (w_1, w_2, \cdots, w_k) \in \mathbb{R}^k$，定义

$$\|\boldsymbol{W}\|_\infty = \max_i \|W_i\|_\infty,$$

$$\|\boldsymbol{W}\|_2 = \sqrt{\|w_1\|^2 + \cdots + \|w_k\|^2}。$$

7. 压缩和解压

Kyber 定义了一个压缩函数 $\mathrm{Compress}_q(x, d)$，输入 $x \in \mathbb{Z}q$，输出一个整数 $d \in \{0, \cdots, 2^d-1\}$，其中 $d < \lceil \log_2(q) \rceil$。同时定义了一个解压函数 $\mathrm{Decompress}_q$，使得

$$x' = \mathrm{Decompress}_q(\mathrm{Compress}_q(x, d), d)。$$

要求把 x 加压后再解压的输出 x' 接近于 x。为此，定义 $B_q = \lceil q/2^{d+1} \rceil$ 为接近度的界，显然解压输出的 x' 与压缩输入的 x 的接近度应当 $\leq B_q$，即

$$|(x'-x) \bmod^\pm q| \leq B_q = \lceil q/2^{d+1} \rceil。$$

满足上述要求的一种压缩和解压函数定义为：

$$\mathrm{Compress}_q(x, d) = \lceil d(2^d/q) \cdot x \rfloor \bmod^+ 2^d, \tag{8-12}$$

$$\text{Decompress}_q(x, d) = \lceil (q/2^d) \cdot x \rfloor。 \tag{8-13}$$

当对 $x \in R_q$ 或 $\boldsymbol{x} \in R_q^k$ 应用 Compress_q 和 Decompress_q 时，这一处理被分别应用到 x 或 $\boldsymbol{x}$ 的每一个分量元素。

例 8-4 设 $q = 8$，则 $\mathbb{Z}_q = \{0, 1, 2, 3, 4, 5, 6, 7\}$，这是输入元素的集合。根据 $d < \lceil \log_2(q) \rceil$，$d < 3$，取 $d = 2$，则压缩输出 d 是集合 $\{0, 1, 2, 3\}$ 中的一个数。压缩函数为 $\lceil d(2^d/q) \cdot x \rfloor \bmod^+ 2^d = \lceil x \rfloor \bmod^+ 4$，解压函数为 $\lceil (q/2^d) \cdot x \rfloor = \lceil 2x \rfloor$。

压缩过程如下：

当 $x = 0$，$\text{Compress}_8(0, 2) = \lceil 0 \rfloor \bmod^+ 4 = 0 \bmod^+ 4 = 0$。

当 $x = 1$，$\text{Compress}_8(1, 2) = \lceil 1 \rfloor \bmod^+ 4 = 1 \bmod^+ 4 = 1$。

当 $x = 2$，$\text{Compress}_8(2, 2) = \lceil 2 \rfloor \bmod^+ 4 = 2 \bmod^+ 4 = 2$。

当 $x = 3$，$\text{Compress}_8(3, 2) = \lceil 3 \rfloor \bmod^+ 4 = 3 \bmod^+ 4 = 3$。

当 $x = 4$，$\text{Compress}_8(4, 2) = \lceil 4 \rfloor \bmod^+ 4 = 4 \bmod^+ 4 = 0$。

当 $x = 5$，$\text{Compress}_8(5, 2) = \lceil 5 \rfloor \bmod^+ 4 = 5 \bmod^+ 4 = 1$。

当 $x = 6$，$\text{Compress}_8(6, 2) = \lceil 6 \rfloor \bmod^+ 4 = 6 \bmod^+ 4 = 2$。

当 $x = 7$，$\text{Compress}_8(7, 2) = \lceil 7 \rfloor \bmod^+ 4 = 7 \bmod^+ 4 = 3$。

解压过程如下：

因为计算接近度的需要，首先对 $\mathbb{Z}_q = \{0, 1, 2, 3, 4, 5, 6, 7\}$ 计算 $\bmod^{\pm} 8$ 的取值：

$0 \bmod^{\pm} 8 = 0$，$1 \bmod^{\pm} 8 = 1$，$2 \bmod^{\pm} 8 = 2$，$3 \bmod^{\pm} 8 = 3$，$4 \bmod^{\pm} 8 = 4$，

$5 \bmod^{\pm} 8 = -3$，$6 \bmod^{\pm} 8 = -2$，$7 \bmod^{\pm} 8 = -1$，$8 \bmod^{\pm} 8 = 0$

当 $x = 0$，$\text{Decompress}_8(0, 2) = \lceil 2 \times 0 \rfloor = 0$，接近度 $|(x'-x) \bmod^{\pm} q| = |(0-0) \bmod^{\pm} 8| = 0$

当 $x = 1$，$\text{Decompress}_8(1, 2) = \lceil 2 \times 1 \rfloor = 2$，接近度 $|(x'-x) \bmod^{\pm} q| = |(2-1) \bmod^{\pm} 8| = 1$

当 $x = 2$，$\text{Decompress}_8(2, 2) = \lceil 2 \times 2 \rfloor = 4$，接近度 $|(x'-x) \bmod^{\pm} q| = |(4-2) \bmod^{\pm} 8| = 2$

当 $x = 3$，$\text{Decompress}_8(3, 2) = \lceil 2 \times 3 \rfloor = 6$，接近度 $|(x'-x) \bmod^{\pm} q| = |(6-3) \bmod^{\pm} 8| = 3$

当 $x = 4$，$\text{Decompress}_8(4, 2) = \lceil 2 \times 4 \rfloor = 8$，接近度 $|(x'-x) \bmod^{\pm} q| = |(8-4) \bmod^{\pm} 8| = 4$

当 $x = 5$，$\text{Decompress}_8(5, 2) = \lceil 2 \times 5 \rfloor = 10$，接近度 $|(x'-x) \bmod^{\pm} q| = |(10-5) \bmod^{\pm} 8| = |-3| = 3$

当 $x = 6$，$\text{Decompress}_8(6, 2) = \lceil 2 \times 6 \rfloor = 12$，接近度 $|(x'-x) \bmod^{\pm} q| = |(12-6) \bmod^{\pm} 8| = |-2| = 2$

当 $x = 7$，$\text{Decompress}_8(7, 2) = \lceil 2 \times 7 \rfloor = 14$，接近度 $|(x'-x) \bmod^{\pm} q| = |(14-7) \bmod^{\pm} 8| = |-1| = 1$

定义压缩函数和解压缩函数的主要原因是，能够在密文中丢弃一些对解密的正确性影响不大的低阶位，从而减少密文的大小。压缩式和解压式也用于压缩以外的目的。例如在

加密和解密过程中执行通常的 LWE 错误纠正。更准确地说,在加密过程(算法 5)的第 20 行中,使用解压函数,若消息为 0 就发送 0,若消息为 1 就发送⌈$q/2$⌋,从而创建一个容错间隙。随后,在解密过程(算法 6)的第 4 行,如果 $v-s^\mathrm{T}u$ 更接近于⌈$q/2$⌋,而不是 0,则使用压缩函数解密为 1,否则解密为 0。

8. Kyber 密码的形式快速数论变换 NTT

8.2.2 所阐述的严格意义下的快速数论变换 $\overline{NTT}$ 对 Kyber 密码的 $\mathbb{R}_q$ 上的多项式乘法有重要应用。具体地,Kyber 密码定义了一种形式快速数论变换 NTT,而在这种形式快速数论变换 NTT 中采用了 8.2.2 所阐述的严格意义下的快速数论变换 $\overline{NTT}$。

Kyber 密码基础环取 $\mathbb{Z}_q$,$q = 3329$。这里 $q-1 = 256 \cdot 13$,所以基础环 $\mathbb{Z}_q$ 包含 256 阶的本原单位根 $\zeta = 17$,且其最小。因为 $\zeta^i (i = 1, 3, \cdots, 255)$ 都与 256 互素,故集合 $\{\zeta, \zeta^3, \zeta^5, \cdots, \zeta^{255}\}$ 是 $\mathbb{Z}_q$ 中所有 128 个 256 阶单位根的集合。所以,多项式 $x^{256}+1$ 可以写成

$$x^{256} + 1 = \prod_{i=0}^{127} (x^2 - \zeta^{2i+1}) = \prod_{i=0}^{127} (x^2 - \zeta^{2\mathbf{br}_7(i)+1}), \tag{8-14}$$

其中对于 $i = 0, \cdots, 127$,$\mathbf{br}_7(i)$ 是 7 位无符号整数 i 的位倒序。这种倒序的表示恰好与 AVX 单片机的指令系统兼容。注意,在上式中 $\prod_{i=0}^{127} (x^2 - \zeta^{2i+1}) = \prod_{i=0}^{127} (x^2 - \zeta^{2\mathbf{br}_7(i)+1})$,是因为 7 位无符号整数 i 的全体二进制表示的集合,与其位倒序的集合是相等的,只是集合中元素的排列顺序不同。

定义 8-4　令 $\hat{f}_{2i} + x\hat{f}_{2i+1} = f \bmod (x^2 - \zeta^{2\mathbf{bn}_7(1)+1})$,$i = 0, 1, \cdots, 127$。Kyber 密码对 $f = f_0 + f_1 x + \cdots + f_{255} x^{255} \in Z_q[x] / (x^{256} + 1)$ 定义了 f 的形式数论变换 NTT 为

$$NTT(f) = (\hat{f}_0, \hat{f}_1, \cdots, \hat{f}_{255}) \tag{8-15}$$

注意,此处 Kyber 的形式定义的 NTT 与 8.2.2 定义的严格 $\overline{NTT}$ 采用了不同的符号。易证 NTT 为从 $R_q = Z_q[x] / (x^{256} + 1)$ 到 $NTT(R_q)$ 上的一一映射。

引理 8-1(NTT 与 $\overline{NTT}$ 的关系)　若 $\hat{f}_{2i} + \hat{f}_{2i+1} = f \bmod (x^2 - \zeta^{2\mathbf{br}_7(i)+1})$ $i = 0, 1, \cdots, 127$,令集合

M = $\{\zeta^{2\mathbf{br}_7(0)+1}, \zeta^{2\mathbf{br}_7(1)+1}, \cdots, \zeta^{2\mathbf{br}_7(127)+1}\}$,　则 f 的形式数论变换 $NTT(f)$

①关于自变元集合 M,$(\hat{f}_0, \hat{f}_2, \cdots, \hat{f}_{254}) = \overline{NTT}(f_0 + f_2 x + \cdots + f_{254} x^{127})$

②关于自变元集合 M,$(\hat{f}_1, \hat{f}_3, \cdots, \hat{f}_{255}) = \overline{NTT}(f_1 + f_3 x + \cdots + f_{255} x^{127})$

其中 $\overline{NTT}$ 为严格的快速数论变换。

证明　在 $f(x) \bmod (x^2 - \zeta^{2\mathbf{br}_7(i)+1}) = f_e(\zeta^{2\mathbf{br}_7(i)+1}) + x f_o(\zeta^{2\mathbf{br}_7(i)+1})$ 条件下 $x^2 = \zeta^{2\mathbf{br}_7(i)+1}$,故有

$$\begin{aligned}
\hat{f}_{2i} + x\hat{f}_{2i+1} &= f(x) \bmod (x^2 - \zeta^{2\mathbf{br}_7(i)+1}) = (f_e(x^2) + x f_o(x^2)) \bmod (x^2 - \zeta^{2\mathbf{br}_7(i)+1}) \\
&= f_e(\zeta^{2\mathbf{br}_7(i)+1}) + x f_o(\zeta^{2\mathbf{br}_7(i)+1}) \\
&\quad i = 1, 2, \cdots, 127
\end{aligned}$$

于是 $\hat{f}_{2i} = f_e(\zeta^{2\mathbf{br}_7(i)+1})$ $i = 1, 2, \cdots, 127$ 与 $\hat{f}_{2i+1} = f_o(\zeta^{2\mathbf{br}_7(i)+1})$ $i = 1, 2, \cdots, 127$。引

理证毕。

易见 NTT 为 $R_q = Z_q[x]/x^n + 1$ 到 $NTT(R_q)$ 的映射。

引理 8-2（NTT 保持运算）　设

① f, $g \in R_q = Z_q[x]/(x^n + 1)$，

② $NTT(f) = (\hat{f}_0, \hat{f}_1, \cdots, \hat{f}_{255})$，

③ $NTT(g) = (\bar{g}_0, \bar{g}_1, \cdots, \bar{g}_{255})$

由运算式 $\hat{h}_{2i} + x\hat{h}_{2i+1} = (\hat{f}_{2i} + x\hat{f}_{2i+1})(\hat{g}_{2i} + \hat{g}_{2i+1}) \bmod (x^2 - \zeta^{2br_7(i)+1})$　$i = 0, 1, \cdots, 127$，

定义 $NTT(R_q)$ 内的乘法运算 $NTT(f) * NTT(g) = (\hat{h}_0, \hat{h}_1, \cdots, \hat{h}_{255})$，则

$$NTT(fg) = NTT(f) * NTT(g)$$

证明　多项式的积取模运算等于各因子多项式分别取模后的乘积。**证毕。**

引理 8-2 使我们在不先计算出两多项式乘积的情况下可求得两多项式乘积的 NNT 变换值，这使得计算得以方便地进行。

于是，有下述计算方法。

（1）Kyber 密码的形式数论变换 $NTT(f)$ 的计算：

令 $f = (f_0 + f_1x + \cdots + f_{255}x^{255})$

① 计算 $(\hat{f}_0, \hat{f}_2, \cdots, \hat{f}_{254}) = \overline{N}\,\overline{T}\,\overline{T}(f_0 + f_2x + \cdots + f_{254}x^{127})$；

② 计算 $(\hat{f}_1, \hat{f}_3, \cdots, \hat{f}_{255}) = \overline{N}\,\overline{T}\,\overline{T}(f_1 + f_3x + \cdots + f_{255}x^{127})$；

③ 拼合 $\overline{N}\,\overline{T}\,\overline{T}(f) = (\hat{f}_0, \hat{f}_1, \cdots, \hat{f}_{255})$；

（2）Kyber 密码的形式数论变换的逆变换 $NTT^{-1}(\bar{f}) = NTT^{-1}(\hat{f}_0, \hat{f}_1, \cdots, \hat{f}_{255})$ 的计算：

① 计算 $f_0 + f_2x + \cdots + f_{254}x^{127} = \overline{N}\,\overline{T}\,\overline{T}^{-1}(\hat{f}_0, \hat{f}_2, \cdots, \hat{f}_{254})$；

② 计算 $f_1 + f_3x + \cdots + f_{255}x^{127} = \overline{N}\,\overline{T}\,\overline{T}^{-1}(\hat{f}_1, \hat{f}_3, \cdots, \hat{f}_{255})$；

③ 拼合 $\overline{N}\,\overline{T}\,\overline{T}^{-1}(\hat{f}) = f_0 + f_1x + \cdots + f_{255}x^{255}$；

（3）Kyber 密码多项式 f 与 g 的乘积 $h = fg$ 的形式数论变换 $NTT(fg)$ 的计算：

① 计算 $NTT(f) = (\hat{f}_0, \hat{f}_1, \cdots, \hat{f}_{255})$；

② 计算 $NTT(g) = (\bar{g}_0, \bar{g}_1, \cdots, \bar{g}_{255})$；

③ 计算

$$\bar{h}_{2i} + x\bar{h}_{2i+1} = (\hat{f}_{2i} + x\hat{f}_{2i+1})(\hat{g}_{2i} + \hat{g}_{2i+1}) \bmod (x^2 - \zeta^{2br_7(i)+1})\quad i = 0, 1, \cdots, 127;$$

④ 拼合 $NTT(h) = (\bar{h}_0, \bar{h}_1, \cdots, \bar{h}_{255})$ 得 $NTT(fg)$

NTT 为 $R_q = Z_q[x]/(x^{256} + 1)$ 到 $NTT(R_q)$ 的一一到上的映射，保证了下述重要计算方法的正确。

（4）**Kyber** 密码的多项式 f 与 g 的乘积的快速计算：

① 计算 $NTT(f)$ 与 $NTT(g)$

② 计算 $NTT(f) * NTT(g)$

③ 计算 $fg = NTT^{-1}(NTT(f) * NTT(g))$。

8.3.2　Kyber 密码的推荐参数

Kyber 密码的推荐参数如表 8-1 所示。

表 8-1　　　　　　　　　　　　　**Kyber 密码的推荐参数**

Kyber	N	k	q	η_1	η_2	(d_u, d_v)	δ
Kyber512	256	2	3329	3	2	(10, 4)	2^{-139}
Kyber768	256	3	3329	2	2	(10, 4)	2^{-164}
Kyber1024	256	4	3329	2	2	(11, 5)	2^{-174}

其中选 $N=256$，是为了 Kyber 密码 INDCPA 公钥加密时明文的长度为 256 位，同时满足 Kyber 密码 CCAKEM 密钥封装时能够封装 256 位的密钥。选 $q=3329$ 是因为它较小且满足 $N \mid (q-1)$，便于快速实现 NTT 运算。参数 k 决定了格的维数，因为格的维数为 kN，格的维数是决定密码安全性级别的重要因素。参数 η_1，η_2，d_u，d_v 的选择是要在安全性、密文长度和失效概率之间进行综合平衡。表中推荐参数确保密码的失效概率小于 2^{-128}，且留有一定的余地。参数 η_1 确定了算法 4 中 s、e 和算法 5 中 r 的噪声。参数 η_2 确定了算法 5 中 e_1、e_2 的噪声。

8.3.3　Kyber 密码 INDCPA 公钥加密方案

1. 算法 1：数据转换函数 Parse

因为 Kyber 密码是一个基于格的密码，它的数据表示为环 $\mathbb{R}_q$ 中的多项式，又为了提高密码的运算速度，采用了快速数论变换 NTT，这又需要将多项式表示为 NTT 的形式。为此，Kyber 使用一个数据转换函数 Parse：$B^* \to \mathbb{R}_q$。它的功能是把一个输入字节流 $B=b_0$，b_1，b_2，…，转换为一个多项式 $a \in \mathbb{R}_q$ 的 NTT 形式 $\hat{a}=\hat{a}_0+\hat{a}_1 X+\cdots+\hat{a}_{n-1} X^{n-1} \in \mathbb{R}_q$。

如果输入字节流 $B=b_0$，b_1，b_2，…是随机的，由于 Parse 采用了一种确定性的采样方法，所以 Parse 采样输出的多项式便为 $\mathbb{R}_q$ 中的一个随机多项式。

Algorithm 1　Parse：$B^* \to \mathbb{R}_q^n$

Input：Byte stream $B =b_0$，b_1，$b_2\cdots \in B^*$

Output：NTT-representation $\hat{a} \in \mathbb{R}_q$ of $a \in \mathbb{R}_q$

　　i：$=0$

　　j：$=0$

while $j < n$ **do**

　　d_1：$=b_i+ 256 \cdot (b_{i+1} \bmod^+ 16)$

　　d_2：$=\lfloor b_{i+1}/16 \rfloor+ 16 \cdot b_{i+2}$

　　if $d_1 < q$ **then**

　　　　$\hat{a}_j$：$=d_1$

$$j: \ =j + 1$$

end if

if $d_2 < q$ **and** $j < n$ **then**

$$\hat{a}_j: \ = d_2$$

$$j: \ =j + 1$$

end if

$$i: \ = i + 3$$

end while

return $\hat{a}_0 + \hat{a}_1 X + \cdots + \hat{a}_{n-1} X^{n-1}$

在算法 1 中，常量 $q = 3329$。变量 n 表示输出多项式的项数。用变量 i 表示被采样的字节序列 b_0, b_1, $b_2\cdots$，用变量 j 表示已产生的多项式项数。算法 1 的核心运算是以下的采样计算：

$$d_1: \ =b_i + 256 \cdot (b_{i+1} \bmod{}^+ 16)$$
$$d_2: \ = \lfloor b_{i+1}/16 \rfloor + 16 \cdot b_{i+2}$$

因为字节 b_i 的最大值为 255，$b_{i+1} \bmod{}^+ 16$ 的最大值为 15，所以 d_1 的值可能 $\geqslant q = 3329$。如果 $d_1 \geqslant q = 3329$，则不能作为 $\mathbb{R}_q^n$ 中多项式的系数，将其丢弃，重新采样计算。如果 $d_1 < q = 3329$，则作为 $\mathbb{R}_q^n$ 中多项式的系数。同样，$d_2: \ = \lfloor b_{i+1}/16 \rfloor + 16 \cdot b_{i+2}$ 也可能 $\geqslant q = 3329$，如是则丢弃，重新计数。如此计算产生出 $\hat{a}_0 + \hat{a}_1 X + \cdots + \hat{a}_{n-1} X^{n-1}$。正是因为在计算产生多项式的系数时有丢弃有采用，所以在输入字节流是随机的情况下，确保了所产生多项式的系数是随机的。因为 NTT 是双射，这一随机多项式 f，可映射到同样具有随机系数的 NTT(f)。

2. 算法 2：CBDη

算法 2 给出了另一个数据转换函数 CBDη，它的功能是，根据 B_η 从伪随机函数输出的 64η 字节中确定性地采样得到一个多项式 $f \in \mathbb{R}_q$。

Kyber 是基于带错误学习问题的密码，需要使用噪声。Kyber 中的噪声是从 $\eta = 2$ 或 $\eta = 3$ 的中心二项分布 B_η 中采样的。B_η 的定义如下：

采样：$(a_1, \cdots, a_\eta, b_1, \cdots, b_\eta) \leftarrow \{0, 1\}^{2\eta}$　　输出：$\sum\limits_{i=0}^{\eta} (a^i - b^i)$。

即，从由 2η 个 0 或 1 构成的数组中随机选出一个 $(a_1, \cdots, a_\eta, b_1, \cdots, b_\eta)$，并计算输出 $\sum\limits_{i=0}^{\eta} (a^i - b^i)$。

Algorithm 2 CBD$_\eta$: $B^{64\eta} \to \mathbb{R}_q$

Input：Byte array $B = (b_0, b_1, \cdots, b_{64\eta-1}) \in B^{64\eta}$

Output：Polynomial $f \in \mathbb{R}_q$

$(\beta_0, \cdots, \beta_{512\eta-1}): \ = $ BytesToBits(B)

for i from 0 to 255 **do**

$$a: \ = \sum_{j=0}^{\eta-1} \beta_{2i\eta+j}$$

$$b := \sum_{j=0}^{\eta-1} \beta_{2i\eta+\eta+j}$$
$$f_i := a - b$$

end for

return $f_0 + f_1X + f_2X^2 + \cdots + f_{255}X^{255}$

算法 2 的第一个语句中采用了一个数据转换函数 BytesToBit,它把字节数组转变为比特数组。它的输入是一个长 64η 个字节的字节数组 $B = (b_0,\ b_1,\ \cdots,\ b_{64\eta-1})$,输出是一个长 512η 比特的比特数组$(\beta_0,\ \cdots,\ \beta_{512\eta-1})$。用$\beta_i$表示输出比特序列中第 i 位的比特,它从输入字节数组中第$\lfloor i/8 \rfloor$字节经如下计算得到:

$$\beta_i = (b_{\lfloor i/8 \rfloor}/2^{(i\,\mathrm{mod}\,8)}) \bmod 2.$$

接下来是一个 256 轮的循环,它是算法 2 的核心。它根据 BytesToBit 的输出$(\beta_0,\ \cdots,$ $\beta_{512\eta-1})$,计算产生多项式 $f(X) = f_0 + f_1X + f_2X^2 + \cdots + f_{255}X^{255}$。循环一轮计算出多项式的一项:

$$f_i = (\beta_{2i\eta} + \beta_{2i\eta+1} + \cdots + \beta_{2i\eta+n-1}) - (\beta_{2i\eta+\eta} + \beta_{2i\eta+\eta+1} + \cdots + \beta_{2i\eta+\eta+n-1}).$$

如果 $B = (b_0,\ b_1,\ \cdots,\ b_{64\eta-1})$ 是随机的,则 BytesToBit 的输出也是随机的,经过数据转换函数 CBD_η 的转换,便可得到一个随机的多项式 $f(X) = f_0 + f_1X + f_2X^2 + \cdots + f_{255}X^{255}$。

3. 算法 3:编码和译码

算法 3 给出了一个译码函数 Decode_l。它将 $32l$ 字节数组转换为一个多项式 $f = f_0 + f_1X + \cdots + f_{255}X^{255}$,每个系数 $f_i \in \{0,\ \cdots,\ 2^l-1\}$,通常取 $l = 8$。当把编码应用到一个有多个多项式组成的向量时,就意味着要分别编码向量的每个多项式,并连接成为字节数组。

编码函数 Incode_l 定义为译码函数的逆。它将多项式 $f = f_0 + f_1X + \cdots + f_{255}X^{255}$,转换为一个 $32l$ 字节数组。

Algorithm 3 $\mathrm{Decode}_l : B^{32l} \rightarrow \mathbb{R}_q$

Input:Byte array $B \in B^{32l}$

Output:Polynomial $f \in \mathbb{R}_q$

$(\beta_0,\ \cdots,\ \beta_{256l-1}) := \mathrm{BytesToBits}(B)$

for i from 0 to 255 **do**

$$f_i := \sum_{j=0}^{l-1} \beta_{il+j} 2^j$$

end for

return $f_0 + f_1X + f_2X^2 + \cdots + f_{255}X^{255}$

算法 3 与算法 2 类似,首先由数据转换函数 BytesToBit,把输入字节数组 $B = (b_0,$ $b_1,\ \cdots,\ b_{32l-1})$,转换成比特数组$(\beta_0,\ \cdots,\ \beta_{256i-1})$。然后用一个 256 轮的循环,计算产生多项式 $f(X) = f_0 + f_1X + f_2X^2 + \cdots + f_{255}X^{255}$。循环一轮计算出多项式 $f(X)$ 的一项:

$$f_i = \beta_{il} + 2\beta_{il+1} + \cdots + 2^{l-1}\beta_{il+l-1}$$

最后得到多项式 $f(X) = f_0 + f_1X + f_2X^2 + \cdots + f_{255}X^{255}$。

4. 算法 4:Kyber 密码 CPAPKE 的密钥产生

算法 4 给出了加密功能 CPAPKE 的密钥产生。由于 Kyber 密码是基于带错误的学习问题(LWE)的密码，它的密钥是依据式（8-10）的 $\boldsymbol{b}=\boldsymbol{As}+\boldsymbol{e}$ 来产生的。其中，语句 4-8 计算产生 $\hat{\boldsymbol{A}}$，语句 9-12 计算产生 $\boldsymbol{s}$，语句 13-16 计算产生 $\boldsymbol{e}$，语句 19 计算 $\hat{\boldsymbol{t}}:=\hat{\boldsymbol{A}}\circ\hat{\boldsymbol{s}}+\hat{\boldsymbol{e}}$，语句 20-21 产生出公钥 pk 和私钥 sk。为了提高多项式的乘法效率，采用了快速数论变换 NTT。

为了产生的密钥安全且适合加解密应用，在算法 4 中还应用了多个辅助数据处理函数。

注意，CPAPKE 的各个算法都应用了 n、k、q、η_1、η_2、d_u、d_v 等参数，请参见表 8-1。

Algorithm 4 Kyber. *C*PAPKE. KeyGen( )：密钥产生

Output：Secret key $sk \in B^{12 \cdot k \cdot n/8}$

Output：Public key $pk \in B^{12 \cdot k \cdot n/8+32}$

1：$d \leftarrow B^{32}$

2：$(\rho, \sigma) := \mathrm{G}(d)$

3：$N := 0$

4：**for** i from 0 to $k-1$ **do**   # 产生 NTT 域的矩阵 $\hat{\mathbf{A}} \in \mathbb{R}_q^{k \times k}$

5：   **for** j from 0 to $k-1$ **do**

6： $\hat{\mathbf{A}}[i][j] := \mathrm{Parse}(\mathrm{XOF}(\rho, j, i))$

7：   **end for**

8：**end for**

9：**for** i from 0 to $k-1$ **do**   # 依据 $B_{\eta 1}$ 采样产生 $\mathbf{s} \in \mathbb{R}_q^k$

10： $\mathbf{s}[i] := \mathrm{CBD}_{\eta 1}(\mathrm{PRF}(\sigma, N))$

11： $N := N+1$

12：**end for**

13：**for** i from 0 to $k-1$ **do**   # 依据 $B_{\eta 1}$ 采样产生 $\mathbf{e} \in \mathbb{R}_q^k$

14： $\mathbf{e}[i] := \mathrm{CBD}_{\eta 1}(\mathrm{PRF}(\sigma, N))$

15： $N := N+1$

16：**end for**

17：$\hat{\mathbf{s}} := \mathrm{NTT}(\mathbf{s})$

18：$\hat{\mathbf{e}} := \mathrm{NTT}(\mathbf{e})$

19：$\hat{\mathbf{t}} := \hat{\mathbf{A}}\circ\hat{\mathbf{s}} + \hat{\mathbf{e}}$ # 符号 ∘ 表示矩阵的乘运算

20：$pk := \mathrm{Encode}_{12}(\hat{\mathbf{t}} \bmod^+ q) \parallel \rho$ #产生公钥 $pk := \mathbf{As} + \mathbf{e}$

21：$sk := \mathrm{Encode}_{12}(\hat{\mathbf{s}} \bmod^+ q)$ # 产生私钥 $sk := \mathbf{s}$

22：**return** (pk, sk)

首先注意，算法标明私钥 $sk \in B^{12 \cdot k \cdot n/8}$，公钥 $pk \in B^{12 \cdot k \cdot n/8+32}$，说明私钥 sk 的最大长度为 $12 \cdot k \cdot n/8$ 个字节，公钥 pk 的最大长度为 $12 \cdot k \cdot n/8+32$ 个字节，公钥中最后 32 个字节是公钥种子 ρ（见语句 20），参数 k 是考虑了密码的安全等级。按最低安全等级 $k=2$ 计算，私钥 sk 的最大长度为 $12 \times 2 \times 256/8 = 768$ 个字节，公钥 pk 的最大长度为 $768+32 = 800$ 个字节，比传统公钥密码的密钥大很多。

语句 1　表示从 B^{32} 中随机选出一个 32 个字节(256 位)的字节数组 d.

语句 2　表示利用 Hash 函数 G：$B* \rightarrow B^{32} \times B^{32}$，对 d 进行变换，得到两个 256 位的数据。将前 256 位赋给 ρ，后 256 位赋给 σ。G 的实例是 SHA3-512。

语句 4~8 构成一个 $k \times k$ 的二重循环，计算产生一个 $k \times k$ 的 NTT 域的矩阵 $\hat{\mathbf{A}}$，以备产生公私钥。核心语句是 $\hat{\mathbf{A}}[i][j] := \mathrm{Parse}(\mathrm{XOF}(\rho, j, i))$。其中调用了算法 1 的数据转换函数 Parse 和可扩展输出函数 XOF。首先 XOF：$B^* \times B \times B \rightarrow B^*$ 把 (ρ, j, i) 扩展成一个字节流，XOF 的实例是 SHAKE-128。再经 Parse 转换成一个 NTT 域的多项式 $\hat{a} = \hat{a}_0 + \hat{a}_1 X + \cdots + \hat{a}_{n-1} X^{n-1} \in \mathbb{R}_q$。$\hat{\mathbf{A}}$ 的每个元素都是一个 NTT 域的多项式 $\hat{a} \in \mathbb{R}_q$。

语句 9~12 构成一个循环，依据 $B_{\eta 1}$ 取样产生环 $\mathbb{R}_q^k$ 上的随机多项式 s，实际上 s 就是私钥的初型。核心语句是 $\mathbf{s}[i] := \mathrm{CBD}_{\eta 1}(\mathrm{PRF}(\sigma, N))$。其中，伪随机函数 PRF：$B^{32} \times B \rightarrow B^*$，PRF 的实例是 SHAKE-256。$B_\eta$ 的定义如下：

采样：$(a_1, \cdots, a_{\eta 1}, b_1, \cdots, b_{\eta 1}) \leftarrow \{0, 1\}2\eta1$　　输出：$\sum_{i=0}^{\eta 1} (a^i - b^i)$.

语句 13~16 构成一个循环，依据 $B_{\eta 1}$ 采样产生环 $\mathbb{R}_q^k$ 上的随机多项式 $\mathbf{e}$，以备用于干扰向量。核心语句是 $\mathbf{e}[i] := \mathrm{CBD}_{\eta 1}(\mathrm{PRF}(\sigma, N))$。

注意，语句 13~16 与语句 9~12 在程序上是完全一样的，但语句 9~12 产生多项式 s，语句 13~16 产生多项式 $\mathbf{e}$，两者是不同的。这是因为，在执行语句 9~12 后 N 值发生了变化，使得在执行语句 13~16 时的 N 值与执行语句 9-12 后 N 值不同。又因为 $\mathrm{PRF}(\sigma, N)$ 是伪随机数产生函数，N 值不同，自然产生出的伪随机数互不相同，从而使产生的 s 和 e 互不相同。

语句 17~18 对多项式 $\mathbf{s}$ 和 $\mathbf{e}$ 进行 NTT 变换。

语句 19 根据 LWE 问题计算出公钥的 NTT 形式 $\hat{\mathbf{t}} := \hat{\mathbf{A}} \circ \hat{\mathbf{s}} + \hat{\mathbf{e}}$。

语句 20~21 用 Incode_{12} 将多项式 $(\hat{\mathbf{t}} \bmod^+ q)$ 和 $(\hat{\mathbf{s}} \bmod^+ q)$，转换为 $32 \times 12 = 384$ 个字节的数据。因为 $sk := \mathrm{Encode}_{12}(\hat{\mathbf{s}} \bmod^+ q)$，所以私钥 sk 长度为 384 个字节。因为公钥 $pk := (\hat{\mathbf{t}} \bmod^+ q) \| \rho$，$\rho$ 的长度为 32 个字节，所以公钥 pk 的长度为 $32 \times 12 + 32 = 416$ 个字节。

由此可见，Kyber 密码的公私钥比传统公钥密码 RSA 和 ElGamal 的密钥大很多。

5. Kyber 密码 CPAPKE 的加密算法

Algorithm 5 Kyber. CPAPKE. Enc(pk, m, r)：加密

Input：Public key $pk \in B^{12 \cdot k \cdot n/8 + 32}$

Input：Message $m \in B^{32}$

Input：Random coins $r \in B^{32}$

Output：Ciphertext $c \in B^{d_u \cdot k \cdot n/8 + d_v \cdot n/8}$

　1：$N := 0$

　2：$\hat{\mathbf{t}} := \mathrm{Decode}_{12}(pk)$

　3：$\rho := pk + 12 \cdot k \cdot n/8$

　4：**for** i *from* 0 *to* k − 1 **do**　　　　　# 产生 NTT 域的矩阵 $\hat{\mathbf{A}}^{\mathrm{T}} \in \mathbb{R}_q^{k \times k}$

5：　　　**for** j from 0 to $k-1$ **do**

6：　　　　　$\hat{\mathbf{A}}^{\mathrm{T}}[i][j]$：$=\mathrm{Parse}(\mathrm{XOF}(\rho, i, j))$

7：　　　**end for**

8：　**end for**

9：**for** i from 0 to $k-1$ **do**　　　　　　　# 依据 $B_{\eta 1}$ 采样产生随机向量 $\mathbf{r} \in \mathbb{R}_q^k$

10：　　$\mathbf{r}[i]$：$=\mathrm{CBD}_{\eta 1}(\mathrm{PRF}(r, N))$

11：　　N：$=N+1$

12：**end for**

13：**for** i from 0 to $k-1$ **do**　　　　　　# 依据 $B_{\eta 2}$ 采样产生随机向量 $\mathbf{e}_1 \in \mathbb{R}_q^k$

14：　　$\mathbf{e}_1[i]$：$=\mathrm{CBD}_{\eta 2}(\mathrm{PRF}(r, N))$

15：　　N：$=N+1$

16：**end for**

17：$\mathbf{e}_2$：$=\mathrm{CBD}_{\eta 2}(\mathrm{PRF}(r, N))$　　　　# 依据 $B_{\eta 2}$ 采样产生随机数 $\mathbf{e}_2 \in \mathbb{R}_q$

18：$\hat{\mathbf{r}}$：$=\mathbf{NTT}(\mathbf{r})$

19：$\mathbf{u}$：$=\mathbf{NTT^{-1}}(\hat{\mathbf{A}}^{\mathrm{T}} \circ \hat{\mathbf{r}})+\mathbf{e}_1$　　　　# $\mathbf{u}$：$=\mathbf{A}^{\mathrm{T}}\mathbf{r}+\mathbf{e}_1$

20：v：$=\mathbf{NTT^{-1}}(\hat{\mathbf{t}}^{\mathrm{T}} \circ \hat{\mathbf{r}})+\mathbf{e}_2+\mathrm{Decompress}_q(\mathrm{Decode}_1(m), 1)$

　　　　　　　　　　　　　　　　# v：$=\mathbf{t}^{\mathrm{T}}\mathbf{r}+e_2+\mathrm{Decompress}_q(m, 1)$

21：c_1：$=\mathrm{Encode}_{d_u}(\mathrm{Compress}_q(\mathbf{u}, d_u))$

22：c_2：$=\mathrm{Encode}_{d_v}(\mathrm{Compress}_q(v, d_v))$

23：**return** $c=(c_1 \parallel c_2)$　　　　　　# c：$=(\mathrm{Compress}_q(\mathbf{u}, d_u), \mathrm{Compress}_q(\boldsymbol{v}, d_v))$

首先注意，算法标明明文 $m \in B^{32}$，密文 $c \in B^{d_u \cdot k \cdot n/8+d_v \cdot n/8}$，说明明文的长度为 32 个字节，密文的长度最大为 $d_u \cdot k \cdot n/8+d_v \cdot n/8$ 个字节，参数 k 是考虑了密码的安全等级，参数 d_u 和 d_v 决定压缩函数 $\mathrm{Compress}_q(x, d)$ 的压缩率与解压之后的还原度。按最低安全等级计算，$k=2$，$d_u=10$，$d_v=4$，密文 c 的最大长度为 $10 \times 2 \times 256/8+4 \times 256/8=768$ 个字节，是明文长度的 24 倍。

语句 2 $\hat{\mathbf{t}}$：$=\mathrm{Decode}_{12}(pk)$。它将公钥 pk 的前 32×12 字节的转换为一个多项式 t。又因为 Kyber 密码将 NTT：$\mathbb{R}_q \to \mathbb{R}_q$ 定义为一个双射，所以可视 t 为 $\hat{\mathbf{t}}$。公钥 pk 的长度是 $32 \times 12+32=416$ 个字节，前 $32 \times 12=384$ 个字节被转换为一个多项式 t，后 32 个字节是公钥种子 ρ，没有被转换。

语句 3　从公钥 pk 中取出最后 32 个字节的公钥种子 ρ，备下一步计算使用。

语句 4~8 是一个 $k \times k$ 的二重循环，产生一个 $k \times k$ 的矩阵 $\hat{\mathbf{A}}^{\mathrm{T}}$，供加密使用。

语句 9~12 是一个 k 重循环。核心计算是 $\mathbf{r}[i]$：$=\mathrm{CBD}_{\eta 1}(\mathrm{PRF}(r, N))$，依据 $B_{\eta 1}$ 从伪随机函数 PRF 的输出中采样产生一个多项式。k 重循环后，产生 $\mathbf{r} \in \mathbb{R}_q^k$。PRF 的实例是 SHAKE-256。

语句 13~16 与语句 9~12 类似，也是一个 k 重循环，依据 $B_{\eta 2}$ 采样产生 $\mathbf{e}_1 \in \mathbb{R}_q^k$，核心

计算是 $\mathbf{e}_1[i]: = \mathrm{CBD}_{\eta 2}(\mathrm{PRF}(r, N))$ 。

注意，语句 13~16 与语句 9~12 在程序上是一样的，但因前后的 N 值不同，产生的随机向量 $\mathbf{r}$ 和 $\mathbf{e}_1$ 是不同的。

语句 17~18 是为加密准备必要的参数。其中，语句 17 依据 $B_{\eta 2}$ 采样产生随机数 $\mathbf{e}_2 \in R_q$，$\mathbf{e}_2: = \mathrm{CBD}_{\eta 2}(\mathrm{PRF}(r, N))$ 。为了实现多项式的快速乘法计算，语句 18 对 $\mathbf{r}$ 进行 NTT 变换，得到 $\hat{\mathbf{r}}: = \mathbf{NTT}(\mathbf{r})$ 。

语句 19~20 是加密的核心。语句 19 计算产生 $\mathbf{u}: = \mathbf{NTT}^{-1}(\hat{\mathbf{A}}^{\mathbf{T}} \circ \hat{\mathbf{r}}) + \mathbf{e}_1$ 。语句 20 的计算产生 $v: = \mathbf{NTT}^{-1}(\hat{\mathbf{t}}^{\mathbf{T}} \circ \hat{\mathbf{r}}) + \mathbf{e}_2 + \mathrm{Decompress}_q(\mathrm{Decode1}(m), 1)$ 。因为 $\hat{\mathbf{t}}$ (语句 2)和公钥种子 ρ (语句 3)是直接由公钥 pk 产生出来的，$\hat{\mathbf{A}}^{\mathbf{T}}$ 是由 ρ (语句 6)产生出来的。所以公钥 pk 的作用体现在 $\hat{\mathbf{t}}^{\mathbf{T}}$ 和 $\hat{\mathbf{A}}^{\mathbf{T}}$ 中了。直接对明文 m 的加密是在语句 20 中，加密运算是简单的加法运算 $\mathbf{NTT}^{-1}(\hat{\mathbf{t}}^{\mathbf{T}} \circ \hat{\mathbf{r}}) + \mathbf{e}_2 + \mathrm{Decompress}_q(\mathrm{Decode1}(m), 1)$ 。公钥的作用通过 $\hat{\mathbf{t}}^{\mathbf{T}}$ 作用到明文 m 上了。显然，这种加密方式与传统公钥密码 RSA 和 ELGamal 有很大的不同。

语句 21~22 计算得到最终的密文 $C = (c_1 \| c_2)$，$c_1: = \mathrm{Encode}_{du}(\mathrm{Compress}_q(\mathbf{u}, d_u))$，$c_2: = \mathrm{Encode}_{dv}(\mathrm{Compress}_q(v, d_v))$ 。其中参数 d_u 和 d_v 是压缩函数 Compress 的参数，用以确定压缩后的取值范围，影响解压的精度，推荐参数请参见表 8-1。在此使用压缩函数的目的是，通过压缩在密文中丢弃一些对解密的正确性影响不大的低阶位，从而减少密文的大小。

6. Kyber 密码 CPAPKE 的解密算法

Algorithm 6 Kyber. CPAPKE. Dec(sk, c)：解密

Input：Secret key $sk \in B^{12 \cdot k \cdot n/8}$

Input：Ciphertext $c \in B^{d_u \cdot k \cdot n/8 + d_v \cdot n/8}$

Output：Message $m \in B^{32}$

　　1：$\mathbf{u}: = \mathrm{Decompress}_q(\mathrm{Decode}_{du}(c), d_u)$

　　2：$v: = \mathrm{Decompress}_q(\mathrm{Decode}_{dv}(c + d_u \cdot k \cdot n/8), d_v)$

　　3：$\hat{\mathbf{s}}: = \mathrm{Decode}_{12}(sk)$

　　4：$m: = \mathrm{Encode}_1(\mathrm{Compress}_q(v - \mathbf{NTT}^{-1}(\hat{\mathbf{s}}^{\mathbf{T}} \circ \mathbf{NTT}(\mathbf{u})), 1))$ 　　#$m: = \mathrm{Compress}_q(v - \hat{\mathbf{s}}^{\mathbf{T}} u, 1))$

　　5：**return** m

语句 1 和语句 2 对密文 c 先进行译码，再进行解压，得出参数 $\mathbf{u}$ 和 v，为解密做好密文准备。语句 1 中的函数 $\mathrm{Decompress}_q$ 和 Decode_{du} 实际上是对 c 中的 c_1 进行解密处理。由于加密时 $c_1: = \mathrm{Encode}_{du}(\mathrm{Compress}_q(\mathbf{u}, d_u))$，代入语句 1，可得到 $\mathbf{u}$。同理，语句 2 实际上是对 c 中的 c_2 进行解密处理。因为加密时 $c_2: = \mathrm{Encode}_{dv}(\mathrm{Compress}_q(v, d_v))$，所以代入语句 2，可得到 v。

语句 3 对私钥 sk 进行译码，将 32 ×12 字节 sk 转换为一个多项式，得到 $\hat{\mathbf{s}}$，为解密做好密钥准备。

语句4,利用参数 $\mathbf{u}$、v 和 $\hat{\mathbf{s}}^{\mathrm{T}}$,进行解密,得到明文 m。

8.3.4 Kyber 密码 CCAKEM 密钥封装机制(KEM)

1. 密钥封装机制

什么是密钥封装机制(key-encapsulation mechanism KEM)呢?密钥封装机制是一种对密钥的保护的机制。它基于某一公钥密码体制,产生一个对称密钥及其封装密文。密钥以封装密文的形式进行存储和交换,可以实现密钥的安全存储和安全交换。

密钥封装机制有多种应用。例如,密钥存储、密钥交换、密钥协商等。

理论上,可以用任何一个公钥加密方案构建一个密钥封装机制,而且可以保证相同的安全性。

为了避免与普通公钥密码的密钥相混淆,本章将普通公钥密码的公钥记为 pk、私钥记为 sk,而将密钥封装机制的封装公钥记为 epk、解封装私钥记为 esk。

密钥封装机制采用以下的理论模型:

设密钥空间为 $\{0,1\}^n$,用 x 表示相关数据,定义三个算法:封装密钥产生算法 Gen( )、密钥封装算法 Enc( )、密钥解封算法 Dec( ):

① $(epk, esk) \leftarrow$ Gen (x):封装密钥产生算法,产生封装公钥 epk 和解封装私钥 esk。

② $(c, K) \leftarrow$ Enc(epk, x):密钥封装算法,用封装公钥 epk 对相关数据进行封装处理,产生一个对称密钥 $K \in \{0,1\}^n$ 及其封装密文 c。由于密钥封装多用于密钥交换,所以常称 K 为共享密钥。

注意:这里的封装密文是指,c 不是对 K 简单直接加密的密文,但由 C 可解封出 K。

③ $(K) \leftarrow$ Dec (esk, c):密钥解封算法,利用解封私钥 esk 解封 c,恢复出对称密钥 K。

由于密钥封装机制多是基于公钥密码的,所以密钥封装机制的数据吞吐率一般比较低。但是,与消息加密和文件加密不同,密钥封装一般只用于对数据量很少的密钥进行封装处理。因此,总体效率是可以接受的。

2. CCAKEM 密钥封装机制(KEM)的算法

这里介绍 Kyber 密码的密钥封装机制 CCAKEM 的三个算法。

(1)算法7:Kyber 密码 CCAKEM 的封装密钥产生算法

算法7的功能是产生密钥封装公钥 epk 和解封装私钥 esk。

Algorithm 7 Kyber. CCAKEM. KeyGen( )

Output:Public key $epk \in B^{12 \cdot k \cdot n/8+32}$

Output:Secret key $esk \in B^{2 \cdot k \cdot n/8+96}$

    1:$z \leftarrow B^{32}$

    2:(epk, esk'):=Kyber. CPAPKE. KeyGen( )

    3:esk := $(esk' \parallel epk \parallel \mathrm{H}(epk) \parallel z)$

    4:**return** (epk, esk)

首先注意,算法标明 $epk \in B^{12 \cdot k \cdot n/8+32}$,$esk \in B^{24 \cdot k \cdot n/8+96}$,说明封装公钥 epk 的最大

长度为 $12 \cdot k \cdot n/8+32$ 个字节,解封装私钥 esk 的最大长度为 $24 \cdot k \cdot n/8+96$ 个字节,参数 k 是考虑了密码的安全等级。

语句 1 表示从 B^{32} 中随机选出一个 32 个字节的字节数组 z。

语句 2 表示调用算法 4 产生公私钥,把所产生的私钥暂存入数组 esk' 中,把所产生出的公钥暂存入数组 epk 中,并把 epk 作为本算法产生的封装公钥。

语句 3 产生本算法的解封装私钥,$esk := (esk' \parallel epk \parallel \mathrm{H}(epk) \parallel z)$,其中哈希函数 H:$B^{*} \rightarrow B^{32}$,H 的实例是 SHA3-256。

算法结束,输出本算法产生的封装公钥 epk 和解封装私钥 esk。

(2)算法 8:Kyber 密码 CCAKEM 的密钥封装算法

算法 8 的功能是用封装公钥 epk 对数据进行封装,产生共享密钥 K 及其封装密文 c。

Algorithm 8 Kyber.CCAKEM.Enc(epk)

Input:Public key $epk \in B^{12 \cdot k \cdot n/8+32}$

Output:Ciphertext $c \in B^{d_u \cdot k \cdot n/8+d_v \cdot n/8}$

Output:Shared key $K \in B^{*}$

　　1:$m \leftarrow B^{32}$

　　2:$m \leftarrow \mathrm{H}(m)$

　　3:$(\bar{K}, r) := \mathrm{G}(m \parallel \mathrm{H}(epk))$

　　4:$c := \mathrm{Kyber.CPAPKE.Enc}(epk, m, r)$

　　5:$K := \mathrm{KDF}(\bar{K} \parallel \mathrm{H}(c))$

　　6:**return** (c, K)

首先注意,算法标明 $c \in B^{d_u \cdot k \cdot n/8+d_v \cdot n/8}$, $K \in B^{*}$,说明封装密文 c 的最大长度为 $d_u \cdot k \cdot n/8+d_v \cdot n/8$ 个字节,共享密钥 K 可任意长,参数 k 是考虑了密码的安全等级。

语句 1 表示从 B^{32} 中随机选出一个 32 个字节的字节数组 m。

语句 2 用哈希函数 H:$B^{*} \rightarrow B^{32}$ 处理数据 m,H 的实例是 SHA3-256,得到随机数 $\mathrm{H}(m)$。

语句 3 中,首先用哈希函数 H 处理封装公钥 epk,得到 $\mathrm{H}(epk)$。再连接数据 m,得到 $m \parallel \mathrm{H}(epk)$。最后再用哈希函数 G:$B^{*} \rightarrow B^{32} \times B^{32}$ 处理 $m \parallel \mathrm{H}(epk)$,得到 $\mathrm{G}(m \parallel \mathrm{H}(epk))$。把前 256 位存入 $\bar{K}$,把后 256 位存入 r。G 的实例是 SHA3-512。

形式上,可以把语句 3 描述为:$(\bar{K}, r) := \mathrm{G}(\mathrm{H}(m) \parallel \mathrm{H}(epk))$,从而省略掉语句 2。

语句 4 调用 Kyber 密码 CPAPKE 的加密算法 5,利用密钥封装公钥 epk 加密 m,得到密文 c。

语句 5 中,首先用哈希函数 H 处理密文 c,并连接数据 $\bar{K}$,得到 $\bar{K} \parallel \mathrm{H}(c)$。再用密钥派生函数 KDF:$B^{*} \rightarrow B^{*}$ 处理 $\bar{K} \parallel \mathrm{H}(c)$,得到共享密钥 $K := \mathrm{KDF}(\bar{K} \parallel \mathrm{H}(c))$。因为解封时由 c 可恢复出密钥 K,所以称 c 为 K 的封装密文。KDF 的实例是 SHAKE-256。

算法结束,输出共享密钥 K 和封装密文 c。

(3)算法 9:Kyber 密码 CCAKEM 的密钥去解封装算法

算法 9 的功能是利用解封装私钥 *esk* 对封装密文 *c* 进行解封装，恢复出共享密钥 *K*。

Algorithm 9 Kyber. CCAKEM. Dec(c, esk)

Input：Ciphertext $c \in B^{d_u \cdot k \cdot n/8 + d_v \cdot n/8}$

Input：Secret key $esk \in B^{24 \cdot k \cdot n/8 + 96}$

Output：Shared key $K \in B*$

　1：$epk := esk + 12 \cdot k \cdot n/8$

　2：$h := esk + 24 \cdot k \cdot n/8 + 32 \in B^{32}$

　3：$z := esk + 24 \cdot k \cdot n/8 + 64$

　4：$m' := $ Kyber. CPAPKE. Dec(esk, c)

　5：$(\bar{K}', r') := $ G$(m' \| h)$

　6：$c' := $ Kyber. CPAPKE. Enc(epk, m', r')

　7：**if** c $=$ c$'$ **then**

　8：　　**return** $K := $ KDF$(\bar{K}' \| $ H$(c))$

　9：**else**

　10：　　**return** $K := $ KDF$(z \| $ H$(c))$

　11：**end if**

　12：**return** K

语句 1~3 是从解封私钥 *esk* 中，提取出参数 *epk*，*h* = H(*epk*)，*z* 供后面使用。其根据是在密钥产生算法 7 中，*esk* := (*esk'* ‖ *epk* ‖ H(*epk*) ‖ *z*)。

语句 4 调用算法 6：Kyber. CPAPKE. Dec(*esk*, *c*)，进行解密，得到 *m'*。

语句 5 用哈希函数 $G：B^* \to B^{32} \times B^{32}$ 处理 *m'* ‖ *h*，得到 G(*m'* ‖ *h*)，前一半存入 $\bar{K}'$，后一半存入 *r'*。G 的实例是 SHA3-512。

语句 6 调用算法 5：Kyber. CPAPKE. Enc(*epk*, *m'*, *r'*)，以 *m'* 为明文，以 *r'* 为随机数，进行加密，得到密文 *c'*。

语句 7~11 对解密所得密文，进行检查错误，并作出判断。如果 *c'* = *c*，表示解密正确，于是用密钥派生函数产生密钥 $K := $ KDF$(\bar{K}' \| $ H$(c))$。KDF 的实例是 SHAKE-256。

H 的实例是 SHA3-256。如果 *c'* ≠ *c*，表示解密错误，于是用密钥派生函数产生密钥 K := KDF(*z* ‖ H(*c*))。算法结束，输出解封的共享密钥 *K*。

由算法 7、8、9 可知，Kyber 密码的密钥封装机制 CCAKEM 的核心运算，是利用了其加密机制 *CPAPKE* 而实现的。例如，CCAKEM 的算法 7 利用 *CPAPKE* 的算法 4 (Kyber. *CPAPKE*. KeyGen( )) 作为核心运算，来产生封装公钥 *epk* 和解封装私钥 *esk*。CCAKEM 的算法 8 利用 *CPAPKE* 的算法 5 (Kyber. CPAPKE. Enc( )) 作为核心运算，来产生共享密钥 *K* 及其封装密文 *c*。CCAKEM 的算法 9 利用 *CPAPKE* 的算法 6 (Kyber. CPAPKE. Dec( )) 和算法 5 (Kyber. CPAPKE. Enc( )) 作为核心运算，对封装密文 *c* 进行解封，恢复出共享密钥 *K*。

最后指出：将密钥封装机制用于密钥存储时，将封装密文 *c* 进行存储，可以实现对称密钥 *K* 的安全存储。将密钥封装机制用于保密通信的密钥交换时，先将封装密文 *c* 发给对方，对方解封得到对称密钥 K，双方共享了对称密钥 K，从而可实现保密通信。值得注意的是，密钥解封需要使用解封私钥 esk，没有 esk 是不能解封的。因此，通信双方必须事先共享解封私钥 esk。这是使用密钥封装实现对称密钥共享时，必须解决的一个麻烦问题。

8.4　Dilithium 密码

Dilithium 数字签名方案是一类基于格的数字签名算法[90,98]，它具有以下优点：

① 实现安全。此前的一些基于格的数字签名方案普遍存在容易遭受侧信道攻击的问题。Dilithium 签名方案解决了这些问题，做到实现安全。

② 公钥+签名的尺寸小。Dilithium 签名方案的"公钥+签名"尺寸是现有同类格签名方案中最小的。

③ 安全性容易调整。只需修改 Dilithium 签名方案的某些参数和所用的哈希函数就可以调整签名方案的安全性，从而使其应用方便，适用面宽。

8.4.1　基本运算与辅助函数

1. 环的运算

Dilithium 签名方案建立在环 $\mathbb{R} = \mathbf{Z}[X]/(X^n+1)$ 和 $\mathbb{R}_q = \mathbf{Z}_q[X]/(X^n+1)$ 之上。其中参数，$n=256$，q 是一个素数，$q=8380417=2^{23}-2^{13}+1$。

正体字母表示 $\mathbb{R}$ 或 $\mathbb{R}_q$ 中的元素(包括 $\mathbf{Z}$ 和 $\mathbf{Z}_q$ 中的元素)。粗体小写字母表示是 $\mathbb{R}$ 或 $\mathbb{R}_q$ 中元素组成的列向量，如向量 v。默认情况下的所有向量都是列向量。粗体的大写字母表示矩阵，如矩阵 $\mathbf{A}$。对于一个向量 v，我们用 v^{T} 来表示它的转置。如果布尔运算语句为真，则运算结果为 1，否则运算结果为 0。

2. 模运算

Dilithium 签名方案的模运算($\mathrm{mod}^{\pm}$ 运算与 mod^+ 运算)与 Kyber 密码的模运算定义相同。

3. 元素的大小

Dilithium 签名方案与 Kyber 密码一样，使用范数 L_∞ 和 L_2 定义元素的大小。

设 η 是一个正整数，定义 $S_\eta = \{\|W\|_\infty \le \eta : W \in \mathbb{R}\}$，$\tilde{s}_\eta = \{W \bmod^{\pm} 2\eta : W \in \mathbb{R}\}$。除了 $\tilde{s}_\eta$ 不包含任何以 $-\eta$ 为系数的多项式之外，S_η 与 $\tilde{s}_\eta$ 非常相似。因为 η 是正整数，2η 是偶数，$-\eta < W \bmod^{\pm} 2\eta \le \eta$，所以 $\tilde{s}_\eta$ 中不含任何以 $-\eta$ 为系数的多项式。

4. NTT 域表示

我们选择的素数 $q=8380417=2^{23}-2^{13}+1=512(2^{14}-2^4)+1$。因为 $q-1$ 含有因子 512，所以它有 512 阶的模 q 单位根。具体地，$r=1753$ 即是一个 512 阶的模 q 单位根，$1753^{512}=1 \bmod q$。因为 $i=1,3,5,\cdots,511$ 都与 512 都互素，所以根据定理 8-2，r^i 都是 512 阶的模 q 单位根。

数学上，环 $\mathbb{R}_q$ 与环 $\mathbb{Z}_q[X]/(X-r^i)$ 的乘积 $\prod_i \mathbf{Z}_q[X]/(X-r^i)$ 同构。在这个环的乘积上，元素的乘法容易实现，因为多项式是点值形式表示的。快速傅里叶变换 FFT 可实现快速计算。

$$a \mapsto (a(r^1), a(r^3), \cdots, a(r^{511})) : \mathbb{R}_q \to \prod_i \mathbf{Z}_q[X]/(X-r^i)$$

因为 r 是 512 阶的模 q 单位根，$r^{512} = (r^{256})(r^{256}) = 1 \bmod q$，且 $r^{256} \neq 1$，所以 $(r^{256}) = -1 \bmod q$。于是有 $X^{256}+1 = X^{256}-r^{256} = (X^{128}-r^{128})(X^{128}+r^{128}) \bmod q$。根据下面的映射关系：

$$\mathbf{Z}_q[X]/(X^{256}+1) \to \mathbf{Z}_q[X]/(X^{128}-r^{128}) \times \mathbf{Z}_q[X]/(X^{128}+r^{128})$$

要进行 $\mathbf{Z}_q[X]/(X^{256}+1)$ 上的计算时，可按 $\mathbf{Z}_q[X]/(X^{128}-r^{128}) \times \mathbf{Z}_q[X]/(X^{128}+r^{128})$ 进行计算。即

分别对于两个次数低于 128 的多项式环 $\mathbf{Z}_q[X]/(X^{128}-r^{128})$ 和 $\mathbf{Z}_q[X]/(X^{128}+r^{128})$ 进行计算。又因为

$$\mathbf{Z}_q[X]/(X^{128}-r^{128}) \to \mathbf{Z}_q[X]/(X^{64}-r^{64}) \times \mathbf{Z}_q[X]/(X^{64}+r^{64})$$

$$\mathbf{Z}_q[X]/(X^{128}+r^{128}) = \mathbf{Z}_q[X]/(X^{128}-r^{384}) \to \mathbf{Z}_q[X]/(X^{64}-r^{192}) \times \mathbf{Z}_q[X]/(X^{64}+r^{192})$$

如此继续下去，多项式的次数越来越低，最终成一次多项式，因此通过简单的计算就得到所要的结果。这就是快速傅里叶变换的思想。

在基础域是有限域的情况下，这种快速傅里叶变换称为数论变换 NTT。设 a 是 $\mathbb{R}_q$ 上的多项式，自然的 NTT 不输出系数顺序为 $a(r^1)$，$a(r^3)$，$\cdots$，$a(r^{511})$ 的向量。但我们希望能输出这样系数顺序的向量，为此我们定义多项式 $a \in \mathbb{R}_q$ 的 NTT 域表示为

$$\hat{a} = \mathbf{NTT}(a) \in \mathbf{Z}_q^{256}。$$

其系数按我们希望的顺序输出。具体为

$$\hat{a} = \mathbf{NTT}(a) = (a(r_0), a(-r_0), a(r_1), a(-r_1), \cdots, a(r_{127}), a(-r_{127}))$$

其中，$r_i = r^{\mathbf{brv}(128+i)}$。设 k 是个 8 位二进制数，$\mathbf{brv}(k)$ 表示 k 的位反序。对于这种表示，因为同构的性质，我们有

$$ab = \mathbf{NTT}^{-1}(\mathbf{NTT}(a)\mathbf{NTT}(b))。$$

设 $\mathbf{y}$ 为向量，$\mathbf{A}$ 为矩阵，则 $\hat{\mathbf{y}} = \mathbf{NTT}(y)$ 和 $\hat{\mathbf{A}} = \mathbf{NTT}(A)$ 意味着 $\mathbf{y}$ 的每一个元素 y_i 和 $\mathbf{A}$ 的每一个元素 a_{ij} 都是 NTT 域表示。

5. Hash 函数

Dilithium 签名方案中使用多种 Hash 函数。

① **Hash** 到集合 $\boldsymbol{B}_\tau$ 设 B_τ 表示 $\mathbb{R}$ 上元素的集合，该元素有 τ 个系数为 -1 或 1，其余系数为 0。我们得到 $|B_\tau| = 2^\tau \binom{256}{\tau}$。对于我们的签名方案，需要一个密码哈希函数，它分两步散列到 B_τ 上。第一步用抗第二原象的密码 Hash 函数从 $\{0, 1\}*$ 映射到 $\{0, 1\}^{256}$。第二步是用扩展输出函数 XOF（extendable-output function）如 SHAKE-256，把第一步的输出扩展成一个 B_τ 上的元素。在签名算法中用这种方法产生所需的随机数。下面给出一个例子：使用一个输入种子 ρ 和一个 XOF，产生一个含 τ 个 ± 1 和 $256-\tau$ 个 0 的随机 256 个元素的数组。

SampleInBall($\boldsymbol{\rho}$)

01   Initialize $\mathbf{c} = c_0 c_1 \cdots c_{255} = 00 \cdots 0$

02   **for** i : = 256 $-$ τ *to* 255 **do**

03   $j \leftarrow \{0, 1, 2, \cdots, i\}$

04    $s \leftarrow \{0, 1\}$

05    $c_i := c_j$

06    $c_j := (-1)^s$

07   **return c**

② 扩展到矩阵 **A**   函数 Expand A 把一个均匀的种子 $\rho \in \{0, 1\} *$ 映射成 NTT 域表示的矩阵 $\mathbf{A} \in B_q^{k \times l}$。为了实现多项式的快速乘法,需要这样的矩阵 **A**。扩展函数 Expand A 并不输出 $\mathbf{A} \in B_q^{k \times l} = (Z_q[X]/(X^{256}+1))^{k \times l}$,而是输出 NTT 域表示的矩阵 $\hat{\mathbf{A}} \in Z_q^{k \times l}$。由于 **A** 需要进行均匀采样,而 NTT 具有同构性,因此 ExpandA 也需要在此表示下进行均匀采样。因为 Dilithium 签名方案中 NTT 产生向量的分量顺序与我们的参考 NTT 不同的,为了与 Dilithium 签名方案兼容,这里的实现方案需要以非连续的顺序采样系数。

③ 函数 ExpandMask   用于确定性地产生签名方案的随机性,它将一个种子 ρ' 和一个一次性的数 k 映射到一个随机向量 $\mathbf{y} \in S_{\gamma 1}^l$。

④ 抗碰撞 Hash 函数   在 Dilithium 签名方案中使用的函数 CRH(Collision resistant hash)是一个映射到 $\{0, 1\}^{384}$ 的抗碰撞哈希函数。

6. 高阶位、低阶位与提示位

利用高阶位、低阶位与提示位减小公钥的大小是 Dilithium 签名方案的一个特色关键技术。

为了减少公钥的大小,需要用一些简单的算法来提取 Z_q 中元素的高阶位和低阶位。目的是,当给定一个任意元素 $r \in Z_q$ 和另一个小元素 $z \in Z_q$ 时,希望能够不需要存储 z,就能够恢复出 $r + z$ 的高阶位。为此,定义了一个算法,根据 r,z 产生一个 1 位的提示 h。这使得仅根据 r 和 h 就能够计算出 $r + z$ 的高阶位。

可以将把 Z_q 中的元素分解为高阶位和低阶位的一个算法是 Power2Round$_q$。它用一种直接的位级方法来分解一个元素 $r = r_1 \cdot 2^d + r_0$,其中 r_1 是高阶位,r_0 是低阶位,$r_0 = r \bmod^{\pm} 2^d$ 和 $r_1 = (r-r_0)/2^d$。

例 8-5   令 $q = 7$,$d = 2$,$Z_7 = \{0, 1, 2, 3, 4, 5, 6\}$。设 $r = 2$,$r_0 = 2 \bmod^{\pm} 2^2 = 2$,$r_1 = (2-2)/2^2 = 0$。再设 $r = 5$,$r_0 = 5 \bmod^{\pm} 2^2 = 1$,$r_1 = (5-1)/2^2 = 1$。

现在介绍另一种可把一个正整数 r 分解为高阶位和低阶位的算法。选择了一个小的数 α,它是 $q-1$ 的一个因子。记 $r = r_1 \cdot \alpha + r_0$,其中 r_1 是高阶位,r_0 是低阶位。假设 α 是偶数,这是可能的,因为 $q-1$ 是偶数。可能的 $r_1 \cdot \alpha$ 构成集合为 $\{0, \alpha, 2\alpha, \cdots, q-1\}$。当 $r_1 \cdot \alpha = q-1$ 时,说明 r_1 的值比较大,这时给 r 加上一个很小的数,就可能向高位产生进位。为了避免这种情况可作这样处理:因为 $r_1 \cdot \alpha = q-1$,$r = r_1 \cdot \alpha + r_0 = (r_1 \cdot \alpha +1) + r_0 - 1 = q + r_0 - 1 = 0 \cdot \alpha + r_0 - 1 \bmod q$,即可简单地将 r_1 置为 0,将 r_0 减掉 1。这个过程称为 Decompose$_q$。

基于算法 Decompose$_q$,定义了两个例程 MakeHint$_q$ 和 UseHint$_q$。其中,MakeHint$_q$ 用来生成一位提示位,UseHint$_q$ 利用提示位恢复出加法和的高阶位。还定义了 HighBits$_q$ 和 LowBits$_q$ 例程。这两个例程分别简单地从 Decompose$_q$ 的输出中提取 r_1 和 r_0。

当给定一个任意元素 $r \in Z_q$ 和另一个小元素 $z \in Z_q$ 时,利用算法 Decompose$_q$,能够不

需要存储 z，就能够恢复出 $r+z$ 的高阶位。

将算法 Decompose_q 作用到多项式或多项式组成的向量、矩阵时，对应操作应被分别独立地作用到多项式的每个系数。

7. 支持算法

① $\textbf{Power2Round}_q(\boldsymbol{r}, \boldsymbol{d})$

08　$r := r \bmod^+ q$

09　$r_0 := r \bmod^\pm 2^d$

10　$\textbf{return} ((r - r_0)/2^d, r_0)$

支撑算法 $\textbf{Power2Round}_q(\boldsymbol{r}, \boldsymbol{d})$ 的功能是对于给定的正整数 r 和 d，分解出 r 的高阶位 r_1 和低阶位 r_0，且满足 $r = r_1 \cdot 2^d + r_0$。其中 $r_0 = r \bmod^\pm 2^d$ 和 $r_1 = (r - r_0)/2^d$。

② $\textbf{MakeHint}_q(\boldsymbol{z}, \boldsymbol{r}, \boldsymbol{\alpha})$

11　$r_1 := \textbf{HighBits}_q(r, \alpha)$

12　$v_1 := \textbf{HighBits}_q(r + z, \alpha)$

13　$\textbf{return} \lceil r_1 \neq v_1 \rceil$

支撑算法 $\textbf{MakeHint}_q$ 的功能是来产生一位提示位。

③ $\textbf{UseHint}q(\boldsymbol{h}, \boldsymbol{r}, \boldsymbol{\alpha})$

14　$m := (q-1)/\alpha$

15　$(r_1, r_0) := \textbf{Decompose}_q(r, \alpha)$

16　$\textbf{if } h = 1 \text{ and } r_0 > 0 \textbf{ return } (r_1 + 1) \bmod^+ m$

17　$\textbf{if } h = 1 \text{ and } r_0 \leqslant 0 \textbf{ return } (r_1 - 1) \bmod^+ m$

18　$\textbf{return } r_1$

支撑算法 $\textbf{UseHint}_q$ 的功能是利用提示位恢复出高阶位 r_1。

④ $\textbf{Decompose}_q(\boldsymbol{r}, \boldsymbol{\alpha})$

19　$r := r \bmod^+ q$

20　$r_0 := r \bmod^\pm \alpha$

21　$\textbf{if } r - r_0 = q - 1$

22　　$\textbf{then } r_1 := 0; r_0 := r_0 - 1$

23　$\textbf{else } r_1 := (r - r_0)/\alpha$

24　$\textbf{return } (r_1, r_0)$

对于给定的正整数 r 和 $q-1$ 的偶数因子 α，$r = r_1 \cdot \alpha + r_0$。支撑算法 $\textbf{Decompose}_q(\boldsymbol{r}, \boldsymbol{\alpha})$ 根据 α 分解出 r 的高阶位 r_1 和低阶位 r_0。

⑤ $\textbf{HighBits}_q(\boldsymbol{r}, \boldsymbol{\alpha})$

25　$(r_1, r_0) := \textbf{Decompose}_q(r, \alpha)$

26　$\textbf{return } r_1$

支撑算法 $\textbf{HighBits}_q(\boldsymbol{r}, \boldsymbol{\alpha})$ 的功能是从 $\textbf{Decompose}_q(r, \alpha)$ 的输出中提取出高阶位 r_1。

⑥ $\textbf{LowBits}_q(\boldsymbol{r}, \boldsymbol{\alpha})$

27　$(r_1, r_0) := \textbf{Decompose}_q(r, \alpha)$

28　**return** r_0

支撑算法 $\mathbf{LowBits}_q(r, \alpha)$ 的功能是从 $\mathbf{Decompose}_q(r, \alpha)$ 的输出中提取出低阶位 r_0。

8.4.2　Dilithium 签名方案推荐参数

如表 8-2 所示。

表 8-2 　　　　　　　　　　　　**Dilithium 签名方案的参数**

NIST 安全级别	2	3	5
q（模）	83804174	83804174	83804174
d[从 $\mathbf{t}$ 中删除的位数]	13	13	13
τ[c 中+1, -1 的个数]	39	49	60
挑战熵[$\log(_{\tau}^{256})+\tau$]	192	225	257
γ_1[$\mathbf{y}$ 的系数范围]	2^{17}	2^{19}	2^{19}
γ_2[低阶舍入范围]	$(q-1)/88$	$(q-1)/32$	$(q-1)/32$
(k, l)[矩阵 $\mathbf{A}$ 的维数]	$(4, 4)$	$(6, 5)$	$(8, 7)$
μ[密秘钥范围]	2	4	2
β[τ, η]	78	196	120
ω[提示 h 中 1 的最大个数]	80	55	75

8.4.3　签名算法

Dilithium 签名方案由密钥生成、签名和验证签名三个算法组成。签名过程中使用了随机性函数 SHAKE-256（FIPS 202 的一种可输出任意长度散列值的 HASH 函数）。由于签名过程可能需要重复几次才能成功，为此还采用了一个计数器 k，以使 SHAKE-256 输出在同一消息的每次签名中都不同，提高了安全性。此外，为了避免对很长的消息直接签名，并缩短签名长度，首先使用抗碰撞哈希函数计算出消息的摘要，然后对此摘要进行签名。

1. 密钥产生算法

Gen( )

01　$\zeta \leftarrow \{0, 1\}^{256}$

02　$(\rho, \varsigma, K) \in \{0, 1\}^{256\times3} := H(\zeta)$　　#这里 H 采用 SHAKE-256

03　$(\mathbf{s}_1, \mathbf{s}_2) \in S_{\eta}^l \times S_{\eta}^k := H(\varsigma)$

04　$\mathbf{A} \in R_q^{k\times l} := \mathbf{ExpandA}(\rho)$　　#生成矩阵 $\mathbf{A}$，并以 NTT 域的形式存储 $\hat{\mathbf{A}}$

05　$\mathbf{t} := \mathbf{As}_1 + \mathbf{s}_2$　　#按 $\mathbf{NTT}^{-1}(\hat{\mathbf{A}} \circ \mathbf{NTT}(\mathbf{s}_1))$ 那样计算 $\mathbf{As}_1$

06　$(\mathbf{t}_1, \mathbf{t}_0) := \mathbf{Power2Round}_q(\mathbf{t}, d)$

07　$tr \in \{0, 1\}^{384} := \mathbf{CRH}(\rho \| \mathbf{t}_1)$

08　**return** $(pk = (\rho, \mathbf{t}_1), sk = (\rho, K, tr, \mathbf{s}_1, \mathbf{s}_2, \mathbf{t}_0))$

语句 01 随机选取一个 256 位长的二进制随机数，并赋给 ζ，以备下面 SHAKE-256 处理。

语句 02 用 SHAKE-256(ζ) 产生 3 个 256 长的随机数，并依次赋给 ρ，ς，K。其中 ρ 是生成密钥的种子，既是公钥参数，又是私钥参数。K 是私钥参数。

语句 03 根据 $S_\eta = \{ \| W \|_\infty \le \eta : W \in \mathbb{R} \}$，用 SHAKE-256($\zeta$) 产生 2 个分别为长 l，k 的随机向量 $\mathbf{s}_1$ 和 $\mathbf{s}_2$，且 $\| \mathbf{s}_1 \|_\infty \le \eta$，$\| \mathbf{s}_2 \|_\infty \le \eta$。$\mathbf{s}_1$ 和 $\mathbf{s}_2$ 是私钥的参数。语句 3 和语句 2 都使用了 H(ζ)，但因执行语句 2 后 ζ 的值已经改变，所以执行语句 3 和语句 2 产生的结果是不同的。

语句 04 用 **ExpandA**(ρ) 将密钥种子 ρ 扩展为矩阵 $\mathbf{A}$，为了下一步计算高效，以 NTT 域的 $\hat{\mathbf{A}}$ 进行存储。

语句 05 计算 $\mathbf{t}: = \mathbf{A}\mathbf{s}_1 + \mathbf{s}_2$ 是生成密钥的关键一步，为了计算高效，其中按 $\mathrm{NTT}^{-1}(\hat{\mathbf{A}} \circ \mathbf{NTT}(\mathbf{s}_1))$ 那样计算 $\mathbf{A}\mathbf{s}_1$。根据式（8-10）可知，这种密钥生成是基于 LWE 问题的。

语句 06 利用支持算法 **Power2Round**$_q$($\mathbf{t}$, d) 把中间密钥 $\mathbf{t}$ 分解出"高阶"位和"低阶"位 $\mathbf{t}_1$ 和 $\mathbf{t}_0$，其中 $\mathbf{t}_1$ 是公钥参数，$\mathbf{t}_0$ 是私钥参数。

语句 07 利用抗碰撞 HASH 函数 **CRH** 对 $(\rho \| \mathbf{t}_1)$ 进行处理，产生 384 位的私钥参数 tr。

语句 08 输出公钥 $pk = (\rho, \mathbf{t}_1)$，和私钥 $sk = (\rho, K, tr, \mathbf{s}_1, \mathbf{s}_2, \mathbf{t}_0)$。

为了缩小公钥的尺寸，密钥生成算法在 06 语句输出 $\mathbf{t}_1$ 作为公钥，而不是直接输出 05 步的 $\mathbf{t}$。这意味着公钥的每个系数不是 $\lceil \log q \rceil$ 位，而是 $\lceil \log q \rceil - d$ 位。这是因为公钥的系数 $\in \mathbf{Z}_q$，所以是 $\lceil \log q \rceil$ 位。而 **Power2Round**$_q$($\mathbf{t}$, d) 把密钥系数分解为高阶位和低阶位（d 位），且不存储低阶位。因为，$q \approx 2^{23}$ 和 $d = 13$，这意味着每个公钥系数不是 23 位，而是 10 位。这样就缩短了公钥的尺寸。

2. 签名算法

Sign(sk, M)

09　$\mathbf{A} \in R_q^{k \times l} := \mathbf{ExpandA}(\rho)$　#生成矩阵 $\mathbf{A}$，并以 NTT 域的形式存储 $\hat{\mathbf{A}}$

10　$\mu \in \{0, 1\}^{384} := \mathbf{CRH}(tr \| M)$

11　$k := 0$, $(\mathbf{z}, \mathbf{h}) := \bot$

12　$\rho' \in \{0, 1\}^{384} := \mathbf{CRH}(k \| \mu)$（or $\rho' \leftarrow \{0, 1\}^{384}$，为使签名随机化）

13　**while** $(\mathbf{z}, \mathbf{h}) = \bot$ **do**　#预计算 $\hat{\mathbf{s}}_1 := \mathbf{NTT}(\mathbf{s}_1)$，$\hat{\mathbf{s}}_2 := \mathbf{NTT}(\mathbf{s}_2)$，$\hat{\mathbf{t}}_0 := \mathbf{NTT}(\mathbf{t}_0)$

14　　　$\mathbf{y} \in s_{\gamma 1}^l := \mathbf{ExpandMask}(\rho', k)$

15　　　$\mathbf{w} := \mathbf{Ay}$　# 计算 $\mathbf{w} := \mathrm{NTT}^{-1}(\hat{\mathbf{A}} \circ \mathbf{NTT}(\mathbf{y}))$

16　　　$\mathbf{w}_1 := \mathbf{HighBits}_q(\mathbf{w}, 2\gamma_2)$

17　　　$\tilde{c} \in \{0, 1\}^{256} := \mathbf{H}(\mu \| \mathbf{w}_1)$

18　　　$c \in B\tau := \mathbf{SampleInBall}(\tilde{c})$　　# 以 $\hat{c} = \mathbf{NTT}(c)$ 形式存储 c

19　　　$\mathbf{z} := \mathbf{y} + c\mathbf{s}_1$　# 按 $\mathrm{NTT}^{-1}(\hat{c} \circ \hat{\mathbf{s}}_1)$ 形式计算 $c\mathbf{s}_1$

20　　　$\mathbf{r}_0 := \mathbf{LowBits}_q(\mathbf{w} - c\mathbf{s}_2, 2\gamma_2)$　# 按 $\mathrm{NTT}^{-1}(\hat{c} \circ \hat{\mathbf{s}}_2)$ 形式计算 $c\mathbf{s}_2$

21　　　**if** $\| \mathbf{z} \|_\infty \geqslant \gamma_1 - \beta$ **or** $\| \mathbf{r}_0 \|_\infty \geqslant \gamma_2 - \beta$, **then** $(\mathbf{z}, \mathbf{h}) := \perp$

22　　　**else**

23　　　　　$\mathbf{h} := \textbf{MakeHint}_q(-c\mathbf{t}_0, \mathbf{w} - c\mathbf{s}_2 + c\mathbf{t}_0, 2\gamma_2)$　# 计算 $c\mathbf{t}_0$, 作为 $\textbf{NTT}^{-1}(\hat{\mathbf{c}} \circ \hat{\mathbf{t}}_0)$

24　　　　　**if** $\| c\mathbf{t}_0 \|_\infty \geqslant \gamma_2$ **or** the number of 1's in **h** is greater than ω, **then** $(\mathbf{z}, \mathbf{h}):$
　　　　　　$= \perp$

25　　　　$k := k + l$

26　**return** $\sigma = (\mathbf{z}, \mathbf{h}, \tilde{c})$

语句 09 对公钥参数 ρ 进行扩展 **ExpandA**(ρ), 生成矩阵 **A**, 并以 NTT 域的形式存储 $\hat{\mathbf{A}}$。

语句 10 用抗碰撞 HASH 函数 **CRH** 处理私钥参数 tr 和数据 M, $\textbf{CRH}(tr \| M)$, 产生一个 384 位的随机数 μ。

语句 11 给计数值 k 和控制标志变量 $(\mathbf{z}, \mathbf{h})$ 赋值。

语句 12 与语句 10 类似, 为使签名随机化, 产生一个 384 位的随机数 ρ'。可以通过 $\rho' := \textbf{CRH}(k \| \mu)$ 来产生, 也可直接随机选取: $\rho' \leftarrow \{0, 1\}^{384}$。

语句 13~26 构成一个条件循环, 进行签名, 循环结束时完成签名。

语句 14 用函数 **ExpandMask** 将随机数 ρ' 和计数值 k 扩展到一个随机向量 $\mathbf{y} \in S_{\gamma 1}^l$。根据 $S_\eta = \{ \|W\|_\infty \leqslant \eta : W \in \mathbb{R} \}$, 所以 $\|\mathbf{y}\|_\infty \leqslant \gamma_1$。

语句 15 计算 $\mathbf{w} := \textbf{NTT}^{-1}(\hat{\mathbf{A}} \circ \textbf{NTT}(\mathbf{y}))$。

语句 16 用支撑算法 **HighBits**$_q(\mathbf{w}, 2\gamma_2)$ 得出 $\mathbf{w}$ 的高阶位 $\mathbf{w}_1$。

语句 17 用 SHAKE-256 产生一个 256 位的 $\hat{c}$。$\hat{c}$ 是签名的一个参量。

语句 18　B_τ 表示 $\mathbb{R}$ 上元素的集合, 该元素有 τ 个系数为 -1 或 1, 其余系数为 0。用 **SampleInBall**$(\tilde{c})$ 产生一个这样的随机数 c, 并以 $\hat{c} = \textbf{NTT}(c)$ 形式存储 c。

语句 19 计算 $\mathbf{z} := \mathbf{y} + c\mathbf{s}_1$, 其中按 $\textbf{NTT}^{-1}(\hat{\mathbf{c}} \cdot \hat{\mathbf{s}}_1)$ 形式计算 $c\mathbf{s}_1$。$\mathbf{z}$ 是签名的一个参量。

语句 20　用支撑算法 **LowBits**$_q(\mathbf{w} - c\mathbf{s}_2, 2\gamma_2)$ 得出低阶位 $\mathbf{r}_0$, 其中 按 $\textbf{NTT}^{-1}(\hat{\mathbf{c}} \circ \hat{\mathbf{s}}_2)$ 形式计算 $c\mathbf{s}_2$。

语句 21 判断 $\|\mathbf{z}\|_\infty$ 和 $\|\mathbf{r}_0\|_\infty$ 的大小, 如果 $\|\mathbf{z}\|_\infty \geqslant \gamma_1 - \beta$ or $\|\mathbf{r}_0\|_\infty \geqslant \gamma_2 - \beta$, 说明签名尚未成功, 则设置继续循环计算标志 $\perp$, 继续进行签名计算。

语句 23 用支撑算法 **MakeHint**$_q$ 计算 **h**, **h** 是签名的一个参量。

语句 24 进一步判断 $\| c\mathbf{t}_0 \|_\infty$ 的大小或 **h** 中 1 的个数, 如果 $\| c\mathbf{t}_0 \|_\infty \geqslant \gamma_2$ or **h** 中 1 的个数 $> \omega$, 说明签名尚未成功, 则设置继续循环计算标志 $\perp$, 继续进行签名计算。

语句 25 调整计数值 k。

语句 26 循环结束, 输出签名 $\sigma = (\mathbf{z}, \mathbf{h}, \tilde{c})$。

3. 签名验证算法

Verify$(pk, M, \sigma = (\mathbf{z}, \mathbf{h}, \tilde{c}))$

27　$\mathbf{A} \in \mathbb{R}_q^{k \times l} := \textbf{ExpandA}(\rho)$　　　　　　#生成矩阵 **A**, 并以 NTT 域的形式存储 $\hat{\mathbf{A}}$

28　$\mu \in \{0, 1\}^{384}: = \mathbf{CRH}(\mathbf{CRH}(\rho \| \mathbf{t}_1) \| M)$

29　$c: = \mathbf{SampleInBall}(\tilde{c})$

30　$\mathbf{w}'_1: = \mathbf{UseHint}_q(\mathbf{h}, \mathbf{Az} - c\mathbf{t}_1 \cdot 2^d, 2\gamma_2)$ # 计算 $\mathbf{NTT}^{-1}(\hat{\mathbf{A}} \circ \mathbf{NTT}(\mathbf{z}) - \mathbf{NTT}(c)$ $\mathbf{NTT}(\mathbf{t}_1 \circ 2^d))$

31　**return** $[\| \mathbf{z} \|_\infty < \gamma_1 - \beta]$ **and** $[\tilde{c} = H(\mu \| \mathbf{w}'_1)]$ **and** $[\mathbf{h}$ 中 1 的个数 $\leqslant \omega]$

验证签名算法的输入是公钥 $pk = (\rho, \mathbf{t}_1)$，数据 M 和签名 $\sigma = (\mathbf{z}, \mathbf{h}, \tilde{c})$。

语句 27 利用公钥参数 ρ 进行扩展 $\mathbf{ExpandA}(\rho)$，生成矩阵 $\mathbf{A}$，并以 NTT 域的形式 $\hat{\mathbf{A}}$ 进行存储。

语句 28 用两重 $\mathbf{CRH}(\mathbf{CRH}(\rho \| \mathbf{t}_1) \| M)$ 处理公钥 $pk = (\rho, \mathbf{t}_1)$ 和数据 M，产生一个 384 位的随机数 μ，供后面签名验证。

语句 29 验证签名分量 $\hat{c}$ 的正确性。因为在签名算法语句 18 中产生了 $c: =$ $\mathbf{SampleInBall}(\tilde{c})$，并以 $\hat{c} = \mathbf{NTT}(c)$ 形式存储 c。如果签名分量 $\hat{c}$ 是正确的，则应在语句 29 中得出相同的 c，这是合理的。

语句 30 验证签名分量 $\mathbf{z}$ 和 $\mathbf{h}$ 的正确性。为此，计算 $\mathbf{NTT}^{-1}(\hat{\mathbf{A}} \circ \mathbf{NTT}(\mathbf{z}) - \mathbf{NTT}(c)$ $\mathbf{NTT}(\mathbf{t}_1 \cdot 2^d))$，并利用支撑算法 $\mathbf{UseHint}_q$ 恢复出数据 $\mathbf{Az} - c\mathbf{t}_1$ 的高阶位 $\mathbf{w}'_1$。

语句 31 给出验证结果：如果 $[\| \mathbf{z} \|_\infty < \gamma_1 - \beta]$ **and** $[\tilde{c} = H(\mu \| \mathbf{w}'_1)]$ **and** $[\mathbf{h}$ 中 1 的个数 $\leqslant \omega]$，则签名验证成功，否则验证失败。因为在签名算法语句 17 中 $\tilde{c} \in \{0, 1\}^{256}: = H(\mu \| \mathbf{w}_1)$，所以在语句 31 中验证 $\tilde{c} = H(\mu \| \mathbf{w}'_1)$ 是合理的。又因为在签名算法语句 21 中已经排除了 $\| \mathbf{z} \|_\infty \geqslant \gamma_1 - \beta$ 的可能，所以在语句 31 中验证 $\| \mathbf{z} \|_\infty < \gamma_1 - \beta$ 是合理的。再因为在签名算法语句 24 中已经排除了 $\mathbf{h}$ 中 1 的个数 $> \omega$ 的情况，所以在语句 31 中验证 $\mathbf{h}$ 中 1 的个数 $\leqslant \omega$ 是合理的。

另外，在签名算法语句 21 中，限制 $\| \mathbf{z} \|_\infty$ 和 $\| \mathbf{r}_0 \|_\infty$ 不能大，在语句 24 中限制 $\| c\mathbf{t}_0 \|_\infty$ 和 $\mathbf{h}$ 中 1 的个数不能大。在签名验证算法语句 31 中进一步检查 $\| \mathbf{z} \|_\infty < \gamma_1 - \beta$ 和 $\mathbf{h}$ 中 1 的个数 $\leqslant \omega$。这些措施是基于短整数解问题（SIS）防止伪造签名、增强签名安全性的措施。

8.5　小结

与传统公钥密码 RSA 和 ElGamal 密码相比，Kyber 密码和 Dilithium 签名方案更复杂，辅助计算和支撑算法很多，密钥产生、加密、解密、签名、验证签名算法也都复杂得多。

首先 Kyber 密码的密钥就比 RSA 密码复杂。RSA 密码的私钥是两个大素数 p、q 和解密指数 d，公钥是 $n = pq$ 和加密指数 e。其次，Kyber 密码的加密和解密也比 RSA 密码复杂。RSA 加密是 $c = m^e \bmod n$，解密是 $m = c^d \bmod n$。同样，Kyber 密码也比 ElGamal 密码复杂。

Dilithium 签名方案的公钥是 $pk = (\rho, \mathbf{t}_1)$，私钥是 $sk = (\rho, K, tr, \mathbf{s}_1, \mathbf{s}_2, \mathbf{t}_0)$，比 RSA

密码的密钥复杂。其次，RSA 密码的签名算法就是解密算法，验证签名算法就是加密算法。Dilithium 签名方案的签名算法和验证签名算法也比 RSA 密码复杂得多。同样，也比 ElGamal 密码复杂。另外，RSA 密码和 ElGamal 密码既可加密，又可签名。Kyber 密码只能加密不能签名。Dilithium 签名方案只能签名，不能加密。

其中的原因是 Kyber 密码和 Dilithium 签名方案要抵抗量子计算机的攻击，量子计算机具有比电子计算机更强大的计算能力，没有足够的复杂度是不能抵抗量子计算机的攻击的。此外，为了能够抵抗量子计算机的攻击，抗量子计算密码不能基于交换代数结构，必须基于非交换代数结构[3]，从而失去了一些优美的数学性质。这也使得密码很难做到既能加密又能签名。并由此导致必须采用许多辅助计算和支撑算法，增加了密码的复杂性。另外，Kyber 密码和 Dilithium 签名方案都是基于格的密码，格上的运算都是线性运算，为了使其保持足够的安全性，必须加大格的维数。格的维数大了，密钥的尺寸自然增大了。

Kyber 密码和 Dilithium 数字签名方案，通过 NIST 的三轮评审，最后胜出，并被选为美国标准。这说明它们在安全性、效率、实现和应用等方面是优秀的。

最后提醒读者注意：实践是检验真理的唯一标准。Kyber 密码和 Dilithium 数字签名方案虽然通过了 NIST 的评审，被选为标准，但尚未经过实际应用的检验。只有经过实践检验的好密码，才是真正的好密码。最近我国学者在文献[99]中，对 Kyber 密码进行了侧信道（CPA）攻击，发现了它的一些弱点。

8.6　推荐阅读

如果读者对抗量子计算密码感兴趣，可阅读文献[3]，它全面介绍了早期的各种抗量子计算密码。

2016 年美国 NIST 宣布启动征集制定抗量子计算密码算法标准的工作，经过三轮评审，于 2022 年 7 月 5 日公布 Kyber、Dilithium、Falcon、Sphincs 四个密码胜出作为标准，并宣布 Bike、Classic McEliece、Hqc、Sike 四个密码进入第四轮评审。本章只介绍了 Kyber 和 Dilithium 两个密码算法。要全面了解其他密码算法，建议登录美国 NIST 的网站 https：//csrc. nist. gov/Projects/post-quantum-cryptography/selected-algorithms-2022，阅读有关信息。

很多格密码都利用快速数论变换 NTT 加速多项式的乘法计算，要深入理解 NTT 请阅读文献[95]。

最近我国学者在文献[99]中，对 Kyber 密码进行了侧信道（CPA）攻击，发现了它的一些弱点，建议有兴趣的读者阅读该文献。

习题与实验研究

1. 上网了解抗量子计算密码的发展情况。
2. 格公钥密码与传统公钥密码相比，有什么优势？
3. Kyber 密码使用函数 BytesToBit 把字节数组转变为比特数组。它的输入是一个字节

数组 $(b_0, b_1, \cdots, b_{l-1})$，输出是一个长 $8l$ 比特的比特数组 $(\beta_0, \cdots, \beta_{8l-1})$。用 β_i 表示输出比特序列中第 i 位的比特，它从输入字节数组中第 $\lfloor i/8 \rfloor$ 字节经计算得到：

$$\beta_i = (b_{\lfloor i/8 \rfloor}/2^{(i \bmod 8)}) \bmod 2.$$

设输入为 $b_0 b_1 b_2 = (55, AA, BD)$，手工计算出输出 $(\beta_0, \beta_1, \cdots, \beta_{23})$。

4. Kyber 密码的算法 3 给出了一个译码函数 Decode_l。它将 $32l$ 字节数组转换为一个多项式 $f = f_0 + f_1 X + \cdots + f_{255} X^{255}$，每个系数 $f_i \in \{0, \cdots, 2^l - 1\}$。并将编码函数 Incode_l 定义为译码函数的逆，但没有给出具体算法。给出编码函数 Incode_l 定的具体算法，并编程实现它。

5. 软件实验：编程实现 Kyber 密码加密机制的算法 1，算法 2，算法 3，算法 4，算法 5，算法 6。

6. 什么是密钥封装机制？它有什么应用？应用中存在什么麻烦问题？

7. 软件实验：编程实现 Kyber 密码密钥封装机制的算法 7，算法 8，算法 9。

8. 软件实验：编程实现 Dilithium 签名方案的密钥生成、签名和验证签名三个算法。

9. 说明 Dilithium 签名方案的签名验证算法中语句 31 的合理性。

10. 将 Kyber 密码、Dilithium 签名方案与 RSA 密码、EIGamal 密码进行分析比较。

第四篇 密码分析

第9章 密码分析(选修)

密码分析学是密码学的重要部分。本章介绍密码分析的两种主要分析方法,统计式密码分析和测信道密码分析。

9.1 统计式分析方法

9.1.1 分组密码分析方法

1. 差分密码分析

差分分析方法是 Biham 和 Shamir 于 1990 年提出的利用加解密过程中差分传播的概率进行分析的方法[100]。实践表明,差分分析方法和线性分析是当今最有效、应用最广泛的分组密码的分析方法。差分分析方法的思想是通过分析和研究明文对的差分值对密文对的差分值的影响规律来恢复某些密钥比特。具体步骤是先找到一条高概率的差分路径,将加密算法与随机置换区分,再根据密码算法特点,在该路径的前后附加尽可能多的轮数,猜测这些轮函数中的部分或全部子密钥,最后利用统计该差分出现的次数来猜测是否是正确的密钥,从而恢复出全部或部分密钥。

差分分析的效果取决于差分区分器的长度,概率和差分模式等,其中长度和概率是重要因素。差分区分器概率越大,攻击的数据复杂度越小。区分器的路径越长,攻击的计算复杂度越小,越接近真实密码算法的轮数,更具有现实意义。因此对分组密码进行差分分析时,首要任务是寻找概率较大覆盖轮数较长的差分区分器。

经过几十年的研究发展,国际密码学者在差分分析的基础上扩展到许多差分相关的分析方法,如:高阶差分分析[101]、不可能差分分析[102]、截断差分分析[103]、矩形攻击[103]以及飞去来器攻击[104]等。文献[105]对一些攻击进行了实验分析。这些方法各具特色,都有应用。

(1)差分密码分析的基本原理

差分密码分析最初是针对 DES 提出的,后来表明它对所有的分组密码都适用。其基本思想是:通过分析明文对的差值对密文对的差值的影响来恢复某些密钥比特。

对分组长度为 n 的 r 轮迭代密码,将两个 n 比特串 Y_i 和 Y_i^* 的差分定义为:

$$\Delta Y_i = Y_i \otimes Y_i^{*-1} . \tag{9-1}$$

其中:$\otimes$ 表示 n 比特串集上的一个特定群运算,Y_i^{*-1} 表示 Y_i^* 在此群中的逆元。

由加密对可得差分序列:

$$\Delta Y_0, \ \Delta Y_1, \ \cdots, \ \Delta Y_r$$

其中：ΔY_0 和 Y_0^* 是明文对，Y_i 和 Y_i^*（$1 \leq i \leq r$）是第 i 轮的输出，它们同时也是第 $i+1$ 轮的输入。若记第 i 轮的子密钥为 K_i，轮函数为 F，则 $Y_i = F(Y_{i-1}, K_i)$。

研究结果表明，迭代密码的简单轮函数 F 如果具有如下特征，则说明密码是弱的；对于 $Y_i = F(Y_{i-1}, K_i)$ 和 $Y_i^* = F(Y_{i-1}^*, K_i)$，若三元组（$\Delta Y_{i-1}, Y_i, Y_i^*$）的一个或多个值是已知的，则确定子密钥 K_i 是容易的。从而，若密文对已知，并且最后一轮的输入对的差分能以某种方式得到，则一般来说确定最后一轮的子密钥或其一部分是可行的。在差分密码分析中，通过选择具有特定差分值 α_0 的明文对 Y_i，Y_i^*），使得最后一轮的输入差分 ΔY_{r-1} 以很高的概率取特定值 α_{r-1} 来达到这一点。

定义 9-1 r- 轮特征（r-round characteristic）Ω 是一个差分序列：

$$\alpha_0, \alpha_1, \cdots, \alpha_r.$$

其中 α_0 是明文对（Y_0, Y_0^*）的差分，α_i（$1 \leq i \leq r$）是第 i 轮输出 Y_i 与 Y_i^* 的差分。r - 轮特征 $\Omega = \alpha_0, \alpha_1, \cdots, \alpha_r$ 的概率是指在明文 Y_0 和子密钥 $K_1, \cdots, K_r$ 独立均匀随机时，明文对（Y_0, Y_0^*）的差分为 α_0 的条件下，第 i（$1 \leq i \leq r$）轮输出对（Y_i, Y_i^*）的差分为 α_i 的概率。

定义 9-2 如果 r - 轮特征 $\Omega = \alpha_0, \alpha_1, \cdots, \alpha_r$，满足条件：（$Y_0, Y_0^*$）的差分为 α_0，第 i（$1 \leq i \leq r$）轮输出对（Y_i, Y_i^*）的差分为 α_i，则称明文对 Y_0 和 Y_0^* 为特征 Ω 的一个正确对（right pair）。否则，称为特征 Ω 的错误对（wrong pair）。

定义 9-3 $\Omega^1 = \alpha_0, \alpha_1, \cdots, \alpha_r$ 和 $\Omega^2 = \beta_0, \beta_1, \cdots, \beta_r$，分别是 m- 轮和 l- 轮特征，如果 $\alpha_m = \beta_0$，则 Ω^1 和 Ω^2 可以串联为一个 $m+l$- 轮特征 $\Omega^3 = \alpha_0, \alpha_1, \cdots, \alpha_r, \beta_1, \cdots, \beta_r$。$\Omega^3$ 被称为 Ω^1 和 Ω^2 的串联（concatenation）

定义 9-4 在 r- 轮特征 $\Omega = \alpha_0, \alpha_1, \cdots, \alpha_r$ 中，定义：

$$p_i^{\Omega} = P(\Delta F(Y)) = \alpha_i \mid \Delta = \alpha_{i-1}). \tag{9-2}$$

即 p_i^{Ω} 表示在输入差分为 α_{i-1} 的条件下，轮函数 F 的输出差分为 α_i 的概率。

据此，对 r-轮迭代密码的差分密码分析的基本过程可总结为如下算法。

算法 9-1：

第 1 步：找出一个（r-1）-轮特征 $\Omega(r-1) = \alpha_0, \alpha_1, \cdots, \alpha_{r-1}$，使得它的概率达到最大或几乎最大。

第 2 步：均匀随机地选择明文 Y_0 并计算 Y_0^*，使得 Y_0 和 Y_0^* 的差分为 α_0，找出 Y_0 和 Y_0^* 在实际密钥加密下所得密文 Y_r 和 Y_r^*。若最后一轮的子密钥 K_r（或 K_r 的部分比特）有 2^m 个可能值 K_r^j（$1 \leq j \leq 2^m$），设置相应的 2^m 个计数器 Λ_j（$1 \leq j \leq 2^m$），用每个 K_r^j 解密密文 Y_r 和 Y_r^*，得到 Y_{r-1} 和 Y_{r-1}^*，如果 Y_{r-1} 和 Y_{r-1}^* 的差分是 α_{r-1}，则给相应的计数器 Λ_j 加 1。

第 3 步：重复第 2 步，直到一个或几个计数器的值明显高于其他计数器的值，输出它们所对应的子密钥（或部分比特）。

从算法 9-1 可知，差分密码分析的数据复杂度两倍于成对加密所需的选择明文对（Y_0, Y_0^*）的个数。差分密码分析的处理复杂度是从（$\Delta Y_{i-1}, Y_i, Y_i^*$）找出子密钥 K_r（或 K_r 的部分比特）的计算量，它实际上与 r 无关，而且由于轮函数是弱的，所以此计算量在大多数情况下相对较小。因此,差分密码分析的复杂度取决于它的数据复杂度。

在实际应用中,攻击者一般是推测 K_r 的部分比特,这是因为 K_r 的可能值太多以至于无法实现第 2 步。把要预测的 K_r 的 k 比特的正确值记为 cpk(correct partial key),其他不正确的统统记为 ppk(pseudo partial key)。设需要 M 个选择明文对,对每个选择明文对 Y_0 和 Y_0^*,攻击者在第 2 步中,给出 cpk 的一些候选值,令 v 表示每次攻击所给出的候选者的平均个数,如果 Y_0 和 Y_0^* 是正确对,则 cpk 一定在候选值之中;如果 Y_0 和 Y_0^* 是错误对,则 cpk 不一定在候选值之中。

(2)DES 的差分密码分析。

差分密码分析最初是针对 DES 提出的一种分析方法,由 E. Biham 和 A. Shamir 在 1990 年的 Crypto 会议上发表[100]。当时只攻击到 15 轮的 DES,对 16 轮 DES 攻击的复杂度超过穷搜索攻击。其中对 8 轮以下的 DES 攻击可以在个人计算机上实现。两年之后,在 1992 年的 Crypto 会议上,他们改进了以前的攻击,成功攻击到 16 轮 DES,攻击复杂度为 2^{47} 个选择明文、密文对。

下面以 3 轮 DES 的差分密码分析为例,介绍差分密码分析攻击 DES。

因为 DES 中的初始置换 IP 及其逆置换 IP^{-1} 是公开的,所以为了方便起见,忽略掉初始置换 IP 及其逆置换 IP^{-1},这并不影响分析。这里不局限于 16 轮 DES,考虑 n 轮 DES,$n \leqslant 16$。在 n 轮 DES 中,将 $L_0 R_0$ 视作明文,$L_n R_n$ 是密文(注意:没有交换 L_n 和 R_n 的位置)。差分分析的基本观点是比较两个明文的异或与相应的两个密文的异或。一般地,将考虑两个具有确实的异或值 $L_0' R_0' = L_0 R_0 \oplus L_0^* R_0^*$ 的明文 $L_0 R_0$ 和 $L_0^* R_0^*$。

定义 9-5 设 S_j 是一个特定的 S 盒($1 \leqslant j \leqslant 8$),$(B_j, B_j^*)$ 是一对长度为 6 比特的串。将 S_j 的输入异或称为 $B_j \oplus B_j^*$,将 S_j 的输出异或称为 $S_j(B_j) \oplus S_j(B_j^*)$。

设 $L_0 R_0$ 和 $L_0^* R_0^*$ 是两对明文,对应的密文分别为 $L_3 R_3$ 和 $L_3^* R_3^*$。R_3 可表示为:
$$R_3 = L_2 \oplus f(R_2, K_3) = R_1 \oplus f(R_2, K_3) = L_0 \oplus f(R_0, K_1) \oplus f(R_2, K_3)$$
同样可得 $R_3^* = L_0^* \oplus f(R_0^*, K_1) \oplus f(R_2^*, K_3)$。所以,
$$R_3 \oplus R_3^* = L_0 \oplus f(R_0, K_1) \oplus f(R_2, K_3) \oplus L_0^* \oplus f(R_0^*, K_1) \oplus f(R_2^*, K_3) = L_0 \oplus L_0^*$$
$\oplus f(R_0, K_1) \oplus f(R_2, K_3) \oplus f(R_0^*, K_1) \oplus f(R_2^*, K_3) = L_0' \oplus f(R_0, K_1) \oplus f(R_2, K_3) \oplus$
$f(R_0^*, K_1) \oplus f(R_2^*, K_3)$,其中 $L_0' = L_0 \oplus L_0^*$。

假设可以通过选择明文使得 $R_0 = R_0^*$,则 $R_0 \oplus R_0^* = R_0' = 00\cdots0$(因为是选择明文攻击,所以这种假设是合理的),则 $R_3' = L_0' \oplus f(R_2, K_3) \oplus f(R_2^*, K_3)$。因为 L_0、L_0^*、R_3 和 R_3^* 已知,所以可得 R_3' 和 L_0'。所以有
$$L_0' \oplus R_3' = f(R_2, K_3) \oplus f(R_2^*, K_3)。$$
又 $f(R_2, K_3) = P(C)$,$f(R_2^*, K_3) = P(C^*)$,C 和 C^* 分别表示 8 个 S 盒的两个输出,所以 $P(C) \oplus P(C^*) = L_0' \oplus R_3'$。而 P 是固定的、公开的和线性的,故 $C \oplus C^* = P^{-1}(L_0' \oplus R_3')$,这正是 3 轮 DES 的 8 个 S 盒的输出异或。另外,由于 $R_2 = L_3$ 和 $R_2^* = L_3^*$ 也是已知的(因为他们是密文的一部分),因此,使用公开知道的扩展函数 E 就可以计算。$E = E(L_3)$ 和 $E^* = E(L_3^*)$ 也是已知的(因为它们是密文的一部分),因此,使用公开知道的扩展函数 E 就可以计算 $E = E(L_3)$ 和 $E^* = E(L_3^*)$。

对 3 轮 DES 的第 3 轮，已经知道 E、E^* 和 C'，现在的问题是构造 $test_j$，$1 \le j \le 8$，$J_j \in test_j$。其构造过程如下所示。

输入：$L_0 R_0$、$L_0^* R_0^*$、$L_3 R_3$ 和 $L_3^* R_3^*$，其中 $R_0 = R_0^*$。

① 计算 $C' = P^{-1}(L_0' \oplus R_3')$。

② 计算 $E = E(L_3)$ 和 $E^* = E(L_3^*)$。

③ 对 $j \in \{1, 2, 3, 4, 5, 6, 7, 8\}$，计算 $test_j(E_j, E_j^*, C_j')$。

通过建立 8 个具有 64 个计数器的计数矩阵，最终只能确定 K_3 中的 $6 \times 8 = 48$ 比特密钥，而其余的 $8 \times (65 - 48)$ 比特可通过搜索 $2^8(256)$ 种可能的情况来确定。

（3）分析比较几类差分分析的实际攻击效果。

Biham 等人攻击了 9~16 轮 DES，攻击时运用了 2 轮循环差分特征，当两轮特征中的 $\alpha = 19600000$ 时，概率达到最大值 $\frac{1}{234}$。将这个差分特征进行必要次的迭代就可以攻击 9~16 轮的 DES。将该差分特征应用在 DES 的第二轮到第 14 轮。通过对某些密钥比特进行猜测，过滤出第一轮 DES 变换后，输出差分等于 13 轮差分特征的输入差分的那些数据对；再对最后两轮的一些子密钥比特进行猜测，寻找正确对就能够恢复密钥比特。整个攻击的数据复杂度大约为 2^{47}。

华人学者来学嘉提出了高阶导数[106]，L. R. Knudsen 提出了对分组密码的高阶差分密码分析[101]。高阶差分密码分析一般只对非线性模块的代数次数比较低、迭代轮数比较少的密码有效，因此高阶差分密码分析对大多数分组密码构不成威胁。但由于该攻击的存在，在分组密码的设计中，建议选择代数次数比较高的 S 盒，例如 AES 的 S 盒代数次数达到最大值 7。

差分密码分析利用的是密码的高概率差分特征。对于某些分组密码，很难找到高概率差分特征，这时采用截断差分密码分析能够攻击更多轮数，或攻击相同轮数但攻击复杂度更低。

2. 线性密码分析

（1）线性密码分析方法原理。

1993 年，M. Matsui 在欧密会上提出针对 DES 的线性密码分析（Linear Crytanalysis）[107]，B. Kaliski 在之后的美密会上进一步改进了结果并用实验给出了对 16 轮 DES 的攻击[108]。

线性密码分析是已知明文攻击，攻击者应能获得当前密钥下的一些明文对和密文对。该方法的基本的思想是利用密码算法中明文、密文和密钥的不平衡线性逼近来恢复某些密钥比特。线性密码分析是一种有效的密码分析方法，因此密码设计者应确保设计出的分组密码能够很好抵抗线性密码分析。

在线性密码分析中，首先要寻找给定分组密码的具有下列形式的"有效的"线性表达式

$$P_{[i_1, i_2\cdots, i_a]} \oplus C_{[j_1, j_2\cdots, j_b]} = K_{[k_1, k_2\cdots, k_c]} \tag{9-3}$$

其中 $i_1, i_2\cdots, i_a, j_1, j_2\cdots, j_b$ 和 $k_1, k_2\cdots, k_c$ 表示固定的比特位置，并且对随机给定的明文 P 和相应的密文 C，等式（9-3）成立的概率 $p \ne \frac{1}{2}$，应用 $\left| p - \frac{1}{2} \right|$ 刻画该等式的有

效性，通常称为逼近优势。

在寻找分组密码的有效性逼近中，首先，利用统计测试的方法给出轮函数中主要密码模块的输入、输出之间的一些线性逼近及成立的概率；其次，进一步构造每一轮的输入、输出之间的线性逼近，并计算出其成立的概率；最后，将各轮的线性逼近按顺序级连起来，消除中间的变量，就得到了涉及明文、密文和密钥的线性逼近。得到有效的线性表达式后可通过如下基于最大似然方法的算法来推测一个密钥比特 $K_{[k_1, k_2\cdots, k_c]}$。

算法 9-2：

第 1 步：设 T 是使等式(9-3)的左边为 0 的明文个数，记明文个数为 N。

第 2 步：如果 $T \geqslant \dfrac{N}{2}$，当 $p \geqslant \dfrac{1}{2}$ 时，猜定 $K_{[k_1, k_2\cdots, k_c]} = 1$；当 $p < \dfrac{1}{2}$ 时，猜定 $K_{[k_1, k_2\cdots, k_c]} = 0$。

(2)**DES** 的线性密码分析。

在介绍 DES 线性密码分析之前，先简单比较 DES 差分密码分析和线性密码分析。差分密码分析是选择明文攻击；而线性密码分析是已知明文攻击。对低轮 DES 来说，差分密码分析比线性密码分析更有效。但对高轮 DES 来说，线性密码分析比差分密码分析更有效，例如整个 16 轮 DES，差分密码分析需要 2^{47} 个选择明文，而线性密码分析仅需要 2^{43} 个已知明文。下面给出一些必须的符号表示：

P：表示 64 比特的明文；C：表示相应的 64 比特的密文；P_H：表示 P 的左边 32 比特；P_L：表示 P 的右边 32 比特；C_H：表示 C 的左边 32 比特；C_L：表示 C 的右边 32 比特；X_i：表示第 i 轮的 32 比特中间值；K_i：表示第 i 轮的 48 比特子密钥；$f(X, K)$：表示 DES 的轮函数；$A[i]$：表示 A 的第 i 比特，有时也表示为 $K_{[i]}$；$A_{[i, j\cdots, k]}$：表示 $A_{[i]} \Delta A_{[j]} \Delta \cdots \Delta A_{[k]}$。

由于 IP 和 IP^{-1} 是公开的，不会影响攻击，所以可以忽略 DES 的初始置换 IP 和其逆置换 IP^{-1}。S 盒是 DES 密码算法的核心部分，所以首先来分析 S 盒的线性逼近。对于给定的 S 盒 $S_i(1 \leqslant i \leqslant 8)$，$1 \leqslant \alpha \leqslant 63$ 和 $1 \leqslant \beta \leqslant 15$，定义：

$$NS_i(\alpha, \beta) = \left| \left\{ x \mid 0 \leqslant x \leqslant 63, \sum_{s=0}^{5} X_{[s]} \cdot \alpha_{[s]} = \sum_{t=0}^{3} (S_i(x)[t] \cdot \beta_{[t]}) \right\} \right|.$$

$$(9\text{-}4)$$

这里 $X_{[s]}$ 表示 X 的二进制表示的第 S 个比特，$S_i(x)[t]$ 表示 $S_i(x)$ 的二进制表示的第 t 个比特，$\sum$ 表示逐比特异或和，$\cdot$ 表示逐比特运算。NS_i 度量了 S 盒 S_i 的非线性程度。对线性逼近式：

$$\sum_{s=0}^{5} X_{[s]} \cdot \alpha_{[s]} = \sum_{t=0}^{3} (S_i(x)[t] \cdot \beta_{[t]})$$
$$p = \frac{NS_i(\alpha, \beta)}{64}.$$

$$(9\text{-}5)$$

当 $NS_i(\alpha, \beta) \neq 32$，式(8-5)就是一个有效的线性逼近。例如 $NS_5(16, 15) = 12$，这表明 S_5 的第 4 个输入比特和所有输出比特的异或值符合概率为 $\dfrac{12}{64} = 0.19$。因此，通过考虑

加密函数 f 中的 E 扩展和 P 置换，可以推出，对一个固定的密钥 K 和一个随机给定的中间输入 X（X 下标表示对应轮次，下标从 0 开始计数），下列等式成立的概率为 0.19：

$$X[15] \oplus f(X, K)[7, 18, 24, 29] = K[22] \qquad (9\text{-}6)$$

下面以 3 轮 DES 为例，介绍线性密码分析。将式(9-6)应用于第一轮，可得：

$$X_2[7, 18, 24, 29] \oplus P_H[7, 18, 24, 29] \oplus P_L[15] = K_1[22] \qquad (9\text{-}7)$$

(9-7)式成立的概率为 $\dfrac{12}{64}$。

同样地，将式(9-6)式应用于第 3 轮可得：

$$X_2[7, 18, 24, 29] \oplus C_H[7, 18, 24, 29] \oplus C_L[15] = K_3[22] \qquad (9\text{-}8)$$

(9-8)式成立的概率为 $\dfrac{12}{64}$。

将(9-7)和(9-8)式异或，可得 3 轮 DES 的线性逼近表达式如下：

$$P_H[7, 18, 24, 29] \oplus P_L[15] \oplus C_H[7, 18, 24, 29] \oplus C_L[15] = K_1[22] \oplus K_3[22]$$
$$(9\text{-}9)$$

对给定的随机明文 P 和相应密文 C，式(9-9)成立的概率为 $\left(\dfrac{12}{64}\right)^2 + \left(1 - \dfrac{12}{64}\right)^2 =$ 0.70。因为式(9-6)是 f 函数的最佳线性逼近，所以式(9-9)是 3 轮 DES 的最佳线性逼近。用算法 2 和式(9-9)可获得 $K_1[22] \oplus K_3[22]$，大约需要 200 个已知明文–密文对。通过一系列明文–密文对的分析后，可获得 $K_1[22]$ 和 $K_3[22]$ 的一系列方程组，从而确定 $K_1[22]$ 和 $K_3[22]$。

（3）分析比较几类线性分析方法的实际攻击效果。

对于分组密码，通常有许多线性逼近，而线性密码分析仅用了一个线性逼近，这似乎有些资源浪费。为此，Kaliski 和 Robshaw 提出的多重线性逼近[109]充分利用了这些资源。多重线性密码分析就是结合多个线性逼近进行线性密码分析。多重线性密码分析的目的是使得线性密码分析所需的明密文对降低，从已有结果和实验数据可以看出：n 重线性密码分析所需的明密文对，一般不会少于单个线性密码分析所需明密文对的 $\dfrac{1}{n}$，而多重线性密码分析的计算量比单个线性密码分析大。因此，可以认为多重线性密码分析是单个线性密码分析的一点改进，可以通过提高抗线性密码分析的能力来抵抗多重线性密码分析。

3. 代数密码分析

（1）代数密码分析方法原理。

1999 年，密码学家 Shamir 提出了代数密码分析的方法。代数攻击把密码算法的分析问题转化为超定的，即方程个数远多于变元个数的非线性高次方程组的求解问题。如果能够成功求解该方程组，则密码就被攻击成功。

代数密码分析的重要过程是把一个密码算法转化为一个多变量方程组。方程组的系数代表明文和密文，未知变量代表的密钥。通过求解方程组，进而得到密钥。一个密码算法的安全与否在于其对应的方程组是否求解困难。而代数密码分析的有效性在于能否找到解方程组的方法。但是在实际的代数密码分析过程中，发现非线性方程组（即使次数很低）

的求解也是很困难的。对于非线性方程组，主要的求解思想是降次，常用的降次的方法是仿射变换，由于仿射变换的安全性不够高，所以一般不采用这个办法。求解密码算法对应的非线性方程组常用是用线性化方法，该方法的主要思想是用一个新的变量来替换非线性项，但是这个过程中会产生大量的变元，方程的数量随之增加。代数密码分析的提出是密码算法的攻击方法中一个很大的进步。然而，代数密码分析也存在缺点，由于方程组的次数和项数的复杂性，导致很难计算其时间复杂度而无法估计成功率。代数密码分析方法的基本思想如下：

① 将密码表示若干变量简单的方程组，明文、密文和密钥的某些比特可以作为方程的变量，中间值和轮子密钥的某些比特也可以作为方程变量。

② 将搜集到的明文-密文对等数据代入①中的方程组，并尝试对方程组进行求解，进而恢复密钥。

代数密码分析过程具体如下：

设 $F_2^n \to F_2^m$ 是一个 S-盒，输入为 (X_0, X_1, X_2, X_3)，输出为 (Y_0, Y_1, Y_2, Y_3)，分组密码中第 $r+1$ 轮的代数密码分析的算法如下：

第 1 步：选取一个合适的正整数 d。

第 2 步：建立若干个关于 S 盒的输入和输出的隐含方程形如：

$$g(x_1, x_2, \cdots, x_n; y_1, y_2, \cdots, y_m) = 0,$$

方程组的次数小于或者等于 d。

第 3 步：利用第 2 步的隐含方程，建立方程组(变量是明密文和初始密钥)。

第 4 步：求解方程，进而达到密钥的恢复。

(2) AES 代数密码分析。

AES 的设计简洁，具有代数结构。AES 的 S 盒可以用 8 个布尔方程描述，由于它是 $GF(2^8)$ 上的逆映射和一个仿射变换的复合，因此每个布尔方程的代数次数为 2。AES 的行变换、列变换、密钥嵌入都是简单操作可以用简单方程组描述。将这些模块的方程组描述组合在一起，就可以得到描述 AES 的方程组。由于 AES 的运算包括 $GF(2^8)$ 和 $GF(2)$ 两个域上的运算，后来有文献将 AES 的拓展为仅包含 $GF(2^8)$ 上简单的代数运算的密码算法 BES。AES 可以看成 BES 在限定的消息空间和密钥空间上的一个子空间。这样可以将 AES 描述为 $GF(2^8)$ 上的极其稀疏的、超定的多变量二次方程组，对该方程组求解可以恢复 AES 的密钥。

这里考虑分组长度和密钥长度都为 128 比特的 AES 和 BES，轮数为 10 轮。AES 是将 16 字节排成 4×4 矩阵描述的，可以将 16 字节排成一列。将与 AES 中使用的不可约多项式 $X^8 + X^4 + X^3 + X + 1$ 所对应的域记为 F，每个字节与 F 中的一个元素相对应，将字节用以 θ 为变量的多项式来表示，可得

$$F = GF(2^8) = \frac{GF(2)[X]}{X^8 + X^4 + X^3 + X + 1} = GF(2)(\theta)$$

设 AES 的状态空间 F^{16} 为 A，BES 的状态空间 F^{128} 为 B，B_A 表示 B 中与 A 对应的子空间。

(3)分析比较几类代数攻击分析方法的实际攻击效果。

2002 年 S. Murphy 等人用有限域上的二次方程组表示了 AES 中的 S-盒并指出，如果能够求解一个由 1600 个变元，8000 个方程组成的代数方程组，就可以成功地把密钥恢复出来[110]。

2004 年 Armknecht 等人利用这种方法对 E0 算法做了分析[111]。

2008 年 N. Courtois 等人对 DES 进行了代数攻击[112]。

代数攻击不仅适用于分组密码，也适用于序列密码。

2000 年 Faugure 提出对基于前馈网络的序列密码算法进行代数攻击的方法，核心思想是利用交换代数中的 Gröbner 基算法来求解所得的代数方程组[113]。随着这一理论与技术的发展，人们对 SFINKS 序列密码进行代数攻击取得了成功。SFINKS 是 2005 年由 Bracken 等提出的一种前馈密码，它的驱动部分是一个 256 级 LFSR，非线性部分是代数次数为 15 的 17 元布尔函数。

2003 年 Courtois 对基于 LFSR 的序列密码算法提出了，具有一般性的代数攻击方法[114]。Courtois 随后对 Toyocrypt 密码算法进行了成功的代数攻击，取得了当时最好的分析结果[115]。Toyocrpt 算法的重要构件是一个 128 比特的线性反馈移位寄存器与一个 63 次的 128 个变元布尔函数组成，这个布尔函数的非线性部分只有两个高次项(一个 63 次项和一个 17 次项)。由于成功找到了上述布尔函数低次零化子。只需 17.42 个密钥比特就可以成功攻击 Toyocrypt，攻击的时间复杂度 $O(2^{49})$。

由上可见，代数攻击取得了一些重要的理论进展和实际成果，但是 Gregory V. Bard 在著作《Algebraic Cryptanalysis(代数密码分析)》中指出：有限域上代数方程组求解是 NP 困难问题，即使是二次方程组，也已经证明是 NP 问题。因此，要想获得更大的成功，必须进行更深入的理论研究与实践。

9.1.2 公钥密码分析方法

1. 公钥密码算法的安全基础

对称密码算法能够提供数据保密和保真功能，但其密钥管理是一个比较困难的问题。公钥密码体制解决了对称密码应用中密钥分配的困难问题，而且可以方便地实现数字签名，因此得到了广泛应用。

1976 年，Diffie, W. 和 Hellman, M. E. 在文献[14]中给出了构造公钥密码的理论模型-单向陷门函数，并具体设计了一种密钥协商协议，其安全性基础是求解离散对数问题的复杂性。

1978 年，R. L. Rivest, A. Shamir 和 L. M. Adleman 在文献[70]中设计了一种被誉为风格优雅的公钥密码 RSA。RSA 密码的安全性基础是分解大整数问题的复杂性。

1985 年 ElGamal, T. 在文献[71]中提出了基于离散对数问题的 ElGamal 密码。受 ElGamal 密码的启发，Koblitz 和 Menezes 分别在文献[72, 73]中提出了椭圆曲线公钥密码 (ECC)。ECC 密码的安全基础是求解有限域上椭圆曲线解点群的离散对数问题的复杂性。

人们清楚地知道：基于大整数因子分解和求解有限域上离散对数这两类单向函数可以构建公钥密码。反之，如果要攻击基于这两类单向函数的公钥密码，最直接的方法就是求解这两个困难问题。

研究表明：对于一般阶为 n 的循环群，求解其离散对数的复杂性是 $O(\sqrt{n})$，当 n 足够大时这是十分困难的。正是这一困难性构成了 ElGamal 等密码的安全基础。但是，Coppersmith 在文献[116]中指出：对于特征为 2 的有限域，求解离散对数问题的算法复杂性是 $O(n^{1/3})$，比一般循环群容易些。一般认为，大整数分解的复杂性不低于 $O(\mathrm{EXP}(\ln N \ln\ln N)^{1/2})$，当 n 足够大时这也是十分困难的。正是这一困难性构成了 RSA 等密码的安全基础。

目前，对于大整数分解问题最好的算法是数域筛法(number field sieve)和其他函数域筛法[117]。虽然大整数分解是困难的，但是人们为此努力的决心是不变的，因此分解记录被不断刷新，详见本书第 6 章 6.2.2 节。2020 年 3 月，人们成功分解了十进制 250 位(二进制 829 位)的大整数。这是目前大整数分解的最新世界记录。

对于求解有限域离散对数问题，2014 年文献[118]给出了一种称为 Barbulescu-Gaudry-Joux-Thome(BGJT)算法，这是目前关于求解有限域离散对数问题的最新进展。文献[119]用一种启发式准多项式算法对有限域 $F_{2^{4080}}$ 的离散对数进行了有效的计算。

2. 公钥密码算法分析

(1) RSA 密码算法分析。

1998 年，Boneh 在论文[120]中综述了对 RSA 的密码分析研究。近年来，德国学者 Alexander May 对 RSA 密码分析做了很多系统深入的研究工作。这些研究对我们都有很好的参考价值。下面简单介绍几种对 RSA 密码的攻击。

①小私钥情况。Wiener 于 1990 年在文献[121]中指出：如果模 $N=pq$，p 和 q 是满足 $q<p<2q$ 的素数，并且私钥 $d<N$，那么从公开的模 N 和公钥 e 可以在多项式时间内计算出私钥 d。这个结果在 1998 年被 Boneh 和 Durfee 改进为只要 $d<0.292N$，也可以从模和公钥有效计算出私钥[122]。这对 RSA 密码的参数选择具有重要指导意义。

②部分信息泄露情况。1996 年 Coppersmith 在文献[123]中提出，可用 LLL 算法求整数系数的单变量多项式方程的小根。将这一方法应用于 RSA 密码分析得出：如果 RSA 模 N 是 n 比特的，如果 N 的某个素因子的"最低或最高比特位"泄露，那么可以在多项式时间分解 N。后来，这些研究结果又有很多发展。例如，Heninger 和 Shacham 在文献[124]中指出，在模数 N 的因子 p 和 q 及私钥 d 的随机 0.42 部分比特泄露的情况下，他们的经验式算法也可以恢复私钥 d。

③量子计算机攻击。量子计算机技术在高速发展。利用 Shor 算法可以在多项式时间内求解整数分解问题[31]。后来人们研究发现，Shor 算法能够有效求解隐藏子群问题(HSP)，它是 Shor 算法整数分解和求解离散对数问题的一般化[3]。据此，Shor 算法的攻击能力进一步扩大，凡是能够规约为隐藏子群问题的密码都是不安全的。因此，在量子计算环境下 Shor 算法是 RSA 等密码的主要威胁之一。理论分析表明，利用 Shor 算法 2048 量子位的量子计算机可以攻破 1024 位的 RSA 密码。最新的研究表明，如果量子计算机配备存储器，则攻击 RSA 密码对量子计算机量子位数的要求将大大下降。

必须指出，目前多数的量子计算机都是专用型计算机，尚不能执行 Shor 算法。只有少数量子计算机能够执行 Shor 算法，可惜量子位数太少，只能分解小整数，不能分解大整数，尚不能对 RSA 密码构成威胁。目前公开报道的最高水平是用 4 个量子位的量子计算装置执行 Shor 算法，成功分解了整数 56153。

请读者注意：除了 Shor 算法可以分解大整数外，又出现了其他类型的大整数分解方法和不进行因子分解直接对 RSA 进行唯密文攻击的方法。文献[28]把演化密码扩展到量子计算领域，采用量子模拟退火算法进行大整数因子分解，成功分解了大整数 1245407 = 1109×1123，创造了 2019 年的世界最好量子分解纪录。文献[78，79]给出了两种唯密文攻击 RSA 的多项式复杂性的量子算法。两个算法都不需要因子分解，直接由 RSA 的密文求解出明文。这些研究工作是新颖的，但却是初步的，需要进一步提高。

（2）ECC 密码算法分析

ECC 密码的安全基础是有限域上椭圆曲线解点群的离散对数问题的复杂性。前面已经给出，对于一般阶为 n 的循环群，求解其离散对数的复杂性是 $O(\sqrt{n})$。但是，现在已经找到一些类型的椭圆曲线，其离散对数求解问题的复杂性低于 $O(\sqrt{n})$。这就对 ECC 密码的安全构成一定的挑战。

① 经典攻击。首先要提到的是 1993 年的基于 Weil 配对攻击，也称为 MOV 攻击[125]。其基本原理是：用 Weil 配对将椭圆曲线的离散对数转化为一定扩域（指定义椭圆曲线基域的扩域）上的离散对数问题。在嵌入次数（embeddingdegree）不太大，即这个扩域不太大时，有限域的离散对数可以更有效解决。其次要提到的是 G. Frey 和 H. Rück 在文献[126]中提出了与类似的 Tate 配对攻击。后来又一个重要的进步是，在 1997 年 Samaev，Satoh，Araki 和 Smart 独立地发现了一类异常椭圆曲线，如果这类椭圆曲线的基域 $\boldsymbol{GF}(p)$ 的解点个数可被 p 整除，那么其离散对数是可以有效求解的。

值得庆幸的是，研究发现这些经典攻击都是可以规避的。

② Gaudry-Hess-Smart 攻击。Frey 在 20 世纪 90 年代末期就提出一种代数几何技巧（Weil decent），可以用来处理椭圆曲线的离散对数问题。Gaudry 等人在 2000 年提出了基于 Weil decent 的离散对数算法，现在被称为 Gaudry-Hess-Smart 攻击[127,128]。其基本原理是，对复合基域，即定义椭圆曲线的基域是 $\boldsymbol{GF}(p^m)$ 形式，并且 Weil decent 转化为超椭圆曲线离散对数问题有效算法后，那么该椭圆曲线的离散对数问题存在有效算法。Semaev 和 Gaudry 分别在文献[129，130]中，对一些具体的复合基域，分析了有多少椭圆曲线可能不能抵抗 GHS 攻击。这对 ECC 密码应用是有指导意义的。

③ 量子计算机攻击。Shor 算法不仅可以有效分解大整数，还可以有效求解离散对数问题。理论分析表明，利用 Shor 算法，1448 量子位的量子计算机可以攻破 256 位的 ECC 密码。虽然目前多数的量子计算机都是专用型计算机，尚不能执行 Shor 算法。只有少数量子计算机能够执行 Shor 算法，可惜量子位数太少，尚不能对 ECC 密码构成实际威胁。但是，随着量子计算机技术的发展，总有一天会对 ECC 密码构成实际威胁。我国的商用密码 SM2 就是 256 位的 ECC 密码，在居民身份证等信息系统中被大量采用。这是值得我们认真对付的。

随着公钥密码体制在信息系统中的广泛应用，公钥密码体制的安全已经成为一个国家安全保障实力的重要基础之一。因此，应当重视和加强这一领域的研究。

9.2　侧信道分析方法

密码技术要发挥实际作用，必须用硬件或软件形式实现，并且融入实际系统，否则是不能发挥实际作用的。但是密码以硬件或软件形式在系统中执行时，会消耗执行时间和电功率，还会有电磁辐射等现象。这些现象会泄露一些与密码相关的信息。于是，攻击者就可以根据这些泄露的信息，结合密码算法，对密码进行分析。这种密码分析，被称为侧信道分析。

研究表明，侧信道攻击要比传统的密码分析方法更加有效，同时也更易于实现。可见仅能抵抗传统的密码分析方法，不能抵抗侧信道分析的密码算法是不安全的。因此，密码算法的设计者和实现人员都要充分意识到侧信道攻击的威胁，并要熟悉各种侧信道攻击方法及其预防措施。

9.2.1　能量侧信道分析

1999 年，Kocher 等人首次提出能量分析[131]，并针对 DES 的硬件算法实现给出一种实际的能量分析攻击。能量分析基于加密设备在处理不同运算以及不同操作数时消耗的功率是不同的，所以可通过分析加密系统的功率消耗特征来判断运算所涉及的操作数，从而恢复密钥信息。能量分析是针对密码算法实现，通过测量加密系统的功率消耗特征来恢复密钥信息的一种攻击。该方法实现简单、有效且无需大量资源。所以它是目前侧信道分析领域的热点和重点。

能量分析可分为简单能量分析和差分能量分析两类。

1. 简单能量分析

（1）分析方法原理。

简单能量分析是根据测量到的功率消耗迹判断加密设备在某一时刻执行的指令及所用的操作数从而恢复出使用的密钥信息。简单能量分析能揭示指令执行的顺序，所以当密码算法的执行路径取决于所处理的数据时，就可用它来攻击密码算法。当算法中存在分支和条件语句，或存在执行时间不确定且依赖数据的指令(如乘法、进位加法等)就易造成能量消耗的细微差别，通过观察能量轨迹即可确定某些密钥信息。在简单能量分析中要求攻击者可以根据功率消耗轨迹判断出执行的操作，所以攻击者必须掌握密码设备的详细实现细节，而这对于大部分的攻击者是不具备的。

（2）具体分析过程。

下面就 AES 密钥扩展算法的简单能量分析为例，介绍其具体方法和步骤。

攻击假设在智能卡上执行 AES 密钥扩展算法时，可以通过观察其功耗迹获得中间结果的汉明重量信息。当已知某字节的汉明重量为 h 时，可能的字节值共有 $\binom{8}{h}$ 个。因此对于已知汉明重量平均可能的字节值有 $\sum_{h=0}^{8} Pr\{H=h\}\binom{8}{h} \approx 50.27$ 个。通过汉明重量过滤掉不符合的候选值后，再结合密钥拓展算法中子密钥间的相互依赖关系，可以进一步缩小密钥空间直至确定唯一密钥。

攻击的具体步骤如下:

①将 AES 的轮函数分成如下有重叠的 4 部分,以最大限度利用子密钥间的关系作为分类的标准。

②对要攻击的轮函数的每一部分分布做如下计算:对于该部分中 5 字节的所有可能值,分别根据由功耗轨迹得到的汉明重量将不符合的候选值去掉,此时平均共剩余大约 $2^{28.26}$ 个候选值。对于每个候选值分别计算所有仅依赖这 5 个字节的其他轮密钥字节和中间结果。根据功耗轨迹确定这些字节的汉明重量,留下符合的候选值。

③最后将由 4 部分得到的全部候选值,依据其重叠字节归并,此时剩余的候选值即为该轮密钥的可能值,此时可以通过穷举方式唯一确定该密钥。

由于简单能量分析仅通过观察功耗轨迹得到中间信息,所以抵抗简单能量分析是很简单的。最常用的方法就是利用掩码技术,将密钥与随机掩码异或,使得处理的数据与密钥无关。此外,还有加入冗余、随机化时钟频率、随机化操作等措施。

2. 差分能量分析

(1)分析方法原理。

差分能量分析是利用统计分析来提取相关的密钥信息。由于攻击者不需要知道简单能量分析所需的密码算法实现和执行的细节,因此,它是一种比简单能量分析更为有效的分析方法。

差分能量分析从密码的第一拍或最后一拍着手,首先进行数据采集。通过对多次加密或解密操作进行测量采样,得到一些离散的能量消耗值;然后选择适当的分割函数,穷尽相关子密钥的值,通过计算分割函数值取 0 或取 1 时两个平均能量消耗的差值确定子密钥。随着数据量的增加,如果这个差值趋近于 0,说明子密钥选着错误;如果这个差值趋近于实际值,说明子密钥选择正确。

(2)具体分析过程。

这里以 Kocher 在 CRYPTO99 的工作为例[131],介绍针对 DES 算法的差分能量分析。设测量 m 次加密的功耗轨迹 $T_1\cdots[1\cdots k]$. 其中 k 表示每条轨迹中取 k 个采样点,并记相应的密文分别为 $C_{1\cdots m}$。

差分能量分析步骤如下:

① 选择分割函数 $D(C, b, K)$,表示在 16 轮开始处计算中间值 L 的第 b 比特($0 \le b < 32$)的操作。其中 C 表示密文,$0 \le K_s < 2^6$ 表示进入与比特 b 相应 S 盒的 6 比特密钥。对于密钥 K_s 的每个可能值,分别计算分割函数的值。

② 将分割函数取值为 1 的所有功耗轨迹取平均值,并分割函数取值为 0 的所有功耗轨迹求平均值。记差分功耗轨迹曲线为:

$$\Delta D[j] = \frac{\sum_{i=1}^{m} D(C_i, b, K_s) T_i[j]}{\sum_{i=1}^{m} D(C_i, b, K_s)} - \frac{\sum_{i=1}^{m} (1 - D(C_i, b, K_s)) T_i[j]}{\sum_{i=1}^{m} (1 - D(C_i, b, K_s))}$$

这里 j 表示采样时间。

③ 如果猜测密钥 K_s 是错误的，则计算的分割函数不能反映实际计算情况，得到的差分功耗迹曲线在任意采样时刻均趋近于 0，即 $\lim_{m \to 0} \Delta D[j] \approx 0$。对于正确的密钥猜测，分割函数完全反映了实际进行的计算，则 $\Delta D[j]$ 即为该比特取 0 或取 1 时实际消耗能量的差值。

9.2.2　时间侧信道分析

在文献[132]中，Zhao Z Y 对时间攻击给出了以下阐述：时间攻击就是这一类攻击方法，它通过分析密码系统执行加密过程中的时间信息来恢复密钥。密码系统实现的逻辑运算环节在处理不同的输入数据时消耗的时间有一定差别，原因包括：由于对运算过程进行优化，跳过了一些冗余的操作和状态分支；在内存寻址过程中的命中率不同；处理器的运算指令(如乘法、除法等)运行时间不确定，等等。

在实际攻击中，首先要根据密码算法的实现原理，找到这样的程序位置，在该程序位置上，输入数据的不同值会导致程序的执行路径和执行时间不同。在本地计算机中，利用进程控制的方式，攻击者进程对受害者进程的运行进行时间监控。在远程网络中，攻击者利用客户端和服务器的相互通信时间，监控在服务器上的受害者进程运行。通过这些时间监控手段，对密码算法的运行时间进行精确测量，得到与输入数据和密钥有关的时间信息，然后利用数据的相关性来求取密钥。

相比其它的侧信道攻击，例如电磁、能量、声音等，时间攻击具有易采集、干扰少、效率高等特点，且不需要特殊的物理环境，非常适合应用于实际的攻击场景中。当然，实际攻击有时也会受到噪音的干扰，在本地计算机环境中，这些噪音主要来自于操作系统中的其他进程，受到进程调度的影响，受害者进程可能会被阻塞或者中断，造成对程序的执行时间测量不准确。在客户端—服务器的攻击场景中，噪音不但来自服务器中其他进程，也可能来自网络传播中的各种延迟，噪音会更大。因此一般的时间攻击场景均设置到了本地计算机中。

其中 Cache 时间攻击是一类特殊的时间攻击方法，它主要利用了微处理器部件中的 Cache 单元。在现代处理器中，为了解决 CPU 和内存之间加载速度不匹配的问题，大都引入了容量小但速度很快的高速缓存 Cache，Cache 会存储最近经常访问的数据和指令，当处理器需要再次使用刚访问过的数据或指令时，就可以直接从 Cache 中调用，提高效率。Cache 时间攻击就是利用密码算法程序运行过程中的 Cache 命中/未命中信息，推导密钥的攻击方法。

文献[133]中对 Cache 时间攻击的主要工作流程简要的介绍：根据 Cache 工作原理，密码进程访问数据时，目标数据是否在 Cache 中会导致访问时间有明显的时间差异(若目标数据在 Cache 中，即发生 Cache 命中，处理器会直接从 Cache 中获取数据。否则，即发生 Cache 未命中，处理器访问过 Cache 后会从内存中获取数据，运行时间更长)。由于"命中"与"未命中"的时间差异信息和密钥往往是紧密相关的，所以只要能采集到足够多的时间侧信道信息，结合分析算法就有可能推测出密钥。例如现代分组密码算法(如 AES，SM4 等)大多会使用 S 盒查找表实现非线性混淆，而查找表就需要对数据 Cache 进行访问，通过计时手段获取分组密码加/解密过程中对 S 盒的 Cache 命中/未命中信息，结合密码算法实现原理进行分析，就可以推测出相应的密钥。

相比针对密码系统实现中逻辑运算环节的时间攻击，Cache 攻击不需要太明显的程序逻辑漏洞，因为要结合密码实现原理和 Cache 状态信息，该类攻击更不容易被软件开发人员所发现。同时 Cache 被多个进程所共享，更容易造成资源竞争，也更容易受到攻击者进程的控制，Cache 命中/未命中所造成的程序运行时间差异明显，时间采集过程中受到的噪音干扰更少。因此 Cache 攻击在过去的几年中被广泛的应用，针对开源密码库中的多种密码算法实现，如 AES，RSA，SM4，ECC，等等，均有相应的 Cache 攻击被提出，Cache 时间攻击也实际占据了时间攻击的相当大部分内容。对 Cache 攻击的主要阐述和案例将在下文中进行介绍。

1. 时间分析原理

针对密码算法的时间分析首先要在其程序实现中找到可能引起时间泄露的程序点，可以结合密码算法的实现原理进行分析，这种时间泄露点往往存在于密钥与输入数据的结合处，往往会因为密钥或与密钥相关的数据值的不同，程序有不同的执行路径和执行时间，通过测量执行时间可以明显判断出程序实际的执行路径，进而推断出相应的密钥相关值。以 RSA 算法为例。

RSA 算法：

RSA 是一种公钥密码算法，对于某一明文块 M 和密文块 C，公钥是 $K_e = \{e, n\}$，私钥是 $K_d = \{d, n\}$，加密和解密有如下的形式：

$$加密：C = M^e \bmod n \qquad 解密：M = C^d \bmod n.$$

RSA 算法的理论公式并不复杂，但在计算机中进行具体实现时，不可能直接使用公式，需要进行一定的转换。RSA 算法中最主要的运算就是模幂运算，模幂运算的一种经典实现方式就是采用了平方-乘算法。

平方-乘算法：

平方-乘算法是 RSA 进行模幂运算 $M = C^d \bmod n$ 的一种快速算法，它可以将模幂运算分解成模乘和模平方运算，进而可以在程序中实现模幂的大数运算。

算法流程如下：

算法 9-3 平方-乘算法

输入：正整数 n，小于 n 的整数 C，整数 $d = (d_{n-1} d_{n-2} \cdots d_0)_2$

输出：$C^d \bmod n$

1　　$S = C$,

2　　for($i = n-2$ to 0)

3　　{

4　　　　$S = \mathrm{mod}(S^2, N)$

5　　　　If $d_i == 1$ then

6　　　　　$S = \mathrm{mod}(S^* C, N)$

7	End if
8	Next i
9	}
10	Resturn S

其中输入是指数 n 的二进制数，然后从左到右遍历二进制数，若遍历到的是 1，则进模乘和模平方运算，若遍历到的是 0，则只进行模平方运算。这样可以显著降低运算的时间复杂度。

以计算 x^{24} 为例。

首先 x^{24} 将指数表示为 二进制形式 x^{11000}， 然后从左到右开始扫描指数的每个比特。

① 扫描到 1，则设置初始值为 x^1， 扫描第一个比特一般不需要其他操作。

② 扫描到 1，先平方 $x^{10}=x^2$，再乘以 x，$x^{11}=x^2 * x$。

③ 扫描到 0，只需要一次平方，$x^{110}=(x^3)^2=x^6$。

④ 扫描到 0，只需要一次平方，$x^{1100}=(x^6)^2=x^{12}$。

⑤ 扫描到 0，只需要一次平方，$x^{1100}=(x^{12})^2=x^{24}$。

通过观察运算过程中指数的二进制表示的变化能更好的理解算法，一次平方操作会让指数向左移一位，并在最右边添加 0，而与 x 相乘的操作即在指数的最右边位置上填上 1。

数据分析：

从模幂运算的平方-乘算法原理中可以看到一个显著的时间泄露点，在算法 9-3 中的代码行 5 中，当扫描到指数的二进制数 $d_i=1$ 时，整个运算过程多了一个乘法操作，即先平方后乘法操作，而当 $d_i=0$ 时，仅有平方操作，又因为在硬件操作时，乘法操作需要附加的寄存器参与，所以比平方操作耗时长。因此，可以通过统计在解密运行过程中平方-乘算法 for 循环的每轮执行时间的差异来确定 d_i 为 1 或 0，这里需要确定一个 T 值，若记录时间超过 T 表示 d_i 为 1，否则为 0。

2. 时间分析流程

(1) 时间泄露点分析

首先要根据密码算法的实现原理进行分析，找到这样的时间泄露点，在该泄露点中，会因为与密钥相关的数据值的不同，程序有不同的执行路径和执行时间。这样的泄露点经常出现在不平衡的条件分支或者循环边界与秘密数据相关的循环语句中。

图 9-1 中给出了一个典型的具有不平衡分支的例子，在该例子中，如果变量 k 的值与密钥相关，通过获取 k 的值就可以推导密钥值，则称 k 为敏感变量。可以从图 9-1 中看到代码段 3 就是一个受敏感变量影响的不平衡条件分支语句。遍历 k 的所有二进制值，当 k 的某一位二进制值为 0 时，代码段 3 不会执行条件分支内部的指令，k 的某一位二进制值为 1 时，代码段 3 会执行条件分支内部的指令，代码段 1 的执行时间会明显变长。

```
public int modExp(int y, int k){
    int r=1,
    for(int i=0; i<32; i++){
        if ( k % 2 = = 1 )
            r-(r * y) % n;
        y=(y * y) % n;
        k>>=1;
    }
    return r % n;
}
```

代码段 3 { if (k % 2 = = 1) / r-(r * y) % n; }

代码段 2 { y=(y * y) % n; / k>>=1; }

代码段 1

图 9-1 具有不平衡分支的代码片段

图 9-2 给出了一个简单的循环边界受敏感变量影响的循环语句的例子，假设图 9-2 中的代码中变量 j 是一个敏感变量，则其中的 for 循环的迭代次数就取决于 j 的值，通过统计 for 循环的整体执行时间，就可以推断出 k 值的大小，筛选出其中使用了较大或较小 k 值的加密数据，通过这部分数据来推断密钥值。利用这种方法攻击 ECDSA 签名算法，需要固定密钥并进行多次签名。由于签名过程中执行了一个 for 循环，该循环的循环边界受到随机数 k 的影响，k 的值与密钥相关，运行时间短的签名使用的随机数 k 也较小。统计每次签名的时间，筛选得到签名时间较短的签名数据，使用这些数据进行格攻击，可以推导出最终的密钥。

```
int j=4;
for( 1=0; 1<j; 1++)
    v=x
```

图 9-2 循环边界与秘密数据相关的循环语句例子

（2）时间采集

通过对实现算法的分析找到时间泄露点后，最重要的一步就是进行数据的采集，采集密码算法运行过程中，时间泄露点所在的程序段的执行时间。常用的计时工具有 x86 处理器下的 RDTSC 指令，它可以实现纳秒级的精确计时。

在本地时间攻击中，对密码算法的时间数据采集一般采用进程控制的方法，构造一个攻击者进程和一个密码进程，密码进程执行目标密码算法的加/解密运算，控制进程监控密码进程的执行，并测量密码进程每个步骤的执行时间。

由于进程控制方法在实际实现上具有一定难度，现有的大部分文献就使用了客户端和服务器之间 TLS 握手的时间，来近似代替服务器中 ECDSA 签名进程的一次整体签名时间。当然这种方法受到网络传播中各种噪音的干扰较大，准确率不是太高，同时只能测量密码进程的整体运行时间。

（3）时间数据分析。

采集完时间数据后，就需要对这些数据进行分析，猜测密钥。该过程需要结合上文中的时间泄露点原理，根据时间数据与密钥值的关系进行推导。例如上述算法 9-3 平方-乘算法中，可以根据采集到的 for 循环每轮的执行时间差异，直接判断密钥 d 的每个二进制值。部分算法还需要进行一些数学运算，具体需要结合相应的算法原理进行分析。

9.2.3　故障侧信道分析

1. 故障攻击的原理

近年来，对于集成电路芯片的攻击，除了基于时间、功耗、电磁辐射等侧信道泄露信息的侧信道攻击外，还有一类故障攻击(Fault Attack)。在这种攻击中，攻击者尝试利用错误计算的结果，对芯片实施攻击。程序产生错误的原因可能是程序设计错误，程序执行错误，或者是被攻击者诱导的错误(例如，能量故障，时钟故障，温度变化，离子束注入等)。故障注入攻击的基本原理是通过人为主动地注入故障到芯片的安全薄弱部分，引起芯片的功能异常，在芯片处于非正常工作状态下测试其功能和参数，与常规工作状态进行分析比较，从而获得芯片内部的重要信息。与被动的侧信道攻击技术相比，故障注入攻击属于主动攻击技术，可以极大地减少分析所需样本数量，提高了攻击效率，而且更加难以抵御，对集成电路安全的危害更大，故障注入攻击逐渐成为芯片安全攻击最有效的手段。

2. 故障攻击模型

(1) 故障攻击模型的要素。

一个故障模型由三元组(时刻、位置及动作)构成。

① 故障时刻。攻击需要精确控制错误发生的时刻，例如在运算进行时，将故障引入到某一个范围内。

② 故障位置。攻击需要精确控制错误发生的位置，例如将故障引入到某一指定的记忆单元，包括寄存器的某些位。

③ 故障动作。攻击需要精确控制错误发生的行为，通常分为设定故障位置的值取反、设定故障位置的值为预定值(已知故障值)、随机设定故障的值。

(2) 两种故障攻击模型

① 故障碰撞攻击，注入已知特定故障的值。

在密码设备或 CPU 运行当中，攻击者首先任意选择一个秘密信息 I_1 进行 E 函数运算，获得一个相应输出参考值 O_1，然后，再对输入秘密信息 I_1 进行 E 函数运算操作注入故障，即将设定为特定信息 I_2，将所得到输出值为 O_2。如果 $O_1 = O_2$，则可以猜测秘密信息 I_1 为特定信息 I_2。

② 差分故障攻击，注入随机设定故障的值。

在密码设备或 CPU 运行当中，攻击者首先任意选择一个秘密信息 I_1 进行 E 函数运算，获得一个相应输出参考值 O_1，然后，再对输入秘密信息 I_1 进行 E 函数运算操作注入故障，即为信息 I_2，将所得到输出值为 O_2。穷举可能输入数据差分取值 $\Delta_I = I_1 \oplus I_2$，输出数据进行差分取值 $\Delta_O = E^{-1}(O_1) \oplus E^{-1}(O_2)$ (E^{-1} 是 E 函数逆运算)，如果能找到 $\Delta_O = \Delta_I$，则可以获得秘密信息 I_1 与 I_2。

3. 故障注入攻击

故障注入所引起的故障种类繁多，依据其表现形式化分，可以分为固定故障、翻转故障；依据其持续时间可以分为永久故障、瞬态故障；依据其数目可以分为单个故障和多个故障。故障注入技术按照注入方法主要分为时钟故障注入、电压故障注入、电磁故障注入、光学(激光)故障注入、温度故障注入。

(1)时钟故障注入。

时钟作为数字电路的关键信号，对其进行故障注入实现起来容易有效，是一种常用的故障注入方法[134]。时钟故障注入可以向正常周期中插入一段毛刺时钟，通过改变芯片时钟频率，攻击者可以使芯片内部部分寄存器时序违约或使运行的程序跳过部分指令，破坏数据或状态，造成了芯片内部关键信息的泄露。

攻击者可以通过篡改目标设备的外部时钟信号来注入错误。利用时钟信号进行故障注入的一种方法是超频，在这种情况下，攻击者会持续施加比设备的标准时钟频率更高的频率时钟信号。这违反了设备的设置时间限制，并可能会导致设备触发器中的错误值过早锁存。这种方法的空间精度很低，因为外部时钟信号的修改是通过时钟网络分布在整个芯片表面上的。同样，超频的时间精度也很低，因为所有时钟周期都会受故障注入的影响，攻击者无法选择受故障注入影响的时钟周期。

篡改时钟信号的另一种方法是时钟毛刺，其中攻击者会暂时缩短了单个时钟周期的长度。这会在受影响的时钟周期内干扰正常的时钟。与超频相比，攻击者可以对故障注入的时间位置(即时间)进行精确控制，通过故障时钟周期的长度来控制故障注入的强度。与超频类似，时钟毛刺的空间精度较低。

对于时钟故障和超频技术，最新的故障注入设置可提供纳秒级的时间精度。篡改时钟信号的缺点是该方法需要物理访问外部时钟引脚。如果设备使用内部生成的时钟信号，则无法使用此方法。

基本方法：减少一个或者多个时钟周期，降低了 IC 的运算速度。

实际实现：自制的外围电路板，信号发生器。

(2)电源故障注入。

电压故障注入，也称为电源故障注入，与时钟毛刺注入原理相似，攻击者可以通过改变目标设备的外部电源电压来注入故障，电压毛刺可以使用计算机控制的精确可调节的电压源产生，这是最基本的故障注入方法之一。与时钟毛刺注入不同的是电压故障注入通过降低电源电压，降低电路运行的速度，使得组合电路的逻辑延迟增大。同时，由于电压越低逻辑延迟越大，为了不干扰电路的运行，电压不能低于使得电路正常工作的阈值。

基本方法：让设备在极短时间内低电(underpower)或者过电(overpower)运行。

实际实现：自制的外围电路板；脉冲发生器。

芯片系统通常是由电池供电的，它们通常与外部电源连接。在这种情况下，引起故障的一种非常常见的方法是改变来自外部来源的电源。可能的改变主要是两种：要么攻击者提供的电源不足(在这种情况下，用于诱导故障的方法是供电不足)，要么攻击者在电源信号上增加峰值和故障。电源信号改变造成的典型影响是设置时间违反，在输入信号达到稳定和正确的值之前触发。Barenghi 等人[135]利用电源的变更来攻击 AES 和 RSA 算法的软件实现。作者证明了可以使用非常便宜的设备成功地对一个嵌入式处理器 ARM9 进行攻击。Selmane 等人的工作也证明了电源供给不足引起的故障攻击 AES 算法的可行性

[136]。篡改外部电压引脚的缺点是时间精度问题,即攻击者不能精确地控制故障注入的时间和位置。

(3)电磁故障注入。

在电磁故障注入(EMFI)中,攻击者通过设计电磁线圈的故障注入探头将瞬态或谐波EM脉冲施加到目标集成电路上,电磁故障注入会导致存储内容更改或设备故障。攻击者将探头放在目标集成电路上方,并向线圈施加电压脉冲,从而在目标电路内部感应出涡流,感应涡流的影响被捕获为故障。攻击者通过从触发信号偏移 EM 脉冲来控制故障注入的时间位置;故障注入的空间位置是通过注入探针的位置和大小来控制的;故障强度取决于施加的 EM 脉冲的电压和持续时间。电磁故障注入在现成的微处理器 CPU 上的可行性已经通过低成本和高成本的注入装置得到了证明。例如,Schmidt 等使用简单的装置将电磁脉冲感应到空间和时间精度较低的的八位微控制器上[137]。最先进的电磁故障注入设备在 EM 脉冲的空间位置提供毫米级的精度,EM 脉冲的时间位置提供纳秒级的精度。此外,这些设置还可以精确地控制施加的 EM 脉冲的电压和持续时间。电磁脉冲可能会引起非常局部和精确的故障(高达单个位的级别),并且进行这种攻击所需的设备相对便宜。此外,EMFI 的优势在于它不需要解封目标集成电路,并且可以注入局部故障。但是,要求攻击者知道芯片布局的详细信息,以便确定精确的攻击点。

基本方法:直接注入一个电磁辐射场。

实际实现:无需打开芯片的封装,实际攻击中,通常使用一个高能脉冲注入到一个电磁辐射传感器,通过传感器注入电磁到芯片(脉冲发生器、电磁传感器)。

(4)光学故障注入。

光学攻击是一种半侵入性的故障注入攻击,在光学故障注入中,攻击者将目标集成电路解封装,并将硅芯片暴露于光脉冲。电路裸露区域的空间位置由光源的位置和大小控制,时间位置由脉冲与触发信号的偏移控制。故障注入的强度取决于光脉冲的能量和持续时间。已经证明,可以使用低成本的相机闪光灯来实现光学故障注入[138]。最先进的光学故障注入设备使用激光束进行故障注入,以实现微米级空间和纳米二级时间精度,它们还提供对故障强度的精确控制,使攻击者能够瞄准单个晶体管。激光故障注入还可以从集成电路的正面和背面进行,正面攻击通常使用波长较短的光,这些光束有更多的能量,可以很容易地穿透金属层之间;背面攻击使用红外光穿透硅基底,而不会被金属层阻挡,被定向到芯片的正面还是背面取决于攻击的类型和每种方法所涉及的难度。

光学故障注入的一个缺点是,它需要对目标集成电路进行解封装,此外,它可能会永久损坏目标电路。事实上,由于芯片本身的金属层,很难从芯片的前端到达目标单元,其次光诱导故障需要一个非常昂贵的设备。尽管有这些缺点,激光故障注入仍然很受欢迎,因为它为目标提供了最精确和有效的故障注入手段。

基本方法:直接使用光束。

实际实现:早期实验使用闪光灯,近期使用镭射激光,需要拨开芯片的封装,才能够将激光束打入到芯片的正面或者反面。

原理:光学能量转化成电学能量,从而导致了电路中晶体管的一些不可预期的电学现象。

（5）温度故障注入攻击。

特定的环境温度能保证电子设备的正常工作，若电子设备的工作温度超出了其要求的正常温度范围，就可能导致电子设备的工作异常，如随机修改内存单元的内容或限制电子设备的功能等。温度故障注入可通过将电子设备置于正常工作所限定的温度范围之外来实现。研究者 Appel 和 Govindavajhala 提出了通过执行大量的加载和存储操作使得芯片加热的方法，并通过这种方法成功对计算机实现了温度故障注入。

4. 算法的故障攻击

自 1996 年开始研究对密码算法的故障攻击，从那时起，几乎所有的密码算法都被此类攻击攻破。在本小节将描述对最著名密码系统的故障攻击。先从 DES 和 AES 等对称算法开始，然后是 RSA 和 DSA 等非对称算法。

（1）对称密码算法故障攻击。

本节关注两个最著名的分组密码：DES 和 AES。首先描述对这两种分组密码的 DFA 攻击，然后描述了针对这些攻击的有效对策。

① DES 算法的故障攻击。

Biham 和 Shamir 于 1996 年发表了利用 DFA 攻击 DES 的论文[139]，他们介绍了如何使用 50 到 200 个错误密文来获取密钥。下面描述一下它是如何工作的。

假设在最后一轮开始时，在中间结果的右侧引发了一个单比特错误，分别用 C 和 C^* 表示消息 M 的正确和错误密文，用 T_{0-31} 和 T_{32-63} 分别表示 64 位值 T 的左右部分。

如果比较第 16 轮结束时正确和错误的临时结果的左边部分（即 $IP(C)_{32-63}$ 和 $IP(C^*)_{32-63}$），只有一位不同，此位对应于故障感染，因此就获得了故障位的位置，并推断出哪些 S-box 受到了影响。通过计算 $EP(IP(C)_{32-63}) \oplus EP(IP(C^*)_{32-63})$，其中 EP 是 DES 扩展排列，便获得了最后一轮 S-box 正确和错误输入之间的差异 Δ_{inputs}。

上一轮 S-box 的正确输出和错误输出的差值，等于 $P^{-1}(IP(C)_{32-63}) \oplus P^{-1}(IP(C^*)_{32-63})$，其中 P 是每轮结束时使用的置换。仅在受故障影响的一个（或两个）S-box 的输入位（分别为输出位）中，Δ_{inputs}（分别为 $\Delta_{outputs}$）包含非零位。

进一步假设故障位只影响一个 S 盒 $Sbox_k$，为了找到这个 $Sbox_k$ 的 6 位输入，使用以下过程对可能的值进行计算。

a. 列出所有 6 位元素对 (B_i, B_j)，例如 $B_i \oplus B_j = \Delta_{inputs}$；

b. 对于列出来得每个元素对，如果 $Sbox_k(B_i) \oplus Sbox_k(B_j) \neq \Delta_{inputs}$，然后计算得到 (B_i, B_j)。

通过使用几个错误的密文，就恢复了 k^{th} 个 S 盒的 6 位输入。

通过迭代这次攻击，得到了上一轮 S 盒的整个 48 位输入 $Input(SB)_{16}$。然后就可以计算等于 $EP(IP(C)_{32-63}) \oplus Input(SB)_{16}$ 的第 16 个子密钥。再通过对最后一个未知 8 位的搜索得到整个 DES 密钥。

可以通过在第 11、12、13、14 或 15 轮开始时引入故障来延长这次攻击。但在这些情况下，使用计数方法：而不是消除不验证关系 $Sbox_k(B_i) \oplus Sbox_k(B_j) = \Delta_{outputs}$，将计数器增加任何一对验证之前的关系，期望正确的值比任何错误的值更频繁地出现。

② AES 算法的故障攻击

2000 年 10 月 2 日，AES 被选为美国新的加密标准。此后，发表了许多关于用 DFA 攻击 AES 的论文。下面介绍文献［140］中的攻击方法。

为简单起见，假设攻击是在 AES-128 上进行的。此攻击基于以下观察：MixColumns 函数对其输入 4 个字节乘 4 个字节进行操作，因此如果在其中的一个字节上引发故障在这个 4 字节块之一，MixColumns 转换的输入处可能的差异数是 255×4。由于 MixColumns 函数的线性，在其输出上有 255×4 种可能的差异。

如果在最后一个 MixColumns 的输入上引起了一个字节的错误，并且用 M 表示明文，C 和 C^* 表示相应的正确和错误密文，则可以如下所述进行攻击：

a. 计算 MixColumns 函数输出的 255×4 可能差异并将它们存储在列表 D 中。

b. C 和 C^* 仅在 4 个字节上不同，这说明字节 0，13，10 和 7(它对应于最后一个 MixColumns 输入的前四个字节之一上的错误)。对这 4 个字节进行猜测在最后一轮密钥的相同位置(即 $K^{10}_{0, 13, 10, 7}$)。

c. 计算 $invSB(invSB(C_{0,13,10,7} \oplus K^{10}_{0,13,10,7})) \oplus invSB(invSB(C^*_{0,13,10,7} \oplus K^{10}_{0,13,10,7}))$ 并检查该值是否在 D 中。如果该值在 D 中，因此，将轮密钥添加到可能的候选列表 L 中。

d. 使用另一个正确/错误密文对 (D, D^*) (可以从另一个明文中获得)与 C 和 C^* 在相同字节上不同，返回步骤 2，选择 $K^{10}_{0, 13, 10, 7}$ 从列表 L。重复直到 L 中只剩下一个候选值。

在这次攻击之后，最后一轮密钥的 4 个字节是已知的，并使用对 (C, C^*) 进行三次攻击，这些对分别在字节 (1，14，11，4)，(2，15，8，5) 和 (3，12，9，6)。这种攻击意味着对 4 个字节的猜测，这不太实用。在文献［141］中，通过在每次迭代中仅猜测最后一轮密钥的 2 个字节来描述这种攻击的巧妙实现。

此外，Piret 和 Quisquater 指出，如果在第 7 轮和第 8 轮对 MixColumns 函数的两次调用之间在一个字节上引起错误，会在第 8 轮的 MixColumns 函数输入的每个 4 字节块上获得一个字节上的错误。第 9 轮，所以获得了最后一轮密钥的 16 个字节的信息，而不是只有 4 个字节的信息。通过使用这种攻击，可以仅使用 2 个错误的密文来检索密钥。

(2)非对称密码算法故障攻击。

本节首先描述应用于 RSA 的故障攻击，然后再介绍对一些 DSA 签名方案的故障攻击。

① 对 RSA 算法的攻击。

文献［142］第一个发表了对 RSA 的故障攻击，不久之后被 Lenstra 改进[143]。改进后的方法对 RSA-CRT 的攻击非常简单有效。

首先，介绍如何使用 RSA-CRT 对消息进行签名，以及如何使用 ［142］ 中描述的 DFA 攻击找到密钥。然后介绍 Lenstra 如何改进这种攻击。

设 $N = pq$ 为两个大素数的乘积，e 选择如 $gcd(e, (p-1)(q-1)) = 1$ 和 $d = e^{-1} mod(p-1)(q-1)$，(d, p, k) 是秘密钥，(e, N) 是公钥。为了对消息 $m < N$ 进行签名，签名者计算 $s = m^d mod N$。为了改进时间计算，使用中国剩余定理执行此签名：

a. 计算 $d_p = d mod p - 1$ 和 $d_q = d mod q - 1$；

b. 计算 $s_p = m^{d_p} mod p$ 和 $s_q = m^{d_p} mod q$；

c. 计算 $s = ((((s_q - s_p) \, modq) \times (p^{-1} modq)) \times p + s_p) \, modN$，可以发现两个整数 a 和 b，例如 $s = a \, s_p + b \, s_q$，因为 $S_p = S \bmod p$ 与 $S_q = S \bmod q$，所以有

d. $\begin{cases} a \equiv 1 modp \\ a \equiv 0 modq \end{cases}$ 与 $\begin{cases} b \equiv 0 modp \\ b \equiv 1 modq \end{cases}$

如果签名者对同一消息进行两次签名，则可以执行故障攻击：在第二次签名期间，在计算 s_p 期间引发故障(如果在计算 s_q 期间引发故障，则此攻击的工作方式相同)。所以得到了一个错误的签名 $\tilde{s}$

$$\begin{cases} s = a \, s_p + b \, s_q \, modN \\ \tilde{s} = a \, \tilde{s_p} + b \, s_q \, modN \end{cases}$$

于是有

$$s - \tilde{s} \equiv a(s_p - \tilde{s_p}) \, modN$$

此外 $a \equiv 0 modq$，因此如果 p 不整除 $s_p - \tilde{s_p}$，则

$$gcd(s - \tilde{s} , \, N) = gcd(a(s_p - \tilde{s_p}) , \, N) = q$$

然后可以很容易地通过将模数 N 除以 q 来找到密钥的另一部分 p。

Lenstra 发现了对这种攻击的改进：通过使用与上述相同的故障(即在计算 p 期间引起的故障)，于是有 $s \equiv \tilde{s} modq$ 和 $s \not\equiv \tilde{s} modp$ 所以

$$gcd(m - \tilde{s}^{\,e} , \, N) = q$$

其中 e 是用于验证签名的公共指数。通过使用这种攻击，只需要已知消息的一个错误签名即可找到密钥。

针对这种攻击的有效对策是使用公钥验证签名。由于公钥通常很短(例如 $e = 2^{16} + 1$)，使用 RSA-SFM 的验证速度非常快。J. Blömer 等人在文献 [144] 中描述了一种更快的对策：他们没有验证签名，而是以这样的方式重写 CRT 重组，如果在 CRT 组件 (s_p 或 s_q) 上引起故障，错误也会影响其他 CRT 组件(分别为 s_q 或 s_p)。

② 对 DSA 算法的攻击。

简单描述一下 DSA 的签名：首先签名者选择一个 160 位的素数 q 和一个 1024 位的素数 p，例如 s_q 除 $p - 1$，然后他选择一个小于 $p - 1$ 阶的正整数 g。最后他选择一个小于 $q - 1$ 的正整数 a 并计算 $A = g^a modp$。他的公钥是 $(p, \ q, \ g, \ A)$，他的私钥是 a。

为了签名消息 m，签名者选择一个非零小于 $q - 1$ 随机数 k，计算

$$\begin{cases} r = (g^k modp) \, modq \\ s = k^{-1} (h + a . r) \, modq \end{cases}$$

其中 h 是使用 SHA-1 算法获得的 m 哈希值。消息 m 的签名是这对 $(r, \ s)$。

文献 [145] 发表了对 DSA 的唯一现有 DFA 攻击。在这种攻击中，可以在计算签名的第二部分期间每次成功翻转一点密钥时找到一点密钥。

攻击的描述如下：如果攻击者成功地仅在密钥 a 的一位上引发错误，他将获得错误签名 $(r, \ 3)$，其中 $\tilde{s} = k^{-1} (h + \tilde{a} . r) \, modq$。攻击者可以计算

$$T = g^{\tilde{u} \cdot h mod q} \cdot A^{\tilde{u} \cdot r mod q} \, mod p mod q$$

$$= g^{\tilde{u}(h+a.r) \, mod q} \, mod p mod q$$

这里 $\tilde{u} = \tilde{s}^{-1} mod q$。让

$$R_i = g^{\tilde{u} \cdot r \cdot 2^i mod q} \, mod p mod q$$

对于 $i = 0$，1，$\cdots$，159。
然后攻击者获得如下

$$TR_i = g^{\tilde{u}(h+r(a+2^i)) \, mod q} \, mod p mod q$$

和

$$T/R_i = g^{\tilde{u}(h+r(a-2^i)) \, mod q} \, mod p mod q$$

因此他可以获得

$$\begin{cases} TR_i = r mod p mod q (a = 0) \\ T/R_i = r mod p mod q (a = 1) \end{cases}$$

通过从 0 到 159 迭代 i，并将 r 与 TR_i 和 T/R_i 进行比较，攻击者可以发现密钥的比特值。可以通过对同一(未知)消息执行 161 次签名来恢复完整的密钥：1 个正确，160 个错误。

5. 故障攻击防护技术

故障注入攻击对集成电路安全构成了极大威胁。芯片设计者为了保护芯片内部的数据，通常会采用一些抗故障注入攻击的技术。例如，芯片设计者会在芯片内部加入光传感器。当攻击者使用激光等光设备攻击芯片时，光传感器中的光敏元件受光照后会锁定电路，防止电路泄露关键数据。许多研究者提出了各种各样的抗故障注入攻击技术。这些抗故障注入攻击技术主要涉及附加防护措施或改善电路设计规则。

(1)封装干扰。

攻击者在攻击芯片时需要对芯片内部的电路有一定的了解。通过抹掉芯片封装上的印字、重新印字、采用非标准封装等技术，可以在一定程度上增加攻击者识别和获取芯片资料的难度。

(2)传感器。

芯片攻击者使用温度、电磁、光等故障注入技术时，会对芯片内部的温度、电磁或光强等环境产生影响。在芯片中集成温度传感器、电磁传感器、光传感器等传感器，检测攻击者实施的攻击，可以阻止攻击者直接使用此类故障注入攻击技术对芯片实施攻击。

(3)金属层。

电磁故障注入通过在线圈或微型针上施加快速变化的电流或电压产生强磁场对芯片进行攻击。除了使用电磁传感器检测芯片周围电磁场变化来判断芯片是否受到攻击外，还可以利用金属层的电磁屏蔽原理屏蔽攻击者对芯片施加的电磁场。此外，采用一层或多层的上层金属，对芯片中敏感区域或敏感信号进行物理阻挡，可以阻碍反向工程等侵入式攻击。

(4)双轨逻辑。

在双轨逻辑中，逻辑 1 和逻辑 0 不再是通过一根导线上电平高低确定而是通过一对导线上信号的组合确定。例如，以 H 表示高电平，以 L 表示低电平，则逻辑 1 可以用 HL 表示，而逻辑 0 则可以使用 LH 表示。双轨逻辑可以有效抵抗故障注入攻击，但由于存在电路冗余，其资源消耗大。

（5）冗余运算。

与双轨道逻辑不同，冗余运算的思想在于比对多次运算结果从而确认电路是否遭受攻击或存在故障。冗余运算的实现方式有两种：逻辑冗余、重复运算。逻辑冗余方法通过增加重复的运算电路实现故障注入检测。比对原电路运算结果和冗余电路运算结果，如果结果存在差异则抑制电路输出。重复运算方法通过比较同一电路的多次运算结果实现故障注入检测。

（6）电源或时钟毛刺检测电路。

电源/时钟毛刺检测电路可以抵抗电源/时钟故障注入攻击。毛刺检测电路检测到电源或时钟攻击后会抑制电路输出从而保护芯片内的数据。

（7）随机时钟信号或随机延时。

许多电路的攻击者会准确计算指令执行的时间，由此可以通过故障注入准确地使处理器跳过某些关键指令从而使芯片泄露关键数据。而使用随机时钟信号的异步处理器对这种攻击具有很强的抵抗能力。在文献中，作者表示在电路中插入随机延时，破坏数据之间的时序依赖，也可以有效抵抗故障注入攻击。

9.3 推荐阅读

要想全面了解分组密码的分析，建议阅读文献[48]。它不仅介绍了分组密码的分析，同时介绍了分组密码的设计。将设计与分析结合起来，有利于读者全面掌握分组密码。

SM4 密码是我国商用密码，已经得到广泛应用，它的安全关系到我国的信息安全。关于 SM4 密码的安全分析，请阅读文献[44，46]。祖冲之密码 ZUC 是我国设计被采纳为国际 4G 通信标准的序列密码，它的安全既关系到我国信息安全，也关系到国际的信息安全。要了解 ZUC 的安全分析，请阅读文献[58]。

要全面了解对 RSA 密码的密码分析研究，建议读者阅读文献[120]. 它综合论述了 20 年来对 RSA 密码的分析研究。德国学者 Alexander May 对 RSA 密码分析作出了深入持续的研究工作，要了解他的研究成果，请登录网站 http：/www. cits. rub. de/personen/may. html。

习题与实验研究

1. 实验研究：编程实现 DES 算法，对其低轮 DES 进行差分密码分析或线性密码分析，并实验。
2. 实验研究：编程实现 AES 算法，对其进行代数分析练习，并实验。
3. 软件实验：编程实现 RSA 密码算法。

4. 软件实验：编程实现 ECC 密码算法。

5. 实验研究：对 RSA 或者 ECC 密码算法进行一种密码分析，给出分析方案及实验过程。

6. 实验研究：以 AES 为例，实现 AES 简单能量分析，并给出具体实现过程和实验结果。

7. 实验研究：以 DES 为例，实现 DES 差分能量分析，并给出具体实现过程和实验结果。

8. 实验研究：以 RSA 模幂运算的平方-乘算法为例，利用时间分析进行私钥还原的实验。

9. 实验研究：对 AES 算法进行差分故障分析，给出分析方案及实验过程。

10. 实验研究：对 AES 算法进行故障防护设计，给出设计方案及实验效果。

第五篇　密码应用

第10章 密钥管理

密钥管理是密码走向应用的第一个重要问题。本章介绍密钥管理的原理与基本技术。

根据近代密码学的观点，密码的安全应当只取决于密钥的安全，而不取决于对密码算法的保密。但是，这仅仅是在设计密码算法时的要求，而在密码的实际应用时，对保密性要求高的系统仍必须对密码算法实施保密。比如军用密码历来都对密码算法严加保密。另外，密钥必须经常更换，这是安全保密所必须的。否则，即使是采用很强的密码算法，时间一长，敌手截获的密文越多，破译密码的可能性就越大。著名的"一次一密"密码之所以是理论上绝对不可破译的，原因之一就是一个密钥只使用一次。在计算机网络环境中，由于用户和节点很多，需要使用大量的密钥。如此大量的密钥，而且又要经常更换，其产生、存储、分配都是极大的问题。如无一套妥善的管理方法，其困难性和危险性是可想而知的。

密钥管理历来就是一个很棘手的问题，是一项复杂、细致的长期工作。既包含一系列的技术问题，又包含许多管理问题和人员素质问题。在这里必须注意每一个细小的环节，否则便可能带来意想不到的损失。历史表明，从密钥管理的途径窃取秘密要比单纯从破译密码途径窃取秘密所花的代价小得多。

技术上，密钥管理包括密钥的组织、产生、存储、分配、使用、停用、更换、销毁等一系列技术问题[146]。通常把一个密钥从产生到销毁之间的时间称为该密钥的生命周期。显然，每个密钥都有其生命周期。密钥管理就是对密钥的整个生命周期的各个阶段进行全面管理。

密码体制不同，密钥管理的方法也不同。例如，公开密钥密码和传统密码的密钥管理就有很大的不同。

10.1 密钥管理的原则

密钥管理是一个系统工程，必须从整体上考虑，从细节处着手，严密细致地施工，充分完善地测试，才能较好地解决密钥管理问题。为此，首先应当弄清密钥管理的一些基本原则。

1. 区分密钥管理的策略和机制

密钥管理策略是密钥管理系统的高级指导。策略着重原则指导，而不着重具体实现。密钥管理机制是实现和执行策略的技术架构和方法。没有好的管理策略，再好的机制也不能确保密钥的安全。相反，没有好的机制，再好的策略也没有实际意义。策略通常是原则的、简单明确的，而机制是具体的、复杂繁琐的。

2. 全程安全原则

必须在密钥的组织、产生、存储、分配、使用、停用、更换、销毁的全过程中对密钥采取妥善的安全管理。只有各个阶段都是安全时，密钥才是安全的。只要其中一个环节不安全，密钥就不安全。例如对于重要的密钥，从它产生到销毁的全过程中，除了在使用的时候可以以明文形式出现外，其余时候都不应当以明文形式出现。

3. 最小权利原则

应当只分配给用户进行某一事务处理所需的最小的密钥集合。因为用户获得的密钥越多，则他的权利就越大，因而所能获得的信息就越多。如果用户不忠诚，发生了危害信息安全的事件，则受到危害的信息就越多。

4. 责任分离原则

一个密钥应当专职一种功能，不要让一个密钥兼任几个功能。例如，用于数据加密的密钥不应同时用于认证。用于文件加密的密钥不应同时用于通信加密。而应当是，一个密钥用于数据加密，另一个密钥用于认证；一个密钥用于文件加密，另一个密钥用于通信加密。因为，使一个密钥专职一种功能，即使密钥暴露，只会影响一种功能，损失最小，否则损失就要大得多。

5. 密钥分级原则

对于一个大的系统，例如网络系统、云计算系统、物联网系统等，所需要的密钥的种类和数量都很多。应当采用密钥分级的策略，根据密钥的职责和重要性，把密钥划分为几个级别。用高级密钥保护低级密钥，最高级的密钥由物理、技术和管理共同保护。这样，既可减少受保护的密钥的数量，又可简化密钥的管理工作。一般可将密钥划分为三级：高级密钥(主密钥)，中级密钥，初级密钥。

6. 密钥更换原则

密钥必须按时更换。否则，即使是采用很强的密码算法，时间一长，敌手截获的密文越多，被破译的可能性就越大。理想情况是一个密钥只使用一次，但是完全的一次一密是不现实的。一般，初级密钥采用一次一密，中级密钥更换的频率低些，主密钥更换的频率更低些。密钥更换的频率越高，越有利于安全，但是密钥的管理就越麻烦。实际应用时应当在安全和方便之间折中。

7. 密钥必须满足安全性指标

密钥作为密码系统中最重要的数据，必须满足特定的安全性指标。例如，密钥应有足够的长度。一般来讲，密钥越长，密钥空间就越大，敌手攻击就越困难，因而也就越安全。如果密钥太短，将经不起穷举攻击。然而密钥越长，则密码系统的软硬件实现所消耗的资源就越多，而且管理也就越麻烦。密码体制不同，密钥的安全指标不同。对于传统密码，其密钥本质上是一种随机数或随机序列，因此它应当满足随机性的一系列指标(参见本书4.2节)。对于公钥密码，其密钥不是随机数，因为它必须满足特定的数学关系。但是，它也必须满足特定的安全性指标。另外，密钥种类不同，其要满足的安全性指标也应有所不同，以兼顾安全性、效率和成本。例如，高级密钥(主密钥)必需满足的安全性指标要求最高，中级密钥必需满足的安全性指标可以稍低一些，初级密钥必需满足的安全性指标可以再稍低一些。

8. 密码体制不同, 密钥管理也不相同

由于传统密码体制与公开密钥密码体制是性质不同的两种密码, 因此它们在密钥管理方面有很大的不同。

下面分别讨论传统密码体制和公开密钥密码体制的密钥管理。

10.2　传统密码体制的密钥管理

本节主要介绍传统密码体制中分组密码的密钥管理。

因为传统密码体制只有一个密钥, 加密钥等于解密钥, 因此密钥的秘密性和完整性必须同时被保护。这就带来了密钥管理方面的复杂性。对于大型网络化的信息系统, 由于所需要的密钥的种类和数量都很多, 因此密钥管理尤其困难。

密钥管理自动化与智能化是密码学发展的重要方向。

为了使密钥管理方案能够适应网络化大型信息系统的应用, 实现密钥管理的自动化, 人们提出建立密钥管理中心 **KMC**(Key Management Center) 和密钥分配中心 **KDC**(Key Distribution Center) 的概念。由 **KMC** 或 **KDC** 负责密钥的产生和分配。**KMC** 和 **KDC** 的使用, 使密钥管理和密钥分配朝着自动化的方向迈进了一步, 但是由于 **KMC** 和 **KDC** 属于集中管理模式, 当网络化信息系统的规模太大时它们本身也将十分复杂, 而且工作将十分繁忙。同时它们还将成为敌手攻击的重点, 一旦被攻破将造成极大损失。因此应当采取综合安全措施, 确保 **KMC** 和 **KDC** 的安全可信和高效。

10.2.1　密钥组织

随着 DES、AES、SM4 等密码标准的颁布和广泛应用, 促进了人们对传统密码的密钥管理理论与技术进行研究。例如, 美国国家标准局(ANSI) 颁布了 ANSI X9.17 金融机构密钥管理标准。为 DES、AES 等商用密码的应用提供了密钥管理指导。

为了简化密钥管理工作, 采用密钥分级的策略。人们将密钥分为初级密钥、中级密钥和高级密钥(主密钥)。ANSI X9.17 支持这种三级密钥组织。

1. 初级密钥

人们称用于加解密数据的密钥为初级密钥, 记为 K。称用于文件保密的初级密钥为初级文件密钥, 记为 K_f。称用于通信保密的初级密钥为初级通信密钥, 并记为 K_c。当初级通信密钥用于通信的会话保密时称为会话密钥(Session Key), 记为 K_s。

初级密钥可由系统应实体请求通过硬件或软件方式自动产生。也可由用户自己提供, 但必须通过安全测试。初级通信密钥和初级会话密钥原则上采用一个密钥只使用一次的 "一次一密" 方式。这也就是说, 初级通信密钥和初级会话密钥仅在两个应用实体通信时才存在, 它的生命周期很短。而初级文件密钥与其所保护的文件有一样长的生命周期, 只要被保护的文件存在, 其密钥就必须存在。因此, 初级文件密钥一般要比初级通信密钥和初级会话密钥的生命周期长, 有时甚至很长。

为了安全, 初级密钥必须受更高一级的密钥保护, 直到它们的生命周期结束为止。

2. 中级密钥

中级密钥用于保护初级密钥，记作 K_N，这里 N 表示节点，源于它在网络中的地位。当中级密钥用于保护初级通信密钥时称为中级通信密钥，记为 K_{NC}。当中级密钥用于保护初级文件密钥时称为中级文件密钥，记为 K_{NF}。

中级密钥可由系统应专职密钥安装人员的请求，由系统自动产生。也可由专职密钥安装人员提供。中级密钥的生命周期一般较长，它在较长的时间内保持不变。中级密钥必须接受高级密钥的保护。

3. 高级密钥(主密钥)

高级密钥即主密钥是密钥管理方案中的最高级密钥，记作 K_M。主密钥用于对中级密钥和初级密钥进行保护。

主密钥由密钥专职人员安全产生，并妥善安装。主密钥的生命周期很长。

10.2.2　随机数和随机序列的产生

传统密码的密钥本质上是一种随机数或随机序列。因此，要研究传统密码的密钥产生，必须首先研究随机数和随机序列的产生。

对传统密码密钥的一个基本要求是要具有良好的随机性，这主要包括长周期性、非线性、统计上的等概性以及不可预测性等。一个真正的随机序列是不可预测的，任何人都不能有意识地再次产生它。高效地产生高质量的真随机序列，并不是一件容易的事。因此，对我们有实际意义的是针对不同的情况采用不同的随机序列。例如，对于高级密钥，则应当采用高质量的真随机序列。对于中级密钥，可采用良好的真随机序列或良好的伪随机序列。而对于初级密钥，并不需要一定采用真随机序列，采用良好的伪随机序列就够了。

目前有三种产生随机数和随机序列的方法。

第一种方法是基于非线性数学算法来产生随机数和随机序列。其优点是可以得到统计特性很好的伪随机数和伪随机序列，而且可以人为有意识地重复产生，特别适合序列密码应用。缺点是不是真随机的。应当指出，所有基于数学算法产生的随机数和随机序列都是伪随机的，因为可以人为有意识地重复。理论根据是，如果数学算法不变，在输入相同的条件下，即可产生相同的输出。当前，基于强密码算法(SM4、AES、祖冲之密码、SM3、SHA-3 等)产生伪随机数和伪随机序列是这一方法的典型方案。

第二种方法是基于物理学噪声源来产生随机数和随机序列。早期最典型的是抛撒硬币或掷骰子。今天广泛采用基于电子噪声和量子噪声来产生随机数和随机序列。基于物理学噪声产生随机数和随机序列的优点是真随机，缺点是其序列的统计随机特性往往不够好。随着量子信息技术的发展，基于量子噪声产生真随机数和随机序列的方法已经成熟，并走向实际应用[32,33]。

第三种方法是将前两种方法相结合。采用某种物理噪声源产生原始的随机数和随机序列，再经过一个基于强的非线性数学算法作进一步的随机化处理，可得到良好的随机数和随机序列。

下面介绍几种产生随机数和随机序列的具体方案。

1. 基于电子器件热噪声产生真随机数

基于 MOS 晶体管、稳压二极管、电阻等电子器件的热噪声可以产生随机性很好的真随机数。这种随机数产生器可以制作成芯片，产生的随机数质量高，产生效率高，使用方便。

例如，作者和企业联合开发的可信平台模块芯片 J2810，就采用 P 沟道 MOS 晶体管的沟道热噪声作为噪声源设计了随机数产生器，一次产生一个 16 位的随机数，获得了满意的效果。

目前世界各主要芯片厂商都有随机数产生器芯片。Intel 公司在其 IVB 架构的第三代 CPU 酷睿处理器中，内置了一个基于电阻热噪声的硬件真随机数产生器。

2. 基于强密码算法的伪随机数产生

普遍认为，一个强的密码算法（如 SM4 和 AES 等）和 Hash 函数（如 SM3 和 SHA-3 等）都可以视作为一个良好的伪随机数产生器。据此利用一个强的密码算法或 Hash 函数都可以方便地产生伪随机数。一种产生伪随机数的方法如下。

①首先对系统的时钟 TOD 随机地读取 n 次，得到 n 个随机的时间值：

$$TOD_1, TOD_2, \cdots, TOD_n \tag{10-1}$$

②任意选择一个随机数 x_0，作为初始密钥。

③再用一个强密码算法（例如 SM4 或 AES 等）对 $TOD_1, TOD_2, \cdots, TOD_n$ 进行 n 次迭代加密：

$$\left. \begin{aligned} x_1 &= \mathbf{SM4}(TOD_1, x_0) \\ x_2 &= \mathbf{SM4}(TOD_2, x_1) \\ &\cdots\cdots \\ x_n &= \mathbf{SM4}(TOD_n, x_{n-1}) \end{aligned} \right\} \tag{10-2}$$

取 x_n 作为随机数 RN。

式(10-2)中的 n 值并不需要很大。如果时间值 TOD_i 的精度为微秒级，则一个时间值就有 2^{20} 以上种取值。这样，只要取 $n \geq 6$，所产生的随机数 RN 的安全性就足够了。

3. ANSI X9.17 伪随机数产生算法

ANSI X9.17 伪随机数产生算法是美国国家标准局为美国银行电子支付系统设计伪随机数产生标准算法。除了银行的电子支付系统外，它已被因特网的电子邮件保密系统（PGP）采用。

ANSI X9.17 算法基于 3DES 构成，算法如式(10-3)所示。其中输入 DT_i 表示 64 位的当前时钟值，V_i 表示初始向量或种子，可以为任意 64 位数据。输出 R_i 为所产生的伪随机数。V_{i+1} 为新的初始向量或种子，用于产生下一个伪随机数使用。K_1 和 K_2 是两个 64 位的密钥，在 K_1 和 K_2 的控制下进行 3DES 加解密。

$$\begin{cases} R_i = \mathbf{3DES}(\mathbf{3DES}(DT_i, K_1K_2) \oplus V_i, K_1K_2) \\ V_{i+1} = \mathbf{3DES}(\mathbf{3DES}(DT_i, K_1K_2) \oplus R_i, K_1K_2) \end{cases} \tag{10-3}$$

ANSI X9.17 算法的安全性建立在 3DES 的安全性之上，随着 DES 退出历史舞台，这一算法的安全性和实用性已经下降。但是我们很容易利用 AES、SM4 取代 3DES 对 ANSI

X9.17 算法进行修改，得到新的安全的伪随机数产生算法，如式（10-4）、式（10-5），图示见图 10-1。

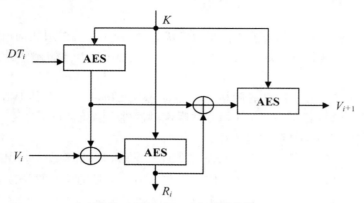

（a）基于 AES 的 ANSI X9.17 算法结构

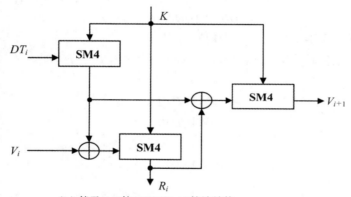

（b）基于 SM4 的 ANSI X9.17 算法结构

图 10-1　基于 AES 和 SM4 的 ANSI X9.17 算法结构

$$\begin{cases} R_i = \mathbf{AES}(\mathbf{AES}(DT_i,\ K) \oplus V_i,\ K) \\ V_{i+1} = \mathbf{AES}(\mathbf{AES}(DT_i,\ K) \oplus R_i,\ K) \end{cases} \tag{10-4}$$

$$\begin{cases} R_i = \mathbf{SM4}(\mathbf{SM4}(DT_i,\ K) \oplus V_i,\ K) \\ V_{i+1} = \mathbf{SM4}(\mathbf{SM4}(DT_i,\ K) \oplus R_i,\ K) \end{cases} \tag{10-5}$$

其中：输入 DT_i 表示 128 位的当前时钟值，V_i 表示初始向量或种子，可以为任意 128 位数据；R_i 为所产生的伪随机数，并同时用于产生 V_{i+1}；V_{i+1} 为新的初始向量或种子，用于产生下一个伪随机数使用；K 为 128 位的密钥，控制 SM4 和 AES 的加解密。因为在开始时 V_i 可以为任意 128 位数据，为了避免由于 V_i 取得不好，而影响所产生伪随机数的质量，在实际应用时，可以丢掉前几个伪随机数，取后面的伪随机数来应用。这一措施在序列密码中经常采用，例如本书 4.5 节介绍的祖冲之密码就采用了这一措施。

4. BBS 伪随机数产生器

BBS 伪随机数产生器是 L. Blum，M. Blum 和 M. Shub 提出的一种可证明安全的伪随机数产生器[147]。它的安全性基于大整数的因子分解，当整数足够大时是安全的。

设 p 是一个素数，且 a 小于 p，如果

$$x^2 = a \bmod p \tag{10-6}$$

对于一些 x 成立，则称 a 是对模 p 的二次剩余。

例如，因为

$$1^2 = 1 \bmod 7,$$
$$2^2 = 4 \bmod 7,$$
$$3^2 = 9 = 2 \bmod 7,$$
$$4^2 = 16 = 2 \bmod 7,$$
$$5^2 = 25 = 4 \bmod 7,$$
$$6^2 = 36 = 1 \bmod 7,$$

所以 1，2，4 都是 mod 7 的平方剩余。而 3，5，6 都不是 mod 7 的平方剩余。

平方剩余的性质用勒让德符号表示十分方便。

设 p 是一个奇素数，a 是任意整数，则其勒让德符号 $L(a, p)$ 定义为

$$L(a, p) = \begin{cases} 0, & a \text{ 能被 } p \text{ 整除；} \\ 1, & a \text{ 是 mod } p \text{ 的平方剩余；} \\ -1, & a \text{ 不是 mod } p \text{ 的平方剩余。} \end{cases} \tag{10-7}$$

勒让德符号 $L(a, p)$ 要求模 p 为奇素数，有时在计算时不方便。为此将其推广到一般合数模的情况，便产生了亚可比符号 $J(a, n)$，其中 a 为任意整数，n 为任意奇整数。可见，亚可比符号是勒让德符号的推广，勒让德符号是亚可比符号的特例。若 n 为素数，则亚可比符号就是勒让德符号。

进一步，设 $n = pq$，p 和 q 是素数，则

$$J(a, n) = J(a, p)J(a, q) \tag{10-8}$$

因为 p 和 q 是素数，所以亚可比符号 $J(a, p)$ 和 $J(a, q)$ 就变成为勒让德符号 $L(a, p)$ 和 $L(a, q)$，于是

$$J(a, p) = L(a, p)L(a, q)$$

根据式（10-6）和式（10-7）可知，

$$J(a, n) = \begin{cases} 0, & (a, n) > 1; \\ 1, & J(a, p) = 1 \text{ 且 } J(a, q) = 1 \text{ 或 } J(a, p) = -1 \text{ 且 } J(a, q) = -1; \\ -1, & J(a, p) = 1 \text{ 且 } J(a, q) = -1 \text{ 或 } J(a, p) = -1 \text{ 且 } J(a, q) = 1。 \end{cases} \tag{10-9}$$

仅根据 $J(a, n) = 1$ 并不能判定 a 是模 n 的平方剩余。这是亚可比符号与勒让德符号的不同。a 是模 n 的平方剩余当且仅当 $J(a, p) = 1$ 且 $J(a, q) = 1$。

已知 a 为任意整数，n 为任意奇整数，而且 $J(a, n) = 1$，但不知道 n 的素因子分解，要确定 a 是否是 mod n 的平方剩余是一个著名的数学难题，其困难程度相当于对 n 分解因子。当 n 足够大时，这是很难的。BBS 伪随机数产生器的安全性就是基于这一困

难问题的。

BBS 伪随机数产生算法如下：

①首先选择两个大素数 p 和 q，使它们都满足模 4 余 3，并对 p 和 q 保密。

②计算 $n=pq$，n 可以公开。

③再选择一个与 n 互素的正整数 x，并计算 $x_0=x^2 \bmod n$，以 x_0 为种子。

④通过迭代计算产生伪随机数。伪随机数的第 i 位取自 x_i 的最低位：

$$x_i = x_{i-1}^2 \bmod n \tag{10-10}$$

如果需要产生 m 位的伪随机数，则迭代计算 m 次。

BBS 算法的安全性建立在对大整数 n 进行因子分解的困难性之上。当 n 足够大时，对 n 进行因子分解是很难的，因此 BBS 算法是很安全的。n 可以公开，使得其他人也能使用该参数产生伪随机数。但是，除非攻击者能够对 n 进行因子分解，否则永远不能预测该产生器的下一位输出。

BBS 算法的一个缺点是计算困难，效率低。一种提高速度的方法是，每次不是只取最低一位，而是取最低的 $\log_2 n$ 位。

由于 BBS 算法安全，但效率低，因此适合用于对适时性要求不高的伪随机数和密钥产生，而不适合用于对适时性要求高的伪随机数和密钥产生。

例 10-1 选 $p=383$，$q=503$，$n=192649$，取 $x=101355$，则 $x_0=20749 \quad \bmod n$。于是根据 BBS 算法可产生一个二元随机序列，其前 20 位是 11001110000100111010。具体计算过程如表 10-1 所示。

表 10-1 例 10-1 的计算过程

i	x_i	$\mathrm{msb}(x_i)$	i	x_i	$\mathrm{msb}(x_i)$
0	20749		11	137922	0
1	143135	1	12	123175	1
2	177671	1	13	8630	0
3	97048	0	14	114386	0
4	89992	0	15	14863	1
5	174051	1	16	133015	1
6	80649	1	17	106065	1
7	45663	1	18	45870	0
8	69442	0	19	137171	1
9	186894	0	20	48060	0
10	177046	0			

除了 BBS 伪随机数产生算法外，类似这种基于某种数学困难问题的伪随机数产生算

法还有基于离散对数问题的伪随机数产生算法和基于 RSA 密码的伪随机数产生算法等。

10.2.3 密钥产生

密钥是密码系统安全的关键，应采用足够安全的方法来产生密钥。

1. 高级密钥(主密钥)的产生

高级密钥(主密钥)是密码系统中的最高级密钥，用它对其他密钥进行保护，它的生命周期很长，因此它的产生应当格外小心。

高级密钥(主密钥)应当是高质量的真随机数或真随机序列。真随机数应该从自然界的随机现象中提取产生，其一般原理是将自然界的随机模拟信号经适当处理，再经数字化而得到。在集成电路系统中，通常可采用半导体的沟道热噪声、电容器的漏电噪声、信号频率的不稳定性噪声等。随着量子信息技术的发展，基于量子噪声产生真随机数和随机序列的方法已经成熟，并开始实际应用。

理论上，随机源的选择具有一定的自由度，可以根据不同的应用选择不同的随机源。但值得注意的是，虽然自然界的随机现象很多，但是适合用做密钥的却不多，而且有些自然随机现象所产生的随机序列的质量并不高。一般而言，虽然基于物理噪声源可以产生真随机序列，但是其密码学统计特性并不好。因此，高质量的真随机序列产生器一般都采用物理噪声源加数学杂化处理的结构，参见第 4 章图 4-2。用物理噪声源确保产生序列的真随机性(不可预测性等)，用数学杂化处理确保产生序列的好的密码学统计特性。所以，通常都是采用这种方法产生高质量的随机数或随机序列作为高级密钥(主密钥)。

应当指出，不管是基于什么噪声源来产生密钥，都要经过严格的随机性测试，否则是不能用作密钥的。

真随机序列的产生常采用物理噪声源的方法。目前的物理噪声源主要有基于力学的噪声源、基于电子学的噪声源和基于量子学的噪声源。

(1)基于力学噪声源的密钥产生技术。

常利用硬币或骰子抛撒落地的随机性产生密钥。用 1 表示硬币的正面，用 0 表示硬币的反面，或用 1 表示骰子的 1、3、5，用 0 表示骰子的 2、4、6。选取一定数量的硬币或骰子，随机地抛撒，记录其落地后的状态便产生出随机数，并且可以用作密钥。如果需要奇偶校验，再加上奇偶校验。

这是一个古老的密钥产生方法。这种方法的缺点是效率低，而且随机性较差，现在已很少应用。

(2)基于电子学噪声源的密钥产生技术。

基于电子学噪声源的密钥产生技术是目前最主要的密钥产生技术。

基于电子器件的热噪声的密钥产生技术是利用电子方法对噪声器件(如 MOS 晶体管、稳压二极管、电阻等)的热噪声进行放大、滤波、采样、数字化后产生出随机密钥。其中由于 P 沟道 MOS 晶体管的沟道热噪声与白噪声近似、频谱宽阔而平坦、随机性好，是一种较理想的随机噪声源。而且现在的集成电路一般采用 MOS 工艺，因而选择 P 沟道 MOS 晶体管的沟道热噪声作为随机噪声源在工艺上与集成电路的 MOS 工艺兼容，易于集成。

基于这种热噪声可以产生真随机数，并制成真随机数产生器芯片。

除了可以利用电子器件的热噪声来产生随机密钥外，还可以利用电子器件的其他随机特征来产生随机密钥[148]。例如，G. B. Agnew 根据金属绝缘半导体电容器（MISC）的漏电具有随机性，将两个金属绝缘半导体电容器很近地放在一起，测量它们的电荷量之差作为随机噪声源来产生随机序列。美国 MIT 的研究人员就利用振荡器的频率不稳定性来产生随机序列[149]。

（3）基于量子噪声源的密钥产生技术。

量子是一个不可分割的基本个体，是构成现实事物的微小能量和物质。如光子、原子、电子都是由量子组成的粒子。量子具有许多奇妙的特性，其中之一是量子的状态呈现叠加态。对于二进制，用$|0\rangle$表示量子的 0 状态，用$|1\rangle$表示量子的 1 状态，则量子的状态呈现为$|0\rangle$和$|1\rangle$的叠加。观察者测量到$|0\rangle$和$|1\rangle$的概率均位 1/2，具有等概性，因此是随机的，并形象地把这种随机性称为量子噪声。这种随机性是量子本身天然固有的，不是人为可以改变的。因此利用这种随机性可以产生真随机数。目前这一技术已经成熟[33,150,151]。我国就有企业生产量子随机数产生器产品，并走向实际应用。

2. 中级密钥的产生

可以像产生高级密钥那样产生真随机的中级密钥。特别是利用真随机数产生器来产生中级密钥也是非常方便的。

但是如果不能方便地利用真随机数产生器来产生中级密钥的话，在高级密钥产生后，可借助于高级密钥和一个强的密码算法来产生中级密钥。一个强的密码算法可以用做一个具有良好随机特性的伪随机数产生器。下面介绍一种中级密钥产生方法。

首先用产生高级密钥的方法产生两个真随机数 RN_1，RN_2，再采用伪随机数产生器或式（10-4）、式（10-5）的方法由计算机产生一个伪随机数 RN_3，然后分别以它们为密钥利用一个强密码算法对一个序数进行四层加密，最后按式（10-11）产生出中级密钥 K_N。

$$K_N = E(E(E(E(i, RN_1), RN_2), RN_1), RN_3) \qquad (10\text{-}11)$$

要想根据序数 i 预测出密钥 K_N，必须同时知道两个真随机数 RN_1，RN_2 和一个伪随机数 RN_3，这是极困难的。

3. 初级密钥的产生

为了安全和简便，首先根据本书 10.2.2 节的方法产生一个良好的随机数 RN，并把 RN 直接视为受高级别密钥（高级密钥或中级密钥，通常是中级密钥）加密过的初级密钥：

$$RN = E(K_s, K_M) \text{ 或 } RN = E(K_f, K_M)， \qquad (10\text{-}12)$$

$$RN = E(K_s, K_{NC}) \text{ 或 } RN = E(K_f, K_{NF})。 \qquad (10\text{-}13)$$

这样作的好处是，随机数 RN 一产生便成为密文形式，既安全又省掉一次加密过程。使用初级密钥时，用高级密钥将随机数 RN 解密：

$$K_s = D(RN, K_M) \text{ 或 } K_f = D(RN, K_M)， \qquad (10\text{-}14)$$

$$K_s = D(RN, K_{NC}) \text{ 或 } K_f = D(RN, K_{NF}) \qquad (10\text{-}15)$$

这里随机数 RN 的产生可按照式（10-4）或式（10-5）的方法来产生。因初级密钥按一次一密的方式工作，生命周期很短，其安全性要求比中级密钥稍低。但因需要频繁产生，所以其产生速度却要求很高。

最后介绍，利用中国商用密码密钥派生函数 KDF( ) 来产生初级密钥。在本书 6.4.3 节中 SM2 密码算法应用了这一密钥派生函数。密码派生函数就是一个基于 Hash 函数的伪随机数产生函数，因此可以用来产生初级密钥。

10.2.4　密钥分配

密钥分配自古以来就是密钥管理中重要而薄弱的环节，历史上许多密码系统被攻破都是在密钥分配环节出了问题。根据近代密码理论，密码的安全系于密钥的安全，因此必须采取安全的方法和途径分配密钥。过去，密钥的分配主要采用人工分配。人工分配的方法今后也不会完全废止，特别是对安全性要求高的部门，分配高级密钥采用人工分配仍是可取的。只要密钥分配人员是忠诚的，而且实施方案是周密妥善的，那么人工分配密钥就是安全的。随着计算机信息技术引入人工分配密钥，人工分配密钥的安全性将会进一步加强。

然而，人工分配密钥却不适应现代计算机网络，不能适应以计算机网络为基础的电子政务、电子商务、云计算、物联网等新型信息系统的要求。因此，基于密钥管理中心和密钥分配中心，利用计算机网络实现密钥分配的自动化，无疑会加强密钥分配的安全，反过来又可提高计算机网络、电子政务、电子商务、云计算、物联网等新型信息系统的安全。

随着量子信息技术的发展，量子密钥分发 QKD(Quantum Key Distribution)[32] 技术已经成为目前成熟的量子信息安全技术。该技术基于量子状态随机性产生随机的密钥，通过安全协议(如 BB84 协议)使通信对方共享密钥。通信加密按一次一密的序列密码加密方式进行。即，发送方把密钥与明文模 2 相加得到密文，将密文发送给通信的对方。接收方收到密文后，用自己的共享密钥与密文模 2 相加，得到明文。至此通信完成，废弃该密钥。由于密钥是随机的，加密方式是一次一密，因此通信是安全的。

我国的 QKD 技术处于国际前列。早在 2009 年中国科大就在安徽芜湖地区电子政务网中建立了基于 QKD 的保密通信。2016 年我国发射了墨子号量子科学实验卫星。从卫星上与位于新疆南山和青海德令哈的两处接收站进行 QKD 实验，获得成功。实验距离超过 1000 公里，创造了世界 QKD 的纪录。2020 年，我国完成了第一个高轨道同步卫星量子通信的可行性实验，证明了在 3.6 万公里基于 QKD 的量子通信是可行的。2022 年中国科大实现了 833 公里光纤量子密钥分发，将量子密钥分发安全光纤传输距离世界纪录提升了 200 多公里，向实现城市间陆基量子保密通信迈出重要一步。

1. 高级密钥的分配

高级密钥是本密钥管理方案中的主密钥，主要用于对中级密钥和初级密钥进行保护。高级密钥的安全性要求最高，生命周期很长，而且高级密钥只能以明文形式存在，因此需要采取最安全的分配方法。一般采用人工分配主密钥，由专职密钥分配人员分配并由专职安装人员妥善安装。

2. 中级密钥的分配

在高级密钥分配并安装后，中级密钥的分配就容易解决了。

一种方法是像分配主密钥那样，由专职密钥分配人员分配并由专职安装人员安装。虽然这种人工分配和安装的方法很安全，但是效率低，不适应计算机网络环境的需求。

另一种方法是直接利用已经分配安装的高级密钥对中级密钥进行加密保护，并利用计算机网络自动传输分配。在发送端用高级密钥对中级密钥进行加密，把密文送入计算机网络传送给收方，收方用高级密钥进行解密得到中级密钥，并妥善安装存储。

中级密钥的网络分配原理如图 10-2 所示。具体实用协议要精心设计，确保安全。

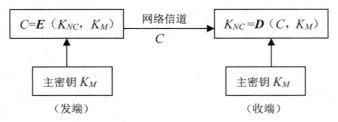

图 10-2　中级密钥的网络分配原理

3. 初级密钥的分配

由于初级密钥按"一次一密"的方式工作，生命周期很短，而对产生和分配的速度却要求很高。为了安全和方便，通常总是把一个随机数直接视为受高级别密钥(高级密钥或中级密钥，通常是中级密钥)加密过的初级密钥，这样初级密钥一产生便成为密文形式。因此，初级密钥的分配就变得很简单，发端直接把密文形式的初级密钥通过计算机网络传给收方，收端用高级密钥解密便获得初级密钥。

初级密钥的网络分配原理如图 10-3 所示。具体实用协议要精心设计，确保安全。

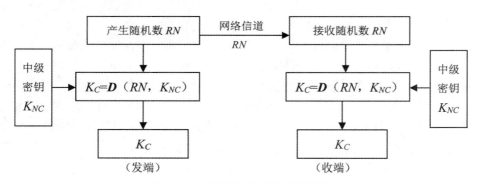

图 10-3　初级密钥的网络分配原理

4. Diffie-Hellman 密钥协商协议

1976 年 W. Diffie 和 M. Hellman 在著名论文"密码学新方向"中，给出了一种密钥协商协议，被学术界称为 Diffie-Hellman 密钥协商协议[14]。这一协议已经得到实际应用，但是它容易遭受中间人攻击，我们在第 9 章中介绍了它的原理和安全分析。

5. 中国商用密码 SM2 密钥交换协议

SM2 是中国国家密码管理局颁布的中国商用公钥密码标准算法。它是一组椭圆曲线密码算法，其中包含加解密算法、数字签名算法和密钥交换协议。这里介绍密钥交换协议。

（1）基础参数。

SM2 推荐使用椭圆曲线基础参数 $\mathbf{T}=<p,\ a,\ b,\ G,\ n,\ h>$。

SM2 推荐使用 256 位素数域 $\mathbf{GF}(P)$ 上的椭圆曲线：

$$y^2 = x^3 + ax + b .$$

表 10-2 国家密码局推荐的椭圆曲线参数

p = FFFFFFFE FFFFFFFF FFFFFFFF FFFFFFFF FFFFFFFF 00000000 FFFFFFFF FFFFFFFF

a = FFFFFFFE FFFFFFFF FFFFFFFF FFFFFFFF FFFFFFFF 00000000 FFFFFFFF FFFFFFFC

b = 28E9FA9E 9D9F5E34 4D5A9E4B CF6509A7 F39789F5 15AB8F92 DDBCBD41 4D940E93

n = 8542D69E 4C044F18 E8B92435 BF6FF7DD 29772063 0485628D 5AE74EE7 C32E79B7

h = FFFFFFFE FFFFFFFF FFFFFFFF FFFFFFFF 7203DF6B 21C6052B 53BBF409 39D54123

x_G = 32C4AE2C 1F198119 5F990446 6A39C994 8FE30BBF F2660BE1 715A4589 334C74C7

y_G = BC3736A2 F4F6779C 59BDCEE3 6B692153 D0A9877C C62A4740 02DF32E5 2139F0A0

私钥：一个随机数 d，$d \in [1,\ 2,\ \cdots,\ n-1]$。

公钥：椭圆曲线上的 P 点，$P=dG$，其中 $G=G(x_G,\ y_G)$ 是基点。

设用户 A 和用户 B 要进行密钥协商，他们希望通过协商获得长度为 $klen$ 比特的相同密钥。

设用户 A 的私钥为 d_A，公钥为 $P_A=d_A G=(x_A,\ y_A)$，用户 B 的私钥为 d_B，公钥为 $P_B=d_B G=(x_B,\ y_B)$。

设用户 A 的标识符为 IDA，其长度为 $entlenA$ 比特。记 $ENTLA$ 是由整数 $entlenA$ 转换而成的两个字节。用户 B 的标识符为 IDB，其长度为 $entlenB$ 比特。记 $ENTLB$ 是由整数 $entlenB$ 转换而成的两个字节。这里的数据类型转换算法，请在密码行业标准化委员会网站参阅 SM2 的资料。

设用户 A 的杂凑值 Z_A 和用户 B 的杂凑值 Z_B，

$$Z_A = \text{SM3}(ENTL_A \parallel ID_A \parallel a \parallel b \parallel x_G \parallel y_G \parallel x_A \parallel y_A);$$
$$Z_B = \text{SM3}(ENTL_B \parallel ID_B \parallel a \parallel b \parallel x_G \parallel y_G \parallel x_B \parallel y_B).$$

记 $w = \lceil (\lceil \log_2(n) \rceil /2) \rceil -1$。

$KDF(\ )$ 为密钥派生函数，其具体内容详见 6.4.3 节。

（2）密钥协商协议。

设用户 A 为密钥协商的发起方，用户 B 为响应方。

用户 A 执行以下步骤：

A1 用随机数发生器产生随机数 $r_A \in [1,\ n-1]$.

用户 B 执行以下步骤：

B1 用随机数发生器产生随机数 $r_B \in [1,\ n-1]$.

A2　计算椭圆曲线点 $R_A = r_A G = (x_1, y_1)$.

B2　计算椭圆曲线点 $R_B = r_B G = (x_2, y_2)$.

A3　将 R_A 发送给用户 B.

B3　将 R_B 发送给用户 A.

A4　从 R_A 中取出 x_1 转换为整数，并计算：
$$\overline{x_1} = 2^W + (x_1 \& (2^W - 1)).$$

B4　从 R_B 中取出 x_2 转换为整数，并计算：
$$\overline{x_2} = 2^W + (x_2 \& (2^W - 1)).$$

A5　计算：$t_A = (d_A + \overline{x_1} r_A) \bmod n$.

B5　计算；$t_B = (d_B + \overline{x_2} r_B) \bmod n$.

A6　接收 B 发来的 R_B。验证 R_B 是否满足椭圆曲线方程，若不满足则协商失败。否则将 x_2 转换为整数，并计算：
$$\overline{x_2} = 2^W + (x_2 \& (2^W - 1));$$

B6　接收 A 发来的 R_A。验证 R_A 是否满足椭圆曲线方程，若不满足则协商失败。否则，将 x_1 转换为整数，并计算：
$$\overline{x_1} = 2^W + (x_1 \& (2^W - 1)).$$

A7　计算椭圆曲线点：
$$U(x_U, y_U) = (h t_A)(P_B + \overline{x_2} R_B).$$
若 U 是无穷远点，则 A 协商失败。否则，将 x_U、y_U 转换为比特串。

B7　计算椭圆曲线点：
$$V(x_V, y_V) = (h t_B)(P_A + \overline{x_1} R_A).$$
若 V 是无穷远点，则 B 协商失败。否则，将 x_V，y_V 转换为比特串。

A8　计算 $K_A = KDF(x_U \parallel y_U \parallel Z_A \parallel Z_B, klen)$.
至此，用户 A 获得密钥 K_A.

B8　计算 $K_B = KDF(x_V \parallel y_V \parallel Z_A \parallel Z_B, klen)$.
至此，用户 B 获得密钥 K_B.

A9　（选项）计算：
$S_1 = \text{Hash}(0x02 \parallel y_U \parallel \text{Hash}(x_U \parallel Z_A \parallel Z_B \parallel x_1 \parallel y_2))$。接收 S_B，并检验 $S_1 = S_B$？若不相等，则 B 到 A 的密钥确认失败。若相等，则 B 到 A 的密钥确认成功，即 A 得知 B 已与他共享了密钥。

B9　（选项）计算：
$S_B = \text{Hash}(0x02 \parallel y_V \parallel \text{Hash}(x_V \parallel Z_A \parallel Z_B \parallel x_1 \parallel y_1 \parallel x_2 \parallel y_2))$，并将 S_B 发给 A.

A10　（选项）计算：
$S_A = \text{Hash}(0x03 \parallel y_U \parallel \text{Hash}(x_U \parallel Z_A \parallel Z_B \parallel x_1 \parallel y_1 \parallel x_2 \parallel y_2))$，并发 S_A 给 B.

B10　（选项）计算：
$S_2 = \text{Hash}(0x03 \parallel y_V \parallel \text{Hash}(x_V \parallel Z_A \parallel Z_B \parallel x_1 \parallel y_1 \parallel x_2 \parallel y_2))$。接收 S_A，并检验 $S_2 = S_A$？若不相等，则 A 到 B 的密钥确认失败。
若相等，则 A 到 B 的密钥确认成功。即 B 得知 A 已与他共享了密钥。从而密钥协商成功，A 和 B 共享了密钥 $K_A = K_B$.

图 10-4 给出了上述密钥交换协议的逻辑框图，结合框图可以更直观地理解密钥协商的原理和过程。

我们现在分析在协商成功的情况下，用户 A 和用户 B 获得了相同的密钥 $K_A = K_B$。

因为 $K_B = KDF(x_V \| y_V \| Z_A \| Z_B,\ klen)$，$K_A = KDF(x_U \| y_U \| Z_A \| Z_B,\ klen)$，所以要证明 $K_A = K_B$，只需证明 $U(x_U,\ y_U) = V(x_V,\ y_V)$。

一方面，因为 $V(x_V,\ y_V) = (ht_B)(P_A + \overline{x_1} R_A)$，$t_B = (d_B + \overline{x_2}\, r_B) \bmod n$，$R_A = r_A G$，$P_A = d_A G$，所以

$$V(x_V,\ y_V) = (ht_B)(P_A + \overline{x_1} R_A) = (h(d_B + \overline{x_2}\, r_B))(d_A G + \overline{x_1}\, r_A G) = (hd_B + h\,\overline{x_2}\, r_B)$$
$$(d_A G + \overline{x_1}\, r_A G) = hd_B d_A G + h\,\overline{x_2}\, r_B d_A G + hd_B \overline{x_1}\, r_A G + h\,\overline{x_2}\, r_B \overline{x_1}\, r_A G\,. \tag{10-16}$$

另一方面，因为 $U(x_U,\ y_U) = (ht_A)(P_B + \overline{x_2} R_B)$，$t_A = (d_A + \overline{x_1}\, r_A) \bmod n$，$R_B = r_B G$，$P_B = d_B G$，所以

$$U(x_U,\ y_U) = (ht_A)(P_B + \overline{x_2} R_B) = (h(d_A + \overline{x_1}\, r_A))(d_B G + \overline{x_2}\, r_B G) = (hd_A + h\,\overline{x_1}\, r_A)$$
$$(d_B G + \overline{x_2}\, r_B G) = hd_A d_B G + h\,\overline{x_1}\, r_A d_B G + hd_A \overline{x_2}\, r_B G + h\,\overline{x_1}\, r_A \overline{x_2}\, r_B G\,. \tag{10-17}$$

对比式 (10-16) 和式 (10-17) 可知：式 (10-16) 中的第 4 项等于式 (10-17) 中的第 4 项，式 (10-16) 中的第 3 项等于式 (10-17) 中的第 2 项，式 (10-16) 中的第 2 项等于式 (10-17) 中的第 3 项，式 (10-16) 中的第 1 项等于式 (10-17) 中的第 1 项。所以 $U(x_U,\ y_U) = V(x_V,\ y_V)$，因此 $K_A = K_B$。

这就证明了，在协商成功的情况下，用户 A 和用户 B 获得了相同的密钥 $K_A = K_B$。

下面分析协议中的选项 A9、A10、B9、B10 有什么作用。

前面已经证明了通过 A1–A8 和 B1–B8 步骤，A 和 B 已经得到共享的密钥 $K_A = K_B$。但是，此时 A 并未获得 B 的确认信息，B 也并未获得 A 的确认信息。因此，A 和 B 都不放心，需要双方进行密钥确认。这就像日常生活中，A 和 B 各自给对方寄了一个快递，都相信对方能够收到。但是在没有收到对方的签收信息时，仍是不放心的。只有收到对方的签收信息后才会放心。

因为 $K_B = KDF(x_V \| y_V \| Z_A \| Z_B,\ klen)$，$K_A = KDF(x_U \| y_U \| Z_A \| Z_B,\ klen)$，因此 $K_A = K_B$ 的前提是 $U(x_U,\ y_U) = V(x_V,\ y_V)$。据此，可通过验证 $U(x_U,\ y_U)$ 是否等于 $V(x_V,\ y_V)$，来告知对方自己是否已经共享了密钥。具体步骤是：A9 中 A 利用 $U(x_U,\ y_U)$ 计算出 S_1，B9 中 B 利用 $V(x_V,\ y_V)$ 计算出 S_B，B 把 S_B 发给 A，A 判断 $S_1 = S_B$？如果 $S_1 = S_B$，则肯定有 $U(x_U,\ y_U) = V(x_V,\ y_V)$，$K_A = K_B$。如果 $S_1 \neq S_B$，则极可能是 $U(x_U,\ y_U) \neq V(x_V,\ y_V)$，$K_A \neq K_B$。这样，A 就知道 B 是否与自己共享了密钥。同理，A10 中 A 利用 $U(x_U,\ y_U)$ 计算出 S_A，B10 中 B 利用 $V(x_V,\ y_V)$ 计算出 S_2，A 把 S_A 发给 B，B 判断 $S_2 = S_A$？如果 $S_2 = S_A$，则肯定有 $U(x_U,\ y_U) = V(x_V,\ y_V)$，$K_A = K_B$。如果 $S_2 \neq S_A$，则极可能是 $U(x_U,\ y_U) \neq V(x_V,\ y_V)$，$K_A \neq K_B$。这样，B 就知道 A 是否与自己共享了密钥。于是双方都放心了。

与 SM2 椭圆曲线密码加解密算法、数字签名算法一样，SM2 的密钥交换协议也采用了许多检错措施。如检验 R_A、R_B 满足曲线方程吗？检验 $U = 0$？检验 $V = 0$？这不仅提高了密钥交换协议的数据完整性和系统可靠性，而且也提高了密钥交换协议的安全性。当

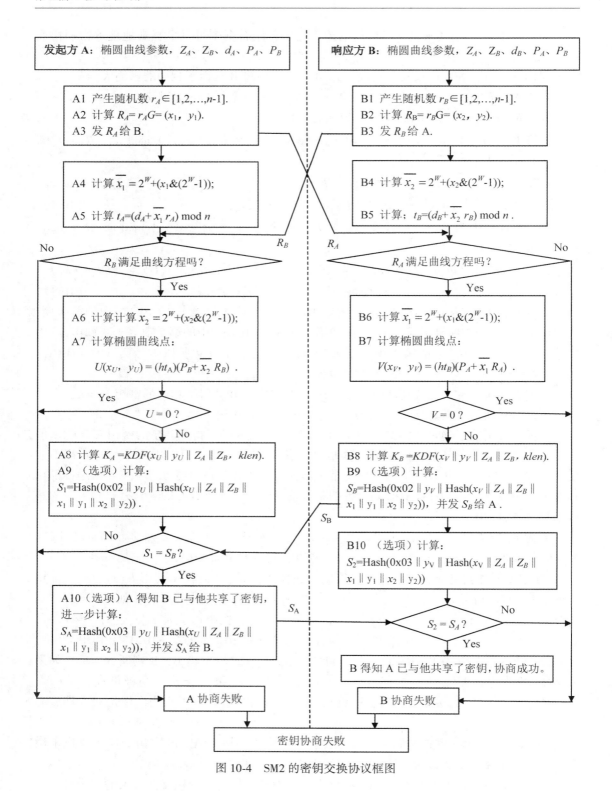

图 10-4　SM2 的密钥交换协议框图

然，这也增加了一定的资源消耗。

另外，在 SM2 的密钥交换协议中，K_A、K_B、S_1、S_2、S_A、S_B、的表达式中都包含了用户 A 和用户 B 的身份标识、公钥信息和椭圆曲线参数信息。这些措施起到一定的用户认证的作用，从而提高了安全性。但是，如果攻击者 T 是系统内部之人，他知道用户 A 和用户 B 的身份标识信息、公钥信息和椭圆曲线参数信息，因此他仍然可能进行中间人攻击。必须指出，在我国由系统内部之人进行中间人攻击的概率是很小的。所以，总体安全性提高了。

（3）密钥交换及验证示例。

为了读者在工程实现 SM2 密钥交换及验证算法时调试方便，我们介绍国家密码局给出的一个实现示例。

本示例选用 SM3 密码杂凑算法，记为 $H_{256}(\ )$，其输入是长度小于 2^{64} 的消息比特串，输出是长度为 256 比特的杂凑值。

本示例中，所有用 16 进制表示的数，左边为高位，右边为低位。

设用户 A 的身份是：ALICE123@ YAHOO. COM。用 ASCII 编码记 ID_A：414C 49434531 32334059 41484F4F 2E434F4D。$ENT\ L_A = 0090$。

设用户 B 的身份是：BILL456@ YAHOO. COM。用 ASCII 编码记 ID_B：42 494C4C34 35364059 41484F4F 2E434F4D。$ENT\ L_B = 0088$。

本示例中没有采用表 10-2 中的椭圆曲线，而采用了如下的一条椭圆曲线。

本示例为 F_p 上椭圆曲线密钥交换协议，其曲线参数如下：

椭圆曲线方程为：$y_2 = x_3 + ax + b$

素数 p：8542D69E 4C044F18 E8B92435 BF6FF7DE 45728391 5C45517D 722EDB8B 08F1DFC3

系数 a：787968B4 FA32C3FD 2417842E 73BBFEFF 2F3C848B 6831D7E0 EC65228B 3937E498

系数 b：63E4C6D3 B23B0C84 9CF84241 484BFE48 F61D59A5 B16BA06E 6E12D1DA 27C5249A

余因子 h：1

基点 $G = (x_G, y_G)$，其阶记为 n

坐标 x_G：421DEBD6 1B62EAB6 746434EB C3CC315E 32220B3B ADD50BDC 4C4E6C14 7FEDD43D

坐标 y_G：0680512B CBB42C07 D47349D2 153B70C4 E5D7FDFC BFA36EA1 A85841B9 E46E09A2

阶 n：8542D69E 4C044F18 E8B92435 BF6FF7DD 29772063 0485628D 5AE74EE7 C32E79B7

用户 A 的私钥 d_A：6FCBA2EF 9AE0AB90 2BC3BDE3 FF915D44 BA4CC78F 88E2F8E7 F8996D3B 8CCEEDEE

用户 A 的公钥 $P_A = (x_A, y_A)$：

坐标 x_A：3099093B F3C137D8 FCBBCDF4 A2AE50F3 B0F216C3 122D7942 5FE03A45

DBFE1655

坐标 y_A：3DF79E8D AC1CF0EC BAA2F2B4 9D51A4B3 87F2EFAF 48233908 6A27A8E0 5BAED98B

用户 B 的私钥 d_B：5E35D7D3 F3C54DBA C72E6181 9E730B01 9A84208C A3A35E4C 2E353DFC CB2A3B53

用户 B 的公钥 $P_B = (x_B, y_B)$：

坐标 x_B：245493D4 46C38D8C C0F11837 4690E7DF 633A8A4B FB3329B5 ECE604B2 B4F37F43

坐标 y_B：753C0869F 4B9E1777 3DE68FEC 45E14904 E0DEA45B F6CECF99 18C85EA0 47C60A4C

杂凑值 $Z_A = H_{256}(ENT\ L_A \parallel ID_A \parallel a \parallel b \parallel x_G \parallel y_G \parallel x_A \parallel y_A)$。

Z_A：E4D1D0C3 CA4C7F11 BC8FF8CB 3F4C02A7 8F108FA0 98E51A66 8487240F 75E20F31

杂凑值 $Z_B = H_{256}(ENT\ L_B \parallel ID_B \parallel a \parallel b \parallel x_G \parallel y_G \parallel x_B \parallel y_B)$。

Z_B：6B4B6D0E 276691BD 4A11BF72 F4FB501A E309FDAC B72FA6CC 336E6656 119ABD67

密钥交换协议中 A 方的第 1~3 步骤中的有关值：

产生随机数 r_A：83A2C9C8 B96E5AF7 0BD480B4 72409A9A 327257F1 EBB73F5B 073354B2 48668563

计算椭圆曲线点 $R_A = [r_A]G = (x_1, y_1)$：

坐标 x_1：6CB56338 16F4DD56 0B1DEC45 8310CBCC 6856C095 05324A6D 23150C40 8F162BF0

坐标 y_1：0D6FCF62 F1036C0A 1B6DACCF 57399223 A65F7D7B F2D9637E 5BBBEB85 7961BF1A

密钥交换协议中 B 方的第 1~9 步骤中的有关值如下：

产生随机数 r_B：33FE2194 0342161C 55619C4A 0C060293 D543C80A F19748CE 176D8347 7DE71C80

计算椭圆曲线点 $R_B = [r_B]G = (x_2, y_2)$：

坐标 x_2：1799B2A2 C7782953 00D9A232 5C686129 B8F2B533 7B3DCF45 14E8BBC1 9D900EE5

坐标 y_2：54C9288C 82733EFD F7808AE7 F27D0E73 2F7C73A7 D9AC98B7 D8740A91 D0DB3CF4

计算 $x_2^- = 2^{127} + (x_2 \& (2^{127} - 1))$：B8F2B533 7B3DCF45 14E8BBC1 9D900EE5

计算 $t_B = (d_B + x_2^- \cdot r_B) \bmod n$：2B2E11CB F03641FC 3D939262 FC0B652A 70ACAA25 B5369AD3 8B375C02 65490C9F

计算 $x_1^- = 2^{127} + (x_1 \& (2^{127} - 1))$：E856C095 05324A6D 23150C40 8F162BF0

计算椭圆曲线点 $[x_1]R_A = (x_{A0}, y_{A0})$：

坐标 x_{A0}：2079015F 1A2A3C13 2B67CA90 75BB2803 1D6F2239 8DD8331E 72529555

204B495B

坐标 y_{A0}：6B3FE6FB 0F5D5664 DCA16128 B5E7FCFD AFA5456C 1E5A914D 1300DB61 F37888ED

计算椭圆曲线点 $P_A+[x_1]R_A=(x_{A1}, y_{A1})$：

坐标 x_{A1}：1C006A3B FF97C651 B7F70D0D E0FC09D2 3AA2BE7A 8E9FF7DA F32673B4 16349B92

坐标 y_{A1}：5DC74F8A CC114FC6 F1A75CB2 86864F34 7F9B2CF2 9326A270 79B7D37A FC1C145B

计算 $V = [h \cdot t_B](P_A+[x_1^-]R_A) = (x_V, y_V)$：

坐标 x_V：47C82653 4DC2F6F1 FBF28728 DD658F21 E174F481 79ACEF29 00F8B7F5 66E40905

坐标 y_V：2AF86EFE 732CF12A D0E09A1F 2556CC65 0D9CCCE3 E249866B BB5C6846 A4C4A295

计算 $K_B=KDF(x_V \| y_V \| Z_A \| Z_B, klen)$：

$x_V \| y_V \| Z_A \| Z_B$：

847C82653 4DC2F6F1 FBF28728 DD658F21 E174F481 79ACEF29 00F8B7F5 66E40905

2AF86EFE 732CF12A D0E09A1F 2556CC65 0D9CCCE3 E249866B BB5C6846A4C4A295

E4D1D0C3 CA4C7F11 BC8FF8CB 3F4C02A7 8F108FA0 98E51A66 8487240F 75E20F31

6B4B6D0E 276691BD 4A11BF72 F4FB501A E309FDAC B72FA6CC 336E6656 119ABD67

$klen = 128$

共享密钥 K_B：55B0AC62 A6B927BA 23703832 C853DED4

计算选项 $S_B = Hash(0x02 \| y_V \| Hash(x_V \| Z_A \| Z_B \| x_1 \| y_1 \| x_2 \| y_2))$：

$x_V \| Z_A \| Z_B \| x_1 \| y_1 \| x_2 \| y_2$：

47C82653 4DC2F6F1 FBF28728 DD658F21 E174F481 79ACEF29 00F8B7F5 66E40905

E4D1D0C3 CA4C7F11 BC8FF8CB 3F4C02A7 8F108FA0 98E51A66 8487240F 75E20F31

6B4B6D0E 276691BD 4A11BF72 F4FB501A E309FDAC B72FA6CC 336E6656 119ABD67

6CB56338 16F4DD56 0B1DEC45 8310CBCC 6856C095 05324A6D 23150C40 8F162BF0

0D6FCF62 F1036C0A 1B6DACCF 57399223 A65F7D7B F2D9637E 5BBBEB85 7961BF1A

1799B2A2 C7782953 00D9A232 5C686129 B8F2B533 7B3DCF45 14E8BBC1 9D900EE5

54C9288C 82733EFD F7808AE7 F27D0E73 2F7C73A7 D9AC98B7 D8740A91 D0DB3CF4

$Hash(x_V \| Z_A \| Z_B \| x_1 \| y_1 \| x_2 \| y_2)$：

FF49D95B D45FCE99 ED54A8AD 7A709110 9F513944 42916BD1 54D1DE43 79D97647

$0x02 \| y_V \| Hash(x_V \| Z_A \| Z_B \| x_1 \| y_1 \| x_2 \| y_2)$：

02 2AF86EFE 732CF12A D0E09A1F 2556CC65 0D9CCCE3 E249866B BB5C6846 A4C4A295

FF49D95B D45FCE99 ED54A8AD 7A709110 9F513944 42916BD1 54D1DE43 79D97647

选项 S_B：284C8F19 8F141B50 2E81250F 1581C7E9 EEB4CA69 90F9E02D F388B454 71F5BC5C

密钥交换协议中 A 方的第 4~10 步骤中的有关值如下：

计算 $x_1^- = 2^{127}+(x_1 \& (2^{127}-1))$：E856C095 05324A6D 23150C40 8F162BF0

计算 $t_A = (d_A+x_1^- \cdot r_A) \bmod n$：236CF0C7 A177C65C 7D55E12D 361F7A6C 174A7869 8AC099C0 874AD065 8A4743DC

计算 $x_2^- = 2^{127}+(x_2 \& (2^{127}-1))$：B8F2B533 7B3DCF45 14E8BBC1 9D900EE5

计算椭圆曲线点 $[x_2^-]R_B = (x_{B0}, y_{B0})$：

坐标 x_{B0}：66864274 6BFC066A 1E731ECF FF51131B DC81CF60 9701CB8C 657B25BF 55B7015D

坐标 y_{B0}：1988A7C6 81CE1B50 9AC69F49 D72AE60E 8B71DB6C E087AF84 99FEEF4C CD523064

计算椭圆曲线点 $P_B+[x_2^-]R_B = (x_{B1}, y_{B1})$：

坐标 x_{B1}：7D2B4435 10886AD7 CA3911CF 2019EC07 078AFF11 6E0FC409 A9F75A39 01F306CD

坐标 y_{B1}：331F0C6C 0FE08D40 5FFEDB30 7BC255D6 8198653B DCA68B9C BA100E73 197E5D24

计算 $U=[h \cdot t_A](P_B+[x_2^-]R_B) = (x_U, y_U)$：

坐标 x_U：47C82653 4DC2F6F1 FBF28728 DD658F21 E174F481 79ACEF29 00F8B7F5 66E40905

坐标 y_U：2AF86EFE 732CF12A D0E09A1F 2556CC65 0D9CCCE3 E249866B BB5C6846 A4C4A295

计算 $K_A=KDF(x_U \parallel y_U \parallel Z_A \parallel Z_B, klen)$：

$x_U \parallel y_U \parallel Z_A \parallel Z_B$：

947C82653 4DC2F6F1 FBF28728 DD658F21 E174F481 79ACEF29 00F8B7F5 66E40905

2AF86EFE 732CF12A D0E09A1F 2556CC65 0D9CCCE3 E249866B BB5C6846 A4C4A295

E4D1D0C3 CA4C7F11 BC8FF8CB 3F4C02A7 8F108FA0 98E51A66 8487240F 75E20F31

6B4B6D0E 276691BD 4A11BF72 F4FB501A E309FDAC B72FA6CC 336E6656 119ABD67

$klen=128$

共享密钥 K_A：55B0AC62 A6B927BA 23703832 C853DED4

计算选项 $S_1=Hash(0x02 \parallel y_U \parallel Hash(x_U \parallel Z_A \parallel Z_B \parallel x_1 \parallel y_1 \parallel x_2 \parallel y_2))$：

$x_U \parallel Z_A \parallel Z_B \parallel x_1 \parallel y_1 \parallel x_2 \parallel y_2$：

47C82653 4DC2F6F1 FBF28728 DD658F21 E174F481 79ACEF29 00F8B7F5 66E40905

E4D1D0C3 CA4C7F11 BC8FF8CB3F4C02A7 8F108FA0 98E51A66 8487240F 75E20F31

6B4B6D0E 276691BD 4A11BF72 F4FB501A E309FDAC B72FA6CC 336E6656 119ABD67

6CB56338 16F4DD56 0B1DEC45 8310CBCC 6856C095 05324A6D 23150C40 8F162BF0

0D6FCF62 F1036C0A 1B6DACCF 57399223 A65F7D7B F2D9637E 5BBBEB85 7961BF1A

1799B2A2 C7782953 00D9A232 5C686129 B8F2B533 7B3DCF45 14E8BBC1 9D900EE5

54C9288C 82733EFD F7808AE7 F27D0E73 2F7C73A7 D9AC98B7 D8740A91 D0DB3CF4

$Hash(x_U \parallel Z_A \parallel Z_B \parallel x_1 \parallel y_1 \parallel x_2 \parallel y_2)$：

FF49D95B D45FCE99 ED54A8AD 7A709110 9F513944 42916BD1 54D1DE43 79D97647

$0x02 \parallel y_U \parallel Hash(x_U \parallel Z_A \parallel Z_B \parallel x_1 \parallel y_1 \parallel x_2 \parallel y_2)$：

02 2AF86EFE 732CF12A D0E09A1F 2556CC65 0D9CCCE3 E249866B BB5C6846 A4C4A295

FF49D95B D45FCE99 ED54A8AD 7A709110 9F513944 42916BD1 54D1DE43 79D97647

选项 S_1：284C8F19 8F141B50 2E81250F 1581C7E9 EEB4CA69 90F9E02D F388B454 71F5BC5C

计算选项 $S_A = Hash(0x03 \parallel y_U \parallel Hash(x_U \parallel Z_A \parallel Z_B \parallel x_1 \parallel y_1 \parallel x_2 \parallel y_2))$：

$x_U \parallel Z_A \parallel Z_B \parallel x_1 \parallel y_1 \parallel x_2 \parallel y_2$：

47C82653 4DC2F6F1 FBF28728 DD658F21 E174F481 79ACEF29 00F8B7F5 66E40905

E4D1D0C3 CA4C7F11 BC8FF8CB 3F4C02A7 8F108FA0 98E51A66 8487240F 75E20F31

6B4B6D0E 276691BD 4A11BF72 F4FB501A E309FDAC B72FA6CC 336E6656 119ABD67

6CB56338 16F4DD56 0B1DEC45 8310CBCC 6856C095 05324A6D 23150C40 8F162BF0

0D6FCF62 F1036C0A 1B6DACCF 57399223 A65F7D7B 2D9637E 5BBBEB85 7961BF1A

1799B2A2 C7782953 00D9A232 5C686129 B8F2B533 7B3DCF45 14E8BBC1 9D900EE5

54C9288C 82733EFD F7808AE7 F27D0E73 2F7C73A7 D9AC98B7 D8740A91 D0DB3CF4

$Hash(x_U \parallel Z_A \parallel Z_B \parallel x_1 \parallel y_1 \parallel x_2 \parallel y_2)$：

FF49D95B D45FCE99 ED54A8AD 7A709110 9F513944 42916BD1 54D1DE43 79D97647

$0x03 \parallel y_U \parallel Hash(x_U \parallel Z_A \parallel Z_B \parallel x_1 \parallel y_1 \parallel x_2 \parallel y_2)$：

03 2AF86EFE 732CF12A D0E09A1F 2556CC65 0D9CCCE3 E249866B BB5C6846 A4C4A295

FF49D95B D45FCE99 ED54A8AD 7A709110 9F513944 42916BD1 54D1DE43 79D97647

选项 S_A：23444DAF 8ED75343 66CB901C 84B3BDBB 63504F40 65C1116C 91A4C006 97E6CF7A

密钥交换协议中 B 方第 10 步骤中的有关值如下：

计算选项 $S_2 = Hash(0x03 \parallel y_V \parallel Hash(x_V \parallel Z_A \parallel Z_B \parallel x_1 \parallel y_1 \parallel x_2 \parallel y_2))$：

$x_V \parallel Z_A \parallel Z_B \parallel x_1 \parallel y_1 \parallel x_2 \parallel y_2$：

47C82653 4DC2F6F1 FBF28728 DD658F21 E174F481 79ACEF29 00F8B7F5 66E40905

E4D1D0C3 CA4C7F11 BC8FF8CB 3F4C02A7 8F108FA0 98E51A66 8487240F 75E20F31

6B4B6D0E 276691BD 4A11BF72 F4FB501A E309FDAC B72FA6CC 336E6656 119ABD67

106CB56338 16F4DD56 0B1DEC45 8310CBCC 6856C095 05324A6D 23150C40 8F162BF0

0D6FCF62 F1036C0A 1B6DACCF 57399223 A65F7D7B 2D9637E 5BBBEB85 7961BF1A

1799B2A2 C7782953 00D9A232 5C686129 B8F2B533 7B3DCF45 14E8BBC1 9D900EE5

54C9288C 82733EFD F7808AE7 F27D0E73 2F7C73A7 D9AC98B7 D8740A91 D0DB3CF4

$Hash(x_V \parallel Z_A \parallel Z_B \parallel x_1 \parallel y_1 \parallel x_2 \parallel y_2)$：

FF49D95B D45FCE99 ED54A8AD 7A709110 9F513944 42916BD1 54D1DE43 79D97647

$0x03 \parallel y_V \parallel Hash(x_V \parallel Z_A \parallel Z_B \parallel x_1 \parallel y_1 \parallel x_2 \parallel y_2)$：

03 2AF86EFE 732CF12A D0E09A1F 2556CC65 0D9CCCE3 E249866B BB5C6846

A4C4A295

FF49D95B　D45FCE99　ED54A8AD　7A709110　9F513944　42916BD1　54D1DE43　79D97647

选项 S_2：

23444DAF　8ED75343　66CB901C　84B3BDBB　63504F40　65C1116C　91A4C006　97E6CF7A

10.2.5　密钥的存储与备份

密钥的安全存储是密钥管理中的一个十分重要的环节，而且也是比较困难的一个环节。所谓密钥的安全存储就是要确保密钥在存储状态下的秘密性、完整性和可用性。安全可靠的存储介质是密钥安全存储的物质条件，安全严密的访问控制是密钥安全存储的管理条件。只有当这两个条件同时具备时，才能确保密钥的安全存储。

为了进一步确保密钥和加密数据的安全，对密钥进行备份是必要的。目的是一旦密钥遭到毁坏，可利用备份的密钥恢复出原来的密钥和被加密的数据，避免造成损失。密钥备份本质上也是一种密钥存储。

1. 密钥的存储

密钥的存储形态有以下几种：

① 明文形态：明文形式的密钥。

② 密文形态：被加密过的密钥。

③ 分量形态：密钥分量不是密钥本身，而是用于产生密钥的部分参数。只有在所有密钥分量的共同作用下，才能产生出真正的密钥。只有一个或部分密钥分量，不能产生出真正的密钥。而且只知道了其中一个或部分密钥分量，也不能求出其余的密钥分量。例如，设 $K = K_1 \oplus K_2$，则 K_1 和 K_2 都是密钥分量，它们共同作用，可以产生出真正的密钥 K。只有 K_1 或 K_2 都不能产生出真正的密钥 K。而且知道了 K_1 和 K_2 中的一个，也不能求出另一个。

不同级别的密钥应当采用不同的存储形态，密钥的不同的形态应当采取不同的存储方式。

（1）高级密钥（主密钥）的存储。

高级密钥是系统中最高级的密钥，主要用于对中级密钥和初级密钥进行保护。高级密钥的安全性要求最高，而且生命周期很长，需要采取最安全的存储方法。

由于高级密钥是系统中最高级的密钥，所以它只能以明文形态存储，否则便不能工作。这就要求存储器必须是高度安全的，物理上是安全的，而且逻辑上也是安全的。通常是将其存储在专用密码装置中，而且施加严密的访问控制。

（2）中级密钥的存储。

中级密钥可以以明文形态存储，也可以以密文形态存储。但是，如果以明文形态存储，则要求存储器必须是高度安全的，最好是与高级密钥一样将其存储在专用密码装置中，而且施加严密的访问控制。如果以密文形态存储，则对存储器的要求降低。通常采用以高级密钥加密的形式存储中级密钥。这样可减少明文形态密钥的数量，便于管理，有利于安全。

（3）初级密钥的存储。

初级文件密钥和初级会话密钥是两种性质不同的初级密钥，因此其存储方式也不相同。

由于初级文件密钥的生命周期与受保护的文件的生命周期一样长，有时会很长。因此初级文件密钥需要妥善的存储。初级文件密钥一般采用密文形态存储，通常采用以中级文件密钥加密的形式存储初级文件密钥。

由于初级会话密钥按"一次一密"的方式工作，使用时动态产生，使用完毕后即销毁，生命周期很短。因此，初级会话密钥的存储空间是工作存储器，应当确保工作存储器的安全。

2. 密钥的备份与恢复

密钥的备份是确保密钥和数据安全的一种有备无患的措施。备份的方式有多种，除了用户自己备份外，还可以交由可信任的第三方进行备份。还可以以密钥分量形态委托密钥托管机构备份或以门限方案进行密钥分量的分享方式备份。因为有了备份，所以在需要时可以恢复密钥，从而避免损失。

不管以什么方式对密钥进行备份，都应当遵循以下原则：

①密钥的备份应当是异设备备份，甚至是异地备份。因为如果是同设备备份，当密钥存储设备出现故障或遭受攻击时，备份的密钥也将毁坏，因此不能起到备份的作用。美国9·11事件后，人们意识到对于重要数据应当异地备份。像密钥这样的重要数据，更应当采取异地备份，避免因场地被攻击而使存储和备份的密钥同归于尽。但是异地备份带来的管理问题(如刷新，更换，恢复等)是复杂的，成本也很高。

②备份的密钥应当受到与存储密钥一样的保护，包括物理的安全保护和逻辑的安全保护。

③为了减少明文形态的密钥的数量，一般都采用高级密钥保护低级密钥的密文形态进行备份。

④对于高级密钥，不能采用密文形态备份。为了进一步增强安全，可采用多个密钥分量的形态进行备份(密钥托管方式或门限分享方式)。每一个密钥分量应分别备份到不同的设备或不同的地点，并且分别指定专人负责。

⑤密钥的备份应当方便恢复，密钥的恢复应当经过授权而且要遵循安全的规章制度。

⑥密钥的备份和恢复都要记录日志，并进行审计。

10.2.6 密钥更新

密钥的更新是密钥管理中非常麻烦的一个环节，必须周密计划、谨慎实施。当密钥的使用期限已到，或怀疑密钥泄露时密钥必须更新。密钥更新是密码安全的一个基本原则。密钥更新越频繁，就越安全，但是也就越麻烦。

(1)高级密钥的更新。

高级密钥是系统中的最高级密钥，由它保护着中级密钥和初级密钥。高级密钥的生命周期很长，因此由于使用期限到期而更新主密钥的时间间隔是很长的。无论是因为使用期限已到或怀疑密钥泄露而更新高级密钥，都必须采用重新产生并安装，其安全要求与其初次安装一样。值得注意的是，高级密钥的更新将导致受其保护的中级密钥和初级密钥都要更新。可见高级密钥的更新是很麻烦的。因此，应当采取周密措施确保高级密钥的安全，并且尽量减少主密钥更新的次数。

（2）中级密钥的更新。

当中级密钥使用期限到期或怀疑中级密钥泄露时要更新中级密钥。这就要求重新产生中级密钥，并妥善安装，其安全要求与其初次安装一样。当高级密钥更新时，一般要求受高级密钥保护的中级密钥也更新。同样，中级密钥的更新也将要求受其保护的初级密钥也更新。在初级文件密钥的更新时，必须将原来的密文文件解密并用新的初级文件密钥重新加密，这是非常麻烦的事。

（3）初级密钥的更新。

初级会话密钥采用一次一密的方式工作，因此更新是极容易的。

而初级文件密钥的更新却要麻烦得多。这是因为，初级文件密钥更新时，必须将原来的密文文件解密并用新的初级文件密钥重新加密。

10.2.7　密钥的终止和销毁

密钥的终止和销毁同样是密钥管理中的重要环节，但是由于种种原因这一环节往往容易被忽视。

当密钥的使用期限到期时，必须终止使用该密钥，并更换新密钥。终止使用的密钥，一般并不要立即销毁，而需要再保留一段时间然后再销毁。这是为了确保受其保护的其他密钥和数据得以妥善处理。只要密钥尚未销毁，就必须对其进行保护，丝毫不能疏忽大意。

密钥销毁要彻底清除密钥的一切存储形态和相关信息，使得恢复这一密钥成为不可能。这里既包括处于产生、分配、存储和工作状态的密钥及相关信息，也包括处于备份状态的密钥和相关信息。

值得注意的是，要采用妥善的清除存储器的方法。对于磁记录存储器，简单地删除、清0或写1都是不安全的。

10.2.8　专用密码装置

专用密码装置是一种专用的高安全性和高可靠性的密码硬件设备。其主要功能是产生密钥，存储密钥，加密，解密，数字签名，验证签名，产生随机数，等等。如果网络系统的各个站点上都配置了专用密码装置，则其密钥的产生、分配、存储、加密、解密、数字签名、验证签名等密码操作将变得既方便又安全。

专用密码装置通常是一种物理安全的专用于密码操作的计算机系统，可以是一台独立的专用的计算机，也可是一袖珍式专用计算机，还可以是一种大规模集成电路的 SOC（System on Chip）模块。图 10-5 给出一种专用密码装置的结构。

①由于专用密码装置本质上就是一种专门用于密码处理的高安全性和高可靠性的计算机系统。因此，CPU、各种存储器、I/O 接口、操作系统和专用控制软件等基本资源是必需的。

②因为是要进行密码处理，因此传统密码和公钥密码以及相应的密钥是必需的。不仅

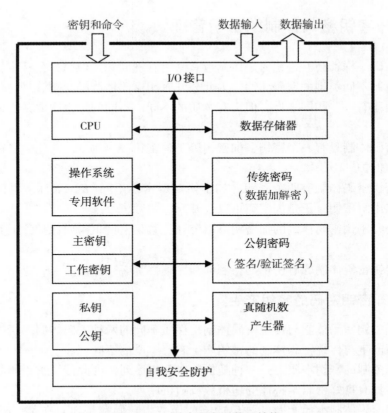

图 10-5　一种专用密码装置结构

要求密码算法是强的，而且都采用硬件密码系统，以确保密码运算的高速度和高安全。传统密码用于数据加解密，公开密钥密码主要用于数字签名和认证。经过授权，才允许更换密码算法，而且必须按规定的程序和要求进行更换。

③支持从外部注入密钥，但是注入密钥的操作只有经过授权才能进行，而且密钥只能输入，不能输出。一个密钥一旦注入到密码专用装置内部，就永远不能以明文形式输出，直至密钥销毁。另外还支持在专用密码装置内部产生密钥。密钥在内部产生、存储和应用，其安全性更高。

④由于要产生密钥，所以真随机序列产生器是必需的。在专用密码装置中一般都采用基于电子学噪声源的真随机序列产生器。

⑤专用密码装置的操作命令必须是经过认真设计和形式化验证的，以确保命令的应用是没有漏洞的，非授权者不能通过合法访问的组合，得到他无权访问的信息。

⑥专用密码装置必须能够抵御硬件攻击、软件攻击和逻辑攻击。

⑦专用密码装置必须具有一套周密的自我安全防护机制。在硬件和软件上都是安全的、稳定可靠的，能够抵抗侧信道攻击、非入侵式攻击，能够检测环境（如电压、温度等）异常，并能够采取安全保护措施。在特殊情况时，专用密码装置应当是可自毁的[152]。

10.3 公开密钥密码体制的密钥管理

和传统密码一样，公开密钥密码体制也有密钥管理问题。但是，公开密钥密码体制是与传统密码体制不同类型的密码体制，因此公开密钥密码体制的密钥管理与传统密码体制的密钥管理相比有一些相同之处，但又有本质的不同。不同的原因主要是它们的密钥种类和性质不同。

①传统密码体制只有一个密钥，加密钥等于解密钥$(K_e = K_d)$。因此，密钥的秘密性和完整性都必须保护。

②公开密钥密码体制有两个密钥，加密钥与解密钥不同$(K_e \neq K_d)$，而且由加密钥在计算上不能求出解密钥，于是加密钥可以公开。

③虽然公开密钥密码体制的加密钥可以公开，其秘密性不需要保护，但其完整性却必须严格保护。

④公开密钥密码体制的解密钥的秘密性和完整性都必须保护。

10.3.1 公开密钥密码的密钥产生

由于公开密钥密码体制与传统密码体制是性质不同的两种密码体制，所以公开密钥密码体制的密钥产生与传统密码体制的密钥产生有着本质的不同。

传统密码体制的密钥本质上是一种随机数或随机序列，因此传统密码体制的密钥产生本质上是产生具有良好密码学特性的随机数或随机序列。

公开密钥密码体制本质上是一种单向陷门函数，它们都是建立在某一数学难题之上的。不同的公开密钥密码体制所依据的数学难题不同，因此其密钥产生的具体要求和方法也不同。但是，它们都必须满足密码安全性和应用的有效性对密钥所提出的要求。

例如，对于 RSA 密码体制，其秘密钥为$<p, q, \varphi(n), d>$，公开钥为$<n, e>$，因此其密钥的产生主要是根据安全性和工作效率来合理的产生这些密钥参数。p 和 q 越大则越安全，但工作效率就越低。反之，p 和 q 越小则工作效率就越高，但安全性就越低。根据目前的因子分解能力，p 和 q 至少要有 512~1024 位长，以使 n 至少有 1024~2048 位长；p 和 q 要随机产生；p 和 q 的差要大；$(p-1)$ 和 $(q-1)$ 的最大公因子要小；e 和 d 都不能太小，等等。

对于椭圆曲线密码，在 SEC 1 的椭圆曲线密码标准（草案）中规定，一个椭圆曲线密码由下面的六元组所描述：

$$T = <p, a, b, G, n, h>$$

其中，p 为大于 3 素数，p 确定了有限域 $GF(p)$；元素 a，$b \in GF(p)$，a 和 b 确定了椭圆曲线；G 为循环子群 E_1 的生成元，n 为素数且为生成元 G 的阶。

用户的私钥定义为一个随机数 d，

$$d \in \{1, 2, \cdots, n-1\}。$$

用户的公开钥定义为 Q 点：

$$Q = dG$$

由此可见，对于椭圆曲线密码，其用户的私钥 d 和公钥 Q 的生成并不困难，困难的是其系统参数<p，a，b，G，n>的选取。也就是椭圆曲线的选取比较困难，困难在于所选曲线的参数要满足安全性和效率两个方面的要求。一般认为，目前椭圆曲线的参数 n 和 p 的规模应大于 160 位。参数的规模越大，越安全，但曲线选择越困难，而且密码的资源消耗也越大。

美国信息技术研究所 NIST 向社会推荐了 15 条椭圆曲线[74]，我国密码局也给出了推荐的椭圆曲线。

10.3.2　公开密钥的分配

和传统密码一样，公开密钥密码体制在应用时也需要首先进行密钥分配。但是，公开密钥密码体制的密钥分配与传统密码体制的密钥分配有着本质的差别。由于传统密码体制中只有一个密钥，因此在密钥分配中必须同时确保密钥的秘密性和完整性。而公开密钥密码体制中有两个密钥，在密钥分配时必须确保其保密的解密钥的秘密性和完整性。因为公开的加密钥是公开的，因此分配公钥时，不需要确保其秘密性。然而，却必须确保公钥的完整性，绝对不允许攻击者替换或篡改用户的公开钥。

如果公钥的完整性受到危害，则基于公钥的各种应用的安全性将受到危害。例如，攻击者按下列方法进行攻击便可以获得成功。

① 攻击者 C 在公钥库 **PKDB** 中用自己的公钥 K_{eC} 替换用户 A 的公钥 K_{eA}，并用自己的保密的解密钥签名一个消息冒充用户 A 发给用户 B。根据通信协议，用户 B 要验证签名。因为此时 **PKDB** 中 A 的公钥已经替换为 C 的公钥，故验证为真。从而使用户 B 相信收到的消息确实是用户 A 所发。这样，攻击者 C 冒充用户 A 获得成功，如图 10-6 所示。

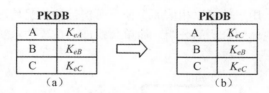

图 10-6　攻击者篡改 **PKDB**

② 此后，若用户 B 要发送加密的消息给用户 A，则 B 要用 A 的公钥进行加密，但 A 的公钥已被换成 C 的公钥，因此 B 实际上是用 C 的公钥进行了加密。

③ 攻击者 C 从网络上截获 B 发给 A 的密文。由于这密文实际上是用 C 的公钥加密的，所有 C 可以解密。A 反而不能正确解密。

因此，公钥的分配远不像在电话簿上公布电话号码那样简单，它需要以某种特定的方式来分配。对于只有少量用户的系统，可以采用简单的人工分配的方式。但是对于有大量用户的系统，人工分配是不切实际的。目前主要采用公钥证书的方式来分配。

上面的攻击之所以能够成功，主要是因为公钥库 **PKDB** 的管理存在以下弱点：

①对存入 **PKDB** 的公钥没有采取保护措施，致使公钥被替换而不能发现；

②存入 **PKDB** 的公钥与所有者的标识符之间没有绑定关系，致使 A 的公钥替换成 C 的公钥后不能发现公钥与所有者的标识符之间的对应关系被破坏。

我们知道，数字签名技术可以确保数据的真实性、完整性，防止对数据的篡改，所以可以采用数字签名来保护公钥库 **PKDB**，就可以克服上述两个弱点，确保公钥的安全分配。这方面的一系列有效技术构成了公开密钥基础设施 PKI。

10.3.3　公开密钥基础设施 PKI

公钥证书、证书管理机构、证书管理系统、围绕证书服务的各种软硬件设备以及相应的法律基础共同组成公开密钥基础设施 **PKI**(Public Key Infrastructure)[153]。公开密钥基础设施 **PKI** 提供支持公开密钥密码应用(加密与解密、签名与验证签名)的密钥基础服务。本质上，**PKI** 是一种标准的公钥密码的密钥管理平台。

公钥证书是 **PKI** 中最基础的组成部分。此外，**PKI** 还包括签发证书的机构(**CA**)，注册登记证书的机构(**RA**)，存储和发布证书的目录，时间戳服务，管理证书的各种软件和硬件设备，证书管理与应用的各种标准、政策和法律。所有这些共同构成了 **PKI**。

1. 证书

一般来讲，证书是一个数据结构，是一种由一个可信任的权威机构签署的信息集合。签署证书的权威机构被称为 **CA**(Certification Authority)。在不同的应用中有不同的证书，这里只讨论公钥证书 PKC。

公钥证书 **PKC** 是一种包含持证主体标识、持证主体公钥等信息，并由可信任的签证机构(**CA**)签署的信息集合。公钥证书主要用于确保公钥及其与所有者之间绑定关系的安全。公钥证书的持证主体可以是人、设备、组织机构或其他主体。公钥证书以明文的形式进行存储和分配。任何一个用户只要知道签证机构的公钥，就能验证对证书的签名的合法性。如果验证正确，那么用户就可以相信那个证书所携带的公钥是真实的，而且这个公钥就是证书所标识的那个主体的合法的公钥。简单公钥证书系统的示意图由图 10-7 给出。

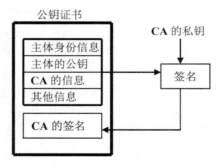

图 10-7　简单公钥证书示意图

日常生活中有许多使用证书的例子，例如汽车驾驶执照。驾驶执照由可信的公安机关签发，以标识驾驶员的驾驶资格。由于有公安机关的签章，任何人都可以验证驾驶执照的真实性。又由于驾驶执照上印有驾驶员的照片，从而实现驾驶员与驾驶执照之间的严格绑定。

公钥证书包含持证主体的标识、公钥等相关信息，并经过签证机构施加数字签名保护。任何知道签证机构公钥的人都可验证签名的真伪，从而确保公钥的真实性、确保公钥与持证主体之间的严格绑定。

有了公钥证书系统后，如果某个用户需要任何其他已向 CA 注册的用户的公钥，可向持证人（或证书机构）直接索取其公钥证书，并用 CA 的公钥验证 CA 的签名，从而获得可信的公钥。由于公钥证书不需要保密，可以在公网上分发，从而实现公钥的安全分配。又由于公钥证书有 CA 的签名，攻击者不能伪造合法的公钥证书。因此，只要 CA 是可信的，公钥证书就是可信的。其中 CA 公钥的获得也是通过证书方式进行的，为此 CA 也为自己颁发公钥证书。

使用公钥证书的主要好处是用户只要获得 CA 的公钥，就可以安全地获得其他用户的公钥。因此公钥证书为公钥的分发奠定了安全的基础，成为公开密钥密码在大型网络信息系统中应用的关键技术。这就是电子政务、电子商务、电子金融等大型网络应用系统都采用公钥证书技术的原因。

美国是最早推动 PKI 建设的国家。1998 年中国的电信行业建立了我国第一个行业 CA，此后金融、工商、外贸、海关和一些省市也建立了自己的行业 CA 或地方 CA。PKI 已经成为世界各国发展电子商务、电子政务、电子金融的基础设施。

2. 签证机构 CA

在 PKI 中，CA 负责签发证书、管理和撤销证书。CA 严格遵循证书策略机构所制定的策略签发证书。CA 是所有注册用户所信赖的权威机构。

CA 在给用户签发证书时要加上自己的签名，以确保证书信息的真实性。为了方便用户对证书的验证，CA 也给自己签发证书。这样，整个公钥的分配都通过证书形式进行。

对于大范围的应用，一个 CA 是远远不够的，往往需要许多 CA。例如对于某一行业，国家建立一个最高级的 CA，称为根 CA。每个省建立一个省 CA，每个地市也都可以建立 CA，甚至一个企业也可以建立自己的 CA。不同的 CA 服务于不同的范围，履行不同的职责。

3. 注册机构 RA

RA（Registration Authority）是专门负责受理用户申请证书的机构。根据分工，RA 并不签发证书，而是负责对证书申请人的合法性进行审核，并决定是批准或拒绝证书申请。证书的签发由 CA 进行。

RA 的主要功能如下：

①接收证书申请人的注册信息，并对其合法性进行审核；

②批准或拒绝证书的申请；

③批准或拒绝恢复密钥的申请；

④批准或拒绝撤销证书的申请。

对于一个小范围的系统，由 CA 兼管 RA 的职能是可以的。但随着用户的增多，CA 与 RA 应当职责分开。这样既有利于提高效率，又有利于安全。一个 CA 可以对应多个 RA，而且这些 RA 在地理上是分散的，以方便用户申请。申请注册可以用在线方式或离线方式。

4. 证书的签发

经过 RA 的注册批准后，便可向 CA 申请签发证书。与注册方式一样，向 CA 申请签发证书可以在线申请，也可以离线申请。

CA 签发证书的过程如下：

①用户向 CA 提交 RA 的注册批准信息及自己的身份等信息（或由 RA 向 CA 提交）；

②CA 验证所提交信息的正确性和真实性；

③CA 为用户产生密钥，或由用户自己提供密钥经 CA 验证，并进行备份；

④CA 生成证书，并施加签名；

⑤将证书的一个副本交给用户，并存档入库。

密钥产生是证书签发过程中的重要步骤。有两种方式来产生密钥，一种方式是由用户自己来产生密钥，另一种方式是由 CA 来产生密钥。由用户自己产生密钥的优点是方便，特别是私钥一产生便由用户自己保存，保密性好。由 CA 来产生密钥的优点是密钥一产生便可进行备份，减少了中间环节，另外 CA 往往具有更高效的密钥产生软件或硬件设备。

在实际应用中，用户丢失或损坏密钥（私钥）的事情是不可避免的。如果是损坏了解密密钥，则原来加密的数据都将不能解密。如果是丢失泄露了解密密钥，则原来加密的数据都将会泄露。如果是损坏了签名密钥，则不能再进行正确的签名。如果是丢失或泄露了签名密钥，则签名将会被伪造。这都将给用户造成很大的损失。

一种解决的方法是建立一个密钥备份与恢复服务器，在 CA 为用户签发证书时，将密钥进行备份，以便事故发生时进行密钥恢复。注意，密钥的备份和恢复是十分重要且复杂的问题，必须制定出严密的规章制度，严格照章办理。

如果用于数字签名的私钥损坏或泄露，只能撤销原证书，办理新证书。如果用于数据解密的私钥不能恢复，也只能撤销原证书，办理新证书。

另外，当证书规定的私钥有效期（如果有的话）到期时，必须更换密钥。这也是密钥管理的一个重要内容。

由此可见，CA 的一个重要职责是密钥管理，负责密钥的产生、备份和恢复、更新等职能。因此，密钥管理系统就成为 PKI 的一个重要组成部分。

5. 证书的目录

证书产生之后，必须以一定的方式存储和发布，以便于使用。

为了方便证书的查询和使用，CA 采用证书目录的方式集中存储和管理证书。通常采用建立目录服务器证书库的方式为用户提供证书服务。为了应用的方便，证书目录不仅存储管理用户的证书，还同时存储用户的一些非保密的相关信息（如个人网站地址等）。因为证书本身是非保密的，因此证书目录也是非保密的。证书目录作为证书管理和发布的集中点，成为 PKI 的一个重要组成部分。

关于证书目录，目前尚没有一个统一的标准。人们对 X. 500 标准进行了简化和改进，开发了一个用于 Internet 环境的目录存取协议，并称为轻型目录存取协议 LDAP（Lightweight Directory Access Protocol）[154]。LDAP 协议不是针对特定目录的，因此适应面宽，互操作性好。

根据以上讨论，可以将一种可行的证书申请、产生的过程总结如下：

①申请用户向 **RA** 申请注册；

②经 **RA** 批准后由 **CA** 产生密钥，并签发证书；

③将密钥进行备份；

④将证书存入证书目录；

⑤**CA** 将证书副本送给 **RA**，RA 进行登记；

⑥**RA** 将证书副本送给用户。

如图 10-8 所示。

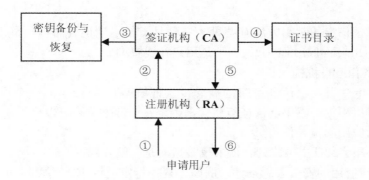

图 10-8　一种证书申请产生过程

6. 证书的认证

证书在实际应用时应当首先进行认证。证书认证是检查一个证书是否真实可信的过程。

证书认证主要包括以下内容：

① 验证证书上的 **CA** 签名是否正确。

② 验证证书内容的真实性和完整性。

③ 验证证书是否处在有效期内(由证书里的时间参数来限定有效期)。

④ 验证证书是否被撤销或冻结。

⑤ 验证证书的使用方式是否与证书策略和使用限制相一致。

证书认证是证书应用中的一个重要环节，不仅要求安全，而且还要求认证过程高效，否则就会影响系统的工作效率。

7. 证书的撤销

每个证书都有一个有效使用期限，有效使用期限的长短由 **CA** 的政策决定。有效使用期限到期的证书应当撤销。

除了有效使用期限到期之外，还有一些情况也要撤销证书。例如，证书的公钥所对应的私钥泄露，或证书的持证人死亡，证书的持证人严重违反证书管理的规章制度等情况下也要撤销证书。

除了撤销证书外，有时需要临时停止证书的使用，并称为证书冻结。例如，一个用户生病住院治疗，就可以先将其证书冻结，待其康复工作后再恢复。从而避免先将其证书撤销，然后重新办理证书的繁杂手续。

和证书的签发一样，证书的撤销也是一个复杂的过程。证书的撤销要经过申请、批准、撤销三个过程。证书的持证人可以申请撤销自己的证书，如他怀疑或确信自己的私钥已经泄露。**RA** 也可以申请撤销某个用户的证书，如发现证书持证人严重违反证书管理的规章制度。证书持证人的隶属单位也可以申请撤销某个用户的证书，如该用户已经调离该单位。**RA** 负责受理撤销证书的申请，决定接受或拒绝撤销证书的申请。**CA** 最终实施证书的撤销。决定撤销证书的申请被批准后，由 **CA** 执行一个实施撤销的过程。如通知 **RA**，在证书目录中标注该证书已撤销等相关信息，并将这一信息发布出去，让其他用户知道。

发布证书撤销信息的常用方法有两种，一种是 **CA** 定期地公布(广播)证书撤销列表 CRL(Certificates Revocation List)，另一种是用户在线查询。

8. 证书策略和策略机构

X.509 的版本 3 引入了认证策略的概念，认证策略称为 **PKI** 的一个重要组成部分。证书的使用者可以根据证书里的认证策略，来确定一个证书是否可以用于某一应用。证书策略对于证书的应用起指导作用。

X.509 是这样定义证书策略的：证书策略指的是一整套规则，这些规则用于说明证书的适用范围和/或应用的安全限制条件。例如，某一特定的证书策略可以声明用于电子贸易的证书的适用范围是某一规定的价格范围。

确定证书策略的机构称为策略机构，也称做策略管理机构。

10.4　推荐阅读

量子密钥分发 QKD 是一种量子密钥分发方式，已经走向应用。量子密钥分发理论上是无条件安全的，但是实际上 QKD 是否是无条件安全的呢？另一方面，量子密钥分发只是一种量子信息安全技术，量子信息安全技术有更丰富的内容。对这些问题有兴趣的读者，请阅读文献[32，33]。

习题与实验研究

1. 阐述密钥管理的原则，并说明为什么需要这些原则。
2. 阐述 10.2.1 节讲述的传统密码体制的密钥组织的合理性，能否在这一组织结构中加入或删掉一个层次的密钥。
3. 证明：高级密钥只能以明文形式存储。
4. 阐述传统密码体制密钥产生的主要方法。
5. 请举出 3 种电子真随机源的实例。
6. 软件实验：编程实现基于 SM4 或 AES 的 ANSI X9.17 算法。
7. 对于图 10-3 的初级密钥的网络分配方案，如果敌手能够截获 RN，对该方案会构成威胁吗？为什么？

8. 软件实验：编程实现图 10-3 初级密钥的网络分配方案。

9. 中国商用密码 SM2 密钥交换协议与 Diffie-Hellman 密钥协商协议相比，各有什么优缺点？

10. 软件实验：编程实现中国商用密码 SM2 密钥交换协议。

11. 阐述密钥更新的原则。

12. 实验研究：了解一般计算机操作系统删除磁盘文件的机理，编写一个能够安全删除磁盘文件的程序。

13. 公钥密码体制的公钥存在哪些安全威胁？如何对付这些安全威胁？

14. 什么是公钥证书？为什么公密钥证书能够确保公钥的安全？

15. 什么是公开密钥基础设施 **PKI**？简述 **PKI** 的构成和工作原理。

第11章 ⊕ 密码协议

随着网络技术和云计算、物联网、大数据等新型信息系统的发展和广泛应用，需要进行传输的信息越来越多，信息传输的范围越来越大，而且对信息传输的安全要求也越来越高。信息传输是发生在两个或两个以上通信实体之间的事件。要确保通信的安全、可靠、高效，就要求通信实体之间协调一致，按规则通信，而且必须采用密码等信息安全技术。这种协调和规范通信实体之间进行信息传输的规则就是协议。协议成为网络通信的基础设施之一，密码协议成为确保网络通信安全的重要技术保障[155,156]。本章介绍密码协议的基本概念和基础知识。

11.1 密码协议的基本概念

所谓协议(Protocol)，就是指两个或两个以上的参与者为了完成某一特定任务而采取的一系列执行步骤。

这里包含了三层含义：

①协议是一个有序的执行过程。每一步骤都必须执行，而且执行是依序进行的。随意增加和减少执行步骤或改变步骤的执行顺序，都是对协议的篡改或攻击。

②协议至少要有两个参与者。虽然一个人可以通过执行一系列的步骤来完成某种任务，但是它不构成协议。

③协议的执行必须能完成某种任务。

例 11-1　6.1.2 节给出了公钥密码的三种基本工作方式，这每一种工作方式就是一个协议。现在把其中一个列举如下：

在这里 A 和 B 是通信的双方，也就是协议的两个参与方。执行协议要完成的任务是 A 把数据 M 安全保密地传送给 B。为了实现这一目的，A 和 B 执行如下的一系列的步骤。

发方 A：

④A 首先查 **PKDB**，查到 B 的公开的加密钥 K_{eB}。

⑤A 用 K_{eB} 加密 M 得到密文 C：

$$C = E(M, K_{eB}).$$

⑥A 发 C 给 B。

收方 B：

① B 接收 C。

② B 用自己的保密的解密钥 K_{dB} 解密 C，得到明文 $M = D(C, K_{dB})$。

因为只有用户 B 才拥有保密的解密钥 K_{dB}，而且由公开的加密钥 K_{eB} 在计算上不能求

出保密的解密钥 K_{dB}，所以只有用户 B 才能获得明文 M，其他任何人都不能获得明文 M，从而确保了数据的秘密性。

为了对协议的概念有清楚的认识，我们把它与算法进行比较。

算法是求解问题的一组有穷的运算规则，这些规则给出了求解特定类型问题的运算序列。算法具有以下特征：

①有穷性。一个算法总是在运算有穷步之后结束，而且每一步都可以在有穷时间内完成。

②确定性。算法的每一个步骤都必须有确定的含义，无二义性，并且在任何条件下算法都只有唯一的一条执行路径。

③输入。算法可以无输入，也可以有输入。这些输入是在算法开始执行前提供给算法的。

④输出。算法有一个或多个输出。这些输出是与输入有某种确定关系的量。

⑤能行性。算法的执行所花费的时间和空间是在现实计算资源条件下可实现的。

与算法的概念相比可知，协议与算法具有许多相似的地方，也有明显的不同。首先，协议和算法都是一组有穷的运算或处理步骤。它们都要求具有有穷性、确定性和能行性。协议强调至少要有两个参与者，而且双方之间还要进行通信。而算法却不要求这一点。例如，计算 N 以内的自然数之和的方法，对一个合数进行因子分解的计算方法，都是算法，却都不是协议。因为它们都不要求至少有两个参与者，一个人就可以完成计算。协议强调完成某一特定任务，而算法强调问题求解。换句话说，协议强调处理，而算法强调计算。因此，协议的执行步骤在粒度上比较粗、比较宏，例如协议的一个步骤可以是执行一个算法。而算法的执行步骤在粒度上比较细，其步骤常常是一些基本运算。由于算法强调计算，所以输入和输出都是一些量。与算法类似，协议也有自己的输入和输出，输入通常是协议执行的一些条件，而输出则是协议执行的结果，结果通常表现为一种状态。

总而言之，算法和协议是两种不同层次上的概念。算法是低层次上的概念，而协议是高层次上的概念，协议建立在算法的基础之上。

众所周知，协议是网络通信的基础之一。网络通信的各方根据协议进行消息的交互、数据的传递和信息的共享。良好的网络通信协议应当具有高效率和节省资源，并且能确保信息的安全性。我们称具有安全功能的协议为安全协议。因为密码技术是确保通信安全的最有效的技术，所以安全协议都采用密码技术。因此，通常又称安全协议为密码协议。在网络通信系统中，人们利用密码协议实现诸如数据保密传输、密钥交换、身份认证、站点认证、报文认证等安全功能。在电子商务系统中，人们利用密码协议实现安全的电子交易。而协议的安全性则根据具体的协议不同，而有不同的含义。但通常都包括认证性、秘密性、完整性、不可否认性等安全属性。而电子商务支付协议还要求公平性等安全属性。

根据密码协议的功能可以将其划分为以下四类：

(1) 密钥建立协议。

网络通信系统中的密钥建立协议，用于在通信的各方之间建立会话密钥。会话密钥是用于保护一次会话通信的密钥。协议中的密码算法可以采用对称密码，也可以采用公钥密码。

（2）认证协议。

网络通信系统中的认证协议主要包括身份认证协议，通信站点认证协议，报文认证协议等。

（3）身份认证和密钥建立协议。

把身份认证和密钥建立结合起来，形成了认证和密钥建立协议。首先进行通信实体的身份认证，然后通过密钥建立协议建立会话密钥，随后通信实体就可以进行保密通信了。这类协议是保密通信中最常用的一类协议。

（4）电子商务协议。

在电子商务中除了关心秘密性、完整性外，还十分关心交易的公平性。

除了以上四种基本类型之外，近年来随着密码理论技术和应用的发展，又出现了一些新的密码协议类型[157]。例如，出现了涉及多于两方的加密（签名）方案。由于这种加密（签名）方案有多于两方的参与，故又被称为加密（签名）协议。其中比较重要的研究方向有门限密码、属性加密和代理签名等。又例如，出现了多方安全计算。所谓多方安全计算就是，多个参与方共同完成一个计算任务，其中每一个参与方持有保密的私有输入。目标是正确地完成计算任务，但不能泄露各方自己的私有输入。多方安全计算有多方参与，故又被称为多方安全计算协议。再例如，零知识证明。所谓零知识证明就是设计一种证明方法（系统）使证明者能够向验证者证明某一事实，且能使验证者相信其证明是正确的，但证明又不会向验证者泄露证明者关于该事实的具体知识。显然，零知识证明是一种典型的两方协议。零知识证明已经成为密码学的重要理论基础之一，对密码学和计算机科学产生了深远的影响。

1978 年 R. M. Needham 和 M. D. Schroeder 设计了一个 NS 认证协议[158]（详见 12.4.4 节），这是第一个应用于计算机网络的密码协议。NS 认证协议的提出，是密码协议设计的里程碑，以后许多著名的认证协议都是在此基础上发展起来的。密码协议的出现和发展使计算机网络的安全性发生了根本性的变化。

目前安全协议已经成为确保网络信息系统安全的不可缺少的重要组成部分。人们已经设计出针对不同应用的安全协议。如，基于对称密码的认证协议 Kerberos，增强网络 IP 层安全的安全协议 IPSec，安全套接层协议 SSL(Secure Sockets Layer)，安全电子交易协议 SET(Secure Electronic Transaction)，等等。这些协议得到了广泛的应用，为确保网络信息系统安全做出了重要的贡献。

11.2　密码协议的设计与分析

1. 密码协议的安全缺陷与可能受到的攻击

对于例 11-1 给出的通信双方 A 和 B 之间用公钥密码进行保密通信的协议，早在第 6 章时我们就指出：该协议可以确保通信数据的秘密性，却不能确保通信数据的真实性。这是因为公钥数据库 **PKDB** 是共享的，任何人都可以查到 B 的公开的加密钥 K_{eB}，因此任何人都可以冒充 A 通过发送假密文 $C' = E(M', K_{eB})$ 来发送假数据 M' 给 B，而 B 不能发现。这一实例说明，协议可能存在安全缺陷。

在 6.1.2 节中我们就给出了公钥密码的三种基本工作方式，实际上它们就是三个密码协议，并且指出：只加密不签名的方法，可以确保数据的密秘性而不能确保数据的真实性；只签名不加密的方法，可以确保数据的真实性而不能确保数据的秘密性；同时采用签名和加密可以同时确保数据的秘密性和真实性。

现在我们指出，这些结论在不考虑协议攻击的情况下才是正确的。如果考虑攻击，将会出现新情况。下面我们通过例子加以分析说明。

例 11-2　分析先签名后加密的协议 A →B：$E(D(M, K_{dA}), K_{eB})$的安全缺陷。

现在假设 B 不诚实。B 收到报文后用自己保密的解密钥 K_{dB} 解密，可得到 $D(M, K_{dA})$，

$$D(E(D(M, K_{dA}), K_{eB}), K_{dB}) = D(M, K_{dA}).$$

他再用 C 的公开的加密钥 K_{eC} 加密 $D(M, K_{dA})$，然后发给 C。即

$$B \to C：E(D(M, K_{dA}), K_{eC})$$

C 收到后会以为是 A 直接与他通信，而不知道是 B 重播 A 发给 B 的消息。

另外，假设 T 是攻击者，由于报文中没有时间信息，也不进行报文时间信息的认证，所以 T 完全可以把截获到的以前 A 发给 B 的报文重播发给 B，而 B 不能发现。

例 11-3　分析先加密后签名的协议 A →B：$D(E(M, K_{eB}), K_{dA})$的安全缺陷。

现在假设 T 截获到 A 发给 B 的报文。攻击者 T 先用 A 的公开的加密钥 K_{eA} 验证签名，可得到 $E(M, K_{eB})$，

$$E(D(E(M, K_{eB}), K_{dA})K_{eA}) = E(M, K_{eB}).$$

他再用自己的保密的解密钥 K_{dT} 对 $E(M, K_{eB})$ 签名，然后发给 B。即

$$T \to B：D(E(M, K_{eB}), K_{dT}).$$

B 收到后会以为是 T 直接与他通信，不知道是 T 重播 A 发给 B 的消息。如果 M 表示某种承诺或凭证，现在的消息是由 T 签名的，A 就会认为这种承诺或凭证关系是 A 和 T 之间的，其实应是 A 和 B 之间的。

另外，T 还可以把截获到的以前 A 发给 B 的报文，重播发给 B，而 B 不能发现。

产生以上问题的原因是，在例 11-2 和例 11-3 协议的报文中没有发送方和接收方的标识信息，也没有报文的时间信息。协议没有对报文的发送方和接收方进行认证，也没有对报文的时间进行认证。这些问题我们将在本书 12.4 节中进行详细讨论。

例 11-4　下面协议的目的是要实现 A 把消息 M 安全地发送给 B。试分析协议的安全缺陷，并实施攻击。

①A →B：$(A, B, E(M, K_{eB}))$，其中 A、B 分别为发送方和接收方的标识符；

②B →A：$(B, A, E(M, K_{eA}))$，B 发回执给 A，表示收到明文 M。

现在攻击这一协议：

①攻击者 T 截获 A 发送给 B 的消息$(A, B, E(M, K_{eB}))$，并篡改为$(T, B, E(M, K_{eB}))$。

②攻击者 T 将$(T, B, E(M, K_{eB}))$发送给 B。

③B 接收到$(T, B, E(M, K_{eB}))$后根据协议规定，给 T 回送回执$(B, T, E(M, K_{eT}))$。

④T 接收（B，T，$E(M, K_{eT})$），解密获得消息 M。

上述协议可以被攻击的原因之一是协议的设计不合理，B 回送的表示收到数据的回执中含有明文数据 M。如果回送报文中没有 M，则攻击者通过上述攻击将不能得到 M。

上述协议可以被攻击的原因之二是发方和收方标识符没有与数据 M 加密绑定，以致可以被修改。

上述协议可以被攻击的原因之三是报文中没有时间信息，不进行时间的认证，所以不能抵抗重播攻击。

通过上面的几个例子我们可以看到，密码协议存在安全缺陷是比较普遍的。著名协议安全专家 Gavin Lower 估计，超过一半的公开协议事实上不能保证它们的安全目标。

上面我们仅仅介绍了几种对协议的攻击，实际上对协议的攻击远非这些。对其分类，大概有以下四类。

（1）对协议中的密码算法进行攻击。

攻击者分析协议中的密码算法的安全缺陷，并实施攻击，企图通过破译密码算法来达到攻击协议的目的。

（2）对密码算法的技术实现进行攻击。

攻击者并不攻击协议中的密码算法，而是攻击密码算法的技术实现。因为任何密码算法要能发挥实际作用，只有通过技术手段把密码算法变成软件或硬件模块，再把这种软件或硬件模块融入到系统中去，并且正确应用，才能发挥实际作用。在这个过程中的任何一个环节出现缺陷，都可能受到攻击者的攻击，从而攻破密码的效能。对于软件实现，根据软件的统计规律，每一千行程序就可能存在一个漏洞。如果这个漏洞能够被攻击者利用，将可能发生难以预料的后果。对于硬件实现，密码算法模块在工作中将与系统进行交互，并消耗系统的资源，如电功率和时间等，而且还会有电磁辐射。于是攻击者就可以收集这种交互信息和资源消耗信息，通过分析获取密钥。这种对密码芯片的攻击被称为侧信道攻击[45]。

（3）对协议本身进行攻击。

与攻击密码算法类似，攻击者分析协议中的安全缺陷，并实施攻击，企图攻破协议。

（4）对协议的技术实现进行攻击。

与攻击密码算法的技术实现类似，攻击者并不攻击协议本身，而是攻击协议的技术实现[159,160]。因为任何协议要能发挥实际作用，只有通过技术手段实现成软件或硬件，把这种软件或硬件融入到系统中去，并且正确应用，才能发挥实际作用。在这个过程中的任何一个环节出现缺陷，都可能受到攻击者的攻击，从而攻破协议的效能。著名的"心脏滴血"事件，就是攻击者攻击 Open-SSL 协议实现方面的一个漏洞，而导致 Open-SSL 协议的安全功能失效。SSL 协议（安全套接层）是一种专供网络使用的综合性密码协议，可以为用户提供各种密码服务。Open-SSL 是开源的 SSL 套件，被全球成千上万的 Web 服务器所使用。SSL 协议标准中包含一个心跳选项，允许 SSL 连接一端的电脑发出一条简短的信息，确认另一端的电脑仍然在线，并获取反馈。但是协议的技术实现在此处存在缺陷，使得可以通过其他手段发出恶意心跳信息，欺骗另一端的电脑泄露机密信息。只要对存在这一漏洞的网站发起攻击，一次就可以读取服务器内存中 64K 数据，不断地读取，就能获取程序源码、用户 http 原始请求、用户 Cookie 甚至明文的账号密码等敏感信息。由于全世界许多网站、网银、在线支付与电商网站都广泛使用这一协议,所以这一漏洞所造成的损失是极大的。

对于上述攻击,又可以分为被动攻击和主动攻击。其中对于密码的攻击在本书第九章已有详细论述。对协议本身的被动攻击是指协议外部的实体对协议的全部或部分执行过程实施窃听,收集协议执行中所传送的消息,并分析所收集到的消息,从中得到自己所感兴趣的信息。攻击者的窃听不影响协议的执行,所以被动攻击难以检测。因此在设计协议时应当考虑的重点是确保协议能够抵抗被动攻击,而不是检测被动攻击。主动攻击是指攻击者试图篡改协议中传送的消息,插入新的消息,甚至改变协议的执行过程。显然,主动攻击比被动攻击具有更大的危险性。主动攻击有很多种,如重播攻击等。

为了对抗对协议本身的攻击,应当采用安全的协议,特别是应当采用那些经过实践检验的标准协议。为了对抗对协议的技术实现进行攻击,应当注意实现方案的安全。无论是软件还是硬件实现方案的安全都属于信息系统安全的范畴,与协议本身安全的关注点不完全一样,这是特别要注意的。千万不要以为协议是安全的,密码协议应用系统就是安全的。协议安全是密码协议应用系统安全的必要条件之一,而不是全部。近年来国际上许多商用密码协议应用系统的遭到攻击,都是攻击其密钥管理和密码协议应用系统实现造成的。黑客对 Open-SSL 协议的有效攻击就是明证。

2. 密码协议的设计原则

如果能在密码协议的设计阶段就能充分考虑到一些不当的协议结构可能破坏协议的安全性,并加以避免,将会事半功倍。Martin Abadi 和 Roger Needham 提出了设计协议应当遵守的一些原则。

①消息独立完整性原则。

协议的描述可以用形式化语言来描述,也可以用非形式化的自然语言来描述。但协议中的每条消息都应能够准确地表达出它所想要表达的含义。一条消息的解释应完全由其内容来决定,而不用借助于上下文来推断。

假设协议的一个步骤为 A →B:M,想表达 A 把消息 M 发给 B。因为消息 M 没有与 A 和 B 绑定,光从 M 看不出是由 A 发给 B 的,要借助于上下文来分析。这样攻击者就可以用这个消息来替换本协议的其他消息。

②消息前提准确原则。

与消息相关的先决条件应当明确给出,并且其正确性与合理性应能得到验证。

这一原则是在上一原则的基础上进一步说明,不仅要考虑消息本身,还要考虑与每条消息相关的条件是否合理,每条消息所基于的假设是否能够成立。

③主体身份标识原则。

如果一个主体的标识对于某个消息的含义是重要的,就应当在消息中明确地附加上主体的名称。主体的名称可以是显式的,即以明文形式出现。也可以是隐式的,即采用加密或签名技术对主体名称进行保护。在例 11-1,例 11-2,例 11-3 和例 11-4 中的协议都存在没有明确标识主体身份的问题。

④加密目的原则。

明确采用加密的目的，否则将造成冗余。采用密码算法并不是协议安全的代名词，密码算法的不正确应用可能导致协议出现错误。因此，应用密码算法时必须知道为什么要应用以及如何应用它。应用密码可以实现多种安全目的，如秘密性、完整性和认证性等，但是在应用密码时必须确保它能够实现你所希望的某种安全目标。

⑤签名原则。

签名可以确保数据的真实性和抗抵赖性。如果需要同时采用签名和加密，应当采用先签名后加密的方式。并且应当对数据的 Hash 值进行签名，不要直接对数据签名。

⑥随机数的使用原则。

在协议中使用随机数可以提供消息的新鲜性。但是在使用随机数时，应当明确其所起的作用和属性，而且随机数的随机性是符合要求的。

⑦时间戳的使用原则。

当使用时间戳时，必须考虑各个计算机的时钟与标准时钟的误差，这种误差不应当影响协议执行的有效性。时间戳的应用极大地依赖于系统中时钟的同步，但是做到这一点是很不容易的。

⑧编码原则。

协议中消息的编码格式与协议安全密切相关，应当明确协议中消息的具体数据格式，而且还要验证这种格式对安全的贡献。

⑨最少安全假设原则。

在进行协议设计时，常常要对系统环境进行风险分析，做出适当的初始安全假设。如认为所采用的密码算法是安全的，所采用的认证服务器是可信的，等等。但是注意，初始的安全假设越多，则协议的安全性就越差。这是因为，一旦初始的安全假设的安全性受到威胁，将直接威胁到协议的安全。因此，在协议设计时应当采用最少安全假设原则。

上面介绍的是密码协议设计的基本原则。在实际设计协议时，应当根据具体情况对以上原则进行相应的综合、调整和补充。安全协议的设计是十分困难的，不过根据以上原则可以使我们规避风险、增强安全。

3. 密码协议的安全分析

协议安全分析的目的就是要揭示协议是否存在安全漏洞和缺陷。分析的方法有攻击检测方法和形式化分析方法。

攻击检测又称为穿透性检测，是一种非形式化的分析方法。它根据已知的各种攻击方法来对协议进行攻击，以攻击是否有效来检测协议是否安全。这种方法的缺点是只能发现已知的安全漏洞和缺陷，不能发现未知的安全漏洞和缺陷。

早期的协议安全分析主要采用攻击检测方法，现在仍然具有重要价值。

协议的形式化分析将协议的描述形式化，借助于人工和计算机分析推理，来判断协议是否安全。形式化分析方法与非形式化分析方法相比，能够全面、深刻地检测协议的细微的安全漏洞和缺陷。它不仅能够发现已知的安全漏洞和缺陷，还能发现未知的安全漏洞和缺陷。

协议的形式化分析为密码协议设计发挥了极大的促进作用：

①使得在协议设计阶段就可引入分析，从而避免可能发生的设计错误；

②为协议的设计提出了许多新的设计原则。

协议的形式化分析方法大致有以下三类：

（1）形式逻辑方法。

形式逻辑分析方法是一种基于知识和信仰的分析方法。其形式化逻辑以 BAN 逻辑为代表，还包括许多对 BAN 逻辑进行扩充和改进的其他逻辑。这种分析方法定义了协议的目标，并确定了协议初始时刻各参与者的知识和信仰，通过协议中的发送和接收步骤产生新的知识，运用推理规则得到最终的知识和信仰。如果最终的知识和信仰的语句集合里不包含所要得到的目标知识和信仰的语句时，就说明协议存在安全缺陷。

由于 BAN 逻辑简单、直观，使用方便，而且可以成功地发现协议中存在的安全缺陷，所以这种方法得到广泛应用。但是，由于 BAN 逻辑本身缺少精确定义的语义基础，所以它不能检测对协议的攻击。

（2）模型检测方法。

模型检测方法的基本思想是，把密码协议看成一个分布式系统，每个主体执行协议的过程构成局部状态，所有局部状态构成系统的全局状态。每个主体的收发动作都会引起局部状态的改变，从而也就引起全局状态的改变。在系统可达的每一个全局状态检查协议的安全属性是否得到满足，如果不满足则检测到协议的安全缺陷。

模型检测方法已被证明是一种非常有效的方法。它具有自动化程度高，检测过程不需要用户参与，如果协议存在安全缺陷就能够自动产生反例等优点。但是，因为这一方法是通过穷尽搜索存在攻击的情况下所有可能的执行路径，来发现协议可能存在的安全缺陷的，所以它的缺点是容易产生状态空间爆炸问题，因而不适合复杂协议的检测。

（3）定理证明方法。

定理证明方法试图证明协议满足安全属性，而不是寻找对协议的攻击。因此，定理证明方法属于正面证明方法。

比较有代表性的定理证明方法有 Spi 演算方法、归纳方法、串空间方法等。

定理证明方法是一种比较新的协议分析方法，还有很大的发展空间。它的缺点是难以完全自动化。

11.3　密码协议分析举例

1976 年 W. Diffie 和 M. Hellman 在著名论文"密码学新方向"中，给出了一种密钥协商协议，被学术界称为 Diffie-Hellman 密钥协商协议[14]。这一协议的提出，对公钥密码体制和密钥协商协议的研究与发展发挥了重要促进作用。本节介绍 Diffie-Hellman 密钥协商协议，并分析它的安全性。

1. Diffie-Hellman 密钥协商协议

应用 Diffie-Hellman 密钥协商协议，首先要建立系统公共基础参数：选择一个大素数 p 和有限域 $GF(p)$ 的一个本原元 α，p 和 α 为系统所有用户所共享。

假定用户 A 和 B 希望通过平等协商，达到共享一个密钥的目的。那么他们执行以下协议。

①用户 A 选择一个随机整数 $1<x_A<p$，计算 $y_A=\alpha^{x_A}\bmod p$，以 x_A 作为自己的私钥，以 y_A 作为自己的公钥。A 发自己的公钥给 B。即

$$A\rightarrow B:\ y_A。$$

②用户 B 选择一个随机整数 $1<x_B<p$，计算 $y_B=\alpha^{x_B}\bmod p$，以 x_B 作为自己的私钥，以 y_B 作为自己的公钥。B 发自己的公钥 y_B 给 A。

$$B\rightarrow A:\ y_B。$$

③用户 A 收到 y_B 后，计算 $K_A=(y_B)^{x_A}\bmod p$，并将 K_A 作为密钥。用户 B 收到 y_A 后，计算 $K_B=(y_A)^{x_B}\bmod p$，并将 K_B 作为密钥。显然 $K_A=K_B$，这是因为，

$$K_A=(y_B)^{x_A}\bmod p=(\alpha^{x_B})^{x_A}\bmod p=(\alpha^{x_A})^{x_B}\bmod p=(y_A)^{x_B}=K_B.$$

记 $K_A=K_B=K$，于是用户 A 和用户 B 共享了密钥 K。

2. Diffie-Hellman 密钥协商协议的安全性分析

Diffie-Hellman 密钥分配方案的安全性建立在求解离散对数问题的困难性和 Diffie-Hellman 假设之上。攻击者攻击这一协议的第一种方法是，通过信道截获公钥 $y_A=\alpha^{x_A}\bmod p$ 和 $y_B=\alpha^{x_B}\bmod p$，并企图以此求出私钥 x_A 和 x_B。但这是求解离散对数问题，对于足够大且合理选择的素数 p 和本原元 α，这是很困难的。另一种攻击方法是，攻击者通过截获的公钥 $y_A=\alpha^{x_A}\bmod p$ 和 $y_B=\alpha^{x_B}\bmod p$，并企图以此直接计算求出 $K=\alpha^{x_A x_B}\bmod p$。这一问题的困难性尚未被严格证明，但也未被能行地求解。于是人们普遍认为它是困难的，并把这一观点称为 Diffie-Hellman 假设。由此可知。如果求解离散对数问题是困难的，而且 Diffie-Hellman 假设是成立的，则 Diffie-Hellman 密钥协商协议是安全的。必须指出，这只是理论上的安全。由于上述 Diffie-Hellman 密钥协商协议是原理性的，没有进行严格的协议设计，而且没有考虑实际应用中可能存在的各种攻击，如果考虑攻击，则 Diffie-Hellman 密钥协商协议是存在安全缺陷的。

下面介绍，Diffie-Hellman 密钥协商协议容易遭受如下的中间人攻击。

设在 A 与 B 通信的系统内有一个攻击者 T，他能够截获 A 和 B 的通信，并能够与 A 和 B 进行通信。于是，T 可如下实施攻击：

（1）攻击者 T 为了实施攻击，首先选择两个随机整数 $1<x_{T_1}$，$x_{T_2}<p$ 作私钥，并计算 $y_{T_1}=\alpha^{x_{T_1}}\bmod p$ 和 $y_{T_2}=\alpha^{x_{T_2}}\bmod p$，以 y_{T_1} 和 y_{T_2} 作公钥。

（2）设用户 A 把自己的公钥 y_A 发给 B。

（3）T 进行以下攻击操作：

①截获 y_A。

②计算，$K_{T_2}=(y_A)^{x_{T_2}}\bmod p.$ （11-1）

③把 y_{T_1} 发给 B。

（4）用户 B 收到 y_{T_1} 后计算，

$$K_{T_1}=(y_{T_1})^{x_B}\bmod p.\qquad(11\text{-}2)$$

并以 K_{T_1} 作为他与 A 的共享密钥。注意：这里 B 把 T 当作 A 了。

（5）B 发自己的公钥 y_B 给 A.

（6）T 进行以下攻击操作：

①截获 y_B。

②计算 $K'_{T_1} = (y_B)^{x_{T_1}} \bmod p$。

由于，$K'_{T_1} = (y_B)^{x_{T_1}} \bmod p = (\alpha^{x_B})^{x_{T_1}} = (\alpha^{x_{T_1}})^{x_B} = (y_{T_1})^{x_B} \bmod p = K_{T_1}$，所以至此，攻击者 T 与用户 B 共享了密钥 K_{T_1}。

③把 y_{T_2} 发给 A。

（7）用户 A 收到 y_{T_2} 后计算 $K'_{T_2} = (y_{T_2})^{x_A} \bmod p$，并以 K'_{T_2} 作为他与 B 的共享密钥。这里 A 把 T 当作 B 了。由于，$K'_{T_2} = (y_{T_2})^{x_A} = (\alpha^{x_{T_2}})^{x_A} = (\alpha^{x_A})^{x_{T_2}} \bmod p = (y_A)^{x_{T_2}} = \bmod p = K_{T_2}$，所以至此，攻击者 T 与用户 A 共享了密钥 K_{T_2}。

最终，攻击者 T 与用户 A 共享了密钥 K_{T_2}，与用户 B 共享了密钥 K_{T_1}。用户 A 以为攻击者 T 就是用户 B，用户 B 以为攻击者 T 就是用户 A。在此情况下，用户 A 与用户 B 的通信对于攻击者 T 来说是无密可言了。例如，

①设用户 A 给用户 B 发送了加密的消息 $E(M，K_{T_2})$。

②攻击者 T 截获 $E(M，K_{T_2})$，并解密得到明文 M。这是因为，攻击者 T 与用户 A 共享了密钥 K_{T_2}。

问题不仅如此。攻击者 T 还可以冒充 A 发送假消息给 B，或冒充 B 发送假消息给 A。例如，T 发送假消息 $E(M'，K_{T_1})$ 给 B，发送假消息 $E(M''，K_{T_2})$ 给 A，A 和 B 都不能发现 T 的假冒行为。这是因为，攻击者 T 与用户 A 共享了密钥 K_{T_2}，与用户 B 共享了密钥 K_{T_1}。

在上述攻击中，攻击者 T 就像位于 A 和 B 中间的一个"二传手"，所以人们形象地把这种攻击称为中间人攻击。

由于在上述协议中没有对通信人进行身份认证，攻击者 T 能够在 A 面前冒充 B，在 B 面前冒充 A，从而攻击成功。由此可见，在密钥协商过程中必须对用户的身份进行认证，以保证密钥正确无误地分配给合法用户。否则就可能遭受中间人攻击，攻击者会冒充合法用户骗取密钥，获取用户之间的保密信息，甚至给用户发送假消息。另外，由于通信信息缺少时间标识，因而容易遭受重播攻击。

上述攻击告诉我们，Diffie-Hellman 密钥协商协议的原理是正确的，但是由于没有根据协议设计原则进行严格设计，因此不能实际应用。据此，在实际应用时应当对其进行改进和完善。如果根据密码协议设计原则进行严格设计，Diffie-Hellman 密钥协商协议是可以实际应用的。今天，Diffie-Hellman 密钥协商协议已经得到广泛的应用。

11.4　推荐阅读

密码协议的形式化分析等内容需要更深入的理论知识，如逻辑学、串空间理论等，超出了本书的范畴。请有兴趣的读者阅读文献[155，156]。

攻击协议的技术实现是近年来密码协议领域的一个新热点，具有明显的应用价值。建议有兴趣的读者阅读文献[159，160]。

习题与实验研究

1. 什么是密码协议？密码协议的基本特征是什么？

2. 对密码协议的攻击有哪些类型？

3. 密码协议的安全设计原则主要有哪些？

4. 本例协议的目的是使 B 能够相信 A 是自己的意定通信方。假设采用公钥密码，而且 A 和 B 事先已经共享了对方的公开加密钥 K_{eA} 和 K_{eB}。

①A →B：ID_A；

②B →A：R_B；

③A →B：$E(R_B, K_{eB})$；如果 B 解密得到的 R_B 等于自己原来的 R_B，则 B 相信 A。

设 T 是攻击者，设计一种攻击方法，攻击此协议，使 B 相信 T 就是 A。

5. 本协议的目的是使 A 和 B 能够相信对方是自己的意定通信方。假设采用对称密码，而且 A 和 B 事先已经共享了密钥 K_{AB}。

①A →B：R_A；A 发随机数 R_A 给 B。

②B →A：$E(R_A, K_{AB})$；如果 A 解密得到的 R_A 等于自己原来的 R_A，则 A 相信 B。

③A →B：$E(R_A, K_{AB})$；如果 B 解密得到的 R_A 等于第①步收到的 R_A，则 B 相信 A。

分析本协议是否能够达到目的，为什么？如果不能，修改协议使之能够达到此目的。

6. 实验研究：编程实现 Diffie-Hellman 密钥协商协议，并进行中间人攻击实验。

7. 上网收集资料，了解对密码协议的实际攻击情况。

第12章 认 证

认证是密码的重要应用领域、是网络安全和信息系统安全中的关键技术，对确保网络安全和信息系统安全发挥着重要的作用。本章讨论认证的基本概念、身份认证、站点认证、报文认证、报文内容认证等内容。

12.1 认证的概念

认证(Authentication)又称鉴别，确认，它是证实某人或某事是否名副其实或是否有效的一个过程。

认证和加密的区别在于：加密用以确保数据的保密性，阻止对手的被动攻击，如窃取，窃听等；而认证用以确保数据发送者和接收者的真实性以及数据内容的真实性、完整性，阻止对手的主动攻击，如冒充、篡改、重播等。

认证往往是信息系统中安全保护的第一道设防，因而极为重要。

认证的基本思想是通过验证称谓者(人或事)的一个或多个特征数据的真实性和有效性，来达到验证称谓者是否名副其实的目的(见图12-1)。这样，就要求验证的特征数据和被认证的对象之间存在严格的对应关系，理想情况下这种对应关系应是唯一的。

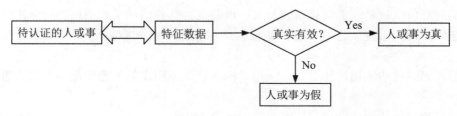

图 12-1 认证原理

认证系统常用的特征参数有口令、标识符、密钥、信物、智能卡、USB-Key、指纹、声纹、视网膜纹、人脸等。对于那些能在长时间内保持不变的参数(非时变参数)可采用在保密条件下预先产生并存储的位模式进行认证，而对于经常变化的参数则应适时地产生位模式，再对此进行认证。

一般说来，基于口令的认证，简单易行，但安全性稍低。基于人体生理特征的认证，安全性高，但对技术和管理的要求也高。随着技术的发展与应用需求的提升，目前基于口令的认证和基于人体生理特征的认证都得到广泛的应用。

　　认证者与被认证者双方共享某种保密的认证数据，是认证得以顺利进行的前提条件。许多情况下这种保密的认证数据就是密钥。这是设计和应用认证系统时要必须注意的。

　　认证和数字签名技术都是确保数据真实性的措施，但两者有着明显的区别。

　　①认证总是基于当事双方共享的某种保密数据来验证对方的真实性，而数字签名中用于验证签名的数据是公开的。

　　②认证允许当事双方互相验证其真实性，但不准许第三方验证。这是因为认证的当事双方所共享保密数据，不能向第三方泄露。而数字签名允许当事双方和第三方都能验证。这是因为数字签名中用于验证签名的数据是公开的。

　　③数字签名具有签名者不能抵赖、任何其他人不能伪造和具有在公证人面前解决纠纷的能力，而认证则不一定具备。

　　如果通信的收发双方都是诚实的，那么仅有认证就足够了。利用认证技术收发双方可以验证对方的真实性和报文的真实性、完整性。但因他们双方共享保密的认证数据，如果接收方不诚实，则他便可以伪造发送方的报文，且发送方无法争辩；同样如果发送方不诚实，则他便可抵赖其发出的报文，且接收方也无法争辩。由于接收方可以伪造，发送方能够抵赖，因此第三方便无法仲裁。

　　因为认证总是要涉及认证方与被认证方，双方总是要进行通信，而且认证的过程必须按步骤有序地进行，因此认证一定依照认证协议进行。认证协议成为密码协议中的一大类。

　　本章主要讲解认证的原理与方法，介绍的一些认证协议多是原理性的，如果要实际应用，应根据协议安全的要求(请参考第 11 章)进行完善和优化。

12.2　身份认证

　　用户的身份认证是许多信息系统的第一道防线，其目的在于识别用户的合法性，从而阻止非法用户访问系统。可见，身份认证对确保信息系统和数据的安全保密是极其重要的。

　　一般可以通过验证用户知道什么、用户拥有什么或用户的生理特征等方法来进行用户身份认证。

　　本节讨论身份认证的原理与技术。

12.2.1　口令

　　口令是当事双方预先约定的秘密数据，通过它来验证用户知道什么，可以达到验证用户身份有效性的目的。

　　口令验证的安全性虽然不如其他几种方法，但是口令验证简单易行，因此口令验证是目前应用最为广泛的身份认证方法。许多信息系统都采用口令验证技术。例如，民众大量使用的银行卡都采用口令验证。攻击口令是黑客攻击系统的重要方法之一，因此应当高度重视口令的安全。

　　在一些简单的系统中，用户的口令以口令表的形式存储在系统中。当用户要访问系统时，系统要求用户提供其口令，系统将用户提供的口令与口令表中存储的该用户的口令进行比较，若两者相等则确认用户身份真实有效，否则确认用户身份无效，拒绝访问。

但是，在上述口令验证机制中，存在下列一些问题：

① 攻击者可能从口令表中获取用户口令。如果用户的口令以明文形式存储在系统中，则系统管理员可以获得所有口令，攻击者也可利用系统的漏洞来获得他人的口令。

② 攻击者可能在传输线路上截获用户口令。如果用户的口令在用户终端到系统的线路上以明文形式传输，则攻击者可在传输线路上截获用户口令。

③ 用户和系统的地位不平等。这里只有系统强制性地验证用户的身份，而用户无法验证系统的身份。

下面给出几种改进的口令验证机制。

（1）利用单向函数加密口令。

在这种验证机制中，用户的口令通过单向函数加密，在系统中以密文的形式存储，并且确保从口令的密文恢复出口令的明文在计算上是不可行的。也就是说，口令一旦加密，将永不可能以明文形式在任何地方出现。这就要求对口令加密的算法是单向的，即只能加密，不能解密。用户访问系统时提供其口令，系统对该口令用单向函数加密，并与存储的密文相比较。若相等，则确认用户身份真实有效，否则确认用户身份无效。

这里要求利用单向函数加密口令，但是如何得到这种单向函数呢？一个好的密码学 Hash 函数具有良好的单向性和随机性，因此可以把好的密码学 Hash 函数用作单向函数。

设 A 的口令为 p_A，在系统中存储为 $Y = \text{Hash}(p_A)$。A 登录时输入 p_A，系统计算 $\text{Hash}(p_A)$，并判断 $\text{Hash}(p_A) = Y$？如果相等，则允许 A 访问，否则不允许 A 访问。即使攻击者能够获得 Y，他也不能得到口令 p_A。攻击者只能逐一猜测口令。为了对抗猜测攻击，系统一般都限定在一段时间内允许连续输入口令的次数。例如，银行卡允许用户连续输入 3 次密码，如仍不正确，则锁死该卡，第二天才可再用。

设系统有 n 个用户 A_0，A_1，$\cdots$，A_{n-1}，他们的口令分别为 p_0，p_1，$\cdots$，p_{n-1}，系统中存储口令的文件为

$$F = \{<A_0, \text{Hash}(p_0)>, <A_1, \text{Hash}(p_1)>, \cdots, <A_{n-1}, \text{Hash}(p_{n-1})>\}。$$

为了攻击方便，攻击者收集大量可能的口令 d_0，d_1，$\cdots$，d_{m-1}，$m > n$，编制口令字典为

$$D = \{<d_0, \text{Hash}(d_0)>, <d_1, \text{Hash}(d_1)>, \cdots, <d_{m-1}, \text{Hash}(d_{m-})>\}。$$

口令字典要足够大，通常包含英语词典中的所有单词和人们用过的一些口令。假设攻击者能够获得用户 A_i 的加密形式的口令 $\text{Hash}(p_i)$，于是便检索口令字典 D，如果查到 D 中的某个 $\text{Hash}(d_j) = \text{Hash}(p_i)$，攻击者便知道用户 A 的口令 $p_i = d_j$，口令攻击成功。口令字典 D 的功效在于，攻击者攻击任何用户的口令都可使用同一个 D，节省了攻击者的时间。

对付字典攻击的一种方法是在口令系统中，与口令结合使用一个公开的随机数，并称为加"盐"（Salt）。虽然这个随机数是公开的，但是它却可以增大攻击者的计算工作量，使字典攻击更困难[161]。

设用户 A 的口令为 p_A、"盐"为 s_A，用户 B 的口令 p_B、"盐"为 s_B。对应地，系统中存

储形式分别为<A，Hash(p_A，s_A)>和<B，Hash(p_B，s_B)>。攻击者要攻击 A 的口令，需要使用含有"盐"s_A的字典，攻击 B 的口令，需要使用含有"盐"s_B的字典。这就迫使攻击者编制许多含有不同"盐"的字典，极大地增大了攻击者的工作量。

要实施字典攻击，攻击者必须了解系统的认证方式（认证协议、端口等信息），能够获得用户口令的密文，还要拥有大的字典。这样才有可能攻击成功。字典攻击本质上属于穷举攻击。

（2）利用数字签名方法验证口令。

在这种验证机制中，用户 i 将其公钥 K_{ei} 提交给系统，作为验证口令的数据。系统为每个用户建立一个已访问次数标志 T_i（如访问次数计数器），用户访问系统时将其签名信息

$$ID_i \parallel D((ID_i，N_i)，K_{di})$$

提供给系统，其中 N_i 表示本次访问是第 N_i 次访问。系统根据明文形式的标识符 ID_i 查出 K_{ei}，并计算

$$E(D((ID_i，N_i)，K_{di})，K_{ei}) = <ID_i^*，N_i^*>$$

当且仅当 $ID_i = ID_i^*$，$N_i^* = T_i + 1$ 时系统才确认用户身份有效。

在这种方法中，真正的口令是用户保密的解密密钥 K_{di}，它不存储于系统中，所以任何人都不可能通过访问系统而得到它；虽然验证口令的 K_{ei} 存储于系统中，但是由 K_{ei} 不能推出 K_{di}；由于从终端到系统的通道上传输的是签名数据而不是 K_{di} 本身，所以攻击者也不能通过截取通道上的数据获得 K_{di}；由于系统为每个用户设置了已访问次数标志 T_i，且仅当 $N_i^* = T_i + 1$ 时才接收访问，所以可以抗重播攻击。

这种认证方法的不便之处是，用户给系统提供的是经过签名后的数据 $ID_i \parallel D((ID_i，N_i)，K_{di})$，这就要求用户应当使用具有密码处理能力的终端。今天，个人电脑和智能手机已经十分普及，可以为这一问题提供很好的解决方案。

（3）口令的双向验证。

仅仅只有系统验证用户的身份，而用户不能验证系统的身份，是不全面的，也是不平等的。为了确保系统安全，用户和系统应能相互平等地验证对方的身份。

设 A 和 B 是一对平等的实体，在他们通信之前，必须对对方的身份进行验证。为此，他们应事先约定并共享对方的口令。设 A 的口令为 P_A，B 的令为 P_B。A 和 B 共享口令 P_A 和 P_B。当 A 要求与 B 通信时，B 必须验证 A 的身份，因此 A 应当首先向 B 出示表示自己身份的数据。但此时 A 尚未对 B 的身份进行验证，所以 A 不能直接将自己的口令出示给 B。如果 B 要求与 A 通信也存在同样的问题。

为了解决这一问题，实现口令的双向对等验证，可选择一个单向函数 f。假定 A 要求与 B 通信，则 A 和 B 可如下相互认证对方的身份：

①A →B：R_A

② B →A：$f(P_B \parallel R_A) \parallel R_B$

③ A：计算 $f(P_B \parallel R_A)$，与②中收到的 $f(P_B \parallel R_A)$ 比较，并作出判断。

④A →B：$f(P_A \parallel R_B)$

⑤ B：计算 $f(P_A \parallel R_B)$，与④中收到的 $f(P_A \parallel R_B)$ 比较，并作出判断。

　　A 首先选择随机数 R_A 并发送给 B。B 收到 R_A 后，产生随机数 R_B，利用单向函数 f 对自己的口令 P_B 和收到的随机数 R_A 进行加密，得到 $f(P_B \parallel R_A)$，再连接 R_B，一起发送给 A。A 利用单向函数 f 对自己保存的 P_B 和 R_A 进行加密，并与接收到的 $f(P_B \parallel R_A)$ 进行比较。若两者相等，则 A 确认 B 的身份是真实的，否则认为 B 的身份是不真实的。

　　然后，A 利用单向函数 f 对自己的口令 P_A 和随机数 R_B 进行加密，得到 $f(P_A \parallel R_B)$，并发送给 B。B 利用单向函数 f 对自己保存的 P_A 和 R_B 进行加密，并与接收到的 $f(P_A \parallel R_B)$ 进行比较。若两者相等，则 B 确认 A 的身份是真实的，否则认为 A 的身份是不真实的。

　　由于 f 是单向函数，即使攻击者截获了 $f(P_B \parallel R_A)$ 和 R_A 也不能计算出 P_B，即使截获了 $f(P_A \parallel R_B)$ 和 R_B 也不能计算出 P_A，所以在上述口令验证机制中，即使有一方是假冒者，他也不能骗得对方的口令。为了阻止重播攻击，可在 $f(P_B \parallel R_A)$ 和 $f(P_A \parallel R_B)$ 中加入时间标志。

　　(4) 一次性口令。

　　为了安全，口令应当能够更换，而且口令的使用周期越短对安全越有利，最好是一个口令只使用一次，即一次性口令。下面给出一种利用单向函数实现一次性口令的方案。

　　设 A 和 B 要进行通信，A 选择随机数 x，并利用单向函数 f 计算

$$y_0 = f^n(x). \tag{12-1}$$

A 将 y_0 发送给 B 作为验证口令的数据。因为 f 是单向函数，所以对 y_0 不需保密。A 以

$$y_i = f^{n-i}(x), \quad (0 < i < n). \tag{12-2}$$

作为其第 i 次通信的口令发送给 B。B 计算并验证：

$$f(y_i) = y_{i-1} \text{吗？} \tag{12-3}$$

若相等，则确认 A 的身份是真实的，否则可知 A 的身份是不真实的，并中断通信。显然，这种认证方式共有 $n-1$ 个不同的口令。

　　(5) 口令的产生与应用。

　　口令的产生可以由用户自己选择，也可以由计算机产生，还可以由用户自己选择辅以计算机检测，或由计算机产生而由用户选择。用户自己选择口令，简单方便，容易记忆，但随机性差。用户习惯地喜欢选用与自己相关的一些事物名，如姓名、生日、宠物名、电话号码、手机号码等作口令。有文献分析了长期从用户那里收集到的 3289 个口令，其状况令人吃惊！其中 86% 的口令是不合适的。用计算机产生口令随机性好，但用户不容易记住。目前许多计算机系统采用由用户选择辅以计算机检测方式确定口令。在 UNIX 系统中，口令被加密转换为 11 个可打印字符。为了区分不同用户的相同口令，系统自动增加两个与时间及进程标识符有关的字符。

　　理想的口令应当是这样的：它是你知道的，计算机可以容易地验证它确实是你知道的，而且是其他任何人都无法得到的。但是在实际中要达到甚至只是接近这一目标都是很困难的。既然理想的口令是很困难的，于是我们转而追求一个虽然不是理想的但是却是很好的口令。一个好的口令应当具备以下方面：

　　①应使用多种字符。在口令中同时使用字母、数字、标点符号和控制符等。现在许多系统在用户选择口令时，如果发现用户给出的口令不同时包含字母和数字，或口令是用户

名的某种组合，就拒绝接收口令。

②应有足够的长度。口令一般应选取 6 到 10 个字符为宜。在许多系统中用户选择的口令长度不够时，系统拒绝接收。我国银行卡的口令为 6 个子符，UNIX 系统的口令要求 8 个以上的字符，WINDOWS 则要求口令取 7~128 个字符。设 q 为口令可取的字符数，n 为口令的长度，则口令空间的大小为 $V = q^n$。如果口令空间太小，则攻击者也用穷举攻击获得口令。这就是要求口令使用多种字符和具有足够长度的根本原因。另外一种对付穷举攻击的常用方法是，系统对口令的试探次数做出限制。如规定一个用户在一段时间内最多尝试 3 次口令，如果超过则系统禁止该用户在一段时间内的访问。目前我国各银行的银行卡都已经采用了这种口令尝试次数限制措施。

③应尽量随机。不要选择一些与自己相关的人名、地名、生日、电话号码等，也不要选择英文字典中的单词。如果攻击者决定要用穷举方法攻击口令时，一般他会首先尝试那些与用户相关的口令，如用户的名字、生日、电话号码等。黑客的口令字典一般包含英文字典中的所有单词，所以选择英文字典中的单词作口令是不安全的。

④及时更换。经常更换口令有利于安全，但经常更换口令是一件十分麻烦的事。基于 System V 的 UNIX 系统使用了口令时效机制。口令的时效机制强迫用户在指定的最长时间期限内更换口令。口令时效机制还有一个最短时间限制，一个口令只有使用的时间超过了这个最短时间限制才允许更换。而且这个最短时间限制可以设为 0，这样可随时更换口令。

⑤不同的系统应当使用不同的安全口令。由于信息技术的发展和广泛应用，大多数用户都会应用多个信息系统。例如，办公室电脑，办公系统，家用电脑，手机，邮箱，微信，银行卡，等等。每个系统都有自己的账号和密码，这样用户就必须记住许多账号和密码。这是十分麻烦而困难的。于是为了方便，有的用户对多个系统都使用同一个口令；有的用户在选择一个口令后，其他口令在此基础上只做一点简单变化。例如，把口令的最后一位取成序号 0、1、2、3…9。这样，口令容易记忆了，但是口令的安全性弱了。最近几年，国际上多次报道黑客利用有些用户的这种不良习惯，连续攻破用户的多个重要信息系统，给用户造成重大损失。因此为了安全，不同的系统应当使用不同的安全口令。

⑥单点登录。为了安全，不同的系统应当使用不同的安全口令。这在道理上是正确的。但在实际应用上，却是十分麻烦而困难的。解决这样问题的一种方法是，把用户的应用系统进行分类，把与用户互相关联的业务系统归为一类，在这个类中实现单点登录（Single Sign-on，SSO），即用户只需一次登录身份认证，就可以访问所有业务系统。

举例说明，每个大学都有教务部门，财务部门，设备管理部门，科研管理部门，图书馆，后勤保障部门，等等。这些部门都有自己的信息系统。为了搞好教学科研工作，教师和学生需要经常使用这些系统办理业务。这就要求教师和学生必须记住一堆账号和口令，十分麻烦困难。为了方便教师和学生，许多学校都将这些业务归为一类，并建立一个信息门户系统，实现单点登录。教师和学生只须验证一次账号和口令，登录信息门户系统，信息门户内的各个业务系统不需要再验证账号和口令就可以自由访问了。这样，极大地方便了教师和学生的应用，同时也避免了用户在口令太多时会使用弱口令的风险，提高了安全性。

　　单点登录是身份认证管理在多个安全域上的扩展，目的是提供身份信息共享，使得用户只需一次身份认证就可以访问多个域的资源与服务。目前实际应用的单点登录系统很多，它们各有优缺点，其基本结构如图 12-2 所示。

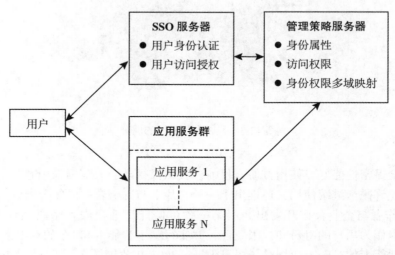

图 12-2　单点登录系统框图

　　要成功实施单点登录，需要基于一组协议、标准和技术，因为这里涉及用户身份、身份属性、访问权限，以及它们在多个域之间的映射与共享等许多管理和技术问题。用户申请登录，经 SSO 服务器认证用户身份。对于合法用户，由管理策略服务器确定其身份属性、访问权限，并进行身份权限的多域映射，这样就确定了允许该用户访问的应用与权限。于是，用户就实现了单点登录、多域访问，得到允许的服务。

12. 2. 2　智能卡和 USB-Key

　　智能卡和 USB-Key 都是一种可以证实个人身份的便携式持物，通过它来验证用户拥有什么，可以达到验证用户身份有效性的目的。

　　我国古代的虎符就是皇帝调兵遣将用的兵符信物，用青铜或者黄金做成伏虎形状的令牌，劈分为两半，其中一半交给将帅，一半由皇帝保存。只有两个半边的虎符能够严丝合缝地合并成一个完整的虎符，将帅才能获得调兵遣将的权力。图 12-3 示出我国古代秦国的一种虎符。

1. 智能卡

　　智能卡(Smart Card)又称 IC 卡 (Intergrated Circuit Card)或芯片卡(Chip Card)。它是一种镶嵌有单片机芯片的集成电路卡。卡上的单片机芯片包含中央处理器 CPU、随机存储器 RAM、电擦除可编程存储器 EEPROM 或 FLASH、只读存储器 ROM、密码部件和 I/O 接口。芯片卡还配有芯片操作系统 COS(Chip Operating System)，它是芯片资源的管理者和安全保密的基础。密码部件可以提供数据加解密、数字签名与验证等密码功能。由于芯片卡不仅具有数据存储能力、数据处理能力和密码保护能力，而且有操作系统的软件支

图 12-3 我国古代秦国的虎符

持，因而安全保密性能好，使用方便。目前，我国银行已经大范围采用芯片卡，为了方便老用户，仍允许磁卡继续使用，还推出了一种芯片卡与磁卡合一的复合卡。

2003 年作者与企业合作开发出我国第一款可信计算平台嵌入密码型计算机 SQY14，就采用智能卡作为用户的身份和权限凭证，并实行基于智能卡+口令的双因素身份认证。

在我国智能卡的第一大应用是居民身份证。2003 年我国颁布了《中华人民共和国居民身份证法》，明确指明：中华人民共和国居民身份证是用于证明住在中华人民共和国境内的公民身份证明文件。我国有 14 亿多人口，持有身份证的人约有十亿多人。现在，身份证在我国的应用遍及生活和工作的许多领域，已经成为居民最重要的证件。

技术上，我国居民身份证采用非接触式 IC 卡。可通过无线通信近距离读取卡内数据，不需要直接接触读卡器，使用方便，安全可靠。卡内采用了我国商用密码 SM2 公钥密码，它是 256 位的椭圆曲线密码，具有数据加解密、数字签名与验证等安全保密功能。封装采用聚酯膜塑封，并使用多种防伪技术。

2. USBKey

USB-Key 是一种具有 USB 接口，具有身份认证、数据加解密、数字签名与验证等多种安全保密功能的便携式安全设备。从技术上看，USB-Key 就是一个具有 USB 接口的密码单片机或智能卡。

基于 USB-key 可以开发出许多安全保密功能。如双因素身份认证：系统同时验证USB-key 合法性和用户口令的正确性。只有当 USB-key 是合法的，并且口令是正确的，才能通过身份认证。又如文件加密保护：将一个专用文件夹设置为"文件保险柜"，利用USB-key 的加密功能在设备层对保存到"文件保险柜"内的所有文件进行加密，防止计算机被盗或丢失所产生的数据泄密。

用智能卡和 USB-key 来作为用户的身份凭证进行身份认证，其理论根据都是通过验证用户拥有什么来实现用户的身份认证。如果仅仅只靠智能卡和 USB-key 这种物理持物来作为用户的身份凭证进行身份认证，尚有不足。因为如果智能卡和 USB-key 丢失，则捡到智能卡和 USB-key 的人就可假冒真正的用户。为此，还需要一种智能卡和 USB-key 上不具有的身份信息。这种身份信息通常采用个人识别号 PIN(Personal Identification Number)。

一般地，每个智能卡和 USB-key 的持有者都要拥有一个个人识别号 PIN。本质上，PIN 就是智能卡和 USB-key 拥有人的口令。PIN 不能写到智能卡和 USB-key 上，拥有人必须牢记，并且保密。PIN 可由金融机构来产生并分配给拥有人，也可由拥有人选择并报管理机构核准。

2003 年中国工商银行推出了客户证书 USBkey，并简称为 U 盾。U 盾是工商行提供的办理网上银行业务的高级别安全工具，用于在网络环境里识别用户身份的数字证书。U 盾采用高强度信息加密，数字签名和数据认证技术，具有不可复制性，可以有效防范支付风险，确保客户网上支付资金安全，被我国银行界普遍采用。图 12-4 示出了中国工商银行的一种 U 盾。

图 12-4　中国工商银行的一种 U 盾

12.2.3　生理特征识别

研究发现，人的一些生理特征具有稳定性、唯一性和不可复制的特点，通过验证用户的这些生理特征，可以达到验证用户身份的目的。例如，人的 DNA、指纹、掌纹、声纹、视网膜、人脸等都是具有唯一性和稳定性的特征，即每个人的这些特征都与别人不同且终生不变，因此可以据此进行身份识别。基于这些特征，人们发展了 DNA 识别、指纹识别、人脸识别等多种生物识别技术，而且技术已比较成熟。目前，DNA 识别已在公安系统得到广泛应用，指纹识别和人脸识别已经在门禁系统得到广泛应用。

1. 指纹识别

指纹识别技术的利用可以分为两类，即验证（Verification）和辨识（Identification）。验证就是通过把一个现场采集到的指纹与一个已经登记的指纹进行匹配来确认身份的过程。首先，用户指纹必须在指纹库中已经注册。指纹以一定的压缩格式存储，并与用户姓名或标识联系起来。在匹配时，先验证其标识，再通过系统内的指纹与现场采集的指纹进行比对来证明其合法性。它回答了这样一个问题："他是他自称的这个人吗?"图 12-5 给出了指纹登记与验证的原理。

辨识则是把现场采集到的指纹同指纹数据库中的指纹逐一对比，从中找出与现场指纹

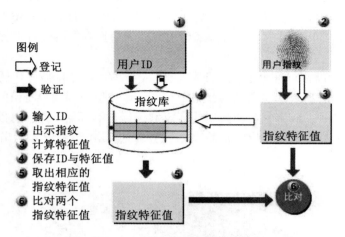

图 12-5　指纹登记与验证原理

相匹配的指纹。辨识主要应用于犯罪指纹匹配的传统领域中。一个不明身份的人的指纹与指纹库中有犯罪记录的人指纹进行比对，来确定此不明身份的人是否曾经有过犯罪记录。辨识其实是回答了这样一个问题:"他是谁?" 图 12-6 给出了指纹登记与辨识原理。

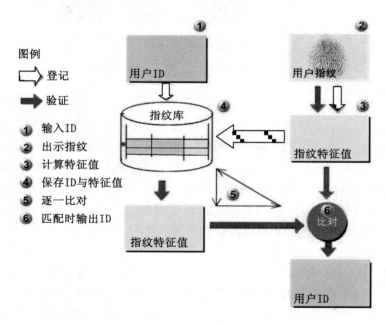

图 12-6　指纹登记与辨识原理

　　由于计算机处理指纹时，只涉及了指纹的一些有限的信息，而且比对算法并不是精确匹配，其结果也不能保证 100%准确。指纹识别系统的一个重要质量指标是识别率，它由拒判率和误判率两部分组成。拒判是指，某指纹是用户的指纹而系统却说不是。误判是指，某指纹不是用户的指纹而系统却说是。显然误判比拒判对安全的危害更大，拒判率是系统易用性的重要指标，它与误判率成反比。由于拒判率和误判率是相互矛盾的，这就使得在应用系统的设计中，要权衡易用性和安全性。一种有效的办法就是同时比对两个或更多的指纹，从而在不损失易用性的同时，提高系统安全性。

尽管指纹识别系统存在着可靠性问题，但其安全性比相同可靠性级别的"用户 ID+口令"方案的安全性高得多。例如采用四位数字口令的系统，不安全概率为 0.01%。与采用误判率为 0.01%指纹识别系统相比，口令系统的安全性更低。因为在一段时间内攻击者可以试用所有可能的口令，但是他不可能找到一千个人去为他把所有的手指(十个手指)都试一遍。

指纹识别技术特别适合用于手持式电子设备，如手机和 PDA 等。2008 年作者的科研小组在国家 863 计划项目的支持下开发出我国第一款可信 PDA，采用指纹识别技术进行开机的身份认证，同时利用用户的指纹数据导出密钥对硬盘进行全盘加密，成功地避免了PDA 的非法盗用和丢失所造成的数据泄密。

2. 人脸识别

人脸识别的研究已经由几十年的历史了。随着计算机技术和光学成像技术的发展提高，目前已经得到广泛应用。

人脸识别的基本原理与指纹识别相同。首先建立一个合法用户的人脸图像库，进行身份认证时采集待认证人的人脸图像，与图像库中的预存图像进行比对，如果两者一致，则判断其身份有效，否则判断其身份无效。因此，人脸识别系统与指纹识别系统的组成也基本相同。人脸识别系统由人脸图像采集、特征提取、人脸图像库、特征比对四个部分组成。同样，人脸识别技术也为两类，即验证和辨识。验证就是通过把一个现场采集的人脸图像与一个已经存储在图像库中的人脸图像进行比对来确认身份的过程。验证回答了这样一个问题："他是他自称的这个人吗?"辨识则是把现场采集到的人脸图像与人脸图像库中的人脸图像逐一对比，从中找出与现场人脸图像相匹配的人脸图像。辨识主要应用于犯罪人脸匹配的领域中。一个不明身份的人的人脸图像与人脸图像库中有犯罪记录的人脸图像进行比对，来确定此不明身份的人是否曾经有过犯罪记录。辨识回答了这样一个问题："他是谁?"人脸识别的工作原理可参考图 12-5 和图 12-6。

人脸识别的原理虽然与指纹识别相同，但是人脸图像比指纹图像复杂，因此人脸识别比指纹识别更复杂。

下面简单介绍几种常用的人脸识别方法[162-164]。

(1)基于几何特征的方法。

基于几何特征的人脸识别方法是一种比较直观的传统方法。该方法认为人脸由各部分器官组成，如眉、眼、鼻、口等，各个器官都有自己的特征点，因此通过所有特征点的几何特征进行分析判断，就能够实现人脸识别。该方法提取人脸的主要几何特征点(如眉、眼、鼻、口的轮廓等)、面部主要器官的连续形状、几何曲率等信息进行识别。但是，由于人脸不能完全近似为某种刚性物体，这为几何特征的提取带来了较高的复杂度和难度。

(2)基于特征子空间的方法。

基于特征子空间的方法是一种将人脸的二维图像通过变换调整到另外的空间中，从而便于在其他空间中处理非人脸特征同人脸特征之间的区别。其常用的算法有主元分析法（又称 K-L 变换法）、小波变换等。

（3）采用人工智能的识别方法。

人工智能技术的发展为人脸识别增加了新的推动力。现在的人脸识别系统普遍都采用了人工智能技术，例如深度学习技术，因此人脸识别的性能和效果都有显著提升。

卷积神经网络（Convolutional Neural Network），是一种深度神经网络，能够直接使用图像的像素值作为输入，通过各种参数的复杂计算，最后得到一个完整的图像识别模型。在此基础上，后续就可使用此模型对其他图像进行识别了。为了提高识别效果，可采用多个不同的卷积，将一张图片上多个不同的特征分别进行提取，最后再将多个特征相结合，形成更高层级的特征。层级越高，识别效果越好。

目前，人脸识别技术已经开始大规模商业应用，为确保信息安全发挥了重要作用。但是也暴露出一些需要改进的问题[165,166]。

①人脸识别技术被应用在很多非必要的场景，存在一定的滥用。因此，应当加强监管。

②识别准确率需要进一步提高。美国乔治敦隐私与技术中心的研究指出，美国大多数执法机构没有采取任何措施来保证他们的人脸识别系统的识别结果是准确的。2019 年埃塞克斯大学皮特·福西（Pete Fussey）教授的研究表明，英国警方使用的人脸识别技术有81% 的概率可以将一个普通人识别成通缉犯。2019 年 12 月美国人工智能公司 Kneron 用特制的 3D 面具，成功欺骗了包括支付宝和微信在内的诸多人脸识别支付系统，完成了购物支付。

③加强隐私保护。设想一下，如果人们每天都频繁地出现在摄像头下，人脸数据在人们毫无感知的情况下就被采集了。于是，很容易通过技术手段将人脸信息与其身份信息关联起来。随之而来，人们行动轨迹、日常工作生活、兴趣爱好等个人隐私信息都会被挖掘出来，造成个人隐私泄露。又由于人脸等生物特征无法轻易改变，并且会伴随人的一生，因此这些数据泄露所造成的的危害将是长久的。

④法律保障和约束应当加强。我国政府十分重视由于人脸识别技术的滥用引起的法律问题。《中华人民共和国民法典》与《中华人民共和国网络安全法》已经将生物识别信息纳入个人信息保护范畴，提供了生物信息保护的原则。2021 年 7 月 28 日，最高人民法院发布《使用人脸识别技术的适用规定》，规定了属于侵害自然人人格权益的人脸识别技术运用情形。该规定主要针对自然人人格权益进行保护，涉及的侵权责任也局限于自然人人格权益及其衍生的财产权益，对于人脸识别系统这种兼具产品与服务双重性质的智能系统的侵权责任法律制度构建，缺乏有针对性的规定。

综合以上情况，对人脸识别技术的发展和应用，我们既要保持开放、包容和信心，也要保持理性审慎的态度。因此，需要建立健全人脸识别法律法规、技术标准和伦理规范，对人脸识别技术应用的场景和范围作出合理规定，使人脸识别技术更好地为人们生活服务。

前面我们介绍了基于口令、智能卡和 USB-Key、生理特征的三种身份认证技术。它们各有优缺点。口令认证的优点是简单易行，缺点是安全性不够高。智能卡和 USB-Key 认证的优点是安全性高，缺点是必须随身携带，不能丢失。智能卡和 USB-Key+口令的认证方法把两者的优点结合起来了，而且可以防止丢失冒用。基于人的生理特征的身份认证的优点是安全性高，缺点是生理特征不能更换。口令泄露了，可以换一个新口令。生理特征信息泄露了，是无法更换的。因此一旦生理特征信息泄露，将会造成严重信息安全事件，这是十分危险的。

12.2.4　零知识证明

设 P 是示证者，V 是验证者，P 可通过两种方法向 V 证明他知道某种秘密信息。一种方法是 P 向 V 说出该信息，但这样 V 也就知道了该秘密。另一种方法是采用交互证明方法，它以某种有效的数学方法，使 V 确信 P 知道该秘密，而 P 又不泄露其秘密，这即是所谓的零知识证明。

Jean-Jacques Quisquater 和 Louis Guillou 用一个关于洞穴的故事来解释零知识。设洞穴如图 12-7 所示，洞穴里 C 和 D 之间有一道密门，只有知道咒语的人才能打开该密门。

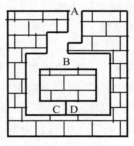

图 12-7　零知识洞穴

P 想对 V 证明他知道咒语，但不想泄露之，那么 P 使 V 确信的过程如下：

①V 站在 A 点；

②P 进入洞穴中的 C 点或 D 点；

③P 进入洞穴后，V 走到 B 点；

④ V 要 P：(a)从左边出来；或，

　　　　　 (b)从右边出来；

⑤P 按要求完成(必要时 P 用咒语打开密门)；

⑥P 和 V 重复(1)至(5) n 次。

若 P 不知道咒语，则在协议的每一轮中他只有 50% 的机会成功，所以他成功欺骗 V 的概率为 50%。经过 n 轮后，P 成功欺骗 V 的概率为 2^{-n}。当 n 等于 16 时，P 欺骗 V 的概率只有 1/65536。

此洞穴问题可以转换成数学问题，V 通过与 P 交互作用验证 P 是否确实知道解决某个难题的秘密信息。

下面介绍 Chaum 提出的一种基于离散对数的零知识证明算法。P 欲向 V 证明他知道满足 $A^x=B\ (\mathrm{mod}\ p)$ 的 x，其中 p 是素数，x 是与 $p-1$ 互素的随机数。A、B 和 p 是公开的，x 是保密的。P 在不泄露 x 的情况下向 V 证明他知道 x 的过程如下：

① P 选择随机数 r（$<p-1$），计算 $h=A^r\ \mathrm{mod}\ p$，并将 h 发送给 V；

② V 发送一随机位 b（0 或 1）给 P；

③ P 计算 $s=r+bx\ \mathrm{mod}\ (p-1)$，并发送给 V；

④ V 验证 $A^s\equiv hB^b$；

⑤ 重复①至④t 次。

如果 P 知道秘密 x，则算法的验证一定成功，这时 P 没有欺诈 V。如果 P 不知道秘密 x，在 $b=0$ 的情况下算法的验证也能成功，这时 P 成功欺诈 V；而在 $b=1$ 的情况下算法的验证不能成功，这时 P 不能欺诈 V。这是因为 P 不知道 x 就不知道 B，使第④步的验证不能成功。所以，P 欺诈成功的概率为 2^{-t}。当 t 足够大时，是能够满足实际应用需要的。

使用零知识证明来作为身份证明最先是由 Uriel Feige，Amos Fiat 和 Adi Shamir 提出的。通过使用零知识证明，示证者证明他知道其私钥，并由此证明其身份。Feige-Fiat-Shamir 身份认证方案是最著名的身份零知识证明方案。

1. 简化的 Feige-Fiat-Shamir 身份认证方案

可信赖的仲裁方随机选择一个模数 n，n 为两个大素数之积。实际中，n 至少为 512 位或长达 1024 位。

为了产生 P 的公钥和私钥，仲裁方产生随机数 v，使 v 满足 $x^2\equiv v\ (\mathrm{mod}\ n)$ 有解，且 v 的逆元素 $v^{-1}\ \mathrm{mod}\ n$ 存在。以 v 作为 P 的公钥，以满足 $s\equiv\mathrm{sqrt}(v^{-1})\ (\mathrm{mod}\ n)$ 的最小的 s 作为 P 的私钥。P 向 V 证明其身份的协议如下：

① P 选取随机数 r（$<n$），计算 $x=r^2\ (\mathrm{mod}\ n)$，并将 x 发送给 V；

② V 发送一随机位 b（0 或 1）给 P；

③ 若 $b=0$，则 P 将 r 发送给 V；

若 $b=1$，则 P 将 $y=rs\ (\mathrm{mod}\ n)$ 发送给 V；

④若 $b=0$，则 V 验证 $x=r^2\ (\mathrm{mod}\ n)$，以证实 P 知道 $\mathrm{sqrt}(x)$；

若 $b=1$，则 V 验证 $x=y^2v\ (\mathrm{mod}\ n)$，以证实 P 知道 $\mathrm{sqrt}(v^{-1})$。

该协议是单轮认证。P 和 V 可重复该协议 t 次，直至 V 确信 P 知道 s。

可以从以下两个方面对该协议的安全性进行分析。

（1）P 欺骗 V 或攻击者 T 假冒 P 以欺骗 V。

P 或攻击者 T 不知道 s，但他仍可选取 r，并发送 $x=r^2\ (\mathrm{mod}\ n)$ 给 V。然后 V 发送 b 给 P 或 T。当 $b=0$ 时，则 P 或 T 可成功通过 V 的检测而使 V 受骗；当 $b=1$ 时，在第（3）P 或 T 不知道 s，不可能发送正确的 y，故使得第（4）的验证不成功，则 V 不会受骗。这样 V 受骗的概率为 $1/2$，因而 V 连续 t 次受骗的概率仅为 2^{-t}。

（2）验证者 V 假冒 P 以欺骗另一验证者 C。

攻击者 V 利用 P 用过的随机数 r，并发送相应的 $x=r^2\ (\mathrm{mod}\ n)$ 给另一验证者 C。若 C 选择的 b 值与 V 以前发送给 P 的值一样，则 V 可将 P 原来在第（3）步中所发送的重发送给 C，从而可成功地假冒 P。但是，由于 C 随机选取 b 为 0 或 1，所以 V 成功假冒 P 的概率为 1/2，因而 C 连续 t 次受骗的概率仅为 2^{-t}。

要避免上述情形，P 不能重复使用 r，否则 V 知道 r，他可在第（2）步发原来 b 的非给 P。这样 V 可获得 P 的两种应答，因而 V 可以从中计算出私钥 s，并成功假冒 P。

2. Guillou-Quisquater 身份认证方案

Guillou 等提出了一种适合智能卡等嵌入式系统应用的零知识身份认证方案。

假设 P 欲向 V 证明其身份。P 的身份证明为 J（如由卡的名称、有效期、银行账号和其他应用所需的信息组成的数据串），J 是秘密的。模数 n 是两个秘密的素数之积，v 是指数，n 和 v 是公开的。私钥 B 满足 $JB^v = 1 \bmod n$。

P 必须使 V 确信他知道 B 以证明 J 确是其身份证明。P 将其身份证明 J 发送给 V，向 V 证明 J 确实是 P 的身份证明的协议如下：

① P 选取随机整数 $r(1 < r \le n-1)$，计算 $T = r^v \bmod n$，并将 T 发送给 V；

② V 选取随机整数 $d(1 < d \le v-1)$，并发送给 P；

③ P 计算 $D = rB^d \bmod n$，并发送给 V；

④ V 验证 $T = D^v J^d \bmod n$。

这个协议的一个优点是认证过程中通信量小。它只需要 P 给 V 发送两次信息，V 给 P 回送一次信息。通常 P 是智能卡，V 是系统主机。在认证过程中 P 两次通信都需要适时进行模幂运算，如果模数 n 很大，则计算是麻烦的。但是对于攻击者来说，本方案的私钥关系式 $JB^v = 1 \bmod n$ 中 B 和 J 是未知的。攻击者企图从中求出 B 和 J 是困难的。因此与 RSA 密码相比，模数 n 可以稍小一些。另外，协议中的随机数 r 和 d 都是一次性，这样可使协议中 3 次通信的数据都是新鲜的，使安全性更高。

3. Schnorr 身份认证方案

Schnorr 提出的算法是 Guillou-Quisquater 算法的一种变型，它的安全性基于离散对数的困难性。而且该方法可以通过预计算来降低实时计算量，其所需传送的数据量也会减少许多，因此特别适用于计算能力有限的嵌入式系统（如智能卡等）应用。

首先选取两个素数 p 和 q，且 $q \mid (p-1)$，然后选择满足 $a^q = 1 \bmod p$ 的 a $(a \ne 1)$。p、q 和 a 是公开的，并为一组用户所共用。

为产生公私钥对，选择随机数 $s(s < q)$ 作为私钥，将 $v = a^{-s} \bmod p$ 作为公钥。P 向 V 证明他拥有私钥 s 的过程如下：

① P 选定随机数 $r(1 < r \le q-1)$，计算 $x = a^r \bmod p$，并将 x 发送给 V；

② V 选定随机数 e $(0 < r \le p-1)$，并发送给 P；

③ P 计算 $y = (r - se) \bmod q$，并将 y 发送给 V；

④ V 验证 $x = a^y v^e \bmod p$。

与上面的 Guillou-Quisquater 方案相比，P 只需要进行一次模幂运算 $x = a^r \bmod p$。而且可以采用预计算的策略，提前选择 r 并计算出 x，认证时直接把 x 发送出去。因此，本方案更适合智能卡等嵌入式系统。

在本方案中，私钥是随机数 s，公钥是 $v = a^{-s} \bmod p$，因此由公钥求私钥是求解离散对数。只要参数选择合理，就是安全的。注意，本方案中的随机数 r 应当是一次性的。否则，如果 r 不是一次性的，就有 $r_1 = r_2$。攻击者可以截获两次通信的 y_1 和 y_2，$y_1 = (r_1 - se_1)$

$\bmod n$，$y_2 = (r_2 - se_2) \bmod n$。由此可求出 P 的私钥 $s = (y_1 - y_2)/(e_2 - e_1)$。

12.3　站点认证

为了确保通信安全，在正式传送报文之前，应首先认证通信是否在意定的站点之间进行，这一过程称为站点认证。这种站点认证是通过验证加密的数据能否成功地在两个站点间进行传送来实现的。

本节讨论站点认证的技术原理。

12.3.1　单向认证

我们称通信一方对另一方的认证为单向认证。设 A、B 是意定的两个站点，A 是发送方，B 是接收方。若利用传统密码体制，则 A 认证 B 是否为其意定通信站点的过程如下（假定 A、B 共享保密的会话密钥 K_S）：

① A→B：$E(R_A, K_S)$

② B→A：$E(f(R_A), K_S)$

A 首先产生一个随机数 R_A，用密钥 K_S 对其加密后发送给 B，同时 A 对 R_A 施加某函数变换 f，得到 $f(R_A)$，其中 f 是某公开的简单函数（如对 R_A 的某些位求反）。

B 收到报文后，用他们共享的会话密钥 K_S 对其解密得到 R_A，对其施加函数变换 f，并用 K_S 对 $f(R_A)$ 加密后发送给 A。

A 收到后再用 K_S 对其收到的报文解密，并与其原先计算的 $f(R_A)$ 比较，若两者相等，则 A 认为 B 是其意定的通信站点，便可开始报文通信。否则，A 认为 B 不是其意定的通信站点，于是终止与 B 的通信。

若利用公钥密码体制，设 A、B 的公钥分别为 K_{eA} 和 K_{eB}，私钥分别为 K_{dA} 和 K_{dB}，A、B 共享对方的公钥。A 认证 B 是否是其意定通信站点的过程如下：

① A→B：R_A

② B→A：$D(R_A, K_{dB})$

A 首先产生随机数 R_A，并发送给 B。B 收到后用其私钥 K_{dB} 对收到的报文签名，然后再发送给 A。A 收到后用 B 的公钥 K_{eB} 验证签名获得 R_A，并与原来的 R_A 比较。若两者相等，则 A 认为 B 是其意定的通信站点，便可开始报文通信。否则，A 认为 B 不是其意定的通信站点，于是终止与 B 的通信。

接收方 B 也可用同样的方法认证 A 是否为其意定通信站点。

12.3.2　双向认证

我们称通信双方同时对另一方进行认证为双向认证或相互认证。若利用传统密码，A 和 B 相互认证对方是否为意定通信站点的过程如下（假定 A、B 共享保密的会话密钥 K_S）：

① A→B：$E(R_A, K_S)$；

② B→A：$E(R_A \parallel R_B, K_S)$；

③ A→B：$E(R_B, K_S)$。

A 首先产生一个随机数 R_A，用他们共享的密钥 K_S 对其加密后发送给 B。

B 收到报文后，用他们共享的密钥 K_S 对其解密得到 R_A。B 也产生一个随机数 R_B，并将其连接在 R_A 之后，得到 $R_A \parallel R_B$（符号 $R_A \parallel R_B$ 表示 R_B 连接在 R_A 之后）。B 用 K_S 对 $R_A \parallel R_B$ 加密后发送给 A。

A 再用 K_S 对其收到报文解密得到 R_A，并与自己原先的 R_A 比较，若它与其原先的 R_A 相等，则 A 认为 B 是其意定的通信站点。进而，A 把解密得到的 R_B 加密后发给 B。

B 也用 K_S 对在步骤 3 中收到的报文解密得到 R_B，并与自己原先的 R_B 比较，若它与其原先的 R_B 相等，则 B 认为 A 是其意定的通信站点。

若利用公钥密码，设 A、B 的公钥分别为 K_{eA} 和 K_{eB}，私钥分别为 K_{dA} 和 K_{dB}，A、B 共享对方的公钥。A 和 B 相互认证对方是否为其意定通信站点的过程如下：

① $A \to B$：R_A；

② $B \to A$：$D(R_A \parallel R_B, K_{dB})$；

③ $A \to B$：$D(R_B, K_{dA})$。

A 首先产生随机数 R_A 并发送给 B。

B 接收 R_A，也产生随机数 R_B，且将 R_B 连接在 R_A 之后，得到 $R_A \parallel R_B$，并用其私钥 K_{dB} 对 $R_A \parallel R_B$ 签名后发送给 A。

A 收到后验证 B 的签名，并恢复出 R_B 和 R_A，并将恢复出的 R_A 与原来的 R_A 进行比较。若相等，则 A 认为 B 是其意定的通信站点。A 再用其私钥 K_{dA} 对恢复出 R_B 签名后发送给 B。

B 收到后验证 A 的签名，从步骤③收到的报文中恢复出 R_B，若它与其原先的 R_B 相等，则 B 认定 A 是其意定的通信站点。

12.4 报文认证

经过站点认证后，收发双方便可进行报文通信。但在网络环境中，攻击者可进行以下攻击：

① 冒充发送方发送一条报文；

② 冒充接收方发送收到或未收到报文的应答；

③ 插入、删除或修改报文内容；

④ 修改报文顺序（插入报文、删除报文或重新排序）以及延时或重播报文。

因此，报文认证必须使通信方能够验证每份报文的发送方、接收方、内容和时间的真实性和完整性。也就是说，通信方能够确定：

① 报文是由意定的发送方发出的；

② 报文传送给意定的接收方；

③ 报文内容有无篡改、有无错误；

④ 报文按确定的次序接收。

本节讨论报文认证的技术原理。

12.4.1 报文源的认证

若采用传统密码，报文源的认证可通过收发双方共享的保密会话密钥来实现。设 A 为报文的发送方，简称为源；B 为报文的接收方，简称为宿。A 和 B 共享保密的密钥为 K_S。A 的标识为 ID_A，要发送的报文为 M，那么 B 认证 A 的过程如下：

$$A{\to}B: E(ID_A \parallel M, K_S)$$

为了使 B 能认证 A，A 在发给 B 的每份报文中都增加标识 ID_A，然后用 K_S 加密并发给 B。

B 收到报文后用 K_S 解密，若解密所得的发送方标识与 ID_A 相同，则 B 认为报文是 A 发来的。

若采用公开密钥密码，报文源的认证也十分简单。只要发送方对每一报文增加标识 ID_A，并进行数字签名，发给 B 即可：

$$A{\to}B: D(ID_A \parallel M, K_{dA})$$

B 收到报文后用 A 的公钥 K_{eA} 验证签名，若所得的发送方标识与 ID_A 相同，则 B 认为报文是 A 发来的。

12.4.2 报文宿的认证

只要将报文源的认证方法稍加修改便可使接收方能够认证自已是否是意定的接收方。这只要在以密钥为基础的认证方案的每份报文中加入接收方标识符 ID_B 即可。

如果采用传统密码，收发双方共享会话密钥 K_S，则发送方只要对每份报文中加入接收方标识符 ID_B，加密发送给接收方即可。接收方解密，若还原出的接收方标识符是自己的标识符，便知自已是意定的接收方。否则，自己不是意定的接收方。

$$A{\to}B: E(ID_B \parallel M, K_S)$$

若采用公开密钥密码，报文宿的认证也十分简单。只要发送方对每份报文加入接收方标识符 ID_B，并用 B 的公开的加密密钥 K_{eB} 进行加密，发给 B 即可。因为只有 B 才能用其保密的解密密钥还原报文，因此若还原出的接收方标识符是自己的标识符，则 B 便确认自己是意定的接收方。否则，自己不是意定的接收方。

$$A{\to}B: E(ID_B \parallel M, K_{eB})$$

12.4.3 报文内容的认证与消息认证码

报文内容认证使接收方能够确认报文内容的真实性和完整性，这可通过验证认证码（Authentication Code）的正确性来实现。

1. 消息认证码（MAC）

定义 12-1 消息认证码 MAC（Message Authentication Code）是消息内容和密钥的公开函数，其输出是固定长度的短数据块：

$$MAC = C(M, K)。 \tag{12-4}$$

假定通信双方共享密钥 K。若发送 A 向接收方 B 发送报文 M，则 A 计算报文 M 的 MAC，并将报文 M 和 MAC 发送给接收方 B：

$$A \rightarrow B: M \parallel MAC$$

接收方 B 收到报文后用相同的密钥 K 重新计算得出新的 MAC，并将其与接收到的 MAC 进行比较，若二者相等，则接收方 B 可以相信收到的报文是正确的：

①报文未被修改　如果攻击者篡改了报文，因为已假定攻击者不知道密钥，所以他不知道如何篡改 M 或 MAC 而不被发现。篡改将使接收方计算出的 MAC 不等于接收到的 MAC，从而发现攻击者对报文的篡改。

②报文来自意定的发送方而且自己是意定的接收方　因为只有收发双方知道密钥，其他人均不知道密钥，因此其他人不能产生正确的 MAC。当接收方收到正确的报文和 MAC 时，便可相信报文来自意定的发送方，同时相信自己是意定的接收方。

如果报文中加入序列号（如 HDLC，X. 25 和 TCP 中使用的序列号），由于攻击者无法成功地修改序列号，因此接收方可以相信报文顺序是正确的。

图 12-8 给出了利用消息认证码进行报文内容认证的工作原理。

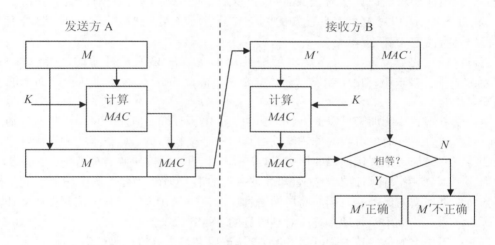

图 12-8　消息认证码的工作原理

在上述方法中，报文是以明文形式传送的，所以该方法可以提供认证，但不能提供保密性。若要获得保密性，可在 MAC 算法之后对报文加密。假设 A、B 共享两个密钥 K_1 和 K_2。

$$A \rightarrow B: E(M \parallel C(M, K_1), K_2)$$

因为只有 A 和 B 共享 K_1，所以可提供认证；因为只有 A 和 B 共享 K_2，所以可提供保密性。

从理论上讲，对不同的 M，产生的消息认证码 MAC 应也不同。因为若 $M_1 \neq M_2$，而 $MAC_1 = C(M_1) = C(M_2) = MAC_2$，则攻击者可将 M_1 篡改为 M_2，而接收方不能发现。换言之，MAC 应与 M 的每一位相关。否则，若 MAC 与 M 中某位无关，则攻击者可篡改该位而不会被发现。但是要使函数 C 具备上述性质，将要求报文认证码 MAC 至少和报文 M 一样长，这是不现实的。实际上，消息认证码的长度一般都小于消息的长度。因此，确实存

在两个消息 $M_1 \neq M_2$，而有 $MAC_1 = MAC_2$。实际应用时只要攻击者不能有效地找到这样的 M_1 和 M_2 就行了。为此我们要求函数 C 具有以下性质：

①对已知 M_1 和 $C(M_1, K)$，找到满足 $C(M_2, K) = C(M_1, K)$ 的报文 M_2 在计算上是不可行的；

②$C(M, K)$ 应是均匀分布的，即对任何随机选择的报文 M_1 和 M_2，$C(M_1, K) = C(M_2, K)$ 的概率是 2^{-n}，其中 n 是 MAC 的位数；

③设 M_2 是 M_1 的某个已知的变换，即 $M_2 = f(M_1)$，如 f 是对 M_1 的一位或多位取非，那么 $C(M_1, K) = C(M_2, K)$ 的概率是 2^{-n}。

性质①是为了阻止攻击者构造出与给定的 MAC 匹配的新报文。性质②是为了阻止基于选择明文的穷举攻击。也就是说，攻击者可以访问 MAC 函数，对所选报文产生 MAC，这样攻击者就可以对各种报文计算 MAC，直至找到与给定 MAC 相同的报文为止。如果 MAC 函数具有均匀分布的特征，那么用穷举方法平均需要 2^{n-1} 步才能找到具有给定 MAC 的报文。性质③要求认证算法对报文各部分的依赖应是相同的，否则，攻击者在已知 M 和 $C(M, K)$ 时，可以对 M 的某些已知的"弱点"处进行修改，然后计算 MAC，这样有可能更早得出具有给定 MAC 的新报文。

值得注意的是，MAC 算法不要求可逆性而加密算法必须是可逆的；与加密相比，MAC 函数更不易被攻破；由于收发双方共享密钥，因此 MAC 只能提供认证，而不能提供数字签名功能。

由前述可知，传统加密可以提供认证功能。但由于有许多应用是将同一报文广播给多个接收者，这时一种简单可靠的方法就是由其中一个接收者负责验证报文的真实性，所以报文必须以明文加上报文认证码的形式进行广播，负责验证的接收者拥有秘密钥并执行认证过程，若 MAC 错误，则他发警报通知其他各接收者。另外，有一些应用关心的是报文认证，而不是报文的保密性。例如简单网络管理协议（SNMP v3），它将保密性和认证功能分离开来。对这些应用，管理系统应对其收到的 SNMP 报文进行认证。

目前应用最多的是基于 Hash 函数的消息认证码和基于分组密码的消息认证码。

（1）基于分组密码的消息认证码。

基于 SM4 的 MAC 算法是使用最广泛的 MAC 算法之一，可以满足上面提出的要求。它采用 SM4 运算的密文反馈链接（CBC）方式工作。需认证的数据被分成大小为 128 位的分组 $D_1 \parallel D_2 \parallel \cdots \parallel D_N$，若最后分组不足 128 位，则在其后填 0 直至成为 128 位的分组。图 12-9 给出了基于 SM4 的消息认证码 MAC 的计算过程。

对于图 12-9 中基于 SM4 的 MAC 算法，消息认证码 MAC 可以是整个分组 O_N，也可以是 O_N 的最左边的 M 位，其中 $64 \leqslant M \leqslant 128$。

根据图 12-9 的 MAC 算法原理，我们很容易用其他强的分组密码（如 AES）来计算产生 MAC。要注意的是不同的分组密码的分组长度可能不同。

（2）基于 Hash 函数的消息认证码。

我们知道 Hash 函数具有输入改变则输出就不同的特性，所以我们也能够使用 Hash 来验证消息的完整性。但是我们不能直接发送消息 M 和 Hash 码 $H(M)$ 的明文，因为攻击者可以轻易地把 M 换成 M'，同时把 $H(M)$ 换成 $H(M')$，接收者无法发现这种篡改。

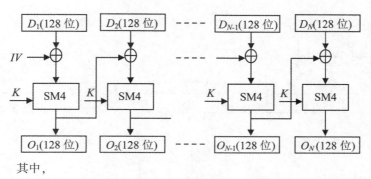

其中，

$O_1 = \mathrm{SM4}(D_1 \oplus IV,\ K)$，$IV$ 为初始向量，此处可取 0；

$O_i = \mathrm{SM4}(D_i \oplus O_{i-1},\ K)$，$(2 \leqslant i \leqslant N)$，$K$ 为密钥。

图 12-9　基于 SM4 的 *MAC* 算法

　　然而如果我们让密钥参与 Hash 计算，我们就能够构成基于 Hash 函数的消息认证码，即 *HMAC*。与基于分组密码的 *MAC* 算法相比，*HMAC* 具有执行速度更快的优点。

　　定义 12-2　密钥参与的基于 Hash 函数的消息认证码 *HMAC* 定义为：

$$HMAC = HMAC_K = H\big[\,(K^+ \oplus opad)\ \|\ H[\,(K^+ \oplus ipad)\ \|\ M\,]\,\big]。 \tag{12-5}$$

图 12-10 给出了 HMAC 的算法结构。其中使用了下列符号：

H = Hash 函数（如 SM3，SHA-3 等）；

IV = 作为 Hash 函数输入的初始值；

M = *HMAC* 的消息输入（包括由 Hash 函数定义的填充位）；

Y_i = M 的第 i 个分组，$0 \leqslant i \leqslant (L-1)$；

L = M 中的分组数；

b = 每个分组所含的位数，由所用的 Hash 函数确定；

n = Hash 函数所产生的 Hash 码长，$b > n$；

K = 密钥；建议密钥长度 $\geqslant n$。若密钥长度大于 b，则将密钥作为 Hash 函数的输入，来产生一个 n 位的密钥；

K^+ = 在 K 左边填充 0 后形成标准块，所得的 b 位结果；

$ipad$ = 00110110（十六进制数 36）重复 $b/8$ 次的结果；

$opad$ = 01011100（十六进制数 5C）重复 $b/8$ 次的结果。

HMAC 的计算流程如下：

①在 K 左边填充 0，得到 b 位的 K^+（例如，若 K 是 160 位，b = 512，则在 K 中加入 44 个字节的 0x00）；

②K^+ 与 $ipad$ 执行异或运算（位异或）产生 b 位的分组 S_i；

③将 M 按 b 位分组为 M_0，M_1，$\cdots$，M_{L-1}，并附于 S_i 后；

④将 H 作用于步骤③所得出的结果；

⑤K^+ 与 $opad$ 执行异或运算（位异或）产生 b 位的分组 S_0；

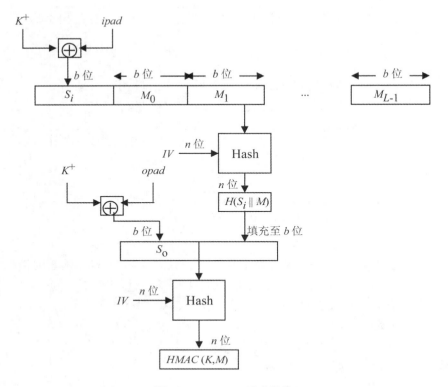

图 12-10　HMAC 算法结构

⑥将步骤④中的 Hash 码附于 S_0 后；

⑦将 H 作用于步骤⑥所得出的结果，并输出该函数值 $HMAC(K，M)$。

注意，在 HMAC 计算过程中密钥 K 两次参与计算，如果 K 是安全的，则伪造 $HMAC$ 是困难的。

另外，虽然在 $HMAC$ 计算中共进行了两次 Hash 运算，但是 $HMAC$ 的计算速度还是很快的。

为了进一步提高计算 HMAC 的效率，可采用如图 12-11 所示的方法。我们可以预先计算两个值：

$$\begin{cases} f(IV,(K^+\oplus ipad)) \\ f(IV,(K^+\oplus opad)) \end{cases} \tag{12-6}$$

其中：$f(cv，block)$ 是 Hash 函数的压缩函数，其输入是 n 位的链接变量 cv 和 b 位的分组 $block$，输出是 n 位的链接变量。上述这些预先计算只在初始化或密钥改变时才需计算。

比较图 12-10 和图 12-11 可知，图 12-11 中这些预先计算值取代了 Hash 函数中的初始向量(IV)。在预先计算中执行了两次压缩函数运算，而在计算产生最后的 Hash 码时用压缩函数代替了图 12-10 中的 Hash 函数。因为执行一次压缩函数比执行一次 Hash 函数要快得多。所以这种方法比标准 $HMAC$ 的效率要高。

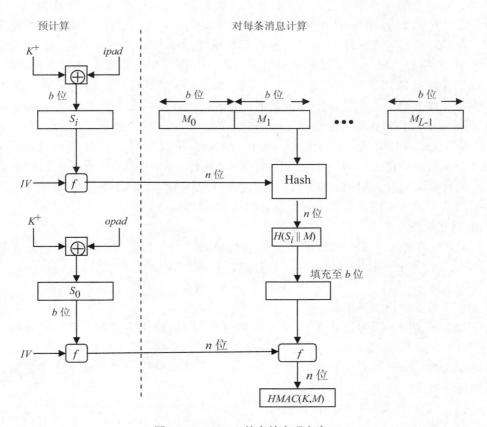

图 12-11 HMAC 的有效实现方案

下面分析 HMAC 的安全性。

任何建立在 Hash 函数基础上的 *MAC*，其安全性依赖于该 Hash 函数的强度。HMAC 的好处在于，其设计者可以证明 Hash 函数的强度与 HMAC 的强度之间的联系。

在给定时间内，给定的一定数量的消息–*MAC* 对(用相同密钥产生)，伪造者伪造成功的概率可以用来描述 *MAC* 函数的安全性。本质上，这些消息是由合法用户产生的。如果攻击者已知若干(时间，消息–*MAC*)对，则成功攻击 HMAC 的概率等价于对 Hash 函数的下列攻击之一：

① 对攻击者而言，即使 *IV* 是随机的、秘密的和未知的，攻击者也能计算压缩函数的输出。

② 即使 *IV* 是随机的和秘密的，攻击者也能找到 Hash 函数中的碰撞。

在第一种攻击中，我们可将压缩函数看做是将 Hash 函数应用于只含有一个 b 位分组的消息，Hash 函数的 *IV* 被一个 n 位秘密的随机值代替。攻击该 Hash 函数或者是对密钥的穷举攻击(其代价是 2^n 数量级的)，或者是生日攻击(这是第二种攻击的特例)。

在第二种攻击中，攻击者要找两条消息 M 和 M'，它们产生相同的 Hash 码：$H(M)=$

$H(M')$，这就是第 5 章中所讨论的生日攻击，我们已知当 Hash 码长为 n 比特时其所需的代价是 $2^{n/2}$ 数量级的。根据现在的计算能力，若代价是 2^{64} 数量级的，则被认为是不够安全的。但是，这是否意味着 128 位的 Hash 函数不能用于 HMAC 呢？回答是否定的，因为要攻击 Hash 函数，攻击者可以选择任何消息集，并用专用计算机离线计算来寻找碰撞，由于攻击者知道 Hash 算法和默认的 IV，因此攻击者可以对其产生的任何消息计算 Hash 码。但是，攻击 HMAC 时，由于攻击者不知道 K，所以他不能离线产生消息-Hash 码对，他必须观察 HMAC 用相同的密钥产生的消息序列，并对这些消息进行攻击。Hash 码长为 128 位时，攻击者必须观察 2^{64} 个由同一密钥产生的分组（2^{72} 位），对 1-Gbps 连接，要想攻击成功，攻击者约需 150000 年来观察用同一密钥产生的连续的消息流，因此，当注重 HMAC 的计算速度时，用 128 位的 Hash 函数作为 HMAC 的 Hash 函数，是基本上符合安全性要求的。但为了更安全应当选用更长的 SM3 或 SHA-3。

2. 报文加密

在这种方法中，以整个报文的密文作为认证码。如在传统密码中，发送方 A 要发送报文 M 给接收方 B，则 A 用他们共享的密钥 K 对报文 M 加密后发送给 B。

$$A \to B：E(M, K)$$

该方法可以提供如下特征：

①报文秘密性。因为只有 A 和 B 知道密钥 K，所以其他任何人均不能得到报文的明文。

②报文源认证。除 B 外只有 A 拥有 K，也就只有 A 可产生出 B 能解密的密文，所以 B 可相信该报文发自 A。

③报文宿认证。除 A 外只有 B 拥有 K，也就只有 B 可以解密得到的明文，所以 B 可相信自己是该报文的意定接收人。

④报文内容认证。因为攻击者不知道密钥 K，所以也就不知如何改变密文中的位使得在明文中产生预期的改变。因此，若 B 可以恢复出正确的明文，则 B 可以认为 M 未被篡改。

由此可见，传统密码既可提供保密性又可提供认证。

但是，给定解密算法 D 和密钥 K，接收方可对接收到的任何报文 X 执行解密运算从而产生输出 $Y = D(X, K)$。因此要求接收方能对解密所得明文的合法性和正确性进行判别，但是这却十分困难。例如，若明文是二进制文件，仅根据解密后的二进制数据，很难确定解密后的报文是否是真实的明文。因此应当有办法检测判定解密数据的真实性，识别攻击者的干扰和破坏。

解决上述问题的方法之一是，在每个报文后附加具其 Hash 码。

设 A 要发送报文 M 给 B，则 A 把 M 的 Hash 码 $H(M)$ 附在报文 M 之后，然后用密钥 K 加密后发给 B。

$$A \to B：E(M \parallel H(M), K)$$

B 接收到报文之后解密得到 M 和 $H(M)$。B 根据解密得到的 M，重新计算其 Hash 码 $H(M)$，并与解密得到的 Hash 码进行比较。若两者不一致，则 B 就可以断定报文被篡改或有错误。若两者一致，则 B 就可以认定报文是真实的、完整的。

若利用公钥密码，则可提供保密和认证：

$$A \rightarrow B: E(D(M \parallel H(M), K_{dA}), K_{eB})$$

B 首先用自己的保密的解密钥 K_{dB} 解密，得到签名 $D(M \parallel H(M), K_{dA})$。然后 B 用 A 的公钥 K_{eA} 验证签名并恢复出 M 和 $H(M)$，并重新计算其 Hash 码 (M)，再与加解密得到的 Hash 码进行比较。若两者不一致，则 B 就可以断定报文被篡改或有错误。若两者一致，则 B 就可以认定报文是真实的、完整的。由于只有 B 才有解密钥 K_{dB}，故只有 B 能够正确解密，因此报文 M 是保密的。又由于只有 A 才有解密钥 K_{dA}，故只有 A 能够正确签名，因此报文 M 是真实的。所以，如果 B 收到正确的报文后，就能够相信 A 是意定的发送者，自己是意定的接受者，而且报文是保密的、真实的、完整的。于是，本方案同时提供了保密和认证。

12.4.4 报文时间性的认证

报文的时间性即指报文的顺序性。报文时间性的认证是使接收方在收到一份报文后能够确认报文是否保持正确的顺序、有无断漏和重复。实现报文时间性认证的简单方法如下所述。

（1）序列号。

发送方在每条报文后附加上序列号，接收方只有在序列号正确时才接收报文。由于每一通信方都必须记录与其他各方通信的最后序列号，因此比较麻烦。故认证和密钥交换一般不使用序列号方法，而使用时间戳和随机数/响应方法。

（2）时间戳。

发送方在第 i 份报文中加入时间参数 T_i，接收方只需验证 T_i 的顺序是否合理，便可确认报文的顺序是否正确。仅当报文包含时间戳并且在接收方看来这个时间戳与其所认为的当前时间足够接近时，接收方才认为收到的报文是新报文。在简单情况下，时间戳可以是日期时间值 TOD1，TOD2，…，TODn。日期时间值取为年、月、日、时、分、秒即可，TODi 为发送第 i 份报文时的时间。这种方法要求通信各方的时钟应保持同步，因此它需要某种协议保持通信各方的时钟同步。为了能够处理网络错误，该协议必须能够容错，并且还应能抗恶意攻击；另外，如果通信一方时钟机制出错而使同步失效，那么攻击者攻击成功的可能性会增大，因此任何基于时间戳的程序应有足够短的失步恢复时限以使受攻击的可能性最小。但同时由于各种不可预知的网络延时，不可能保持各分布时钟精确同步，因此任何基于时间戳的程序都应有足够长的失步恢复时限以适应网络延时。实际采用的失步恢复时限要兼顾这两方面，这是采用时间戳的麻烦。

（3）随机数/响应。

每当 A 要发报文给 B 时，A 先通知 B，B 动态地产生一个随机数 R_B，并发送给 A。A 将 R_B 加入报文中，加密后发给 B。B 收到报文后解密还原 R_B，若解密所得 R_B 正确，便确认报文的顺序是正确的。显然这种方法适于全双工通信，但不适合于无连接的应用，因为它要求在传输之前必须先握手。

攻击者将所截获的报文在原密钥使用期内重新注入到通信线路中进行捣乱、欺骗接收方的行为称为重播攻击。报文的时间性认证可抗重播攻击。

下面给出几个抗重播攻击的例子。

Needlan-Schroeder 协议[158]　　该协议的目的是要保证将会话密钥 Ks 安全地分配给 A 和 B。假定 A、B 和 **KDC**(密钥分配中心)分别共享秘密钥 K_A 和 K_B。

① A →**KDC**：$ID_A \parallel ID_B \parallel R_A$；

② KDC →A：$E(K_S \parallel ID_B \parallel R_A \parallel E(K_S \parallel ID_A, K_B), K_A)$；

③ A →B：$E(K_S \parallel ID_A, K_B)$；

④ B →A：$E(R_B, K_S)$；

⑤ A →B：$E(f(R_B), K_S)$。

这里使用 R_A、R_B 和 $f(R_B)$ 是为了防止重播攻击，即攻击者可能记录下旧报文，以后再重播这些报文，如攻击者可截获第③步中的报文并重播之。第②步中的 R_A 可使 A 相信他收到的来自 **KDC** 的报文是新报文。第④和⑤步是为了防止重播攻击，若 B 在第⑤步中解密出的 $f(R_B)$ 与他由原来的 R_B 计算的结果相同，则 B 可确信他收到的是新报文。

尽管有步骤④和⑤的握手，但该协议仍有安全漏洞，若攻击者已知某旧会话密钥，则他可重播第③步中的报文以假冒 A 与 B 通信。假定攻击者 X 已知一个旧会话密钥 K_S 且截获了第③步中的报文，则他就可以冒充 A。

① X →B：$E(K_S \parallel ID_A, K_B)$；

② B →"A"：$E(R_B, K_S)$；

③ X →B：$E(f(R_B), K_S)$。

这样 X 可使 B 相信他正在与"A"通信。若在第②和③步中使用时间戳 T 则可抵抗上述攻击。

① A →**KDC**：$ID_A \parallel ID_B$；

② **KDC** →A：$E(K_S \parallel ID_B \parallel T \parallel E(K_S \parallel ID_A \parallel T, K_B), K_A)$；

③ A →B：$E(K_S \parallel ID_A \parallel T, K_B)$；

④ B →A：$E(R_B, K_S)$；

⑤ A →B：$E(f(R_B), K_S)$。

时间戳 T 使 A 和 B 确信该会话密钥是刚刚产生的，这样 A 和 B 均可知本次交换的是新会话密钥。A 和 B 通过检验下式来验证及时性：

$$| \text{Clock}-T | < \Delta t_1 + \Delta t_2 \tag{12-7}$$

其中 Clock 是当前时间，T 是第②步通信时 **KDC** 的时间戳，Δt_1 是 **KDC** 的时钟与 A 或 B 的本地时钟正常误差的估计值，Δt_2 是预计的网络延时。每个节点可以根据某标准的参考源设置其时钟。由于时间戳受密钥的保护，所以即使攻击者知道旧会话密钥，也不能成功地重播报文，因为 B 可以根据报文的及时性检测出第③步中的重播报文。

这种方法的缺陷是依赖于时钟，而这些时钟需在整个网络上保持同步。但是，由于分布系统的时钟不可能完全同步。若发送方的时钟超前于接收方的时钟，那么攻击者就可以截获报文，并在报文内的时间戳为接收方当前时钟时重播报文。这种攻击称为抑制-重播攻击(Supress-replay)。

解决抑制-重播攻击的一种方法是，要求通信各方必须根据 **KDC** 的时钟周期性地校验其时钟。另一种方法是建立在使用临时交互号的握手协议之上，它不要求时钟同步，并且接收方选择的临时交互号对发送方而言是不可预知的，所以不易受抑制-重播攻击。

Neuman-stubblebine 协议[167]

① A →B：$ID_A \parallel R_A$；

② B →KDC：$ID_B \parallel R_B \parallel E(ID_A \parallel R_A \parallel T_B, K_B)$；

③ **KDC →A**：$E(ID_B \parallel R_A \parallel K_S \parallel T_B, K_A) \parallel E(ID_A \parallel K_S \parallel T_B, K_B) \parallel R_B$；

④ A →B：$E(ID_A \parallel K_S \parallel T_B, K_B) \parallel E(R_B, K_S)$。

A 产生临时交互号 R_A，并将其标识和 R_A 以明文的形式发送给 B。

B 向 **KDC** 申请一个会话密钥。B 将其标识和临时交互号 R_B 以及用 B 和 **KDC** 共享的秘密钥 K_B 加密后的信息发送给 **KDC**，用于请求 **KDC** 给 A 发证书，它指定了证书接收方、证书的有效期和收到的 A 的临时交互号。

KDC 用其与 A 共享的秘密钥对 ID_B、R_A、K_S 和 T_B 加密，用其与 B 共享的秘密钥对 ID_A、K_S 和 T_B 加密后，连同 B 的临时交互号一起发送给 A。A 解密出 $ID_B \parallel R_A \parallel K_S \parallel T_B$，则可验证 B 曾收到过 A 最初发出的报文($ID_B$)，可知该报文不是重播的报文($R_A$)，并可从中得出会话密钥($Ks$)及其使用时限($T_B$)。$E(ID_A \parallel K_S \parallel T_B, K_B)$ 可用做 A 进行后续认证的一张"证明书"。

A 用会话密钥对 R_B 加密后，连同证明书一起发送给 B。B 可由该证明书求得会话密钥，从而得出 R_B。用会话密钥对 B 的临时交互号加密可保证该报文是来自 A 的非重播报文。

12.5 推荐阅读

本章只是简单介绍了人脸识别的原理与应用，有兴趣的读者可以进一步阅读[163]和[164]等文献。要了解由于人脸识别广泛应用引起的相关伦理与法律问题，读者可以阅读[165]和[166]等文献。

习题与实验研究

1. 什么是认证？认证与数字签名的区别是什么？

2. 认证得以顺利进行的前提条件是什么？

3. 身份认证的方法有哪些？它们各有什么优缺点？

4. 什么是口令的字典攻击？"盐"(Salt)是公开的随机数，为什么加盐能够阻止字典攻击？

5. 使用对称密码设计一个安全的双向认证协议。

6. 使用公钥密码设计一个安全的双向认证协议。

7. 在下述站点认证协议中函数 f 起什么作用？去掉 f 行不行？为什么？

设 A，B 是两个站点，A 是发方，B 是收方。它们共享会话密钥 K_s，f 是公开的简单函数。A 认证 B 是否是他的意定通信站点的协议如下：

①A 产生一个随机数 RN，并用 K_s 对其进行加密：$C = E(RN, K_s)$，并发 C 给 B。同时

A 对 RN 进行 f 变换，得到 $f(RN)$。

②B 收到 C 后，解密得到 $RN=D(C，K_s)$。B 也对 RN 进行 f 变换，得到 $f(RN)$，并将其加密成 $C'=E(f(RN)，K_s)$，然后发 C' 给 A。

③A 对收到的 C' 解密得到 $f(RN)$，并将其与自己在第①步得到的 $f(RN)$ 比较。若两者相等，则 A 认为 B 是自己的意定通信站点。否则 A 认为 B 不是自己的意定通信站点。

8. 根据式(12-4)，消息认证码 $MAC=C(M，K)$，说明密钥 K 在其中起什么作用。

9. 比较消息认证码 MAC 和 Hash 函数，它们的区别是什么？

10. 软件实验：编程实现基于中国商用密码 SM3 的 $HMAC$ 算法。

11. 软件实验：编程实现基于中国商用密码 SM4 的 MAC 算法。

12. 设已有一个 $HMAC$ 算法软件，如果现在要用一个新的 Hash 函数代替原来的 Hash 函数。试问在 $HMAC$ 算法软件中哪些地方需要进行调整变化。

13. 在报文认证中加入序号的作用是什么？

14. 分析比较报文时间认证方法中序列号、时间戳和随机数/响应三种方法的优缺点。

15. 基于对称密码，设计一个完整的报文认证(具有报文源、报文宿、报文内容、报文时间认证)方案。

16. 设 A 和 B 是两个通信站点，它们共享对称密码密钥 K_S，E 为对称密码，其双向认证协议如下：

①A 产生一个随机数 R_A，并将自己的标识符 ID_A 和 R_A 发给 B：

A→B：ID_A，R_A；A 向 B 表示要与 B 通信。

②B 发送报文给 A：

B→A：$E(R_A，K_S)$；若 A 解密所得 R_A 等于自己的 R_A，则 A 相信 B。

③A 发送报文给 B：

A→B：$E(R_A+1，K_S)$；若 B 解密所得的数等于自己的 R_A+1，则 B 相信 A。

给出能使 B 相信攻击者 T 就是 A 的攻击方法。

第13章 密码在区块链中的应用(选修)

区块链(Block Chain)技术,也被称为分布式账本技术。它综合应用了分布式数据库、点对点通信、共识机制、密码技术等多种技术。其特点是去中心化、公开透明、不可篡改。区块链技术被认为是继大型计算机、个人计算机、互联网之后的一种新型计算模式,特别适合在金融、财务等众多领域中应用。

本章以比特币区块链为例,重要讨论区块链的基本概念、基本技术和密码在区块链中的应用等内容。

13.1 区块链的概念

13.1.1 区块链的基本概念

目前业界尚没有对区块链形成一个统一的定义。根据 2016 年中国工业与信息化部指导发布的《中国区块链技术和应用发展白皮书》,狭义来讲,区块链是一种按照时间顺序将数据区块以顺序连接的方式组合成的一种链式数据结构,并以密码学方式保证分布式账本的不可篡改和不可伪造。广义来讲,区块链技术是利用块链式数据结构来验证与存储数据,利用由自动化脚本代码组成的智能合约来编辑和操作数据的一种全新的基础架构与计算模式。

因为在区块链中每一个区块中都保存了相应的数据,并按照各自产生的时间顺序连接成链条。这个链条被保存在所有的服务器中,只要整个系统中有一台服务器可以工作,整条区块链就是可靠、可用的。这些服务器在区块链系统中被称为节点,它们为整个区块链系统提供存储空间和算力支持。如果要修改区块链中的信息,必须征得半数以上节点的同意,并修改所有节点中的信息。由于这些节点通常掌握在不同的主体手中,因此篡改区块链中的信息是一件极其困难的事。

相比传统的网络,区块链具有以下突出特点:

(1)去中心化。

区块链技术不依赖于第三方管理机构或硬件设施,没有中心管制,除了自成一体的区块链本身,通过分布式计算和存储,各个节点实现了信息自我验证、传递和管理。去中心化是区块链最突出最本质的特征。

(2)信息公开透明。

区块链技术基础是开源的,除了交易各方的私有信息被加密外,区块链的数据对所有人开放,任何人都可以通过公开的接口查询区块链数据和开发相关应用,因此整个系统信息高度透明。

(3)数据难以篡改。

如果要修改区块链中的信息，必须征得半数以上节点的同意，并修改所有节点中的信息。由于这些节点通常都掌握在不同的主体手中，因此篡改区块链中的信息是一件极其困难的事。这使区块链本身变得相对安全，避免了个别人的主观篡改。

(4)匿名性。

除非有法律和规范要求，单从技术上来讲，各区块节点的身份信息不需要公开或验证，信息传递可以匿名进行。

这些特点使得区块链所记录的信息更加真实可靠，从而解决了人们之间的信任问题。

目前，区块链有以下几种类型：

(1)公有区块链。

公有区块链(Public Block Chains)：世界上任何个体或者团体都可以发送交易，且交易能够获得该区块链的有效确认，任何人都可以参与其共识过程。公有区块链是最早的区块链，也是应用最广泛的区块链，至今各大比特币系列的虚拟数字货币都基于公有区块链。

(2)行业区块链。

行业区块链(Consortium Block Chains)：由某个群体内部指定多个预选的节点为记账人，每个块的生成由所有的预选节点共同决定(预选节点参与共识过程)，其他接入节点可以参与交易，但不过问记账过程，其他任何人可以通过该区块链开放的 API 进行限定的查询。这种记账方式本质上还是托管记账，只是变成分布式记账。预选节点的多少，如何决定每个块的记账者成为这种区块链的主要风险点。

(3)私有区块链。

私有区块链(Private Block Chains)：仅仅使用区块链的总账技术进行记账，可以是一个公司，也可以是个人，独享该区块链的写入权限。传统金融都是想实验尝试私有区块链。虽然公链的应用例如比特币已经成功，但私链的应用还在摸索之中。

13.1.2 区块链的起源、发展和应用

1. 区块链的起源和发展

区块链起源于比特币，2008 年 11 月 1 日，一位自称中本聪(Satoshi Nakamoto)的人发表了《比特币：一种点对点的电子现金系统》一文 [168]，阐述了基于 P2P 网络技术、加密技术、时间戳技术、区块链技术等的电子现金系统的构架理念，标志着比特币的诞生。2009 年 1 月 3 日第一个序号为 0 的创世纪区块诞生。几天后，2009 年 1 月 9 日出现序号为 1 的区块，并与序号为 0 的区块相连接形成了区块链，标志着区块链的诞生。

区块链成为了比特币的核心组成部分，成为所有交易的公共账本。通过利用点对点网络、分布式数据存储、时间戳和密码等技术，区块链数据库能够实现无中心的自主管理。区块链使比特币成为第一个解决重复消费问题的数字货币。

加入比特币系统、使用比特币的用户，必须建立自己的比特币钱包文件，用以存储自己的账户(地址)、公私钥以及比特币。用户的账户就是自己的公钥，是公开的。私钥是

严格保密的。用户支付比特币是用私钥进行数字签名,收方用支付方的公钥进行验证,确保支付交易的安全性。由此可见,钱包文件的安全和可靠是十分重要的。

防止比特币伪造问题是一个重要问题。在比特币系统中,因为账本保存在所有的服务器中,只要整个系统中有一台服务器可以工作,整条区块链就是可靠的。又因为对每笔交易都有记录,因而对每笔交易都可以朔源。如果要修改区块链中的信息,必须征得半数以上节点的同意,并修改所有节点中的信息。由于这些节点通常掌握在不同的主体手中,因此伪造比特币是极困难的。而且每一个区块中都包含前一个区块的信息,如果修改一个区块的信息,将导致其后的所有区块都将出现错误,不能通过验证,除非把其后所有区块都修改。这也使得伪造比特币是很困难的。

另一个重要问题是防止重复支付。在比特币系统中,每一笔支付都要向全网络广播。重复支付就意味着多次广播同一个比特币交易。一方面,收到的节点会首先检查支付者的所有的交易记录,从余额看支付是否合理。不合理的支付交易信息将被丢弃。另一方面,假设某节点广播了两个重复支付的信息。如果一个节点对其中一个支付验证成功,向全网广播,并形成区块 A,接着他又可能在区链 A 后面链接一个别的区块 B。如果另一个节点对另一个重复支付验证成功,形成区块 C,向全网广播,并形成区块链。这样就会形成两个区块链。一般来说,两个区块链的长度不可能是相等的。最终的结果是哪个区块链长,哪个交易就被认可,另一个交易就被废弃,从而防止了重复支付。

矿工和挖矿是比特币区块链中的两个重要概念。对于比特币这样的公有区块链,理论上,你拥有计算机设备和完整的区块链软件,并参与交易和挖矿,就是一个节点。矿工是维护比特币区块链的个人或组织,是在比特币系统中的记账人。矿工的主要工作是确认交易并打包数据提交,把新产生的区块链接到之前区块的尾部以形成完整的区块链条。因为节点和矿工很多,挖矿工作是一种算力竞争,先挖出者为胜。因此,挖矿的本质是争夺记账权。为此,挖矿成功的矿工可以获得一定的奖励。挖矿奖励分两部分,即区块奖励和记账奖励。区块奖励在最初开始时(约 2009 年 1 月)每挖出一个区块奖励 50 个比特币,但是每隔 21 万个区块,比特币的奖励自动减半,即每 4 年减半。记账奖励是,每笔交易都包含一笔交易费,交易费是每笔交易记录的输入和输出的差额。挖矿成功的矿工可以得到该区块交易费中的"小费"。目前,这笔费用占矿工收入的 0.5% 或更少,矿工大部分收益仍来自挖矿所得的比特币奖励。

比特币区块链的成功在世界上产生了很大的影响。因此,区块链成为世界许多国家关注的一个重要问题,对区块链技术给以高度评价。例如,"用区块链重塑世界经济","互联网已经颠覆世界,区块链却要颠覆互联网",等等。

我国政府也高度重视,并积极推动区块链技术的应用。2016 年中国工业与信息化部指导发布的了《中国区块链技术和应用发展白皮书》[169],对区块链的概念、技术、发展和应用进行了论述。2019 年 1 月 10 日,国家互联网信息办公室发布《区块链信息服务管理规定》[170]。2019 年 10 月 24 日,在中央政治局第十八次集体学习时,习近平总书记强调:把区块链作为核心技术自主创新的重要突破口,加快推动区块链技术和产业创新发展。

总之,区块链技术的发展和应用,将改变人们的生活和工作方式。

2. 区块链的应用

（1）金融领域。

区块链在国际汇兑、信用证、股权登记和证券交易所等金融领域有着潜在的巨大应用价值。将区块链技术应用在金融行业中，能够省去第三方中介环节，实现点对点的直接对接，从而在大大降低成本的同时，快速完成交易支付。

比如 Visa 推出基于区块链技术的 Visa B2B Connect，它能为机构提供一种费用更低、更快速和安全的跨境支付方式来处理全球范围的企业对企业的交易。要知道传统的跨境支付需要等 3~5 天，并为此支付 1%~3% 的交易费用。Visa 还联合 Coinbase 推出了首张比特币借记卡，花旗银行则在区块链上测试运行加密货币"花旗币"。

2022 年 8 月，全国首例数字人民币穿透支付业务在雄安新区成功落地，实现了数字人民币在新区区块链支付领域应用场景新突破。

（2）物联网和物流领域。

区块链在物联网和物流领域也可以天然结合。通过区块链可以降低物流成本，追溯物品的生产和运送过程，并且提高供应链管理的效率。该领域被认为是区块链一个很有前景的应用方向。

区块链通过节点连接的散状网络分层结构，能够在整个网络中实现信息的全面传递，并能够检验信息的准确程度。这种特性一定程度上提高了物联网交易的便利性和智能化。区块链+大数据的解决方案就利用了大数据的自动筛选过滤模式，在区块链中建立信用资源，可双重提高交易的安全性，并提高物联网交易便利程度。为智能物流模式应用节约时间成本。区块链节点具有十分自由的进出能力，可独立的参与或离开区块链体系，不对整个区块链体系有任何干扰。区块链+大数据解决方案就利用了大数据的整合能力，促使物联网基础用户拓展更具有方向性，便于在智能物流的分散用户之间实现用户拓展。

（3）公共服务领域。

公共管理、能源、交通等领域都与民众的生产生活息息相关，但是这些领域的中心化特质也带来了一些问题，因此可以用区块链来改造。区块链提供的去中心化的完全分布式 DNS 服务通过网络中各个节点之间的点对点数据传输服务就能实现域名的查询和解析，结合可信计算技术，可用于确保某个重要的基础设施的操作系统和固件没有被篡改，可以监控软件的状态和完整性，并确保物联网系统所传输的数据没有经过篡改。

（4）数字版权领域。

通过区块链技术，可以对作品进行鉴权，证明文字、视频、音频等作品的存在，保证权属的真实、唯一性。作品在区块链上被确权后，后续交易都会进行实时记录，实现数字版权全生命周期管理，也可作为司法取证中的技术性保障。

（5）保险领域。

在保险理赔方面，保险机构负责资金归集、投资、理赔，往往管理和运营成本较高。通过智能合约的应用，既无需投保人申请，也无需保险公司批准，只要触发理赔条件，实现保单自动理赔。一个典型的应用案例就是 LenderBot，是 2016 年由区块链企业 Stratumn、与支付服务商 Lemonway 合作推出，它允许人们通过 Facebook Messenger 的聊天功能，注册定制化的微保险产品，为个人之间交换的高价值物品进行投保，而区块链在贷款合同中代替了第三方角色。

（6）公益领域。

区块链上存储的数据，高可靠且不可篡改，天然适合用在社会公益场景。公益流程中的相关信息，如捐赠项目、募集明细、资金流向、受助人反馈等，均可以存放于区块链上，并且有条件地进行透明公开公示，方便社会监督。

（7）司法领域。

为进一步加强区块链在司法领域应用，充分发挥区块链在促进司法公信、服务社会治理、防范化解风险、推动高质量发展等方面的作用。2022 年 5 月我国最高人民法院制定了《最高人民法院关于加强区块链司法应用的意见》。

13.1.3　区块链面临的挑战

从实践来看，区块链技术在商业银行等金融系统的应用大部分仍在构想和测试之中，距离实际应用还有很长的路，而要获得监管部门和市场的认可也面临不少困难。

（1）受到现行观念、制度、法律制约。

区块链去中心化、自我管理、集体维护的特性颠覆了人们现有的生产生活方式，淡化了国家监管的概念，冲击了现行法律安排。对于这些，整个世界完全缺少思想准备和制度探讨。即使是区块链应用最成熟的比特币，不同国家持有态度也不相同，不可避免阻碍了区块链技术的应用与发展。解决这类问题，显然还有很长的路要走。

（2）在技术层面，区块链尚需进一步发展完善。

①目前，区块链的应用尚在实验室阶段，没有直接可用的成熟产品。相比互联网技术，人们可以用浏览器、APP 等成熟应用程序，实现信息的浏览、传递、交换和应用。而区块链明显缺乏这类成熟的应用程序，而且面临密码和可信计算等高技术门槛的障碍。

②区块容量问题，由于区块链需要承载复制之前产生的全部信息，下一个区块信息量要大于之前区块信息量，这样传递下去，区块写入信息会无限增大，带来的信息存储、验证、容量问题以及巨大的通信和时间开销都有待解决。

③尚未考虑区块链的载体计算机系统的安全问题。目前区块链技术只是强调区块链自身的数据不容易篡改等安全可靠优点，但是区块链不是悬空的，是存储在计算机系统之中的。如果计算机系统不安全可信，将导致区块链也是不安全、不可信的。如何确保作为载体的计算机系统的安全可信是区块链走向应用必须解决的重要问题。

④密码技术是区块链的关键技术，其中采用了椭圆曲线公钥密码。然而椭圆曲线公钥密码在量子计算环境下将是不安全的。因此，现在就应当考虑区块链在量子计算环境下的安全问题。

13.2　区块链技术

区块链是一种按照时间顺序将数据区块以顺序连接的方式组合成的一种链式数据结构。这里主要以比特币的区块链为例，简单介绍区块链的基本概念及其一些关键技术[171]。

13.2.1　区块的结构

从应用角度看，区块链是一个分布式的账本。既然区块链是账本，那么账本的每一页就是一个区块，区块里面的内容就是交易记录等信息。页码就是本页上交易数据的 Hash 值。

区块由区块头和区块体组成。区块的结构如图 13-1 所示。区块头存储结构化的数据，大小是 80 字节。区块主体采用了一种 Merkle 树状结构记录区块挖出的这段时间里所有交易信息。区块主体所占的空间比较大。平均来讲，比特币一个区块内约有 1000～2000 笔交易信息，平均每个交易至少占 250 个字节，因此区块主体可能比区块头大 1000 倍以上。

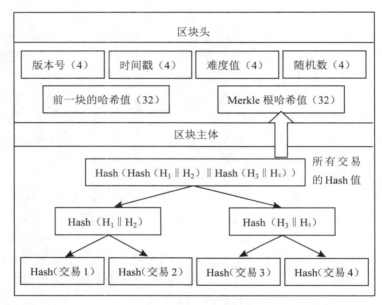

图 13-1　区块结构示意图

区块头内的数据包括：

①版本号（Version）占 4 个字节。用来标识所用的区块版本号。

②前一区块 Hash 值 占 32 个字节。也称为"父区块 Hash 值"。这个 Hash 值通过对前一个区块的区块头数据进行两次 Hash 计算（SHA-256 算法）得出。它表明，每个新挖出的区块都按秩序接在前一个区块的后面。在区块链中，每个区块中都有前一个区块的 Hash 值。

③Merkle 根（Merkle Root）占 32 个字节。这种区块主体结构叫做 Merkle 树（Merkle Tree），它是一棵倒挂的二叉树。假设区块主体中有 4 笔交易数据，分别是交易 1，交易 2，交易 3，交易 4。根据 Merkle 树计算 Hash 值的规则，先计算交易 1，交易 2、交易 3、交易 4 的 Hash 值，分别得出 H_1、H_2、H_3、H_4。到了第二层，两个拼在一块，再计算其 Hash 值，得到 $Hash(H_1 \| H_2)$ 和 $Hash(H_3 \| H_4)$，其中符号 $\|$ 表示两个符号串首尾相连。

到了第 3 层,两个又拼在一块,再进行 Hash 计算,得到 Hash(Hash(H$_1$ ∥ H$_2$) ∥ Hash(H$_3$ ∥ H$_4$))。这个最后的 Hash 值就是区块头中的 Merkle 根的值,简称为 Merkle 根。

采用 Merkle 树的优点是能够方便地检验交易数据的完整性,即检查交易数据是否被篡改。根据密码学 Hash 函数的性质,即使对数据做了一点篡改,计算出的 Hash 值也会变得完全不一样。从而可以发现篡改,确保交易数据的完整性。

④时间戳(Time)占 4 个字节。记录这个区块生成的时间,精确到秒。每诞生一个新的区块,就会被盖上相应的时间戳,这样就能保证整条链上的区块都按照时间顺序进行排列。时间戳可以作为区块数据的存在证明,有助于形成不可篡改和不可伪造的区块链数据库,为区块链用于公证、知识产权等对时间敏感的领域提供了时间因素基础。

⑤难度值(Target_bits)占 4 个字节。挖出该区块的难度值。每产生 2016 个区块,区块运算难度会调整一次。比如,比特币区块链网络能够自动调整挖矿的难度,让矿工每 10 分钟才挖出一个区块。挖矿就是矿工利用计算机,经过大量的计算,将过去一段时间内发生的、尚为经过网络公认的交易信息收集、检验、确认,并打包计算出 Hash 值,使之成为一个无法篡改的交易记录信息块。从而成为一个网络公认的已完成的交易记录。因此,本质上可以把挖矿称作争夺记账权。

⑥随机数(Nonce)占 4 个字节。为满足挖矿难度目标所设定的随机数。在比特币系统中,各个节点(矿工)基于各自的算力相互来竞争求解一个求解困难而验证容易的数学难题,即 SHA-256 的逆向求解问题,并被通俗地称为挖矿。最先求解出这一问题的节点获得该区块的记账权及其奖励。这是一个著名的难题,目前只能通过穷举,一点一点试探。运气好的节点,可能求出一个合适的随机数 Nonce,使得区块头各元数据的二次 Hash(SHA-256)值小于或等于目标 Hash 值。

Nonce 值的设定使得该块的 Hash 值是以一串 0 开头的数据,开头的 0 越多,则 Hash 值就越小。而 0 的数量是根据难度值设定的。最终产生的 Hash 值必须是一个小于等于当前难度值的数据。因为这种穷举计算是非常耗费时间和计算资源的,一个合理区块的出现也就是得到了正确的 Nonce 值,这也就构成了工作量证明 PoW(Proof of Work)。

用于标识一个区块的标识符有以下两种:

①本区块的 Hash 值(Block Hash) 将区块头的信息经过两次 Hash 处理得到的 32 个字节的 Hash 值。它是区块的数字指纹,可以唯一地。明确地标识这个区块。任何节点都可以通过对该区块头的信息进行两次 Hash 计算,来进行验证。本区块的 Hash 值并不包含在区块头中。通常是把它作为该区块的元数据的一部分,存储在一个独立的数据库中。

②区块高度(Base Height) 也称为区块序号。在比特币中,中本聪的创世纪的区块为第 0 块,即高度为 0,以后的区块高度递增,序号递增。区块的高度也不包含在区块头中。通常是把它作为该区块的元数据的一部分,存储在一个独立的数据库中。

13.2.2　区块的链式结构

区块通过几条链,把一个个区块按序链接起来,就形成了区块链。如图 13-2 所示。

(1)由前一块的 Hash 值构成的主链。

由前一块的 Hash 值构成的链是区块链的主链。每个取得记账权的矿工,把新挖出的

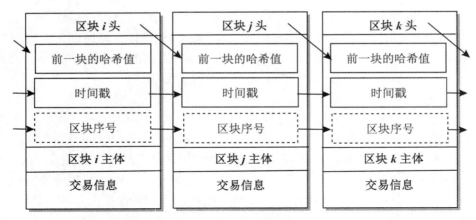

图 13-2 区块的链式结构

区块连接到前一个区块之后。这种链接是通过在区块头中填写上由前一块的 Hash 值，构成顺序的相连关系的。如此继续，便形成了一条从创世纪区块到最新区块的链。这条链记录了交易数据的完整历史全貌，能够提供交易数据的朔源和定位，删掉其中一个区块，或违规增加一个区块，立即可以被发现。

(2)时间戳链。

时间戳链是区块链的自然链、辅助链。每个区块头中都记录这个区块生成的时间，精确到秒，被称为时间戳。每诞生一个新的区块，就会被盖上相应的时间戳。时间戳具有唯一性，可以唯一标识一个区块。在比特币主链上各区块是按时间顺序依次排列的，从而构成了一条时间链。能够提供交易数据的朔源和定位。

(3)区块序号链。

区块序号也称为区块高度，区块序号链也是区块链的一种自然链、辅助链，而且是隐蔽的链。除了每一个区块头中都记录了前一块的 Hash 值和时间戳这两条明显的链外。还有一条隐蔽的链，这就是区块序号形成的链，所有区块按区块序号的顺序排成一条长链。中本聪的创世纪区块序号为 0，是区块序号链的起点。由于，区块序号不包含在区块头中，而是存储在一个独立的元数据库中，所以称它为一条隐蔽的链。由区块序号可以唯一的标识、定位一个区块。能够提供交易数据的朔源和定位。

13.2.3 Merkle 树

Ralph Merkle 在文献[172]中利用 Merkle 树构建一种数字签名方案。比特币区块链用 Merkle 树 Hash 计算方法，确保区块数据的完整性。

Merkle 树是一种二叉树，而且是一种满二叉树，即每一个层的节点数都达到最大值的二叉树。

基于 Merkle 树的 Hash 计算方法如图 13-3 所示，其中符号 ‖ 表示两个符号串首尾相连。

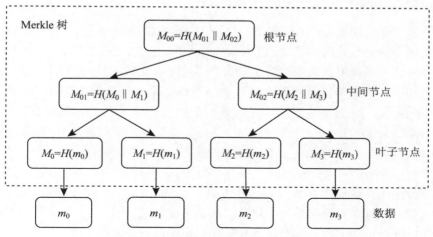

图 13-3　基于 Merkle 树的 Hash 计算

①叶子节点的值是数据块的 Hash 值。

②每个非叶子节点的值，都是其孩子节点的 Hash 值。

③根节点称为 Merkle 树根。它的 Hash 值反映了整个数据块和各节点的完整性状况。

因为 Merkle 树是二叉树，其每层节点数应是偶数个。但在区块链中，交易数据块有时可能是奇数个。这时通常采样复制最后一个数据块，使之凑成偶数个。

为什么使用 Merkle 树的方式计算交易数据的 Hash 值呢？它有什么优越性呢？

Merkle 树大多用来进行完整性验证。比如分布式环境下，从多台主机获取数据，怎么验证获取的数据是否正确呢？只要验证 Merkle 树根 Hash 值的正确性就行了。例如，在图 13-3 中，数据 m_2 块发生错误(比如数据被篡改了)。错误会导致计算 M_2 发生错误，接着传导到计算 M_{02} 发生错误，最后传导到 Merkle 根，导致 Merkle 根 Hash 值 M_{00} 的发生错误。据此，任何底层数据块的变化，最终都会导致 Merkle 根 Hash 值 M_{00} 发生错误，从而发现数据的错误，确保了数据的完整性。

反过来，Merkle 树还可以用来对数据进行快速比对，快速定位到发生错误的数据。比如在分布式存储中，一份数据会有多个副本，并且分布在不同的机器上。为了保持数据一致性，需要进行副本同步，而首要的就是比对副本是否一致？如一致，则无需同步。如不一致，还需找出不一致的地方，然后进行同步。很明显，如果采用直接传输数据进行比对，效率非常低。一般采用基于 Merkle 树进行对比 Hash 值的方法。如果不同机器上的 Merkle 根 Hash 值一致，则数据相同。如果 Merkle 根 Hash 值不一致，则通过 Merkle 树快速定位到不一致的数据。下面举例说明快速检索的过程。假设发现 Merkle 根 Hash 值不一致，于是知道数据产生了不一致，进一步根据图 13-3 进行比对定位。首先分别计算对比 M_{01} 和 M_{02}，如果发现是 M_{02} 不一致，接着向下计算对比 M_2 和 M_3。如果是 M_2 不一致，这样就定位到是数据块 m_2 不一致。如果是 M_3 不一致，这样就定位到是数据块 m_3 不一致。这种定位方法，本质上属于折半查找，算法复杂度为 $O(\log(n))$。

13.2.4 比特币区块链系统中的共识机制

区块链的共识机制就是所有记账节点之间怎么达成共识,去认定一个记录的有效性。这既是认定的手段,也是防止篡改的手段。

比特币区块链系统中的共识机制建立在工作量证明机制之上。任何一个节点要成功挖出一个新区块,必须基于各自的算力相互竞争求解一个数学难题,即 SHA-256 的逆向求解或找到"碰撞"问题。最先求解出这一问题的节点获得该区块的记账权及其奖励。因为这是一个著名的难题,目前只能通过穷举,一点一点试探。运气好的节点,可能求出一个合适的随机数 Nonce,使得区块头各元数据的二次 Hash 值(SHA-256)小于或等于目标 Hash 值。因为这种穷举计算是非常耗费时间和计算资源的,一个新区块的成功诞生,也就成为该节点的工作量证明 PoW(Proof of Work)。证明了该节点的计算能力和付出的工作量是足够大的,其他节点也是不可争议的,从而达成共识。

比特币的防伪造等问题,都是建立在工作量证明基础之上的。因为,要成功伪造比特币,必须付出巨大的工作量。因为每一个区块都包括前一个区块的信息,随着区块的增加,这个链条会越来越长。如果要修改其中一个区块的信息,将导致其后的区块都出现错误,不能通过验证。除非把后面所有区块的信息都修改,这种工作量是巨大的,显然是不现实的,从而杜绝了伪造的可能。

13.2.5 密码在区块链中的应用

密码是区块链的关键技术,是区块链的主要基础支撑之一。可以豪不夸张地说,没有密码技术的支撑,就没有区块链的成功。密码中的对称密码和公钥密码,加密、解密、数字签名、验证签名、认证等技术在区块链中都有应用。有密码应用,自然就离不了密钥管理、密码协议等配套技术。

1. Hash 函数的应用

密码学 Hash 函数具有以下安全性质:

①单向性:对任何给定的 Hash 值 h,找到使 $\text{Hash}(x)=h$ 的 x 在计算上是不可行的。

②抗弱碰撞性:对任何给定的数据 x,找到满足 $y\neq x$ 且 $\text{Hash}(y)=\text{Hash}(x)$ 的 y 在计算上是不可行的。

③抗强碰撞性:找到任何满足 $\text{Hash}(x)=\text{Hash}(y)$ 的数偶 (x,y) 在计算上是不可行的。

由于密码学 Hash 函数具有上述安全性质,密码学 Hash 函数在区块链中发挥了重要的基础支撑作用,成为区块链的基础性支撑技术。所以可以说,没有 Hash 函数就没有区块链。每个区块的头部都有三个重要的 Hash 值。分别是本区块的 Merkle 根 Hash 值、本区块 Hash 值和前一区块的 Hash 值。

(1)本区块的 Merkle 根 Hash 值。

Merkle 根 Hash 值是本区块的交易数据,按 Merkle 树结构逐级计算 Hash 值,最后得到本区块的 Merkle 根 Hash 值,如图 13-3 所示。它起到保护本区块的交易数据不能篡改,确保交易数据的完整性、真实性。由于采用了 Merkle 树结构,如果发生了某个交易数据出错,很容易查找定位。

(2)本区块 Hash 值。

本区块的 Hash 值(Block Hash)将本区块头的信息经过两次 Hash(SHA-256 算法)处理得到的 32 个字节的 Hash 值。它是区块的数字指纹,可以唯一地、明确地标识这个区块。任何节点都可以通过对该区块头的信息进行两次 Hash 计算(SHA-256 算法),来进行验证该区块的完整性。但是,本区块的 Hash 值并不包含在区块头中。通常是把它作为该区块的元数据的一部分,存储在一个独立的数据库中。参见图 13-4 所示。对于下一个区块来说,本区块的 Hash 值就是它的父区块 Hash 值。如此构成区块链的主链条。

图 13-4　一个区块信息示意图

(3)前一区块的 Hash 值。

又称为"父区块 Hash 值"。这个 Hash 值通过对前一个区块的区块头数据进行两次 Hash 计算(SHA-256 算法)得出,是前一区块的数字指纹。每个新挖出的区块都按秩序接在前一个区块的后面,从而形成区块链的主链条。参见图 13-4 所示。

2. 公钥密码的应用

在比特币系统中用户的账户,也称为用户的地址,由用户自动产生。用户的账户或地址就是其椭圆曲线公钥密码的公钥。

公钥密码有两个密钥:公钥和私钥。根据公钥密码的安全性质,由私钥可以容易地求出公钥,而由公钥不可能求出私钥。据此,公钥是公开的,私钥是保密的。所以比特币选择用户的公钥作为自己的账户或地址,可以公开,便于用户之间的交易。

比特币用户的账户或地址就是自己的公钥,因此可以把自己的账户或地址公开。别人发过来的加密信息,用户自己用私钥解密,得到明文。任何其他人由于没有私钥,而不能得到明文，确保了通信是保密的。用户向别人支付，用自己的私钥进行数字签名，接收方用支付方的公钥验证签名，确保支付是安全的。

用户的账户或地址以及私钥都保存在比特币钱包文件中。钱包文件受严格的访问控制保护。钱包文件的安全十分重要，一旦钱包文件丢失，账户和比特币就不安全了。由于比特币的去中心化和匿名性，一旦比特币丢失，没有任何人有权力和能力找回丢失的比特币。同样，如果钱包文件损坏了，就意味着钱包里的比特币彻底丢了。任何人都只能在交易数据中看到它，因为没有私钥，却无法获得它，因为私钥是拥有比特币的唯一凭证。由此可见，确保钱包文件的安全可靠是十分重要的。

由于比特币中应用公钥密码，涉及对公钥和私钥的管理。因此，PKI 密钥管理技术以及安全的密码协议应当得到应用。

3. 对称密码的应用

因为比特币是一种公有区块链系统，交易数据不需要加密。账户之间的少量保密通信用公钥加密进行，这是可以的。但是对于私有区块链系统，其中部分交易数据需要保密，这时需要加密的数据量就比较大。再采样公钥密码加密就不合适了，因为公钥密码加密的效率比较低。这时采样对称密码加密就更合适了，因为对称密码加密的效率高。

4. 中国的区块链必须使用中国的密码

我国已经建立了完善的商用密码体系，并陆续被接受为国际密码标准。

2006 年中国政府第一次公布了中国商用密码算法 SM4，后来又陆续公布了 SM2 和 SM3。2011 年中国设计的祖冲之密码（ZUC）被采纳为 4G 移动通信的国际密码标准。

随着可信计算技术的发展与应用，特别是在了解到中国的可信密码模块（TCM）技术后，国际可信计算组织（TCG）认识到在其可信平台模块（TPM）设计方面存在的不足。TCG 经过几年的工作，于 2012 年 10 月 23 日发布了新的 TPM 2.0 规范，全面支持中国商用密码 SM2、SM3、SM4。2015 年 6 月 ISO/IEC 接受 TPM 2.0 规范成为新的国际标准。中国商用密码 SM2、SM3、SM4 第一次成体系地在国际标准中得到认可和应用。

2017 年 11 月—2021 年 2 月，国际标准化组织（ISO/IEC）陆续接受我国商用密码算法 SM2、SM3、SM4、SM9 和 ZUC 成为国际标准。

2020 年 1 月 1 日，《中华人民共和国密码法》颁布执行。

据此，为了确保我国的信息安全，中国的区块链必须使用中国的密码。

13.3　推荐阅读

本章以比特币区块链为例，简单介绍了区块链的基本概念、区块链的发展与应用、区块链的主要技术以及密码在区块链中的应用。限于本书主要讲授密码学，所以没有全面深入介绍区块链的理论与技术。对此有兴趣的读者可以进一步阅读文献［171］和文献［173］。

习题

1. 上网了解区块链的发展与应用情况。

2. 什么是区块链？区块链有什么突出特点？

3. 描述区块的结构。

4. 区块链采用 Merkle 树结构计算交易数据的 Hash 值，它有什么优点？

5. 解释比特币中矿工与挖矿的概念。

6. 什么是工作量证明机制？它在比特币区块链中能够解决什么问题？

7. 说明密码技术在区块链中的应用。

8. 为什么中国的区块链必须应用中国密码？

第14章　密码在可信计算中的应用(选修)

可信计算是一种旨在增强计算机系统可信性和安全性的综合性信息安全技术,其终极目标是构建安全可信的计算环境。本章介绍密码在可信计算中的应用。

14.1　可信计算的概念

实践表明,许多信息安全事件都是由于计算机系统不安全引起的。显然,要确保信息安全,必须提高计算机系统的安全性。然而,应当如何才能提高计算机系统的安全性呢?

作者曾提出如下学术观点:信息系统的硬件系统安全和操作系统安全是信息系统安全的基础,密码技术、网络安全等技术是关键技术。而且只有从整体上采取措施,特别是从底层采取措施,才能比较有效地解决信息安全问题[9,10]。

根据这些学术观点,要增强计算机系统的信息安全,就必须从计算机的芯片、主板、硬件结构,BIOS 和操作系统等软硬件底层做起,从数据库、网络、应用等方面综合采取措施。可信计算正式依据这样的思路发展起来的。

下面给出我们对可信计算的定义和理解。

可信计算是一种旨在增强计算机系统可信性和安全性的综合性信息安全技术,其终极目标是构建安全可信的计算环境[4,8]。

可信计算的基本思想是:在计算机系统中,建立一个信任根,从信任根开始对计算机系统进行可信度量,并综合采取多种安全防护措施,确保计算机系统的可信性和安全性,进而构成安全可信的计算环境。

国际可信计算组织 TCG(Trusted Computing Group)认为,可信计算的总目标是提高计算机系统的安全性。现阶段,可信计算平台应具有确保资源的数据完整性、数据安全存储和平台远程证明等安全功能。

根据以上的讨论可知,一个可信计算机系统由信任根、可信硬件平台、可信操作系统和可信应用系统组成。如图 14-1 所示。

可信计算的基本思想来源于社会,是借鉴了人类社会成功的管理经验,把人类社会成功的管理方法引入计算机系统。纵观古今中外,任何一个社会稳定的国家都具有一个信任根,而且都具有信任链的机制。在这种信任根和信任链的机制下,实行对国家的管理和各级负责人的考核任用。即,由信任根出发,一级考核一级,一级信任一级,把这种信任关系扩大到整个国家,从而确保国家的社会稳定。

几十年来可信计算的发展和应用实践证明,可信计算是提高计算机系统安全性的有效措施。可以说,一切配置 CPU 的信息系统都应当采用可信计算技术增强其系统的安全性。

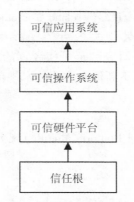

图 14-1　可信计算机系统组成

特别是云计算、物联网和工业控制等系统，更应当而且更适合采用可信计算技术增强其系统的安全性。

总之，可信计算大有可为。

14.2　可信计算的发展历程

14.2.1　国外可信计算的发展

可信计算已经经历了一个较长的发展历程。

1. 可信计算的出现

1985 年美国国防部制定了世界上第一个《可信计算机系统评价准则 TCSEC(Trusted Computer System Evaluation Criteria)》[174]。在 TCSEC 中第一次提出可信计算机(Trusted Computer)和可信计算基 TCB(Trusted Computing Base)的概念，并把 TCB 作为计算机系统安全的基础。

在推出 TCSEC 之后人们很快就发现，只有计算平台可信，没有网络和数据库的可信是不行的。于是，美国国防部又相继推出了《可信网络解释(Trusted Network Interpretation)》[175]和《可信数据库解释(Trusted Database Interpretation)》[176]。

这些文件的推出标志着可信计算的出现。这些文件成为评价计算机系统安全的主要准则，至今仍有指导意义。然而，随着科学技术的发展，它们也呈现出以下局限性：

①强调了信息的秘密性，而对完整性考虑较少。

②强调了系统安全性的评价，却没有给出达到这种安全性的系统结构和技术路线。

③产业化不够广泛。

2. 可信计算的高潮

(1) TCG 的可信计算。

1999 年，美国 IBM、Intel、Microsoft、日本 Sony 等企业发起成立了可信计算平台联盟

TCPA(Trusted Computing Platform Alliance)。TCPA 的成立，标志着可信计算高潮的出现。2003 年 TCPA 改组为可信计算组织 TCG(Trusted Computing Group)[177]。TCG 的出现标志着可信计算技术和应用领域的进一步扩大。

TCG 是一个非盈利组织，旨在研究制定可信计算的工业标准。目前 TCG 已经制定了一系列的可信计算技术规范，而且不断地对这些技术规范进行修改完善和版本升级。下面列出其中一部分规范：

(a) 可信 PC 规范

(b) 可信平台模块 TPM(Trusted Platform Module)规范

(c) 可信软件栈(TSS)规范

(d) 可信服务器规范

(e) 可信网络连接(TNC)规范

(f) 可信手机模块规范

在 TCG 技术规范的指导下，各国企业已经推出了一系列的可信计算产品，可信计算已经走向实际应用。

TCG 可信计算的意义如下：

①首次提出可信计算平台的概念，并具体化到可信服务器、可信 PC 机、可信 PDA 和可信手机，而且给出了相应的体系结构和技术路线。

②不仅考虑信息的秘密性，更强调了完整性。

③更加产业化和更具广泛性。目前国际上已有 100 多家著名 IT 企业加入了 TCG。中国的华为、联想、大唐高鸿等企业和武汉大学、清华大学、北京工业大学等高校也加入了 TCG。

可信平台模块(TPM)芯片是目前应用最广泛的可信计算产品。许多芯片厂商都推出了自己的可信平台模块(TPM)芯片，几乎所有的品牌笔记本电脑和台式 PC 机都配备了 TPM 芯片。从世界范围来讲，TPM 芯片已经生产销售近 10 亿片。

(2) 欧洲的可信计算。

2006 年 1 月欧洲启动了名为"开放式可信计算(Open Trusted Computing)"的可信计算研究计划[178]。有几十个科研机构和工业组织参加研究，分为 10 个工作组，分别进行总体管理、需求定义与规范、底层接口、操作系统内核、安全服务管理、目标验证与评估、嵌入式控制、应用、实际系统发行发布与标准化等工作。已经实现了安全个人电子交易、家庭协同计算以及虚拟数据中心等应用。

(3) 可信计算的容错流派。

容错计算是计算机的一个重要领域。法国 Jean Claude Laprie 和美国 Algirdas Avizienis 从容错的角度给出了可信计算的概念。对于可信计算的用词，采用 Dependable Computing。容错流派的可信计算更强调计算机系统的可靠性、可用性和可维护性，而且强调可信性的可论证性。

14.2.2　中国可信计算的发展

2000 年 6 月 2 日，武汉瑞达公司和武汉大学签署合同，开始合作研制安全计算机。

2003 年研制出我国第一款可信计算平台 SQY14 嵌入密码型计算机和嵌入式安全模块(Embedded Security Module，ESM)[9,10]，并通过国家密码管理局的安全审查。2004 年 10 月通过国家密码管理局主持的技术鉴定。2006 年获国家"密码科技进步二等奖"。这一新产品被国家科技部等四部委联合认定为"国家级重点新产品"，并得到实际应用。如图14-2 所示。

图 14-2　SQY14 嵌入密码型计算机

2004 年 10 月第一届中国可信计算与信息安全学术会议在武汉大学召开，会议获得空前成功。今天，会议已经发展成为国内信息安全界的著名品牌会议。

2005 年，联想和北京兆日公司的可信平台模块(TPM)芯片相继研制成功。

2006 年，我国制定出第一个可信计算技术规范《可信计算平台密码方案》。其中将可信平台模块 TPM 称为可信密码模块 TCM(Trusted Cryptographic Module)，并规定了应使用的中国密码算法[179]。

2007 年，国家自然科学基金委启动了"可信软件重大研究计划"[180]。同年，我国开始制定可信计算关键技术系列标准。

2008 年中国可信计算联盟(CTCU)成立。在国家 863 计划的支持下，作者团队研制出我国第一款可信 PDA[181]和第一个可信计算平台测评软件系统。

2012 年 6 月，武汉大学、INTEL、华为、中标软件、国民技术、百敖、道里云公司联合发起成立了中国可信云计算社区(ChinaSigTC)，旨在基于中国商用密码和中国可信计算标准与规范，发展中国可信云计算产业。同年，国民技术公司推出世界上第一款 TPM 2.0 芯片，通过了国家密码管理局的认证，并得到实际应用。

2012 至 2015 年，华为、浪潮、大唐高鸿公司与作者团队合作研制出自己的可信云服务器，并实现产业化[4]。之后，华为公司还把可信计算技术用于路由器，推出了世界首款可信路由器，并销售到国外市场。

2013 年，我国发布了三个可信计算技术标准：《可信平台主板功能接口(GB/T 29827—2013)》、《可信连接架构(GB/T 29828—2013)》、《可信计算密码支撑平台功能与接口规范(GB/T 29829—2013)》。

2014 年 4 月 16 日，我国几十家企业、大专院校、科研院所联合成立了中关村可信计算产业联盟。

2015 年，我国学者创新性地提出了主动免疫可信计算和可信计算 3.0[182,183]。

2017 年我国颁布了《中华人民共和国网络安全法》，明确要求"推广安全可信的网络产品和服务"。

2019 年 5 月 13 日，我国发布了网络安全等级保护制度 2.0 标准，对事企业单位的信息系统实施等级保。在技术上，将信任根、可信度量等可信计算技术写入标准。同年，作者团队的研究成果"自主可控的可信计算关键技术及应用"获湖北省科技进步一等奖。

2021 年 9 月 1 日，我国正式实施《关键信息基础设施安全保护条例》，其中明确要求"全面使用安全可信的产品和服务来构建关键基础设施安全保障体系"。

除此之外，我国工业与信息化部、民政部、教育部、中国人民银行等部委和北京市，都在各自的行业发展规划中明确要求发展可信计算技术与产业，应用可信计算产品。

这些举措将会极大地推动可信计算技术在我国的发展和应用。我国可信计算技术和产业的发展与应用，进入新阶段。

中国的可信计算有自己的特色和创新。

2004 年之前中国的可信计算是独立发展的。2004 年之后，中国和 TCG 开始交流。中国向 TCG 学习了许多有益的东西，但仍然坚持独立自主的发展道路，因此有自己的特色和创新。通过交流，TCG 也向中国学习了许多有益的东西。

在我国第一款可信计算平台 SQY14 嵌入密码型计算机中，利用嵌入式安全模块（ESM）对计算机的 I/O 设备、部分系统资源和数据进行安全管控[9,10]。这一实践奠定了后来的"可信平台控制模块 TPCM（Trusted Platform Control Module）"的技术思想。除此之外，在 SQY14 中还采用了强访问控制、内存隔离保护、基于物理的系统保护、入侵对抗、中国商用密码、两级日志、程序保护、数据备份恢复等安全措施[8,9]。在可信 PDA 中实现了基于星型信任度量模型的信任根芯片（J280）主动全面度量[181]。在可信云服务器中实现了基于 BMC 芯片的安全启动、可信度量与安全管控[4,8]。这些都是 TCG 的可信计算规范所不具备的。

后来，我国学者又创新性地提出了主动免疫可信计算和可信计算 3.0。它是指计算机在运算的同时进行安全防护，确保为完成计算任务的逻辑组合不被篡改和破坏、计算全过程可测可控、不被干扰，使计算结果与预期一样[182,183]。

中国可信计算的实践表明：中国的可信计算起步不晚，创新很多，成果可喜，中国已经站在国际可信计算的前列。

14.3　可信计算的关键技术

可信计算采用了以下关键技术。在这里只介绍其基本概念和基本功能，具体技术请读者参看文献[4，5，8]。

14.3.1　信任根

信任根是可信计算机的可信基点，也是实施安全控制的基点。功能上它包含三个信任根，分别是可信度量根 RTM（Root of Trust for Measurement）、可信存储根 RTS（Root of Trust for Storage）和可信报告根 RTR（Root of Trust for Report）。

RTM 是对平台进行可信度量的基点。在 TCG 的可信计算平台中，它是平台启动时首先被执行的一段软件，用以对计算机系统资源进行最初的可信度量。它又被称为可信度量根核 CRTM(Core Root of Trust for Measurement)。具体到可信 PC 机中，它是 BIOS 中最开始的部分代码模块。当 PC 机开机时，由 CRTM 首先开始对 PC 机进行可信度量。

RTS 是对可信度量值进行安全存储的基点。它由可信平台模块 TPM 芯片中的一组被称为平台配置寄存器 PCR(Platform Configuration Register)和存储根密钥 SRK(Storage Root Key)，共同组成。

RTR 是平台向访问客体提供平台可信性状态报告的基点。它由可信平台模块 TPM 芯片中的平台配置寄存器 PCR 和背书密钥 EK(Endorsement Key)的派生密钥 AIK(Attestation Identity Key)共同组成。

可见，可信计算平台以可信平台模块 TPM 芯片及其密钥和相应软件作为信任根。如图 14-3 所示。对于信任根，必须采用有效措施确保其安全。特别强调指出，中国的可信计算机必须采用中国的信任根。

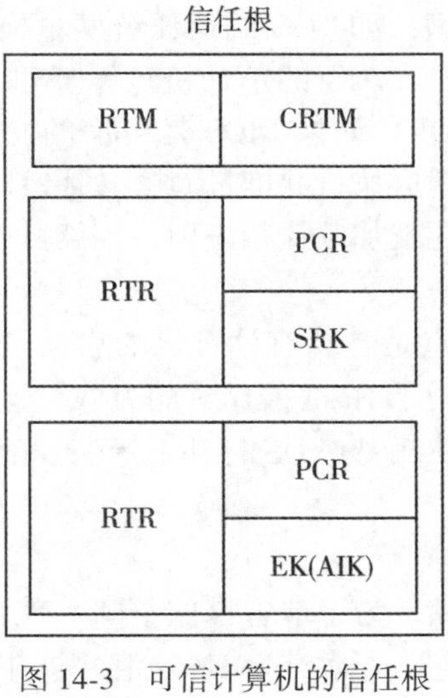

信任根

图 14-3　可信计算机的信任根

云计算的出现为可信计算提供了新的应用场景。云计算是一种面向服务的计算，而面向服务的计算在技术上必然采用资源共享和虚拟化的机制。资源共享和虚拟化又导致用户不信任云计算。为了确保云计算的安全可信，提出了可信云计算。所谓可信云计算，是指将可信计算技术融入云计算环境中，构建一个可信云安全体系架构，向用户提供可信的云服务。为了支持云计算虚拟机的安全可信和可信迁移，实现可信云计算，可信计算界推出了虚拟可信平台模块 vTPM(Virtual TPM)技术。以物理 TPM 芯片和虚拟可信平台模块 vTPM 共同作为云计算虚拟机的信任根，结合密码技术，便可支撑虚拟机的安全可信和可信迁移，进而实现可信云计算。

14.3.2　度量存储报告机制

基于信任根对计算平台的可信性进行度量，并对度量的可信值进行存储，当访问客体询问时提供报告。这一机制称为度量存储报告机制。它是可信计算机确保自身可信，并向外提供可信服务的一项重要机制。

1. 度量

由于目前尚没有一种简单的方法对计算平台的可信性进行方便的度量，因此 TCG 对可信性的度量采用了度量其系统资源数据完整性的方法。对系统资源数据完整性的度量，采用了密码学 Hash 函数。对系统资源，事先计算出其数据的 Hash 值并安全存储。在进行可信度量时，重新计算系统资源数据的 Hash 值，并与事先存储的值进行比较。如果两者不相等，便知道系统资源的完整性被破坏。完整性被破坏的原因，可能是物理损坏或病毒传染，也可能是人为篡改。一旦发现系统资源数据的完整性被破坏，便可以采取各种措施。例如备份恢复等。

可信度量是可信计算确保可信性的基本措施。可信度量必须依据一定的信任度量模型。目前已有多种信任度量模型，如 TCG 的信任链度量模型和作者团队提出的具有数据恢复功能的星型度量模型[180]等。TCG 的信任链度量模型在计算机启动时，可信度量根 CRTM 首先被执行，它度量 BIOB。如果 BIOS 是可信的，则 BIOS 执行并度量引导扇区。如果引导扇区是可信的，引导扇区执行并度量 OS。如果 OS 是可信的，就加载执行 OS 并度量应用。如果应用是可信的，就加载执行应用。计算机可信启动成功，整个其他过程像是一条串行的链，所以称为信任链。

TCG 信任链模型的主要优点是与现有计算机的启动过程有很好的兼容性，主要缺点是维护麻烦。由于可信度量采用了 Hash 值比对的方式，这就使得在信任链中加入或删除一个部件，或软件更新（如 BIOS 升级、OS 打补丁等），相应的 Hash 值都得重新计算，系统维护很麻烦。

2. 存储

可信度量的值必须安全存储。为了节省存储空间，TCG 采用了一种扩展计算 Hash 值的方式。即将现有值与新值相连，再次计算 Hash 值并被作为新的完整性度量值存储到平台配置寄存器 PCR 中。

$$New\ PCR_i = \mathrm{HASH}(\ Old\ PCR_i \parallel New\ Value\ )$$

其中符号 ‖ 表示首尾连接，$i = 0, 1, \cdots, n$。

这种扩展计算 Hash 值的优点在于：PCR 中的值是一系列的扩展计算的结果，它不仅反映了计算平台当前的可信性，而且也记录了系统可信度量的历史过程。密码学 Hash 函数的性质可以确保，不可从当前的值求出以前的值。这种扩展计算确保存储空间固定，不随度量次数的增加而增加。

除了将 Hash 扩展值存储到平台配置寄存器 PCR 中之外，还可以将各种资源的配置信息和操作历史纪录作为日志，经过 Hash 扩展后存储到磁盘中。值得注意的是，存储在 PCR 中的值与存储在磁盘中的日志值，是相互关联印证的。即使攻击者篡改了磁盘上的日志，根据 PCR 的值可以立即发现这种篡改，提高了系统的安全性。

3. 报告

在度量存储之后，当访问客体询问时，向用户提供平台可信状态报告，供访问客体判断平台的可信性。向访问客体提供报告的内容包括 PCR 值和日志等信息。为了确保报告内容的安全，还必须采用加密、数字签名和认证技术。这一功能被称为平台远程证明。

14.3.3　可信平台模块

可信平台模块 TPM 是一种 SOC(System on Chip)芯片，它是可信计算平台的信任根，也是可信计算平台实施安全控制的基点。它由执行引擎、存储器、I/O 部件、密码协处理器、随机数产生器等部件组成。其中，执行引擎主要是 CPU 和相应的固件。密码协处理器是公钥密码的加速引擎。密钥产生部件的主要功能是产生公钥密码的密钥。随机数产生部件是 TPM 的随机源，主要功能是产生随机数和对称密码的密钥。Hash 函数引擎是 Hash 函数的硬件引擎。HMAC 引擎是基于 Hash 函数的消息认证码硬件引擎。电源管理部件的主要功能是监视 TPM 的电源状态，并做出相应处理。配置开关的主要功能是对 TPM 的资源和状态进行配置。非易失存储器是一种掉电保持存储器，主要用于存储密钥、标识等重要数据。易失存储器主要用作 TPM 的工作存储器。I/O 部件主要完成 TPM 对外对内的通信。TPM 的结构如图 14-4 所示。

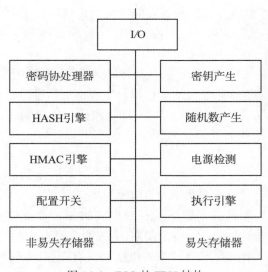

图 14-4　TCG 的 TPM 结构

为什么可信计算平台必须要配置一个 TPM 硬件芯片呢?

众所周知，以前在设计计算机时主要考虑的是提高功能、性能和易用性，没有把信息安全作为一个目标。为了降低成本，尽量减少硬件，多用软件。但是随着计算机和网络的广泛应用，信息安全成为一个重要问题。恶意代码、黑客攻击等对计算机的信息安全构成严重威胁。虽然没有硬件的支持，也可以用软件检测和对抗这类恶意攻击。但是实践经验告诉我们，如果没有硬件的支持，任何检测恶意代码的方法都可能被恶意软件回避。相反，加上硬件的支持，就可以阻止恶意软件的回避行为。由于以上原因，TCG 采取了用 TPM 硬件支持信息安全的技术方案。

除了 TCG 的 TPM 之外，我国在《可信计算平台密码方案》规范中，提出了可信密码模块 TCM。TCM 强调采用中国商用密码，其密码配置比 TCG 的 TPM 更合理。在《可信平台主板功能接口》标准中，强调了 TPM 的安全控制功能，并将其命名为可信平台控制模块 TPCM。这些都是我国对可信计算的创新性贡献。

我国企业开发出了多款 TPM、TCM 和 TPCM 芯片，实现了产业化，为确保我国的信息安全作出了重要贡献。

云计算的出现为可信计算提供新的应用场景。为了实现可信云计算，支持云计算虚拟机的安全可信和虚拟机的可信迁移，可信计算业界推出了虚拟可信平台模块 vTPM 技术。所谓虚拟可信平台模块 vTPM，就是用软件模拟实现物理 TPM 的功能。进一步，在 vTPM 和物理 TPM 之间建立强联系，使信任链从物理 TPM 扩展到虚拟机中，从而为虚拟机提供和硬件 TPM 相同的安全功能。

14.3.4　可信计算平台

TCG 提出了可信服务器、可信 PC 机、可信 PDA 和可信手机的概念，并且给出了系统结构和主要技术路线。目前，可信 PC 机和可信服务器都已实现了产业化。

可信 PC 机是最早开发，并已经得到实际应用的可信计算平台。2003 年，武汉瑞达公司与作者团队合作，开发出我国第一款可信 PC 平台 SQY14 嵌入密码型计算机[9]，如图 14-2 所示。

可信 PC 计算平台的主要特征是在主板上嵌有可信构建模块 TBB(Trusted Building Block)。这个 TBB 就是可信 PC 平台的信任根。它包括可信度量根核 CRTM 和可信平台模块 TPM，以及它们与主板之间的连接。基于 TBB 和信任链机制，就可实现平台可信性的度量存储报告机制，确保系统资源的数据完整性和平台的安全可信，为用户提供可信服务。

2013 年，我国发布了可信计算技术标准：《可信平台主板功能接口(GB/T 29827—2013)》，为我国的可信计算平台开发和应用提供了指导。

作者团队在国家 863 项目的支持下，开发出我国第一款可信 PDA[180]，如图 14-5 所示。采用 J2810 芯片作为根芯片，支持中国商用密码，采用具有数据恢复功能的星型信任度量模型进行主动度量，具有度量存储报告机制，具有远程证明和可信网络连接等安全功能。硬件核心由 S3c2410x ARM CPU、J2810 安全芯片、FPGA 等芯片构成。

服务器是比 PC 机结构更复杂、功能更强大的计算平台，PC 机一般是作为终端设备使用，而服务器则是作为高端设备使用。服务器通常采用虚拟化技术，以支持多用户、多任务的应用。因此，可信服务器的技术要比可信 PC 机复杂得多。

首先，服务器的主板结构上有一个基板控制器 BMC(Baseboard Management Controller) 芯片。它提供以下功能：配置管理，硬件管理，系统控制和故障诊断与排除。显然 MBC 应当在可信服务器的度量存储报告机制和安全管控中发挥作用。

其次，可信服务器必须具有安全可信的虚拟机和虚拟机的可信迁移，由此需要采用虚

图 14-5　可信 PDA

拟可信平台模块 vTPM 和 vTPM 的可信迁移技术。服务器的虚拟化和虚拟机的可信迁移,给可信服务器带来许多技术困难。

再者,服务器通常是作为系统的中心设备使用,由于系统服务的不可间断性,要求服务器开机后很长时间不关机,几年不关机是常态。这就要求可信服务器具有多次可信度量的机制(静态和动态度量)。因为 PC 机一般是作为终端设备使用,通常在一天之内就有多次开机和关机,每次开机时进行一次可信度量,用户就会信任其可信性。如果可信服务器也像可信 PC 机一样,仅仅在开机时进行一次可信度量,用户是不会相信在几年之后它仍然是可信的。

2012 年至 2015 年,华为、浪潮、大唐高鸿公司与作者团队合作研制出自己的可信云服务器,其中 MBC 在可信云服务器的可信度量、安全启动和安全管控中发挥了重要作用[4,8]。企业实现了产业化。

我们认为一个计算平台,不管是服务器、PC 机、PDA 还是手机,只有具有可信计算的主要技术机制和可信服务功能,才能称其为可信计算平台。其中主要的是,要有信任根,要有度量存储报告机制,要有 TSS 支撑软件,要有确保系统资源的完整性、数据安全存储和平台远程证明等方面的可信功能。目前,有些计算机产品虽然配置了 TPM 芯片,但是仅仅把 TPM 当做密码芯片使用,没有度量存储报告机制,不能对用户提供可信服务,因此不能称为可信计算机。

14.3.5　可信软件栈

可信计算平台的一个主要特征是在系统中增加了可信平台模块(TPM, TCM, TPCM)芯片,并且以它们为信任根。然而。如何让这个可信平台模块芯片发挥作用呢? 如何让操作系统和应用软件方便地使用这个可信平台模块芯片呢? 这就需要一个软件中间件把可信平台模块与应用联系起来。这个软件中间件被 TCG 称为 TCG 软件栈 TSS（TCG Software Stank）。在国内被简称为可信软件栈 TSS(Trusted Software Stank)。

TSS 是可信计算平台上 TPM 的支撑软件。它的主要作用是为操作系统和应用软件提供使用 TPM 的接口，在结构上主要由底层的设备驱动（TDDL）、TCG 核心服务（TCS）和 TCG 服务提供者三部分构成。有了 TSS 的支持，可信计算平台可以方便地使用 TPM 所提供的安全功能。TCG 的 TSS 总体上是成功的，但也存在一些不足。

在中国的可信计算发展中，由于要采用中国商用密码和中国的可信平台模块芯片，因此中国应当使用自己的可信软件栈 TSS。

2013 年，我国发布了可信计算技术标准：《可信计算密码支撑平台功能与接口规范（GB/T 29829-2013）》。对 TCG 的 TSS 中的不足之处进行了改进和完善，为可信软件栈的开发和应用提供了指导。

14.3.6 远程证明

因特网是一个开放的网络，它允许两个实体未经过任何事先安排或资格审查就可以进行交互。如果我们无法判断对方平台是否可信就贸然交互，很可能造成巨大的损失。因此，应当提供一种方法使用户能够判断与其交互的平台是否可信。这种判断与其交互的平台是否可信的过程，简称为远程证明。

远程证明建立在可信计算的度量存储报告机制和密码技术的基础之上。当可信计算平台需要进行远程证明时，由可信报告根向用户提供平台可信性报告（PCR 值等）。在存储和网络传输过程中，通过密码加密和数字签名保护，实现平台可信性的远程证明。

14.3.7 可信网络连接

今天，没有网络的计算机是不能广泛应用的。因此，光有计算机的可信，没有网络的可信是不行的。TCG 通过可信网络连接 TNC（Trusted Network Connect）技术[184]，来实现从平台到网络的可信扩展，以确保网络的可信。

TNC 的主要思想是：验证访问网络请求者的完整性，依据一定的安全策略对其进行评估，以决定是否允许请求者与网络连接，从而确保网络连接的可信性。

传统的网络接入，仅进行简单的身份认证，这显然是不够安全的。TNC 在此基础上又增加了对接入申请者的完整性验证，提高了安全性。

TNC 基础架构包括三个实体、三个层次和若干个接口组件。该架构在传统的网络接入层次上增加了完整性评估层与完整性度量层，以实现对接入平台的身份验证与完整性验证。

TNC 是一个开放的、支持异构环境的网络访问控制架构。它在设计过程中，既要考虑架构的安全性，又要考虑与现有标准和技术的兼容性，并在一定程度上进行了折中。TNC 在总体上是成功的，但也存在一些不足。例如，它只有服务器对终端的认证，而没有终端对服务器的认证等。

我国制定了自己的《可信连接架构（TCA）》标准，对 TNC 的不足给出了一些改进。总体来说，虽然 TCA 相对于 TNC 具有一定的创新，在安全性方面有所改善，但是它仍然具有与 TNC 类似的局限性。例如，可信性验证局限于完整性验证、缺乏接入之后的网络安全保护等。

2013 年，我国发布了可信计算技术标准:《可信连接架构(GB/T 29828—2013)》。可信连接架构(TCA)成为我国可信计算的技术标准。

14.3.8　密码技术

密码技术是信息安全的关键技术，也是可信计算的关键技术。强调指出，中国的可信计算必须采用中国密码。

可信计算的主要特征技术，度量存储报告机制，就是建立在密码技术的基础之上的。对系统重要资源，事先计算出其 Hash 值并安全存储。在进行可信度量时，重新计算其 Hash 值，并与事先存储的值进行比较。如果两者不相等，便知道系统资源的完整性被破坏。将度量的 Hash 值存储到平台配置寄存器 PCR 中。系统还配置了存储加密密钥，用以对重要数据进行加密。当访问客体询问时，向用户提供平台可信状态报告，供访问客体判断平台的可信性。向访问客体提供报告的内容包括 PCR 值和日志等信息。为了确保报告内容的安全，采用了密码加密、数字签名和认证技术。由此可以看出，可信计算的度量存储报告机制，就是建立在密码技术的基础之上的。

由 14.3.3 节可知，可信平台模块 TPM、TCM、TCPM 本质上就是一个以密码功能为主的 SOC 芯片，配备了丰富的密码资源。正是由于其具有丰富密码等安全功能，它们才能够担当可信计算平台的信任根。

由于可信平台模块 TPM，配备了丰富的密码资源和功能。特别指出，TPM 的密封存储和密封加密是很有特色的一种加密功能。通过密封，可以将密钥、数据和软件与 PCR 的值紧密联系起来，从而使得密钥、数据和软件与平台的资源紧密联系起来，只有平台的资源是正确的，密钥、数据和软件才能正常使用。这对确保信息安全和知识产权保护是有积极意义的。TPM 的这种密钥和数据可以与平台关联的机制是非常有特色的，基于此机制可以开发出许多有特色的应用。例如，可以限定数字产品只能在指定平台上应用，甚至限定数字产品只能在指定平台的指定环境上应用，从而实现数字产权的保护。这就是可信计算平台可以实现数字产权保护的技术原理。

实践证明，可信平台模块(TPM、TCM、TPCM)是可信计算最成功的技术和产品之一。

TCG 的 TPM 经历了一个较长的发展历程。起初，TPM 1.2 在密码配置与密钥管理方面，存在明显的不足。例如，只配置了公钥密码，没有明确配置对称密码。密钥证书太多，管理复杂，使用不方便。中国的 TCM 配置了中国商用密码，既有公钥密码，也有对称密码:SM2、SM3 和 SM4，而且 TCM 的密码配置和密钥管理比 TPM1.2 更合理。

随着可信计算技术的发展与应用，特别是在了解到中国的 TCM 技术后，TCG 认识到 TPM 1.2 存在的不足。2012 年 10 月 23 日 TCG 发布了 TPM 2.0。TPM 2.0 与 TPM 1.2 相比，做了许多改进，并支持中国商用密码[185]。2015 年 6 月 ISO/IEC 接受 TPM 2.0 成为国际标准。由此，中国商用密码算法第一次成体系的在国际标准中得到应用。中国商用密码中国政府对此投了赞成票，这说明中国政府对 TPM2.0 是认可的。

综上，TPM.20 规范是可信计算技术与产业发展的产物。由此我们可以看到，中国的可信计算对 TCG 的影响。对 TPM.20 进行研究，借鉴其优点，改进其缺点，是对发展我国可信计算事业有益的。

14.4　TCG 可信计算中的密码发展

14.3.8 节介绍了密码在可信计算中的具体应用。这里介绍 TCG TPM1.2 在密码方面的不足和 TCG TPM2.0 在密码方面的改进。

14.4.1　TCG TPM 1.2 在密码方面的不足

TCG 的 TPM 1.2 设计在总体上是成功的。它体现了 TCG 以硬件芯片增强计算平台安全的基本思想，为可信计算平台提供了信任根。TPM 1.2 以密码技术支撑 TCG 的可信度量、存储、报告机制，为用户提供确保平台系统资源的数据完整性、数据安全存储和平台远程证明等可信服务。但是，TCG 的 TPM 1.2 在密码方面明显存在一些不足。

(1)密码配置明显不合理。只配置了公钥密码，没有明确配置对称密码。而且，公钥密码只配置了 RSA，Hash 函数只配置了 SHA-1。

从技术角度而言，公钥密码和对称密码各有优缺点，在应用中同时采用这两种密码互相配合，才能发挥更好的安全作用。一般而言，对称密码计算效率高，适合进行数据加密。公钥密码效率低，适合用于数字签名、认证和对称密码的密钥保护。因此，我们认为应当在 TPM 中增加了一个对称密码引擎，与公钥密码引擎相结合，将能提供更好的安全性，而且效率更高。

此外，有了对称密码之后，对称密码和非对称密码互相配合，还可以减少密钥的种类和证书的种类。

公钥密码只采用了 RSA，由于 RSA 的密钥很长，因此实现电路规模大、消耗资源多、运算速度慢，效率低。椭圆曲线密码(ECC)与 RSA 相比，在这些方面更有优势。因此，应当采用 ECC 密码。

我国学者已经发现了 SHA-1 的安全缺陷，SHA-1 很快将被淘汰。因此，应当采用更安全的 Hash 函数。

(2)密钥和证书种类繁多，管理复杂。

TPM 1.2 共设置了 7 种密钥、5 种证书，从而使得密钥和证书管理非常复杂。因此，应当尽量简化。在配置了对称密码之后，对称密码和非对称密码互相配合，可以减少密钥的种类和证书的种类。

(3)授权数据管理复杂，授权协议复杂。

每个密钥都设置了一个授权数据来进行密钥的访问控制。但在实际应用中，随着密钥数量的不断增加，授权数据也不断增加，因此用户需要维护大量的授权数据，这就给实际应用造成很大的困难。另外，授权数据的建立和管理，通过对象授权协议来进行。TCG 共定义了 6 种协议，比较复杂，而且有的协议还存在一定问题。因此，应当简化和完善。

(4)存在密钥在 TPM 内外部不同步的问题。

如果修改除 EK 和 RSK 之外的某一密钥(存储在 TPM 之外)的授权数据后，则在 TPM 外就存在包含该密钥的两个加密数据块，分别对应老授权数据和新授权数据。如果将含有老授权数据的密钥数据块载入到 TPM 中，该密钥仍然可以正常使用，只要输入老的授权数据即可。类似地，也没有办法删除某个密钥。这就是 TCG 密钥机制中的密钥在 TPM 内外的不同步问题。

14.4.2　TCG TPM 2.0 在密码方面的改进

随着可信计算技术的发展与应用，特别是在了解到中国的 TCM 技术后，TCG 认识到在 TPM 设计方面存在的不足。TCG 从 2008 年开始考虑制定 TPM 的新规范，经过几年的工作，于 2012 年 10 月 23 日公开发布了 TPM 2.0 规范。2015 年 6 月 ISO/IEC 接受 TPM 2.0 规范成为新的国际标准。中国政府投了赞成票，这说明 TPM2.0 得到中国政府的认可。

TPM 2.0 与 TPM 1.2 相比，做了许多改进，其中最重要的是在密码配置与应用方面的改进[185]。

(1)密码配置更合理。

①支持多种密码算法：TPM 1.2 只配置了公钥密码，没有明确配置对称密码。公钥密码也只支持 RSA 密码。TPM 2.0 不仅支持公钥密码，也支持对称密码。对于公钥密码，既支持 RSA，也支持 ECC 和其他密码。对于对称密码，既支持 AES，也支持其他密码。对于 Hash 函数，既支持 SHA-384 和 SHA-3，也支持其他 Hash 函数。

②支持密码算法更换：TPM 1.2 不支持密码算法更换。在中国学者发现 SHA-1 的安全缺陷后，使得 TPM 1.2 的可用性下降。TPM 2.0 支持密码算法更换。

③支持密码算法本地化：由于 TPM 2.0 支持密码算法更换，所以 TPM 2.0 支持各国使用自己的密码算法，从而实现密码本地化。TCG 在 TPM 2.0 规范中，特别强调了完全支持中国商用密码 SM2、SM3、SM4。

(2)提高了密码性能。

①TPM 1.2 只采用公钥密码 RSA，没有采用对称密码，因而加解密速度慢，而且密钥证书种类多，应用和管理不方便。而 TPM 2.0 吸收了中国 TCM 的优点，使用对称密码加密数据，使用公钥密码进行签名和认证，从而提高了密码处理速度，而且减少了密钥证书的种类，便于应用和管理。

②TPM 1.2 只支持 RSA 密码。由于 RSA 密钥长，软硬件实现规模大，密码处理速度慢。TPM 2.0 既支持 RSA，也支持 ECC 和其他密码。由于 ECC 密钥短，软硬件实现规模小，密码处理速度快。

(3)密钥管理更合理。

①密钥层次和类型：从层次上划分，TPM 2.0 设置了三个密钥层次：固件层、背书层和存储层。其中固件层是 TPM1.2 所没有的，用以调用 BIOS 的密码资源，从而增强了 TPM2.0 的密码功能。从功能上划分，TPM2.0 有三种类型的密钥：背书密钥(EK)、存储密钥(SK)和认证密钥(包含签名密钥和认证密钥)。

②减少了密钥和证书种类：TPM 1.2 定义了 7 种密钥和 5 种证书。由于密钥和证书种

类太多，应用和管理都很复杂。原因之一是，TPM 通过密钥类型定义密钥功能。而 TPM 2.0 通过密钥功能定义密钥类型，如定义一个签名密钥用于所有的签名，从而减少了密钥的类型。相应地，证书的类型也就减少了。

③密钥产生方案更合理：TPM 2.0 产生两种不同的密钥：普通密钥和主密钥。普通密钥用随机数产生器(RNG)产生。主密钥的产生，首先用 RNG 在 TPM 内部产生一个种子，然后利用密钥派生函数 *KDF* 基于这个种子产生主密钥。TPM2.0 采用了两种 *KDF*：基于椭圆曲线的 ECDH SP800-56A 和基于 HMAC 的 KDF SP800-108。

(4)支持虚拟化。

云计算需要虚拟化，而 TPM 1.2 不支持虚拟化。为了使可信计算平台能够支持云计算，TPM.2.0 支持虚拟化。

(5) 提高了密钥使用的安全性

①在 TPM 1.2 中，如果密钥的授权数据是低熵的，则易受到暴力攻击和中间人攻击。又由于密钥的句柄是不被授权的，攻击者可以盗用一个授权数据使用另外一个密钥，从而危害密钥的安全性。而 TPM 2.0 在授权数据中加入了秘密的辅助数据(Secret Salt)，同时也改进了密钥句柄的授权，增强了安全性。

②在 TPM 2.0 中，在 HMAC 中加入密钥的名称，可以阻止密钥替换攻击，从而提高了密钥的使用安全性。

③统一了授权框架。

TPM1.2 中对应用、委托应用、迁移对象采用不同的授权方法，管理复杂。TPM1.2 中隐私保护模型也不一致：有时使用 TPM 保护隐私，有时又假定必须有操作系统的参与。

TPM2.0 采用了统一的授权框架，而且扩展了授权方法，允许利用签名和 HMAC 进行授权，并允许进行组合。

虽然 TPM 2.0 与 TPM 1.2 相比，作了许多改进，安全性和可用性得到提高。但是，TPM 2.0 仍然存在如下问题：

④TPM 2.0 支持密码算法更换，支持密码本地化，但是在这种多密码算法环境下的兼容性、安全性需要进行分析和验证。

⑤TPM 2.0 的实际安全性只有经过实践检验才能得到证实。

综上，TPM 2.0 规范是可信计算技术与产业发展的必然产物，它的出现必将推动可信计算技术与产业的发展。由此我们可以看到，中国的可信计算对 TCG 的影响。

14.5　推荐阅读

本章我们首先介绍了可信计算的概念和发展历程，以及可信计算的关键技术。其中重点讨论了密码在可信计算中的应用，特别介绍了 TPM1.2 在密码方面的不足以及 TPM2.0 在密码方面改进。

限于本书主要讲授密码技术，因此在可信计算技术方面只能给出简单介绍。读者如果想进一步了解可信计算技术，建议阅读文献[4，5，8]。

习题

1. 上网收集资料，了解中国可信计算技术与产业的发展。

2. 什么是可信计算？

3. 可信计算的基本思想是什么？

4. 阐述可信计算的关键技术。

5. 密码技术在可信计算中有哪些应用？

6. TCG TPM 1.2 中密码配置上有哪些不足之处？

7. TCG TPM 2.0 与 TPM 1.2 相比，在密码配置与使用方面有哪些改进？

8. 为什么中国的可信计算必须使用中国的密码？

9. 2013 年中国公布了以下 3 个可信计算技术标准：可信平台主板功能接口(GB/T 29827-2013)、可信连接架构(TCA)(GB/T 29828—2013)、可信计算密码支撑平台功能与接口规范(GB/T 29829—2013)。上网下载这些标准，并阅读这些标准。

参 考 文 献

［1］张焕国，韩文报，来学嘉，等．网络空间安全综述［J］．中国科学，信息科学版，2016.

［2］沈昌祥，张焕国，冯登国，等．信息安全综述［J］．中国科学（E 辑），2007，37（2）：129-150.

［3］张焕国，王后珍，杨昌，等．抗量子计算密码［M］．北京：清华大学出版社，2015.

［4］张焕国，赵波，王骞，等．可信云计算基础设施关键技术［M］．北京：机械工业出版社，2019.

［5］张焕国，赵波，等．可信计算［M］．武汉：武汉大学出版社，2011.

［6］教育部高等学校信息安全专业教学指导委员会，高等学校信息安全专业指导性专业规范［M］．北京：清华大学出版社，2014.

［7］教育部高等学校网络空间安全专业教学指导委员会．高等学校信息安全专业指导性专业规范（第 2 版）［M］．北京：清华大学出版社，2021.

［8］张焕国，余发江，严飞，等．可信计算［M］．北京：清华大学出版社，2023.

［9］张焕国，毋国庆，覃中平，等．一种新型安全计算机［J］．第一届中国可信计算与信息安全学术会议论文集：武汉大学学报（理学版），2004，50（s1）.

［10］张焕国，刘玉珍，余发江，等．一种新型嵌入式安全模块［J］．第一届中国可信计算与信息安全学术会议论文集：武汉大学学报（理学版），2004，50（s1）.

［11］刘建伟，王琼，等．密码的奥秘［M］．北京：电子工业出版社，2015.

［12］王善平．古今密码学趣谈［M］．北京：电子工业出版社，2012.

［13］Shannon，C. E.，Communication theory of secrecy system［J］. Bell System Technical Journal，1949，27（4）：656-715.

［14］Diffie，W. and Hellman，M. E.，New direction in cryptography［J］. IEEE Trans. on Information Theory，1976，IT-22（6）：644-654.

［15］Blaser，M.，Protocol failure in the escrowed encryption standard，2nd ACM Conference on Computer and Communications Security［C］. pp. 59 - 67，ACM Press，1995.

［16］张焕国，覃中平，等．演化密码引论［M］．武汉：武汉大学出版社，2010.

［17］张焕国，冯秀涛，覃中平，等．演化密码与 DES 密码的演化设计［J］．通信学报，2002，23（5）：57-64.

［18］张焕国，冯秀涛，覃中平，等．演化密码与 DES 的演化研究［J］．计算机学报，2003，26（12）：1678-1684.

［19］冯秀涛．演化密码与 DES 类密码的演化设计［D］．武汉大学硕士学位论文，2003.

［20］孟庆树，张焕国，王张宜，等．Bent 函数的演化设计［J］．电子学报，2004，32
（11）：1901-1903.

［21］Zhang Huanguo, Wang Yuhua, Wang Bangju, Wu Xiaoping, Evolutionary Random
number Generator Based on LFSR［J］. Wuhan University Journal of Natural Science,
2007, 12（1）：75-78.

［22］Huanguo Zhang, Zhongping Qin, Qingshu Meng, Zhangyi Wang, Xiutao Feng, Recent
Advancement in Evolutionary Crypotography［J］. Joumal of Scientific and Practical
Computing, Vol. 1, No. 1, 30-45, 2007.

［23］孟庆树．Bent 函数的演化设计［D］．武汉大学博士学位论文，2005.

［24］王张宜．密码学 HASH 函数的分析与演化设计［D］．武汉大学博士学位论文，
2006.

［25］唐明．演化密码芯片研究［D］．武汉大学博士学位论文，2007.

［26］ZHANG HuanGuo, LI ChunLei & TANG Ming, Evolutionary cryptography against
multidimensional linear cryptanalysis［J］. SCIENCE CHINA：Information Sciences,
2011, 54（12）：2565-2577.

［27］ZHANG HuanGuo, LI ChunLei & TANG Ming. Capability of evolutionary cryptosystems
against differential cryptanalysis［J］. SCIENCE CHINA：Information Sciences, 2011,
54（10）：1991-2000.

［28］W. C. Peng, B. N. Wang, F. Hu, Y. J. Wang, X. J. Fang, X. Y. Chen, C. Wang,
Factoring Larger Integers with Fewer Qubits via Quantum Annealing with Optimized
Parameters［J］. Sci. China-Phys. Mech. Astron. 62（6）：060311, 2019.

［29］Xiaoyun Wang, Yiqun Lisa Yin, Hongbo Yu, Finding Collisions in the Full SHA-1.
Advance in Cryptology -Crypto 05, LNCS 3621［C］. Berlin, Springer-Verlag 2005：17-
36.

［30］Grover, L. K. A fast quantum mechanical algorithm for database search. Proceedings of
the Twenty-Eighth Annual Symposium on the Theory of Computing［C］. pages 212-219,
New York, 1996. ACM Press.

［31］P. Shor, Polynomial-time Algorithms for Prime Factorization and Discrete Logarithms on a
Quantum Computer［J］. SIAM Journal on Computing, 1997（26）：1484-1509.

［32］Huanguo Zhang, Zhaoxu Ji, Houzhen Wang, et. al., Survey on Quantum Information
Security［J］. China Communication, 2019, 16（10）：1-36.

［33］曾贵华．量子密码学［M］．北京：科学出版社，2006.

［34］Lu Mingxin, Lai Xuejia, Xiao Guozhen, et al. A Symmetric Key Cryptography with DNA
Technology［J］. Science in China Series F：Information Sciences, 2007, 50（3）：324-
333.

［35］Lai Xuejia, Lu Mingxin, Qin Lei, et al. Asymmetric Encryption and Signature Method
with DNA Technology［J］. Science China：Information Sciences, 2010, 53（3）：506-
514.

［36］中华人民共和国密码法［M］. 北京：法律出版社，2019.

［37］马志强，张焕国. SuperBase 程序密码保护机制的破译［J］. 微计算机应用，1997，18（1）.

［38］覃中平，张焕国等. 信息安全数学基础［M］. 北京：清华大学出版社，2006.

［39］杨东屏. 可计算理论［M］. 北京：科学出版社，1999.

［40］陈志东，徐宗本. 计算数学——计算复杂性理论与 NPC/NP 难问题求解［M］. 北京：科学出版社，2001.

［41］张焕国、毛少武等. 量子计算复杂性理论综述［J］. 计算机学报，2016，39（12）：2403-2428.

［42］Daemen, J., and Rijmen, V. The Design of Rijndael：The Trail Strategy Explained. New York：Springer-Verlag，2000.

［43］N. Ferguson, J. Kelsey, S. Lucks, B. Schneier, M. Stay, D. Wagner, D. Whiting, Improved Cryptanalysis of Rijndeal［C］. Proceeding of Fast Software Encryption-FSE'00，LNCS 1978，Springer-Verlag，2000：213-230.

［44］董晓丽. 分组密码 AES 和 SMS4 的安全性分析［D］. 西安电子科技大学博士学位论文，2011.

［45］郭世泽，王韬，赵新杰. 密码旁路分析原理与方法［M］. 北京：科学出版社，2014.

［46］张蕾，吴文玲. SMS4 密码算法的差分故障攻击［J］. 计算机学报，2006.

［47］Lai X. and Massey, J., A proposal for a new block encryption standard, Advances in Cryptology-EUROCRYPT'90 Proceedings［C］. Springer-Verlag，1991：389-404.

［48］吴文玲，冯登国，张文涛. 分组密码的设计与分析［M］. 北京：清华大学出版社，2009.

［49］吴文玲. 简评 AES 的工作模式［J］. 中国科学院研究生院学报. 2002，19：324-333.

［50］随机性检测规范，2009.2，国家商用密码管理办公室网站：http：//www.oscca.gov.cn.

［51］张焕国，孟庆树. 一类基于时变逻辑的序列发生器［J］. 电子学报，2004，32（4）：651-653.

［52］丁存生，肖国镇. 流密码学及其应用［M］. 北京：国防工业出版社，1994.

［53］ETSI/SAGE Specification. Specification of the 3GPP Confidentiality and Integrity Algorithms 128-EEA3 & 128-EIA3. Document 1：128-EEA3 and 128-EIA3 Specification；Version：1.6；Date：1st Junly，2011.

［54］ETSI/SAGE Specification. Specification of the 3GPP Confidentiality and Integrity Algorithms 128-EEA3 & 128-EIA3. Document 2：ZUC Specification；Version：1.6；Date：28st June，2011.

［55］ETSI/SAGE Specification. Specification of the 3GPP Confidentiality and Integrity Algorithms 128-EEA3 & 128-EIA3. Document3：Implimentor's Test Data；Version：1.1；

Date：4st Jan，2011.

［56］ Bing Sun, Xuehai Tang and Chao Li, Preliminary Cryptanalysis Results of ZUC ［C］. appear in the First International Workshop on ZUC Algorithm, Dec. , 2010.

［57］ Hongjun Wu, Cryptanalysis of the Stream Cipher ZUC in the 3GPP Confidentiality & Integrity Algorithms 128-EEA3 & 128-EIA3 ［C］. appear at the sump session in ASIACRYPT 2010.

［58］ 杜红红，张文英. 祖冲之算法的安全分析 ［J］. 计算机技术与发展，2012 （6）.

［59］ Martin Agren1, Martin Hell1, Thomas Johansson1 and Willi Meier, Grain-128a：A New Version of Grain-128 with Optional Authentication ［C］. *ECRYPT* Workshop on Symmetric Encryption, February 2011.

［60］ ZUC 算法研制组. ZUC-256 流密码算法 ［J］. 密码学报，2018，5 （2）：167-179.

［61］ Merkle R. Securecy, Authentication, and Public Key Systems ［D］. PH. D. Thesis, Stanford University, June 1979.

［62］ Merkle R. One Way Hash Functions and DES ［C］ //Advances in Cryptology-CRYPTO. 89, LNCS 435. Springer, 1989：428-446.

［63］ Damgård I B. A Design Principle for Hash Functions. ［C］ //Advances in Cryptology-CRYPTO. 89, LNCS 435. Springer, 1989：416-427.

［64］ ANSI. Working Draft：Public Key Cryptography. Using Reversible Algorithm for the Financial Services Identity ［S］. 1993.

［65］ ISO. Information Technology-Security Techniques-Hash Funcition ［S］.

［66］ WANG Houzhen, ZHANG Huanguo, et al. Design Theory and Method of Multivariate Hash Function ［J］. SCIENCE CHINA：Information Sciences, 2010, 53 （10）：1917-2158.

［67］ Guido Bertoni, Joan Daemen, Michael Peeters, Gilles Van Assche, Keccak sponge function family main document. October 27, 2008, http：//keccak. noekeon. org//.

［68］ Bertoni, G. , ed al. Cryptographic Sponge Functions. January 2011. Available at http：//sponge nockeon. org//.

［69］ FIPS PUB 202：SHA-3 Standard：Permutation-Based Hash and Extendable-Output Functions. August 2015. http：//dx. doi. org/10. 6028/NIST. FIPS. 202/

［70］ R. L. Rivest, A. Shamir and L. M. Adleman, A method for obtaining signature and public key cryptosystem ［J］. Communications of the ACM, 1978, 21 （2）：120-126.

［71］ T. ElGamal, A public-key cryptosystem and signature scheme based on discrete logarithms ［J］. IEEE Trans. IT, 1985, 31 （4）：469-472.

［72］ N. Kobliz, Elliptic Curve Cryptosystem ［J］. Mathematics of Computation, 1987, 48：203-209,.

［73］ A. J. Menezes, Elliptic Curve Public Key Cryptosystem, USA：Kluwer Academic Publishers, 1993.

［74］ 张焕国，王张宜，译. 椭圆曲线密码学引论 ［M］. 北京：电子工业出版社，2005.

［75］ McEliece, R.：A public key cryptosystem based on algebraic coding theory ［J］. *DSN progress report*, 1985：42-44, 114-116.

［76］ Niederreiter, H.：Knapsack-type cryptosystems and algebraic coding theory ［J］. *Probl. Control and Inform. Theory*, 1986 （15）：19-34.

［77］ 张焕国, 管海明, 王后珍. 抗量子密码体制的研究现状, 中国密码学发展报告 2010 ［M］. 北京：电子工业出版社, 2011：1-31.

［78］ 王亚辉, 张焕国, 吴万青, 等. 基于方程求解与相位估计攻击 RSA 的量子算法 ［J］. 计算机学报, 2017, 40 （12）：2688-2699.

［79］ 王亚辉, 张焕国, 王后珍. 基于 e 次根攻击 RSA 的量子算法 ［J］. 工程科学与技术, 2018, 50 （2）：163-169.

［80］ 王亚辉. RSA 密码的量子攻击方法研究 ［D］. 武汉大学博士学位论文, 2017.

［81］ Montgomery, P. L., Modular multiplication without trial division ［J］. Math. Comp., 1985, 44 （170）：519-521.

［82］ Wang Chao, Zhang Huanguo, Liu Li, Evolutionary Cryptography Theory Based Generating Method for Secure Kobtliz EC and It's Improvement by HMM ［J］. SCIENCE CHINA：Information Sciences. April 2012, 55 （4）：911-920.

［83］ Wang Chao、Zhang Huanguo、Liu Lili, Koblitz Elliptic Curves Generating Based on Evolutionary Cryptography Theory and Verifying Parameters Recommended by NIST ［J］. China Communications, 2011, 8 （7）：41-49.

［84］ 张焕国, 覃中平, 等. 一种新的可信平台模块 ［J］. 武汉大学学报 （信息学版）, 2008, 33 （10）：991-994, 2008-10-05.

［85］ 张焕国, 唐明. 密码学引论 （第三版） ［M］. 武汉：武汉大学出版社, 2015.

［86］ 密码行业标准化委员会网站：http：//www. gmbz. org. cn/main/bzlb. html.

［87］ L. Harn and Y. Xu, Design of generalized EIGamal type digital signatrue schemes based on discrete logarithm ［J］. Electronics Letters, 1994, 30 （24）：2025-2026.

［88］ L. Harn and G. Guang, Elliptic Curve Digital Signatures and Accessories ［C］. Cryptographic Techniques & E-Commerce, City University of H. K. Press, 1999：126-130.

［89］ 赵泽茂. 数字签名理论 ［M］. 北京：科学出版社, 2007.

［90］ https：//csrc. nist. gov/Projects/post-quantum-cryptography/selected-algorithms-2022.

［91］ Wu WangQing, Zhang HuanGuo, Mao SaoWu, et al. A Public Key Cryptosystem Based on Data Complexity under Quantum Environment ［J］. SCIENCE CHINA Information Science, 2015, 58 （11）：1-11.

［92］ 王小云, 王明强, 孟宪萌. 公钥密码学的数学基础 ［M］. 北京：科学出版社, 2013.

［93］ 王小云, 刘明洁. 格密码学研究 ［J］. 密码学报, 2014, 1 （1）：13-27.

［94］ 周福才, 徐剑. 格理论与密码学 ［M］. 北京：科学出版社, 2013.

［95］ Cooley, J. W., Tuckey, J. W. An Algorithm for the machine Calculation of complex

Fourier Series〔J〕. Math. Comp. , 1965（19）：297-301.

〔96〕 Oded Regev, On Lattices, Learning with Errors, Random Linear Codes, and Cryptography〔J〕. *J. ACM*, 2009, 56（6）：1-40. Preliminary version in STOC 2005.

〔97〕 Joppe Bos, Léo Ducas, Eike Kiltz, Tancrède Lepoint, Vadim Lyubashevsky, John M. Schanck, Peter Schwabe, and Damien Stehlé. CRYSTALS - Kyber：a CCA-secure module-lattice-based KEM〔C〕. In 2018 *IEEE European Symposium on Security and Privacy*, *EuroS&P* 2018. IEEE, 2018.

〔98〕 Léo Ducas, Eike Kiltz, Tancrède Lepoint, Vadim Lyubashevsky, Peter Schwabe, Gregor Seiler, and Damien Stehlé. Crystals-dilithium：A latticebased digital signature scheme. *IACR Trans. Cryptogr. Hardw. Embed. Syst.* , 2018（1）：238-268, 2018. 7, 17.

〔99〕 Yipei Yang, Zongyue Wang, Jin Ye, et al. Chosen Ciphertext Correction Power Analysis on Kyber Integeration〔J〕. The VLSI Journal 2023（P1）：10-22.

〔100〕 Biham, A. Shamir. Differential Crytanalysis of DES-like Crytosystems〔C〕. Advance in Cryptology-CRYPTO'90, LNCS 537, pp：2-21. Springer-Verlag, 1990.

〔101〕 L. R. Knudsen, Truncated and higher order differentials. fast software encryption-FSE'94〔C〕. LNCS1008, 196-211, Springer-verlag, 1995.

〔102〕 Lv Jiqiang, O. Dunkelman, New Impossible Differerntial Attack on AES, International conference on cryptology〔C〕. NDOCRPT 2008, LNCS 5365, 279-293.

〔103〕 Mastui M, new structure of block ciphers with provable security against differential and linear cryptanalysis. Fast software encryption-FSE'96〔C〕. LNCS1039, 205-217, springer-Verlag, 1996.

〔104〕 Nyber K, Kundsen L, provable security against differential cryptanalysis〔J〕. Journal of cryptology, 1995, 8（1）：156-168.

〔105〕 Mitsuru Matsui, the fast experimental cryptanalysis of the date encryption standard〔C〕. advances in cryptology-crypto'94, 1-11, Springer-Verlag, 1994.

〔106〕 X. lai, Higher order dervations and differential crytanalysis, symposium on communication, coding and cryptography〔C〕. Kluwer Academic publishers 1994：227-233.

〔107〕 Mitsuru Matsui, linear cryptanalysis method for DES cipher〔C〕. Advances in cryptology-crypto'93, 386-397, spring-verlag 1993.

〔108〕 B. Kaliski Jr, M, Robshaw, linear cryptanalysis using multipule approximation〔C〕. advance in cryptology-crypto'94, spring-verlag 1994：26-39.

〔109〕 B. Kalishi. Jr, M, Robshaw, linear cryptanalysis using multipule approximation and FEAL〔C〕. Fast software encryption-FSE'94, spring-verlag 1995：249-264 .

〔110〕 S. Murphy, M. J. B Robshaw, Essential algebraic structure within the AES〔C〕. Advances in cryptology-crypto2002, spring-verlag 2002：1-16.

〔111〕 F. Armknecht. Improving fast algebraic attacks〔A〕. In：B. Roy and W. Meier. Number3017 of Lecture Notes in Computer Science〔C〕. Fast Software Encryption, FSE

2004, Berlin, Germany: Springer-Verlag, 2004: 65-82.

[112] N. Courtois and G. Bard. Algebraic Cryptanalysis of the Data Encryption Standard [C]. volume 4887 of Lecture Notes in Computer Science, pages 152-169. Springer, 2008. ISBN 3-540-77271-5.

[113] N. Courtois, A. Klimov, J. Patarin, and A. Shamir. Efficient algorithms for solving overdefined systems of multivariate polynomial equations [A]. In: B. Preneel. Number 1807 of Lecture Notes in Computer Science [C]. Advances in Cryptology, EUROCRYPT 2000. Berlin: Springer-Verlag, 2000: 392-407.

[114] N. Courtois. Fast algebraic attacks on stream ciphers with linear feedback [A]. In: D. Boneh. Number 2729 of Lecture Notes in Computer Science [C]. Advances in Cryptology, CRYPTO 2003, Berlin, Germany: Springer-Verlag, 2003: 176-194.

[115] N. Courtois. Higher order correlation attacks, XL algorithm and cryptanalysis of Toyocrypt [A]. In: P. J. Lee and C. H. Lim. Number 2587 of Lecture Notes in Computer Science [C]. ICISC 2002, Berlin: Springer-Verlag, 2003: 182-199.

[116] Coppersmith D. Fast evaluation of logarithms in fields of characteristic two. IEEE Trans. on Information Theory, 1984, 30 (4): 587-594. [doi: 10. 1109/TIT. 1984. 1056941].

[117] Jr Lenstra HW. Factoring Integers with Elliptic Curves [J]. Annals of Mathematics, 1987, 126: 649-673.

[118] Cheng Q, Wan D, Zhuang J. Traps to the BGJT-algorithm for discrete logarithms. LMS Journal of Computation and Mathematics, 2014, 17 (A): 218-229. [doi: 10. 1112/S1461157014000242].

[119] Barbulescu R, Gaudry P, Joux A, Thome E. A heuristic quasi-polynomial algorithm for discrete logarithm in finite fields of small characteristic. In: Nguyen PQ, Oswald E, eds. Proc. of the Advances in Cryptology—EUROCRYPT 2014. Berlin, Heidelberg: Springer-Verlag, 2014. 1-16. [doi: 10. 1007/978-3-642-55220-5_1].

[120] Boneh D. Twenty years of attacks on the RSA cryptosystem [J]. Notices of the AMS, 1999, 46 (2): 203-213.

[121] Wiener MJ. Cryptanalysis of short RSA secret exponents. IEEE Trans. on Information Theory, 1990, 36 (3): 553-558. [doi: 10. 1109/ 18. 54902]

[122] Boneh D, Durfee G. Cryptanalysis of RSA with private key d less than No. 292. IEEE Trans. on Information Theory, 2000, 46 (4): 1339-1349. [doi: 10. 1109/ 18. 850673].

[123] Coppersmith D. Small solutions to polynomial equations, and low exponent RSA vulnerabilities [J]. Journal of Cryptology, 1997, 10 (4): 233-260. [doi: 10. 1007/s001459900030].

[124] Heninger N, Shacham H. Reconstructing RSA private keys from random key bits. In: Halevi S, ed. Proc. of the Advances in Cryptology—CRYPTO 2009. Berlin, Heidelberg: Springer-Verlag, 2009. 1-17. [doi: 10. 1007/978-3-642-03356-8_1].

［125］ Menezes AJ, Okamoto T, Vanstone SA. Reducing elliptic curve logarithms to logarithms in a finite field［J］. IEEE Trans. on Information Theory, 1993, 39（5）: 1639-1646.［doi: 10. 1109/18. 259647］.

［126］ G. Frey and H. Rück, A remack concerning m-divisibility and the discrete logarithm in the divisor class group of curves. Mathematic of computation, 62: 865-874, 1994. 10. 1007/s00145-001-0011-x］.

［127］ Menezes A, Qu M. Analysis of the Weil descent attack of Gaudry, Hess and Smart. In: Naccache D, ed. Proc. of the Topics in Cryptology—CT-RSA 2001. Berlin, Heidelberg: Springer-Verlag, 2001. 308-318.［doi: 10. 1007/3-540-45353-9_23］.

［128］ Menezes A, Teske E. Cryptographic implications of Hess' generalized GHS attack. Applicable Algebra in Engineering, Communication and Computing, 2006, 16（6）: 439-460.［doi: 10. 1007/s00200-005-0186-8］

［129］ Semaev I. Summation polynomials and the discrete logarithm problem on elliptic curves. IACR Cryptology ePrint Archive, 2004: 31.

［130］ Gaudry P. Index calculus for abelian varieties of small dimension and the elliptic curve discrete logarithm problem. Journal of Symbolic Computation, 2009, 44（12）: 1690-1702.［doi: 10. 1016/j. jsc. 2008. 08. 005］.

［131］ Kocher P, Jaffe J, Jum B. Differential Power Analysis［C］. Advances in Cryptology-CRYPTO 1999: 388-397.

［132］ Zhao Z Y, Zhang D F, Wang B. Timing Attack on Implementations of IDEA［J］. Communications Technology, 2010.

［133］ Chen C S, Wang T, Guo S Z, et al. Research on Trace Driven Data Cache Timing Attack Against RSA［J］. Chinese Journal of Computers, 2014.

［134］ 杨鹏, 欧庆于, 付伟. 时钟毛刺注入攻击技术综述［J］. 计算机科学, 2020, 47（S2）: 359-362.

［135］ Barenghi A, Bertoni GM, Breveglieri L, Pelosi G. A fault induction technique based on voltage underfeeding with application to attacks against AES and RSA［J］. Journal of Systems and Software. 2013, 86（7）: 1864-1878.

［136］ Selmane N, Guilley S, Danger JL. Practical setup time violation attacks on AES［C］. In2008 Seventh European Dependable Computing Conference. IEEE, 2008: 91-96.

［137］ Schmidt, Jörn-Marc, and Michael Hutter. Optical and em fault-attacks on crt-based rsa: Concrete results［C］. na, 2007: 61-67.

［138］ Skorobogatov, Sergei P. , and Ross J. Anderson. Optical fault induction attacks［C］. International workshop on cryptographic hardware and embedded systems. Springer, Berlin, Heidelberg, 2002: 2-12.

［139］ E. Biham and A. Shamir. Differential Fault Analysis of Secret Key Cryptosystem. In B. S. Kalisky Jr. , editor, Advances in Cryptology - CRYPTO'97, volume 1294 of LNCS, pages 513-525. Springer-Verlag, 1997.

［140］ G. Piret and J. -J. Quisquater. A Differential Fault Attack Technique Against SPN Structures, with Application to the AES and KHAZAD. In C. D. Walter, Ç. K. Koç, and C. Paar, editors, Cryptographic Hardware and Embedded Systems - CHES 2003, volume 2779 of LNCS, pages 77-88. Springer-Verlag, 2003.

［141］ Nicolas T. Courtois and WilliMeier. Algebraic attacks on streamcipherswith linear feedback. In Eli Biham, editor, Advances in Cryptology — EUROCRYPT, volume of Lecture Notes in Computer Science, pages, Berlin, Heidelberg, New York, Springer Verlag.

［142］ D. Boneh, R. A. DeMillo, and R. J. Lipton. On the Importance of Checking Cryptographic Protocols for Faults［C］. In W. Fumy, editor, Advances in Cryptology-EUROCRYPT'97, volume 1233 of LNCS, pages 37-51. Springer-Verlag, 1997.

［143］ A. K. Lenstra. Memo on RSA Signature Generation in the Presence of Faults. Manuscript, 1996.

［144］ J. Blömer, M. Otto, and J. -P. Seifert. A New RSA-CRT Algorithm Secure Against Bellcore Attacks. In ACM-CCS'03. ACM Press, 2003.

［145］ F. Bao, R. Deng, Y. Han, A. Jeng, A. D. Narasimhalu, and T. -H. Ngair. Breaking Public Key Cryptosystems an Tamper Resistance Devices in the Presence of Transient Fault［C］. In 5th Security Protocols Workshop, volume 1361 of LNCS, pages 115-124. Springer-Verlag, 1997.

［146］ Fumy. S. , and Landrock. P. , Principles of Key Management［J］. IEEE Journal on Selected Areas in Communications, June 1993.

［147］ L. Blum, M. Blum, and M. Shub, A Simple Unpredictable Pseudo-Random Number Generator［J］. SIAM Journal on Computing, 1986, 15（2）: 364-383.

［148］ G. . B. Agnew, Random Sources for Cryptogragpic Systems, Advances in Cryptology-EUROCRYPT'87 Proceedings［C］. Springer-Verlag, 1988: 77-81.

［149］ R. C. Fairfield, R. L. Mortenson, and K. B. Koulthart, An LSI Random Number Generator（RNG）, Advances in Cryptology［C］: Proceedings of CRYPTO 84, Springer-Verlag, 1985: 203-230.

［150］ Yu Liu, Mingyi Zhu, Bin Luo, Jianwei Zhang, Hong Guo. Implementation of 1. 6 Tbit/s truly random number generation based on a super-luminescent emitting diode［J］. Laser Physics Letters, 2013, 10: 045001, doi: 10. 1088/1612-2011/10/4/045001.

［151］ 汪超, 黄鹏, 黄端, 等. 基于光放大器的量子随机数发生器［J］. 密码学报, 2014, 1（1）.

［152］ 周健, 秦放. 安全等级密码模块安全技术设计［J］. 通信技术, 2022, 55（2）: 247-253.

［153］ 关振胜. 公钥基础设施 PKI 与认证机构 CA［M］. 北京: 电子工业出版社, 2002.

［154］ 汤素锋, 等. 基于 LDAP 协议的独立证书服务器的设计与实现［C］. 第三届中国信息和通信安全学术会议论文集. 北京: 科学出版社, 2003.

［155］冯登国．安全协议-理论与实践［M］．北京：清华大学出版社，2010．

［156］王亚弟，等．密码协议形式化分析［M］．北京：机械工业出版社，2007．

［157］曹珍富，薛锐，张振峰．密码协议发展研究，2009-2010，密码学学科发展报告［M］．北京：中国科学技术出版社，2010．

［158］Needham, R., and Schroeder, M. Using Encryption for Authentication in Large Network of Computers［J］. Communications of the ACM, December 1978.

［159］张焕国，吴福生，王后珍，等．密码协议代码执行的安全验证分析［J］．计算机学报，2018，41（2）．

［160］吴福生．密码协议实现的安全分析与设计［D］．武汉大学博士论文，2018．

［161］杜瑞颖、赵波、王张宜、彭国军译．信息安全原理与实践［M］．北京：电子工业出版社，2007．

［162］庄薪霖．人脸识别方法综述［J］．科技创新与应用，2022（2）．

［163］李小薪，梁荣华．有遮挡人脸识别综述：从子空间回归到深度学习［J］．计算机学报，2018，41（1）：177-207．

［164］白子轶，毛懿荣，王瑞平．视频人脸识别进展综述［J］．计算机科学，Mar. 2021，48（3）．

［165］胡晓萌，李伦．人脸识别技术的伦理风险及其规制［J］．湘潭大学学报（哲学社会科学版），2021，45（4）．

［166］张华韬．我国人脸识别侵权责任制度的解释论［J］．社会科学家，第7期，总第291期，2021．

［167］Neuman, B., and Stubblebine, S. A Note on the Use of Timestamps as Nonces［J］. Proceedings of the 13th International Conference on Distributed Computing Systems, May 1993.

［168］Nakamoto Satoshi, A Peer-to-peer Electronic Cash System［J］. Consulted, 2009.

［169］中国区块链技术发展论坛．中国区块链技术和应用发展白皮书，2016．

［170］关于区块链信息服务备案管理系统上线的通告，国家互联网信息办公室，2019-06-03．

［171］朱建明，高胜，段美娇，等．区块链技术与应用［M］．北京：机械工业出版社，2018．

［172］Merkle, R C., ADigital Signature Based on a Conventional Encryption Function［C］. Crypto'87, 1987：369-378.

［173］谭磊，陈刚．区块链2.0［M］．北京：电子工业出版社，2016．

［174］Department of Defense Computer Security Center. DoD 5200.28-STD. Department of Defense Trusted Computer System Evaluation Criteria［S］. USA：DOD, December 1985.

［175］National Computer Security Center. NCSC-TG-005. Trusted Network Interpretation of the Trusted Computer System Evaluation Criteria［S］. USA：DOD, July 1987.

［176］National Computer Security Center. NCSC-TG-021. Trusted Database Management System Interpretation［S］. USA：DOD, April 1991.

［177］ TCG Web Site. https：//www. trustedcomputinggroup. org

［178］ OpenTC Web Site. http：//www. opentc. org/

［179］ 国家密码管理局. 可信计算密码支撑平台功能与接口规范，2007.10.

［180］ 刘克，单志广，王戟，何积丰，张兆田，秦玉文.“可信软件基础研究”重大研究计划综述［J］. 中国科学基金《学科进展与展望》，2008（3）：145-151.

［181］ 赵波，张焕国，李晶，陈璐，文松. 可信 PDA 计算平台系统结构与安全机制［J］. 计算机学报，2010，33（1）.

［182］ 沈昌祥. 用可信计算构筑网络安全［J］. 求是，2015（20）.

［183］ 沈昌祥. 用可信计算 3.0 筑牢网络安全防线［J］. 信息通信技术，2017，3（3）：290-298.

［184］ 张焕国，陈璐，张立强. 可信网络连接研究［J］. 计算机学报，2010，33（4）：706-707.

［185］ 王鹃，余发江，严飞，等.TPM2.0 原理及应用指南［M］. 北京：机械工业出版社，2017.